Postmoderne Frauen in traditionalen Welten

Christine Goldberg

Postmoderne Frauen in traditionalen Welten

Zur Weiblichkeitskonstruktion
von Bäuerinnen

PETER LANG
Frankfurt am Main · Berlin · Bern · Bruxelles · New York · Oxford · Wien

Bibliografische Information Der Deutschen Bibliothek
Die Deutsche Bibliothek verzeichnet diese Publikation in der
Deutschen Nationalbibliografie; detaillierte bibliografische
Daten sind im Internet über <http://dnb.ddb.de> abrufbar.

Gedruckt mit Unterstützung des Bundesministeriums
für Bildung, Wissenschaft und Kultur in Wien.

ISBN 3-631-34462-7
© Peter Lang GmbH
Europäischer Verlag der Wissenschaften
Frankfurt am Main 2003
Alle Rechte vorbehalten.

Das Werk einschließlich aller seiner Teile ist urheberrechtlich
geschützt. Jede Verwertung außerhalb der engen Grenzen des
Urheberrechtsgesetzes ist ohne Zustimmung des Verlages
unzulässig und strafbar. Das gilt insbesondere für
Vervielfältigungen, Übersetzungen, Mikroverfilmungen und die
Einspeicherung und Verarbeitung in elektronischen Systemen.

www.peterlang.de

Ich widme dieses Buch jenen Bäuerinnen,
die trotz ihrer schweren,
nimmer enden wollenden Arbeit bereit waren,
höchst engagiert und detailliert
aus ihrem Leben zu erzählen.

Es gibt keinen Punkt,
an dem wir stehen bleiben könnten
und sagen:
Jetzt haben wir's.
So muss es sein.
So werden wir es immer machen!
Wir sind immer unterwegs.

Ingeborg Bachmann

INHALTSVERZEICHNIS

- 1.1 EINLEITUNG 11
- 1.2 BÄUERIN - DIE UNFASSBARE FRAU? 15
- 1.3 DIE CHANCEN EINER POSTMODERNEN PERSPEKTIVE 17
  - *1.3.1 Die Überwindung der Stadt-Land-Dichotomie* *17*
  - *1.3.2 Randgruppen in der main-stream Soziologie* *20*
  - *1.3.3 Natur und Kultur* *23*
  - *1.3.4 Natur/Frau versus Kultur/Mann* *26*
- 1.4 BÄUERINNEN ALS POSTMODERNE FRAUEN - EIN PARADOX? 29
- 1.5 DER FAMILIENBETRIEB - EIN EISBERG IM MEER DER MODERNE? 31
- 1.6 THEORETISCHER ANSPRUCH UND EMPIRISCHE PRAXIS 34
  - *1.6.1 Reflexivität der Beforschten und Forscherin - Chance und Unmöglichkeit* *36*
- 1.7 GLIEDERUNG DER UNTERSUCHUNG 40

2 ZUR GESCHICHTE BÄUERLICHER FAMILIENBETRIEBE 41

- 2.1 DER BÄUERLICHE FAMILIENBETRIEB IM 18. UND 19. JAHRHUNDERT IN ÖSTERREICH: STRUKTURBEDINGUNGEN 41
  - *2.1.1 "Agrarpolitik" im 18. und 19. Jahrhundert* *44*
  - *2.1.2 Die "Agrarisierung" des Landes im 19. Jahrhundert* *47*
- 2.2 DAS "GANZE HAUS" 48
  - *2.2.1 Gesinde* *49*
  - *2.2.2 Heirat und ihre Bedeutung* *50*
  - *2.2.3 Innerfamiliäre Beziehungen in den bäuerlichen Familienwirtschaften* *55*
- 2.3 ZUSAMMENFASSENDE CHARAKTERISTIKA BÄUERLICHER FAMILIENBETRIEBE 67

3 LANDWIRTSCHAFTLICHE STRUKTURVERÄNDERUNGEN IM 20. JAHRHUNDERT ...71

- 3.1 DER BÄUERLICHE FAMILIENBETRIEB IM WANDEL 73
- 3.2 RATIONALISIERUNG UND INDUSTRIALISIERUNG DER LANDWIRTSCHAFT 74
- 3.3 INTERDEPENDENZEN ZWISCHEN BÄUERLICHEN FAMILIENBETRIEBEN UND MARKT BZW. STAAT 75
- 3.4 FOLGEKOSTEN DER SPEZIALISIERUNG UND TECHNISIERUNG 76
  - *3.4.1 "Agrarkrise"* *76*
  - *3.4.2 Existenzsorgen - "Bauernsterben"* *78*
- 3.5 SOZIALE FOLGEN DER SPEZIALISIERUNG UND TECHNISIERUNG 79

4 DIE SOZIALEN BEZIEHUNGEN DER BÄUERIN 85

- 4.1 SELBSTBILD - FREMDBILD DER BÄUERINNEN 86
- 4.2 EINHEIT PRODUKTION - REPRODUKTION 87
  - *4.2.1 Heirat* *88*
  - *4.2.2 Hofdenken versus Individualisierung* *89*
  - *4.2.3 Soziale Situation der Bäuerinnen* *91*
- 4.3 BEDEUTUNG DER FAMILIE 93
- 4.4 PARTNERBEZIEHUNG/LIEBE 94
  - *4.4.1 Partnerwahl* *94*
  - *4.4.2 Emotionale Beziehung der Ehepartner* *96*
  - *4.4.3 Sexualität/Elternschaft* *97*
  - *4.4.4 Partnerschaftliche Beziehungsgestaltung* *97*
- 4.5 INNERFAMILIÄRE KOMMUNIKATION 98
  - *4.5.1 Konfliktlösung* *99*
  - *4.5.2 Emotionen* *100*
- 4.6 SCHEIDUNG 102
- 4.7 KINDER 103
  - *4.7.1 Bedeutung als Arbeitskraft* *104*
  - *4.7.2 Bedeutung für die Hofnachfolge/Hofsozialisation* *105*
  - *4.7.3 Bedeutung als Altersvorsorge* *106*
  - *4.7.4 Bedeutung als "Sinnstifter": neue Kindorientiertheit* *107*

4.7.5	Erziehung	108
4.7.6	Schule/Ausbildung	110
4.8	GENERATIONENVERHÄLTNIS	112
4.8.1	Konfliktfelder	114

5 DIE BÄUERIN IM ARBEITSPROZESS 117

5.1	VERBREITUNG GESCHLECHTSSPEZIFISCHER ARBEITSTEILUNG	117
5.2	"WEIBLICHE" ARBEITSGEBIETE	119
5.2.1	Stallarbeit	119
5.2.2	Feldarbeit	121
5.2.3	Verwaltungsarbeiten	121
5.2.4	Hausarbeit	122
5.2.5	Subsistenzproduktion	129
5.3	BEGRÜNDUNG DER ARBEITSTEILUNG	130
5.4	FEMINISIERUNGSTENDENZEN IN DER LANDWIRTSCHAFT	132
5.5	GESCHLECHTSSPEZIFISCHE ARBEITSTEILUNG UND MACHTSTRUKTUREN	133

6 METHODE DER DATENERHEBUNG UND DATENANALYSE 137

7 DIFFERENZEN ZWISCHEN BÄUERINNEN - ERGEBNISSE DER EMPIRISCHEN ANALYSE 141

7.1	DIE "MITHELFENDE"	141
7.1.1	Fallbeschreibung der Frau S.	141
7.1.2	Fallbeschreibung Frau E.	146
7.1.3	Fallvergleich	155
7.2	DIE "BAUERIN"	156
7.2.1	Fallbeschreibung Frau P.	157
7.2.2	Fallbeschreibung Frau A.	162
7.2.3	Fallbeschreibung Frau K.	167
7.2.4	Fallvergleich	174
7.3	DIE "LANDWIRTIN"	178
7.3.1	Fallbeschreibung Frau C.	178
7.3.2	Fallbeschreibung Frau H.	183
7.3.3	Fallbeschreibung Frau R.	192
7.3.4	Fallbeschreibung Frau G.	197
7.3.5	Fallvergleich	201
7.4	"DES BAUERN (EHE)FRAU"	204
7.4.1	Fallbeschreibung Frau M.	204
7.4.2	Fallbeschreibung Frau W.	207
7.4.3	Fallbeschreibung Frau B.	211
7.4.4	Fallvergleich	214

8 DISKUSSION DER ERGEBNISSE 217

DER FAMILIENBETRIEB ALS CHANCE WEIBLICHER LEBENSFÜHRUNG 218
VON DER PRAXIS ZUR FEMINISTISCHEN THEORIE 222

9 BIBLIOGRAFIE 225

1 Einleitung und Zielsetzung der Untersuchung

1.1 EINLEITUNG

Waren einst der Bauernstand im Allgemeinen und die Bäuerin im Besonderen sowohl ökonomisch als auch kulturell von Bedeutung und Ansehen, werden diese in der Gegenwart marginalisiert. Ihre rapide kulturelle Dekonstruktion lässt die Bäuerinnen und Bauern nahezu als archaische Überlebende erscheinen, die einer post-modernen Entwicklung der Gegenwart nicht angemessen erscheint. In der Perspektive des städtischen Milieus werden Bauern und Bäuerinnen mehr und mehr Gegenstand einer romantischen "Natur"betrachtung oder mehr oder weniger berechtigte Subventionsempfänger. Ich möchte eine Perspektive einnehmen, die im Gegensatz zu diesen Bildern steht, "die Bäuerin" nicht in jenem Kontext des "Wir" als Städterinnen sehen, das den meisten Modernisierungstheorien zugrunde liegt, sondern ich möchte auf eine diskursive Weise Bäuerinnen zu Wort kommen lassen, wie sie ihre Identität herstellen und aufrechterhalten.

Indem ich Frauen in den Mittelpunkt meiner Analyse stelle, möchte ich einen entgegengesetzten Dialog zu jener geschlechtsneutralen Stadt-Land Diskussion eröffnen, die eine endogene kulturelle Logik auf regionaler Ebene der Globalisierung und Vernetzung der Industriezentren entgegenstellt bzw. einen time-lag für die "Rückständigkeit" der bäuerlichen Bevölkerung verantwortlich macht. Wird die theoretische Ebene eines dynamischen Zentrums und kulturell stagnierender Peripherie verlassen, kann die Bedeutung von Heterogenität und Transkulturalität zu Tage treten.

Um diesem Thema gerecht zu werden, wurden verschiedene Perspektiven eingenommen, die sich aus unterschiedlichen theoretischen Zugängen, Datenquellen, Methoden und Disziplinen nähren. So liefert uns die historische Sozialforschung wertvolle Informationen über die strukturellen Veränderungen der landwirtschaftlichen Produktionsweise und ihren sozialen Konsequenzen. Familiensoziologische Forschungen weisen auf die Bedeutung der bäuerlichen Familie im historischen Transformationsprozess der Moderne hin (allerdings findet die bäuerliche Familie innerhalb der Formenvielfalt der postmodernen Familie keine Beachtung). Feministische Forschung verweist auf die Blindstellen und den Bias männlicher Forschungsergebnisse und bietet neue Wege erkenntnistheoretischer Zugänge an.

Mein persönlicher Zugang zu diesem Forschungsthema entstand durch eine Irritation in meinen wissenschaftlichen Alltag. Nach einem Vortrag vor Bäuerinnen über die Situation der gegenwärtigen Familie entwickelte sich eine rege Diskussion, in der die Zuhörerinnen höchst engagiert (ohne "Ehrfurcht" vor den Erkenntnissen der Wissenschaft) meine Thesen in Frage stellten und mir über die

Darstellung ihrer eigenen Lebenserfahrungen als Bäuerinnen, Mütter, Ehefrauen und Arbeitskräfte "bewiesen", dass Familie in ihrem Kontext eine gänzlich "andere" Entwicklung nahm. Meine Beschämung, Faszination und vor allem Erkenntnis, dass ich primär an städtische Phänomen gedacht und zur Grundlage meines Vortrags gemacht und bäuerliche Familienformen bestenfalls historisch unter die Sozialform des "ganzen Hauses" eingeordnet hatte, verdeutlichte mir praktisch die Aussagen postmoderner Erkenntnistheoretikerinnen: Theorien weißer, privilegierter Forscherinnen, meist aus bürgerlichen Milieu, vernachlässigen all jene Frauen, die "anderen" Kulturen, Klassen oder Ethnien angehören. Durch das öffentliche Engagement der "Anderen[1]" (Frauen aus der 3. Welt, Farbige oder Lesben) geriet die bisher universelle Kategorie "Frau" ins Wanken, da sie nachwiesen, wie sehr jede Gruppe spezifischen und unterschiedlichen Bedeutungen, Zuschreibungen, Diskriminierung etc. als Frauen unterliegen, die in engen Zusammenhang mit ihrer Erwerbsform und der Art ihres familialen Zusammenlebens stehen. Auch für Bäuerinnen ergeben sich mehrere Kriterien, die sie als "Andere" erscheinen lassen: Sie ist das "Andere" in Bezug auf den Bauern, "anders" im Hinblick auf agrarische Arbeits- und Lebensformen der Vergangenheit und als Frau unterscheidet sie sich in ihrer Familien- und Arbeitsform sowie ihren individuellen Wahlmöglichkeiten von der Städterin.

Sowohl meine eigene Erfahrung als "Andere" als auch das scheinbar "Fremde", Unbekannte an den Bäuerinnen ließ mein Interesse erwachen, sich "wissenschaftlich" dem Leben der Bäuerinnen zu widmen. Zweifelsohne sind damit der Erkenntnis auch Grenzen gesetzt, wenngleich erstaunlich viele Ähnlichkeiten zwischen den Alltagserfahrungen von Bäuerinnen und Wissenschafterinnen zu Tage traten.

Dort, wo sich auf Grund unserer biologischen Funktionen als Frauen Gleiches vermuten ließe, ergaben sich Differenzen. Gemeinsamkeiten traten auf jenen Gebieten zutage, die grundsätzlich verschiedenen Produktionsweisen und Strukturbedingungen unterliegen, im Arbeitszusammenhang. Verschiedenheit statt Gleichheit innerhalb eines biologischen Geschlechts verweist somit auf eine Spur, die die soziale Konstruktion von Weiblichkeit verfolgt. Als eine wichtige Station bei dieser Spurensuche erwies sich das Ideal der bürgerlichen Familie, in dem Weiblichkeit normiert und zur "Natur der Frau" erhoben wurde.

Die historische und sozioökonomische Verortung dieses Modells unterscheidet sich allerdings grundlegend von den Lebenszusammenhängen der Bäuerinnen. Familie ist in ihrem Kontext keine von der Erwerbssphäre getrennte Institution, in deren "Privatheit" sich Weiblichkeit konstituieren und perpetuieren lässt, Fa-

---

[1] Simone de Beauvoir (1968) verwendete erstmals diesen Begriff in der Bedeutung, das die Frau das Andere im Hinblick auf den Mann ist. Seither erfuhr dieser Begriff eine Erweiterung in der feministischen Diskussion um die Differenzen innerhalb der Kategorie "Frau".

milie ist unteilbar verbunden mit dem landwirtschaftlichen Betrieb. Diese spezifische, traditionsgebundene Gegebenheit strukturiert das Frau-Sein in charakteristischer Art und Weise. Der Begriff Bäuerin ist nur in geringem Ausmaß mit jenen Bestimmungen des Geschlechts konnotiert, das als normatives Modell noch heute Gültigkeit hat. Nicht Liebe, Intimität und Kommunikation kennzeichnen primär die Arbeitsleistungen von Frauen im Familienbetrieb, sondern landwirtschaftliche Kompetenz, unermüdlicher Einsatz und Sicherung der Hofnachfolge wurden und werden von ihr verlangt. Dieses Bündel von Erwartungen und Verhaltenszumutungen, die an die Position der Bäuerin herangetragen und die im Laufe ihres Lebens verinnerlicht und Teil ihrer Identität werden, leiten sich nur zum Teil aus der gesellschaftlich definierten Norm von "Weiblichkeit" ab. Sie sind Bestandteil der langen Tradition bäuerlichen Wirtschaftens und werden über die Sachzwänge eines Familienbetriebs und die Struktur des in bäuerlichen Familien ungebrochenen patriarchalen Geschlechterverhältnisses legitimiert.

Die Arbeit als bestimmende Konstante im Leben der Bäuerin sprengt in ihren produktiven wie reproduktiven Tätigkeiten das Bild der bürgerlichen Frau. Verbindend sind die Rollen der Ehefrau, Mutter und Hausfrau, ohne die die bürgerliche Frau, wie auch die Bäuerin die längste Zeit in der Geschichte in eine Ausnahme-Position getreten wäre. Gleichzeitig erschöpft sich das Bild der Bäuerin damit nicht. Die Arbeitsteilung der Moderne ist hier nicht in der bekannten Ausprägung aufzufinden. Ihr Arbeitsbereich geht über den Weiblichkeitsraum des Hauses hinaus. Sie ist für Arbeiten zuständig, die im Haus *und* am Hof anfallen. Das heißt, dass die klassische Arbeitsteilung "Frau im Haus" und "Mann außer Haus" als grundlegendes Organisationsprinzip für das Verhältnis der Geschlechter versagt.

Bäuerinnen überschreiten auch in der landwirtschaftlichen Arbeit die Geschlechtergrenze. Sie arbeiteten überall und führten alles aus, was landwirtschaftliche Arbeit erfordert. Die "Vorteile" der Moderne, Technisierung und Rationalisierung der Landwirtschaft sind zwar weit verbreitet. Aber bis heute ist die Vielfältigkeit und Endlosigkeit der bäuerlichen Frauenarbeit vorzufinden. Die Arbeiten im Haus können nicht mit der bekannten Haushaltsarbeit umrissen werden, auch sie führen darüber hinaus. So wird z. B. außer für Familienmitglieder auch für ArbeiterInnen, die bei der Ernte helfen oder für einen Heurigen gekocht; die Herstellung von Käse, das Backen von Brot dient vielen Frauen als zusätzliche Einnahmequelle u.v.a.m.

Eines aber kann bisher festgehalten werden. Die Arbeit der Bäuerin unterscheidet sich von der des Bauern. Die Strukturierung der bäuerlichen Arbeit durch die Familienwirtschaft führt nur bedingt dazu, dass "alle überall arbeiten". Der weibliche Einsatz, das weibliche Arbeitsfeld ist uneingeschränkt, während für den Bauern eine geschlechtsdifferenzierte Betrachtung vorgenommen werden kann: Bei ihm dominiert die Hofarbeit.

In der horizontalen Betrachtung ist das Paar - Bäuerin und Bauer - die funktionale Einheit, über die der (Weiter-) Bestand des Hofes künftig gesichert wird. Diese Produktionseinheit stützt sich auf vier arbeitende Hände, die multifunktional und variabel einsetzbar sind. Diese denkbare ökonomische Gleichheit des bäuerlichen Paares wird unter dem Aspekt der Geschlechterdifferenz und der patriarchalen Ordnung aufgehoben und durch die männlich dominierte Nachfolgerregelung über Generationen vertikal verknüpft. Der Bauer erhält die Position des Repräsentanten nach außen und die Weitergabefunktion innerhalb des männlichen Genealogieprinzips (die Erbregel über den Vater an den Sohn, an den Enkel usw.). Die Geburt des Sohnes nimmt in der Repräsentation der symbolischen Ordnung eine zentrale Rolle ein. Damit wird die männliche Genealogie eingehalten, die vor allem für das traditionell bäuerliche System bestimmend war und worauf heute noch aufgebaut wird. Der Wechsel der Frau von der Tochter zur Ehefrau trennt die Bäuerin von einer weiblichen Geschichte und gliedert sie unsichtbar, aber produktiv, in die hi(s)story ein.

Ist die männliche Position über die *Nachfolgefunktion* legitimiert, so ist für die weibliche Position die *Wiederholungsposition* bestimmend: Die einheiratende Bäuerin findet meist eine Bäuerin - ihre Schwiegermutter - am Hof vor. In der Mutterposition hat die "Alt(e)"-Bäuerin ausgedient, die Nachfolge ist durch die Geburt des Sohnes gesichert; die Arbeitsposition nimmt sie je nach körperlicher Verfassung nützlich ein. Mit ihrer "Ablöse" hat ihr "Abstieg" begonnen, denn weiter zu geben hat sie nichts; sie hat alles, das Wichtigste, den Sohn als Nachfolger, reproduziert. Mit dem Auftauchen der neuen Bäuerin beginnt der "Kampf" um die Repräsentation im Inneren. Damit eröffnet sich ein Konkurrenzverhältnis, nur in seltenen Fällen kommt es zu einem Bündnis zwischen diesen beiden Frauen. Die altgediente und nicht mehr wirklich nützliche Bäuerin kann ihren Abstieg nur verzögern, solange sich die Unerfahrene[2] beweisen muss.

Das Paradoxon, die Unsichtbarkeit *und* Notwendigkeit der Bäuerin in all ihren Positionen, durchzieht im Allgemeinen die Weiblichkeitskonstruktion. Ein sizilianisches Sprichwort widerspiegelt dies und ist unter diesem Aspekt besonders anschaulich: "Wenn der Vater tot ist, leidet die Familie. Wenn die Mutter stirbt, kann die Familie nicht mehr leben" (Anderson/Zinsser 1988; S. 133). In diesem Sinne nimmt sie eine Wichtigkeit ein, die keinen öffentlichen Ausdruck findet.

Dieses pointiert beschriebene Muster, das im Kern auf die vorindustrielle Gesellschaftsordnung zurückgreift, ist heute aufgeweicht. Der bäuerliche Bereich

---

2   Und es kann jede Frau erst einmal als unerfahren gelten, auch wenn sie selbst Tochter einer Bäuerin ist: ein anderes Haus bedeutet auch andere "Sitten".

ist genauso von den Veränderungen der Moderne betroffen und hat auch auf sie reagiert. So hat zum Beispiel das bürgerliche Ideal der Mutterliebe und des Mutterbildes vor der bäuerlichen Welt nicht halt gemacht. Die Diffusion des bürgerlichen Familienideals in alle sozialen Schichten ist nicht mehr aufzuhalten und im Gegenzug wächst die Vielfalt post-modernen Formen der privaten Lebensführung. Welche neuen Modelle der Familie sind in der bäuerlichen Familienwirtschaft, wo bis heute noch zwei, drei und mehr Generationen "unter einem Dach" leben, aufspürbar? Und welche Veränderungen sind dadurch in der Weiblichkeitskonstruktion bedingt?

1.2 BÄUERIN - DIE UNFASSBARE FRAU?

Die schlaglichtartig angeführten Besonderheiten der Bäuerin führen vor Augen, dass feministische Untersuchungen, die auf dem Konzept "der Frau" als gesellschaftliche Strukturkategorie aufbauen, zu kurz greifen. Wenngleich die in der feministischen Forschung eingeführte Unterscheidung zwischen biologischem und sozialem Geschlecht ein wichtiges Instrument zur Widerlegung eines sozialwissenschaftlichen Biologismus bot, stößt sie in der neueren, postmodernen Diskussion an ihre Grenzen. "Die feministische Postmoderne analysiert, dass das Abstraktum "Frau" als homogene Klasse verabschiedet werden muss, um sich und Frauen selbst gerecht werden zu können; denn Frauen sind ausschließlich in ihren Verschiedenheiten und Differenzen konkret anwesend." (Schmukeli 1996; S. 169)

Auch der Rückgriff auf ein Modell "der Familie", die transhistorisch und transnational existiert, im Prinzip dem bürgerlichen Familienmodell verhaftet bleibt und jede andere Form menschlichen Zusammenlebens als Abweichung deklariert, muss einem Plural gelebter Vielfalt der privaten Lebensformen weichen. Da die Definition von "Familie" politische Entscheidungen beeinflusst, führt dies zur sozialen und finanziellen Entwertung anderer Lebensformen und liefert eine verzerrte Einschätzung der Homogenität österreichischer Familien. Die Resultate sind neben Ungerechtigkeiten in der Familienpolitik, auch die Marginalisierung der bäuerlichen Familie. Sie wird als Vehikel einer überholten Produktionsweise gesehen, der in entwickelten Industriegesellschaften kaum Bedeutung beigemessen wird.

Gleichzeitig ist die Widerständigkeit der Familienbetriebe gegenüber der umfassenden Vereinnahmung der kapitalistischen Warenproduktion ein Phänomen, das mit herkömmlichen Theorien, die sich vornehmlich auf die städtisch-industrielle Entwicklung beziehen, nicht zu erklären ist. Vornehmlich zwei Charakteristika unterscheiden den bäuerlichen Familienbetrieb von industriellen Unternehmen: Erstens die Abhängigkeit von der Natur, indem einerseits der Boden zum organischen Produktionsmittel wird und andererseits Pflanzen und Tiere einer biologisch bestimmten Reifungsdauer unterliegen, was letztlich einer Definition der Produktionszeit als Arbeitszeit widerstrebt. Andererseits beruht Erfolg und Überlebensfähigkeit eines bäuerlichen Familienbetriebes auf den internen Leistungen und Reserven der Familienarbeit, die weit über den üblichen Begriff der familialen "Reproduktionsarbeit" hinausgehen. Sarah Whatmoore (1991) spezifiziert in diesem Zusammenhang vier Arbeitsgebiete: Landwirtschaftliche Arbeit, Hausarbeit, nichtlandwirtschaftliche Arbeit (Frühstückspensionen, Urlaub am Bauernhof, etc.) und Lohnarbeit. In der Praxis sind diese Tätigkeiten ineinander verwoben und tragen als Subsistenz-, waren- und einkommenserzeugende Arbeit zur Reproduktion der Familienmitglieder ebenso wie zur Aufrechterhaltung des Unternehmens bei.

Arbeitsgegenstand, Arbeitsmittel, Arbeitsrhythmus und Arbeitsvermögen in kapitalistischen Produktionssystemen können daher analytisch ebenso wenig auf den bäuerlichen Arbeitsbereich umgelegt werden, wie die dort stattfindende Vergeschlechtlichung gesellschaftlicher Arbeit in "männliche" und "weibliche" Tätigkeiten. Wenngleich die Ergebnisse feministischer Forschungen die Entwertung und Ausbeutung "weiblicher" Arbeit zu Tage brachten, sind sie einem dualistischen Bias unterworfen. Sie bleiben einem dualistischen Konzept von Familie und Arbeitswelt, Privatheit und Öffentlichkeit ebenso verhaftet, wie der Kategorie "Frau" und "Mann" als entgegengesetztes soziales Konstrukt. Die Tatsache, dass Frauen in der Landwirtschaft in eine spezifische Form der Geschlechterbeziehung eingebunden sind, sowohl als Ehefrauen als auch als Töchter oder Mütter männlicher Landwirte, ist ein wichtiges Unterscheidungskriterium *zwischen* Frauen und ist zentral für die Identität und das Selbstbewusstsein einer Frau. Im Allgemeinen wurden Bäuerinnen als Kategorie behandelt, in der das Geschlecht - der soziale Prozess und die Erfahrung, eine Frau zu sein – irrelevant für die Erklärung ihrer Position ist. Im schlechtesten Fall werden sie - neben Land, Arbeit und Kapital - auf den analytischen Status eines Produktionsfaktors im männlichen Produktionsprozess reduziert. Die geschlechtsspezifische Arbeitsteilung wird entweder als technische Teilung der Arbeit betrachtet, die Tätigkeiten in sozial gleiche Produktionsbereiche aufteilt und/oder es wird von einer "natürlichen" Arbeitsteilung ausgegangen, wonach die Tätigkeiten auf der Basis gewisser geschlechtsspezifischer Zuschreibungen aufgeteilt sind. Geschlechter-beziehungen als prinzipielle Achse sozialer Prozesse innerhalb des Familienbetriebes, die sowohl männliche und weibliche Arbeitsrollen formt als auch die Identitäten als Bäuerin und Bauer, werden grundsätzlich vernachlässigt.

Weiters schließt die Begrenzung vieler - wenn auch wichtiger - feministischer Studien über die Arbeitswelt auf die beiden Kategorien "Lohnabhängige" und "Hausfrau" viele Frauen (Bäuerinnen, Farbige, Frauen der 3. Welt) aus. "Was also das Subjekt Frau ist und bedeuten soll, kann nur wiederum kontextabhängig, vielfältig und in einer präzisen differenzierenden Annäherung bestimmt werden." (ebenda S. 41)

Das heißt allerdings nicht, dass die Einbindung von Frauen in kapitalistischen und patriarchalen Verwertungszusammenhänge außer Kraft gesetzt wird. Vielmehr ist dafür Sorge zu tragen, "dass nicht eine einzelne Konzeption mit ihrer Partikularität ... die Position des Ganzen für sich beansprucht" (Welsch 1994; S. 17). Die Frage, ob die Gemeinsamkeiten als Frauen oder die Differenz zwischen Frauen Schwerpunkt sozialwissenschaftlicher Analysen sein soll, kann deshalb nur mit der Forderung nach Pluralität der Denkweisen beantwortet werden.

1.3 DIE CHANCEN EINER POSTMODERNEN PERSPEKTIVE

Als eine Möglichkeit über das Selbst und transhistorische soziale Beziehungen zu überdenken, bietet der Postmodernismus die Möglichkeit "the self, gender, knowledge, social relations, and culture without resorting to linear, teleological, hierarchic, holistic, or binary ways of thinking and being" (Flax 1987; S. 622) zu verstehen und zu konstruieren.

Speziell "das Land" als Gegensatz zur Stadt, die agrarische Produktionsweise im Gegensatz zur industriellen Entwicklung, die Natur im Gegensatz zur Kultur sind durch Dichotomien und Universalismen gekennzeichnet, die den Blick auf ihre wechselseitige Bedingtheit und Beeinflussung versperren. Dies mögen folgende Beispiele demonstrieren.

1.3.1 Die Überwindung der Stadt-Land-Dichotomie

Der dichotome Charakter der Stadt und Landunterschiede galt lange Zeit als kaum angezweifelte Grundkategorie der soziologischen Forschung. Vor allem die frühe Agrarsoziologie als deren markantester Vertreter Wilhelm Heinricht Riehl (1851-1855) genannt werden kann, vertrat diese Ansicht. Ihre Aufgaben sah die Agrarsoziologie darin, die mit der territorialen Teilung in Zusammenhang stehenden, sozialen Probleme zu analysieren und für den jeweiligen sozialen Raum Anpassungen und Adaptionsmöglichkeiten an die technologischen und ökonomischen Veränderungen herzustellen (vgl. Mormont 1990). Grundlegendes Paradigma war die Homogenität der räumlichen Entitäten, deren lokale Organisation und Autonomie. Heute kann die Beziehung zwischen Raum und Gesellschaft nicht mehr unter Rückgriff auf diese traditionellen Paradigmen gelöst werden.

Auch bei den Klassikern soziologischer Theorien sind Stadt und Land einander entgegengesetzt und werden unterschiedlich bewertet. Karl Marx ist z.B. der Ansicht: "Die Grundlage aller entwickelten und durch Warentausch vermittelten Teilung der Arbeit ist die Scheidung von Stadt und Land. Man kann sagen, dass die ganze ökonomische Geschichte der Gesellschaft in der Bewegung dieses Gegensatzes resümiert" (MEW 23; S. 371). Durch die Errichtung der Städte wurde "ein Teil der Bevölkerung des Idiotismus des Landlebens entrissen" (MEW 4; S. 466). Allerdings bildete für Marx die Stadt lediglich eine äußere Erscheinungsform für die Entfaltung der kapitalistischen Produktionsweise und die Zentralisierung des Proletariats. Trotzdem ist die negative Konnotierung des Landes unverkennbar.

Durkheim (1889) sieht ebenfalls in der Arbeitsteilung - ausgelöst durch Verstädterung und Industrialisierung - desintegrative Effekte auf die soziale Ordnung und sozialen Rollen. Während für die Einwohner ländlicher Gebiete die persönliche Intimität durch strenge soziale Kontrolle und allgemeine Wertsysteme abgesichert ist, fehlen diese in den Industriezentren, "Anomie" breitet sich aus.

Tönnies (1935) geht davon aus, dass alle sozialen Gebilde durch das soziologisches Gegensatzpaar von "Gemeinschaft" und "Gesellschaft" erklärt werden können, wobei das Familienleben die allgemeine Basis der gemeinschaftlichen Lebensweisen ist. Die Großstadt ist, "der übermäßige Ausdruck der städtischen Form des räumlichen Prinzips; welche Form durch diese Möglichkeit und Wirklichkeit zu der wesentlich und fast notwendig in der Gebundenheit verharrenden Dorfansiedlung, der ländlichen Form desselben Prinzips, in den entschiedendsten Gegensatz gerät" (Tönnies 1991; S. 217)

Die Gemeinsamkeit beider Autoren ist darin zu sehen, dass sie versuchen, verschiedene Formen der gesellschaftlichen Zusammenhänge durch die Entwicklung analytischer Dichotomien zu unterscheiden. Die dahintersteckende Theorie sozialen Wandels und die Probleme der Industrialisierung und Urbanisierung werden begrifflich auf die polare Entgegensetzung von Stadt und Land bezogen, wobei an Hand wechselnder Kriterien bestimmt wird, was unter diesen Begriffen zu verstehen ist.

Natur als Sammelbegriff zur Bezeichnung von Wirklichkeitsbereichen, die ohne menschliches Zutun entstehen bzw. existieren, wird als Gegenbegriff zu den Begriffen "Kultur" und "Gesellschaft" verwendet. Die Beziehungen zwischen Gesellschaft und Natur, die Beziehungen und Interaktionen zwischen dem Menschen und seiner Umwelt taucht zum ersten Mal in einer wissenschaftlichen Veröffentlichung der Soziologen Park und Burgess (1921) auf. Der prominente Vertreter der Chicagoer Schule Park überträgt Erkenntnisse der Evolutionstheorie Darwins auf seine humanökologischen Forschungen, wobei der Begriff "competition" im Zentrum steht (vgl. Bodzenta 1964; S. 24). Dabei geht es um die Erforschung der durch Konkurrenz gebildeten sozialen Organisation in urbanen "communities", die räumlich-biologisch und nicht sozial definiert wird.

Die Auswahl der - auf den ersten Blick willkürlich erscheinenden - Soziologen beruht auf einer von Theodor Shanin (1987) getroffenen Systematisierung der 'peasant studies', in der er vier wissenschaftliche Tradition, die auf diese neue interdisziplinäre Forschungsrichtung Einfluss gehabt haben, nennt: "the class theory, the 'specific economy' typology, the ethnographic cultural tradition und the Durkheimian taxonomy as developed by Kroeber" (S. 471).

Für die marxistische Klassenanalyse ist die agrarische Produktionsform typisch für den Feudalismus, Ziel der Analyse sind Ausbeutungsbeziehungen. In der zweiten Tradition werden Bauerngesellschaften über die Produktionsform der 'bäuerlichen Familienwirtschaft' als spezielle Ökonomie erfasst. Das theoretische Konzept geht ebenfalls auf Marx zurück, darüber hinaus fand die Übersetzung von Tschajanows "Lehre der bäuerlichen Wirtschaft" (1966) speziell im angloamerikanischen Raum großen Zuspruch (vgl. Hettlage 1989). In diesem Zusammenhang ist auch die so genannte "Haushaltsdebatte" von Bedeutung. Ab den 70er Jahren wurden Fragen um die sozialen Einheiten, in denen Produktion, Reproduktion und Konsum vereint sind und die Tschajanow "Familienwirtschaft", Max Weber "Familien- und Arbeitsgemeinschaft" oder Wilhelm Riehl und Otto Brunner das "ganze Haus" nennen, für die theoretische Diskussion marxistisch und feministisch orientierter Sozialanthropologen (Meillassoux 1975; Sahlins 1974) relevant und dauert bis heute an.

Die dritte Tradition sieht Bauern als Trägheitselement und Repräsentanten einer frühen nationalen Tradition während Durkheims Gesellschaftstypologie als "part societies with part cultures" konzeptualisiert wurde (Hettlage 1989; S. 11). Die grundsätzliche Dichotomie zwischen traditionell (segmentiert, mechanische Solidarität) und modern (integriert, organische Solidarität) wird 1948 von Kroeber aufgenommen, der die bäuerliche Gesellschaft als "Teilgesellschaften" in einer vermittelnden Position zwischen traditionell und modern ansiedelt.

Im Gegensatz zu den wenigen ausgewählten Beispielen, schließt das, was heute im alltäglichen und statistischen Sprachgebrauch als "Land" bezeichnet wird, völlig heterogene gesellschaftliche Realitäten ein. Mit fortschreitender Differenzierung von Wirtschaft und Gesellschaft haben wir es mit einer Pluralität von Umwelten zu tun, zu deren adäquater Beschreibung weder die Dichotomie noch das Stadt-Land-Kontinuum ausreichen. Nach einem Vorschlag von Cecora (1994) muss, um die Umstände nicht städtischer Gebiete zu beschreiben, an die lange Liste der "post-ismen" der Begriff "post-rural" angehängt werden. Die steigende Mobilität von Personen, Gütern und Informationen, Zersiedelung, gute Transportmittel und Kommunikationsnetzwerke werden zusehends Merkmale entwickelter Industriegesellschaften, die Stadt-Land Differenzen verringern und demographische, sozioökonomische und berufliche Unterschiede an Bedeutung gewinnen lässt. Der rurale Raum eignet sich in seiner spezifischen Gestalt als Arena, in der soziale Akteure ihre Wertsysteme darstellen und ausdrücken können (Cicora 1994). Das Rurale wird daher eher zu einem Raum, der Differenz symbolisiert, eine Differenz, die verschieden interpretiert werden kann.

1.3.2 Randgruppen in der main-stream Soziologie

Es ist noch nicht allzu lange[3] her, dass Frauen - sowohl als Forscherinnen als auch als "Forschungsgegenstand" - in der Soziologie eine marginale Rolle spielten. Wurden sie dennoch in empirische Analysen einbezogen - "man(n) zählte nun auch Damenbeine" (Kreisky 1995; S. 42) - dann wurde ihr Verhalten z. B. am Arbeitsmarkt an weißen Männern mittleren Alters und qualifizierter Ausbildung gemessen und ihre "Defizite" (geringe Bildung, Unterbrechung der Berufslaufbahn wegen der Geburt und Betreuung eines Kindes, etc.) als erklärende Variable für ihr "abweichendes" Verhalten herangezogen.

Auch die Familiensoziologie akzeptiert erst in den letzten Jahren das Nebeneinander privater Lebensformen als Phänomen der Postmoderne (Goldberg 1997). Lange Zeit war es allerdings üblich, die Kernfamilie zum Maß aller Dinge zu machen und nicht-eheliche Lebensgemeinschaften, Alleinerzieherinnen, Geschiedene oder homosexuelle Paare ebenfalls als deviant oder marginal zu erklären.

Darüber hinaus wurde und wird die Soziologie kritisiert, dass sie Frauen "unterschlage" (Oakly 1974), da die Definitionen von Gegenstandsbereichen in der Soziologie - Schichtung, politische Institutionen, Religion, Bildung, Devianz, Arbeitswelt usw. - durch die männliche Perspektive bestimmt wird. So führt zum Beispiel das Auslassen des Themas Hausarbeit sowohl in der Arbeitssoziologie als auch in der Familiensoziologie zu einem verzerrten Blick über die Lage der Frau.

Einen ähnlichen Stellenwert in der male-main-stream Soziologie nehmen Gesellschafts- oder Produktionsformen ein, die nicht den industriell modernen Standards entsprechen. Hettlage zufolge hat die main-stream Soziologie eine unverkennbare "industriesoziologische Schlagseite" (1989 S. 14). Gesamtüberblicke zur Soziologie kennen die agrarische Lebensform höchstens im historischen Rückblick (vergleiche auch die Familiensoziologie), für die Gegenwartsgesellschaft ist sie nicht mehr relevant. Wie sehr Agrargesellschaften mit Gegenwartsproblemen in Beziehung stehen, streicht Shanin (1971) hervor "even in our 'dynamic' times, we live in a present rooted in the past, and that is where our future is shaped. It is therefore worth remembering - as in the past so in the present - peasants are the majority of mankind" (S. 17). Bäuerinnen und Bauern machen den größten Teil der so genannten Entwicklungsländer aus (nach einer Schätzung von Hettlage leben in Asien, Lateinamerika und Afrika rund 2 Milliarden Bauern (1989; S. 15), hinzu kommt, dass auch die industriell hoch entwickelten Staaten, wie USA, Kanada, Russland und die EU-Länder riesige Areale

---

[3] Zur frühen Kritik der Sozialwissenschaften siehe zum Beispiel Jessie Bernard (1973): My Four Revolutions: An Autobiographical History of the ASA

umfassen, die agrarisch bewirtschaftet werden. In Österreich werden in etwa 85 Prozent der Gesamtfläche agrarisch genützt. Schließlich ist es nicht allzu schwer, in seiner eigenen Familie oder bei Freunden Personen zu finden, die noch aktiv Landwirtschaft betrieben haben. Städtische und ländliche Lebensformen sind einander noch nicht so fremd, wie es Modernitätsfanatiker glauben machen wollen. Dies bestätigt sich auch in der aufkeimenden positiven Neubewertung der agrarischen Lebensweise.

Die Erforschung bäuerlicher Gesellschaften als spezifische Gesellschaftsform wird im angloamerikanischen Raum seit den 60er Jahren in interdisziplinärer Zusammenarbeit zwischen Anthropologen, Ethnologen, Soziologen und Historikern intensiv betrieben. Giordano stellt die These auf, dass im deutschsprachigen Raum die Verspätung und der Mangel an Auseinandersetzungen mit bäuerlichen Gesellschaften mit der Vorliebe für klare Disziplinabgrenzungen zu tun habe (1989; S. 13)

Der industriell-urbane Horizont in der deutschsprachigen Soziologie wird von Anderson als Bedürfnis der bürgerlichen Schichten, ihre soziale Lage in ihrem unmittelbaren Umfeld zu erkennen, interpretiert (1968; S. 7). Giordano sieht in der geringen Bedeutung, die die Entwicklungs- und Migrationssoziologie innerhalb der Soziologie hat, Indikatoren für die industriell-urbane Zentrierung soziologischen Forschungsinteresses. Auch innerhalb dieser Teildisziplinen ortet er in den theoretischen Zugangsweisen Modernisierungstheorien als Vorschläge für beschleunigte Versionen der industriellen Revolution in Europa oder ein Außer-Acht-Lassen der agrarische Kulturen in der Diskussion um Gastarbeiter (1989; S. 11). Die Agrarsoziologie schließlich führt nicht die Weber'sche Tradition fort, die in der Enquete über die Verhältnisse der Landarbeiter in den ostelbischen Gebieten (1892) enthalten war. Eine mögliche Ursache kann in ihrer Entstehung aus der Agrarökonomie liegen, oder, dass "die Agrarsoziologie in Deutschland die rurale Realität mit einem sehr selektiven, industriell-urbanen Blick betrachtet" (Giordano 1989; S. 11).

Wolf leitet überdies aus seiner Untersuchung "Völker ohne Geschichte" (1986) folgende Erklärung für das - angesichts der zahlenmäßigen Überzahl agrarischer Lebensformen - geringe Interesse der Sozialwissenschafter ab: Auf der Suche nach "harten Fakten" wird die reale Welt der Völkervielfalt vorschnell auf interessante, aber nur begrenzte Teilaspekte verkürzt. Interessant ist deshalb nicht mehr, wie sich Menschen durch Interaktionen vergesellschaften, sondern nur noch, wie Menschen übereinkommen, soziale Ordnung aufrecht zu erhalten und sich zu "modernisieren" (Wolf 1986; S. 30).

Unter diesem Gesichtspunkt wird bäuerliches Leben meist als vormodern, unterentwickelt oder traditional rückständig betrachtet. Hettlage (1989) zufolge gibt es dafür zwei Ursachen: Erstens entspricht die Bauernkultur tatsächlich einer traditionellen Kultur, da der gemeinsame Lebensstil, die Technologien, die Institutionen, Einstellungen und Motivationen sowie das gesamte Wertsystem nicht den industriellen Rationalitätskriterien entsprechen. Dennoch ist dieses für die Betroffenen rational. Pongratz (1990) weist darauf hin, dass die bäuerliche Kultur seit Jahrhunderten von Auseinandersetzungen mit hegemonialen Kulturen geprägt war und sich die Erfahrungen und Regeln zur Bewältigung dieses Wandels schlicht bewährt und zu ihrer Stabilität und Kontinuität beigetragen haben. Traditionelles Handeln bedeutet dabei kein starres Festhalten an eingelebten Gewohnheiten, vielmehr wird darüber die individuelle Bewältigung der Modernisierungsanforderungen und Integration in das Alltagsleben vermittelt. Traditionelles Handeln erfordert auf der Basis der überlieferten Regeln stets neue Interpretationen der veränderten Wirklichkeiten.

Zweitens ist Hettlage der Meinung, dass die zitierten traditionellen Lebensformen unter dem Aspekt einer unilinearen Modernisierungsthese nur als Durchgangsstadium und entsprecht verzerrt gesehen werden. Die Moderne der entwickelten Industriegesellschaft wäre demnach die eine, einzig erstrebenswerte "great tradition". Eisenstadt hat wiederholt darauf hingewiesen, dass auch die westliche Industriezivilisation nur "*eine*" große Tradition ist ((1973, 1977) zit. nach Hettlage 1996; S. 17), neben der andere denkbar bleiben, die von ihrem dauerhaften Einfluss her keineswegs nur "little traditions" sind, wenngleich sie unter ethnozentrischen Blickwinkel so erscheinen mögen. Hettlage schlägt vor, alle möglichen und denkbaren Entwicklungsrichtungen als verschiedene Formen von "Post-Traditionalität" zu bezeichnen (ebenda). Unter dem Gesichtspunkt der "Völkerwanderung des 20. Jahrhunderts", die neben Flüchtlingen aus ärmsten, agrarischen Regionen auch Arbeitsmigranten aus Agrargebieten in die Städte drängen lässt, ist nicht zu erwarten, dass die städtische Industriekultur bruchlos in eine Richtung übertragen, sondern dass sich auch für industrielle Lebensformen Veränderungen ergeben. Wir werden also mit dem Problemen der "Post-Traditionalität" einerseits und jenem der Persistenz bäuerlicher Kultur noch länger beschäftigt sein.

Darüber hinaus ist zu bedenken, dass bäuerliche Denk- und Verhaltensformen "nicht nur von außen sozusagen 'eingeschleppt' werden, sondern dass diese in der Moderne ganz genuin und typischerweise angelegt sind...Von daher gesehen, muss die Bauerngesellschaft in die Industriegesellschaft irgendwie hineinragen" (Hettlage 1989; S. 20), da es soziologisch zu kurz gegriffen wäre, von einem Abschneiden dieser historischen Wurzeln auszugehen. In diesem (postmodernen) Sinne, wäre es auch absurd, von Konzepten des "bäuerlichen" oder "ruralen" auszugehen, die für Industriegesellschaften nur marginale Relevanz besitzen. "Any attempt to tie patterns of social relationships to specific geographical milieu is a singularly fruitless exercise" (Pahl 1968; S. 304). Die Auflösung dieser dichotomen Stadt-Land-Optik als eine Ursache für die Schwerpunktsetzung soziologischer Forschung lässt auf eine komplexere und realitätsnähere Soziologie hoffen. "Sie hätte davon auszugehen, dass Gesellschaften und Kulturen nie homogen sind, dass also Modernität und Tradition sich immer überlappen, so dass die Industriegesellschaft notwendigerweise in einer Verbindung zu vorindustriellen Zeit steht ... Das Gleichzeitige des Ungleichzeitigen zu entdecken ... befreit die Soziologie der Moderne aus ihrer industriesoziologischen Fixierung" (Hettlage 1989; S. 325)

1.3.3 Natur und Kultur

Die mit der Aufklärung verbundene Objektivierung von Mensch und Natur ist das Kennzeichen moderner Wissenschaft. Diese Entwicklung hat ihre Grundlagen in den philosophischen, geistigen und gesellschaftlichen Entwicklungen des 17. Jahrhunderts. Der Philosoph Descartes (1596-1650) ist einer der einflussreichster Vertreter dieser Strömungen. Descartes versucht vor dem Hintergrund einer Trennung von Geist und Körper bzw. Mensch und Natur, durch die Entdeckung kausaler Regeln in der Natur, die ihr innewohnenden Vorgänge planbar und damit die Natur beherrschbar zu machen.

Mit der Befreiung des Subjekts aus den Zwängen der Religion, der mittelalterlichen Gesellschaft und der Natur wurde der Mythos der grenzenlosen Beherrschbarkeit und Ausbeutung der Natur aufgebaut. "Der Mythos geht in Aufklärung über und die Natur in bloße Objektivität. Die Menschen bezahlen die Vermehrung ihrer Macht mit der Entfremdung von dem, worüber sie Macht ausüben" (Horkheimer/Adorno 1991; S. 15). Mit der Negation der Natur als Gesamtheit mittels einer fortschreitenden, mathematisch-naturwissenschaftlich begründeten Herrschaft über sie, wird auch das menschliche Subjekt negiert. Die Herrschaft über die Natur und die unvollständige Vergesellschaftung der Natur im Prozess der Industrialisierung führen gleichzeitig zu einer Entfremdung des Menschen von sich selbst und von der Natur (Kölsch 1990; S. 14). Das Individuum wird auf sich als Objekt seiner selbst zurückgeworfen und lebt zunehmend in der Isolierung von der natürlichen und sozialen Umwelt, der Mensch begibt sich in die "Falle der Moderne" (ebenda).

Für die auf der cartesianischen Logik aufgebauten Wissenschaft wird das wirkliche Leben - das dieser Logik nicht entspricht - zunehmend irrelevant. Seit der Aufklärung dominiert in der Wissenschaft das Erkenntnisinteresse, alles Messbare zum Kriterium der Wirklichkeit zu machen. Die Mathematik beginnt ihren Siegeszug, die Sozialwissenschaften versuchen, den Messbarkeitsansprüchen genüge zu tun, indem mathematische Modelle für die Erklärung menschlichen Sozialverhaltens entwickelt werden (vgl. Spieltheorie oder die Bedeutung des 'rational man'). "Dieses Phänomen überträgt sich nun ausgehend von der Wissenschaft auf das gesellschaftliche Leben und das individuelle Handeln, die immer mehr von einer konstruierten Wirklichkeit dominiert werden, die das Subjektive und die Natur aus dem Alltag abtrennt und damit letztendlich negiert." (Kölsch 1990; S. 16).

Der Prozess der Modernisierung in Wissenschaft und Gesellschaft ist insbesondere für die Landwirtschaft von großer Relevanz. Landwirtschaft ist einerseits immer auf die Reproduktion der Natur angewiesen. Zum anderen wirkt jedoch auch hier das Weltbild der Moderne, indem landwirtschaftliche Betriebe nach den Kriterien der Zweckrationalität spezialisiert, rationalisiert, industrialisiert und vergrößert werden sollen, um die eigene Existenz zu erhalten. Der Widerspruch zwischen nachhaltigem Wirtschaften und Fortschrittsideologie liegt somit in der Spezifität landwirtschaftlichen Tuns begründet.

Im Vergleich zu den beiden anderen Wirtschaftssektoren tritt die Bäuerin oder der Bauer immer mit der Natur als Ganzes in Interaktion, transformiert durch diese Interaktion Natur zur Kultur. Gleichzeitig ist landwirtschaftliches Handeln unmittelbar auf Natur bezogen, ist abhängig von biologischen Zeitrhythmen, Bodenbeschaffenheit und Klima. Der ganzen Natur tritt der ganze Mann gegenüber, Eigner an Produktionsmittel und Lohnsklave in einer Person. Diese ganzheitliche Orientierung in der Arbeit, der Umgang mit der Natur und der Produktionsweise steht im Widerspruch zu den Prinzipien der Moderne. Die "Doppelstruktur der Naturerfahrung" (Eder 1988; S. 230) eines modernen Menschen begründet sich aus zwei unterschiedlichen Perspektiven: "Natur wird einmal zum Gegenstand wissenschaftlicher Erkenntnis; sie wird ausgehorcht; ihre grundlegenden Gesetze werden erforscht. Natur wird aber zugleich zum Gegenstand touristischer Erfahrung; sie wird zum Medium der Erholung in der 'freien Natur' (ebenda S. 232). Die Natur wird zugleich instrumentalisiert und als Lust an der Natur zivilisiert. Horkheimer und Adorno haben diese Dialektik industrieller Entwicklung auf den Begriff gebracht: "Natur wird dadurch, dass der gesellschaftliche Herrschaftsmechanismus sie als heilsamen Gegensatz zu Gesellschaft erfasst, in die unheilbare gerade hineingezogen oder verschachert. Die bildlichen Beteuerungen, dass die Bäume grün sind, der Himmel blau und die Wolken ziehen, macht sie schon zu Kryptogrammen für Fabrikschornsteine und Gasolinstationen" (1991; S. 157)

Diese vergangenen Bilder der Industrialisierung werden in der Gegenwart von der Naturalisierung technokratischer Entwicklungen abgelöst. Es genügt nicht mehr die Größe des menschlichen Geistes, wissenschaftliche Logik, um Natur zu erforschen und ausbeuten. Im "postbiotischen" Zeitalter "gibt das Lebendige uns sein Bewusstsein" (Kelly zit. nach Becker-Schmidt 1996; S. 337). Aus dem Munde eines Anhängers der Artifical Inteligence wird dieser Prozess auf den Punkt gebracht: "Wirklich komplexe Systeme, wie etwa eine Zelle, eine Wiese, eine Volkswirtschaft oder ein Gehirn, bedürfen einer streng nichttechnologischen Logik. Wir erkennen jetzt, dass keine Logik außer der Bio-Logik eine denkende Apparatur oder gar funktionierende Systeme von jedweder Größe kreieren kann. Die Natur hat dem Menschen fortwährend ihr Fleisch überlassen. Erst nahmen wir Naturstoffe für Nahrung, Kleidung und Schutz. Dann lernten wir, Rohstoffe aus der Biosphäre der Natur abzubauen, um eigene, neue synthetische Materialien zu erzeugen. Nun gibt das Lebendige uns sein Bewusstsein. Wir übernehmen seine Logik" (ebenda). Während Karotten- und Milchkuhzüchter sich auf die Darwinsche Evolution verlassen mussten, kann durch die Übernahme dieser Bio-Logik von den modernen Gentechnikern zielbewusstes Design eingesetzt werden.

Die kulturelle Konzeption von Natur als einem Ort von Nicht-Kultur repräsentiert einerseits die Quelle unverfälschten Wissens und andererseits den zu ihr im Gegensatz stehenden Ursprung. "Die Konstitution eines handlungsfähigen Selbst ist in den hegemonialen androzentrischen Erzählungen nur als Loslösung, Beherrschung und Überwindung einer Natur möglich, die auf ambivalente Weise Reinheit und Unschuld verheißt" (Hammer/Stieß 1995; S. 27). Dieser Prozess ist eng mit der Geschichte der Ausübung von patriarchaler und kolonialistischer Herrschaft verbunden. Die Konstruktion von Handlungsfähigkeit ist nur möglich durch die Unterordnung von Differenz unter die Identität des Selbst und die Bildung oppositioneller und hierarchisch angeordneter Dichotomien wie männlich/weiblich, zivilisiert/primitiv, aktiv/passiv. "Das für die Selbst- und Fremdwahrnehmung entscheidende Verhältnis von Selbst und Anderen ist mit einem Dualismus von Natur und Kultur verbunden, der die Unterwerfung anderer Gruppen durch deren Markierung und Identifikation mit Natur (Frauen, Wilde) und somit die Ausarbeitung hierarchischer Verhältnisse zwischen Geschlechtern, 'Rassen' oder Klassen strukturiert" (ebenda S. 28).

Donna Haraway weist darauf hin, dass der Dualismus von Natur und Kultur neben den Sozial- und Wirtschaftswissenschaften auch in linken oppositionellen Diskursen präsent ist, wonach das Soziale weitgehend als Ausschluss oder Abwesenheit von Natur konzipiert ist (vgl. dazu auch Kölsch 1990). Sie macht auf die Blindstelle dieses Diskurses aufmerksam, nämlich die Überwindung des dualen Natur-Kultur-Verhältnisses in einer Weise, die weder die Natur, sei es in Form einer Ontologisierung der Technik oder den Diskurs völlig zu beherrschen droht. Frauen werden als Grenzfiguren an der Schnittschnelle von Natur und Kultur positioniert, ihre Handlungsfähigkeit beruht nicht auf Identität und Abgrenzung, sondern auf "Verkörperung, innerer Differenz und Verbundenheit über die Grenzen zwischen Mensch und Tier und zwischen Mensch und Maschine hinweg" (Hammer/Stieß 1995; S. 30). Biologische Organismen sind zu biotischen Systemen geworden, zu Kommunikationsgeräten wie andere auch. "Innerhalb unseres formalisierten Wissens über Maschinen und Organismen, über Technisches und Organisches gib es keine grundlegende, ontologische Unterscheidung mehr" (Haraway 1995, S. 67)

1.3.4 Natur/Frau versus Kultur/Mann

Aus einer anderen feministischen Perspektive wird bei der Beantwortung der Frage, wie die Grenze zwischen "Natur" und "Nicht-Natur" zu ziehen ist, die gesellschaftliche Bedingtheit und historische Veränderbarkeit der Natur in den Vordergrund der Analyse gestellt. "Der Naturbegriff ist nicht von der Biologie, sondern nur von der Ökonomie her zu erklären...Aus der Sicht der Herrschenden ist banalerweise jeweils alles das "Natur, wofür sie nichts bezahlen oder bezahlen wollen" (v. Werlhof 1983; S. 141). Die geschlechtliche und kapitalistische Arbeitsteilung, die der patriarchale Industriekapitalismus geschaffen hatte - die Trennung zwischen Erwerbs- und Hausarbeit, 'öffentlicher' und 'privater' Arbeit, 'Produktions- und Reproduktionsarbeit' - war nur durch diese "Naturalisierung" des einen Pols der Arbeitsteilung möglich - des weiblichen. (Bennholdt-Thomsen/Mies 1997; S. 17). Der vor allem von Ökofeministinnen hervorgehobene geschlechtsspezifische Gegenstandsbezug zur Natur (Frauen haben ein unmittelbares, herrschaftsfreies und reproduktives Verhältnis zur Natur, da sie Produzentinnen des Lebens sind, während die mangelnde Reproduktionsfähigkeit der Männer zur instrumentellen Wahrnehmung der Natur führt, die über Werkzeuge bzw. Technologie vermittelt wird) und die damit verbundene Wertung, reproduziert aber genau jene Dichotomien, die die Natur zur Basis für soziale Zuordnung macht. Somit erweist sich die in der Forschung als selbstverständlich vorgegebene Zweigeschlechtlichkeit des Menschen als undurchschaubare soziale Konstruktion, deren universalistische Konzeption nicht zuletzt ethnozentrische Vorurteile festschreibt. "Der implizite Rückgriff auf "Natur" ... verstellt den Blick darauf, dass uns diese immer schon im Modus sozial produzierten Wissens begegnete: Erkenntnistheoretisch gesehen gibt es keinen unmittelbaren Zugang zur "reinen", "wirklichen" oder "bloßen" Natur; und anthropologisch gesehen lässt sich über "Natur" des Menschen nicht mehr, aber auch nicht weniger sagen, als dass sie gleich ursprünglich mit Kultur ist" (Gildemeister/Wetterer (1992; S. 210).

Durch die soziale Konstruktion der Differenz in der sex-gender-Diskussion wird diese als Natur festgeschrieben und ontologisiert oder wie Judith Butler es ausdrückt "durch diese geglückte "Selbst-Naturalisierung" wird Differenz in ihrer Hegemonie gefestigt und ausgedehnt.

Als Ausweg bietet sich die "Null-Hypothese" an, dass es keine notwendige, naturhaft vorgeschriebene Zweigeschlechtlichkeit gibt, sondern nur verschiedene kulturelle Konstruktionen von Geschlecht (vgl. Hagemann-White 1988; S. 230). Damit werden Prozesse der kulturellen Konstruktion der (Zwei)Geschlechtlichkeit und ihrer Naturalisierung eines genaueren Blicks unterzogen. Ein Beispiel ist in diesem Zusammenhang die historische Untersuchung von "weiblichen" und "männlichen" Tätigkeiten und Berufen. Was gemeinhin als geschlechtsspezifische Eignung oder ein durch Sozialisation vermitteltes geschlechtsspezifisches Arbeitsvermögen (Beck-Gernsheim 1980) erscheint, erweist sich lediglich für die Bewertung und Positionierung der von Frauen ausgeübten Tätigkeiten als strukturierendes Moment. Besonders deutlich wird dies über die Studie von Willms - Herget (1983), die dieses Phänomen für alle Formen der Verberuflichung bis hin zu Professionalisierungstendenzen nachweist. "So entsteht in einem Schritt, der historisch auf die 'reale' Segregation erst folgt, 'hinter dem Rücken der Beteiligten ein historischer Mythos' (Rabe-Kleberg 1987; S. 41), der Mythos von der besonderen Eignung der Frauen für Frauenberufe." (Gildenmeister/Wetterer 1992; S. 220)

Gildenmeister/Wetterer sehen in dieser Mythosbildung die Erklärung für die geschlechtsspezifische Segregation als Selbst-Naturalisierung der sozialen (und kulturellen) Konstruktion der Differenz, in dem der Prozess der Herstellung von Weiblichkeit (und die Vielfalt der Tätigkeiten) im Ergebnis verschwunden ist. "Der Versuch, das Weibliche als strukturierendes Moment sozialer Differenzierung dingfest zu machen und so einen Anfang für darauf folgende soziale Prozesse zu setzen, verkennt den Prozesscharakter und die Kontextgebundenheit der Vergeschlechtlichung auch dann noch, wenn dieser Anfang soziologisch und historisch begriffen wird" (S. 221).

Der Wechsel einer als weiblich zu einer als männlich geltenden Tätigkeit oder die Beliebigkeit der Zuordnung sind zwei Beispiele, an denen die Prozesslogik der Vergeschlechtlichung im Zusammenhang mit landwirtschaftlichen Arbeiten besonders gut studiert werden kann. Obwohl regionale Unterschiede sehr ausgeprägt zu finden sind, gab und gibt es immer noch klare geschlechtsspezifische Verantwortlichkeiten. Männer sind i.a. mit jenen Tätigkeiten befasst, die als "schwer" und zentral für den Bestand des Hofes angesehen werden. Frauen machen die "leichten" Arbeiten und die übliche Hausarbeit. Die Teilung in leichte und schwere Arbeit ist offensichtlich eine soziale und keine physische Klassifikation, denn die gleiche Arbeit wird in einer Region als schwer bezeichnet, wenn sie von Männern ausgeübt wird, in einer anderen als leicht, weil sie Frauen machen (z.B. Kartoffel ernten oder die Arbeit mit Zugtieren). Und sie erfährt im Lauf der Geschichte ebenfalls Veränderungen. Zum Beispiel war Melken vor der Mechanisierung Frauenarbeit, obwohl dies zu den anstrengendsten Tätigkeiten gehört und mit hohen zeitlichen Restriktionen verbunden ist (In Frankreich versuchten Frauen, die einen Bauern heirateten, im Ehevertrag niederzuschreiben, dass sie von händischem Melken befreit sind (Delphy/Leonard 1992; S. 198)). Die mechanisierte Form des Melkens zählt zu den Männerarbeiten. Pruckner berichtet, dass in der Schweiz Männer für das Melken der Kühe zuständig sind, während in Skandinavien der Boden häufig von Frauen gepflügt wird (1993; S. 323).

Die Willkür dieser Klassifikation als "leichte" Arbeit wird auch daran deutlich, dass das Heben schwerer Güter kaum etwas mit dem tatsächlichen Gewicht zu tun hat. So galt z. B. in der Vergangenheit das Sammeln und Binden von Getreide leichter als das Mähen mit Sensen (vgl. Seiser 1995) oder - wie Delphy/Leonard (1992) für die Gegenwart beschreiben, gilt das Aufladen von etwa 25 kg schweren Heuballen auf einen Lader leichter als Traktor fahren (obwohl das Fahren eines Traktors mit Minimalgeschwindigkeit so leicht ist, dass man sehr oft 8 - 10 jährige Knaben um das Feld herum fahren sieht, während die Erwachsenen die schweren Ballen heben).

So werden (auch von Frauen) irrationale Dinge erfunden, um die Definitionen "leichter" und "schwerer" Arbeiten aufrechtzuerhalten (beim Traktor fahren kocht das Blut...). Ebenso irrational erscheint es, dass trotz regionaler und landesspezifischer Unterschiede Frauen fast überall mit der Vorbereitung von Viehfutter, der Aufzucht junger Tiere, dem Stall Machen und Melken von Ziegen oder Kühen (falls dies nicht maschinell gemacht wird) sowie der Haltung von Schweinen und Hühnern befasst sind, während die maschinengebundene Tätigkeiten den körperlich "starken" Männern obliegen. Die soziale Konstruktion der geschlechtsspezifischen Differenz erfolgt Gildenmeister/Wetterer (1992) zufolge über eine Analogiebildung, die den Anschein der Ähnlichkeit zwischen geschlechtsdifferenzierten Fähigkeiten, Vorlieben und Orientierungen auf der einen, bestimmten Aspekten des Arbeitsprozesses auf der anderen Seite hervorruft. "Die Analogiebildung hängt daran, dass bestimmte – und zwar zum Teil identische – Aspekte des Arbeitsablaufs mit Konnotationen verknüpft werden, die an Elemente der jeweils gängigen Geschlechterstereotype anschließen, sie bestätigen, unter Umständen aber auch modifizieren, verschieben und neu umreißen." (S. 225). Offensichtlich erhält sich im Lauf der Geschichte nur die hierarchische Strukturierung im Verhältnis zwischen Frauenarbeit und Männerarbeit, der Inhalt der Tätigkeiten ist von geringer Relevanz. Das Geschlecht fungiert nur als Platzanweiser oder Allokationsmechanismus.

Allerdings erhält ein weiterer Aspekt für die Vergeschlechtlichung von Tätigkeiten und Berufen Relevanz: Der Zwang, Frau und Männer zu unterscheiden. "Die soziale Relevanz dieser binären Codierung ... lässt sich auch an den Anstrengungen ablesen, die darauf verwandt werden, alte und nicht mehr zeitgemäße Kodifizierungen der Differenz aus der Erinnerung zu tilgen." (ebenda S. 227). In Prozessen, die nach Mary Douglas (1991, S. 148) als "sozial strukturiertes Vergessen" bezeichnet werden können, wird die Stimmigkeit von Hierarchie und Differenz immer wieder neu hergestellt, werden alte Konnotationen außer Kraft gesetzt. Berufe und Tätigkeiten, die sich *zwischen* Frauen- und Männerberufen finden, gibt es nicht.

Dies zeigt, dass Geschlecht nicht etwas ist, das ein Mensch hat, sondern – und das bleibt im Alltagshandeln unbemerkt - durch die Interaktions-"Arbeit" als soziale Realität hervorgebracht wird, sich ständig verändert. Damit erfolgt aber auch eine Distanzierung von jenen "großen Diskursen", die auf begründete, essentialistische, teleologische und transzendentale Kategorien rekurrieren, um einen Druck zur "Normalisierung" auszuüben (Nagl-Docekal 1996; S. 27). Postmodernes Denken sensibilisiert für "the embedded ness und dependence of the self upon social relations, as well as the partiality and historical specifity of this self's existence" (Flax 1987; S. 626). Gedanken an das "Selbst" sind an die Existenz bestimmter sozialer Beziehungsgefüge gebunden, wobei die Geschlechterordnung ein Aspekt ist (Flax 1996; S. 229). Die Betonung der sozialen Beziehungen ist eine Kritik an den vergangenen Sicht- und Denkweisen ebenso wie eine neue Art des Denkens in Beziehungen zu anderen und zur Welt. Postmodernes Denken als dekonstruktives Projekt soll dazu beitragen, Räume freizulegen, in denen zahlreiche ungeordnete oder lokale Lebensformen gedeihen können (Lyotard 1990, zitiert nach Flax 1996).

1.4 BÄUERINNEN ALS POSTMODERNE FRAUEN - EIN PARADOX?

Der Begriff des Postmodernen wird in der vorliegenden Untersuchung auf mehreren Ebenen relevant. Wie erwähnt ist unter einer feministischen postmodernen Perspektive zu verstehen, dass auch Frauen aus nicht-bürgerlichen Milieus besondere Beachtung zuteil wird, weil ihre Lebensumstände und ihre Geschichte andere Aspekte für das Frausein bedeutsam werden lassen als der herkömmlichen (implizit bürgerlichen) Kategorie "Frau" zugeordnet wurde.

Zum zweiten bezieht sich "postmodern" auf die Pluralität innerhalb von Frauen gleicher sozialer Milieus, Kulturen oder Klassen. Ich gehe von der Hypothese aus, dass Bäuerinnen nicht einer stereotypen Weiblichkeitskonstruktion zuzuordnen sind, sondern innerhalb ihres Daseins unterschiedliche Identitäten ausbilden, die für postmoderne Frauen typisch sind.

Vielleicht läge es für manche LeserInnen näher, angesichts einer feudal anmutenden Produktions- und Familienstruktur im bäuerlichen Milieu, Bäuerinnen unter dem Gesichtspunkt der Veränderungen in der Moderne zu untersuchen. Allerdings impliziert postmodernes Denken, dass über die Moderne reflektiert wird. Fragen, ob die Moderne weiterhin besteht "are postmodern for they are posed to modernity from the point of view of post-modern historical consciousness. They come not from somewhere beyond modernity, from another time or place, but from reflections on modernity" (Smart 1993; 104).

Bäuerinnen als postmoderne Frauen zu betrachten, heißt daher den Blick für ihre Geschichte frei zu machen. Wird der Begriff "Frau" dekonstruiert, um die Pluralität weiblichen Daseins zu erfassen, wird durch das Adjektiv "postmodern" ein Hinweis auf die Doppelkodierung als zentrales Merkmal der Postmoderne gegeben. Doppelkodierung⁴ konkretisiert durch die Pole von Altem und Neuem, verweist auf die Kombination Moderne und Tradition. "Elemente von Tradition sind also sehr wichtig für diese Postmoderne. Sie haben vorbildlichen Charakter, und das nicht bloß in formaler, sondern auch in inhaltlicher Hinsicht" (Welsch 1993, S. 104). Elemente von Tradition verkörpern vergessene und wiederzugewinnende Momente öffentlichen und privaten Lebens, symbolische Dimensionen und humane Erwartungen. "Aber der Rückgriff auf diese Gehalte geschieht nicht einfach imitativ, sondern transformativ" (ebenda). Die Aufnahme traditionaler Elemente heißt daher Verwandlung und moderne Artikulation, ein Älteres neu sagen und erfassen lernen.

Dieser Gesichtspunkt erscheint mir speziell bei einer Untersuchung von Bäuerinnen wichtig. Zu oft besteht die Tendenz, Bilder der Vergangenheit schlicht in die Gegenwart zu übertragen oder a-historische und a-prozessurale Beschreibungen abzugeben. "Soziologie wie Anthropologie wurden Mythenproduzenten, die für die Tatsache blind waren, dass es die "moderne" und die "vor-moderne", die industrielle und die agrarische, die zukunftsorientierte und die traditionelle Gesellschaft, jeweils säuberlich getrennt, niemals gegeben hat" (Hettlage 1989; S. 13).

Die bäuerliche Familie wurde und wird ideologisch oft strapaziert, sei es, dass sie in der zweiten Hälfte des 19. Jahrhunderts von großen Landwirten als Tarnung für die nach ihren Interessen gestalteten Agrarpolitik missbraucht wurde (siehe die Analyse und Kritik von Max Weber 1980; S. 1-15), sei es über die Blut und Boden Ideologie im Nationalsozialismus und einer bis in die Gegenwart andauernden Vorbildfunktion des "stabilen" bäuerlichen Familienlebens, das mit den steigenden Scheidungszahlen in den Städten verglichen und entsprechend hochgespielt wird (vgl. Haller 1998).

Auch in der Frauenforschung findet sich gelegentlich "die bürgerliche Frau" als Quelle allen Übels einer - sozialromantisch verklärten - gleichberechtigten Partnerin im vorindustriellen Familienverband gegenübergestellt (vgl. Segalen 1983) oder neuerdings wird von Bielefelder Ökofeministinnen die Subsistenzwirtschaft als zukunftsweisende Lebensform der Gegenwart empfohlen, die es ermöglicht, sich von der kapitalistischen Markt- und Warenlogik abzukoppeln und zu mehr Unabhängigkeit und Gewinn an Selbstbewusstsein für Frauen führt (Bennholdt-Thomsen/Mies 1997; S.9). Andere Forscherinnen stellen der Problematik und Fragilität städtischer Familien die Gemeinsamkeit der täglichen Existenzsicherung auf Bauernhöfen gegenüber und diagnostizieren diese als "dauerhaftes, synthetisierendes und unveränderliches Element" (Ostner/Pieper 1980; S. 121ff; Ostner 1986; S. 240). Übersehen wird dabei, dass diese Gemein-

---

⁴ "Doppelkodierung ist die Jenck'sche Generalformel für Postmoderne" (Welsch 1993; S. 104)

samkeit und Dauerhaftigkeit durch die Unterordnung und Funktionalisierung familialen Geschehens unter betriebliche Anforderungen entsteht.

Die Formbestimmung eines Familienbetriebes unterliegt aber historisch-gesellschaftlichen Transformationsprozessen. Das "ganze Haus" vorindustrieller Zeit kann nicht mit einem - den kapitalistischen Marktbedingungen unterworfenen - Familienbetrieb gleichgesetzt werden. Die interne Strukturierung, die sozialen Beziehungen und der Umgang mit der Natur sind Ergebnis und Ausdruck eben jener Doppelkodierung, die ich eingangs erwähnt habe. Dies sei am Beispiel des Familienbetriebs demonstriert.

1.5 DER FAMILIENBETRIEB - EIN EISBERG IM MEER DER MODERNE?

Wird der Begriff Familienbetrieb dekonstruiert und in seine Elemente Familie und Betrieb zerlegt, kann man nicht umhin, die historische Transformation der Familie ebenso wie jene des Betriebs zu betrachten. Auf diese Weise wies die historische Sozialforschung nach, dass "Familie" nur allzu oft als eine in der historischen Entwicklung gleich bleibende Konstante im menschlichen Leben gedacht wird (vgl. Mitterauer/Sieder 1977; Sieder 1987; Rosenbaum 1982). Aus dieser Perspektive verliert der Begriff "Familie" seine Signifikanz, "Hausgemeinschaft" (Mitterauer/Sieder 1977) entspricht eher diesem sozialen Sachverhalt. Das Gemeinsame an dieser in einem Haus wohnenden Gemeinschaft ist ihre Produktionsform, vorerst ohne ein Betrieb zu sein. Denn seit Max Weber (1980; S. 229) wissen wir, dass nicht das gemeinsame Wohnen, sondern erst die Einführung der Buchhaltung eine familienwirtschaftliche Sozialform zum Betrieb transformiert: "Der kapitalistische 'Betrieb', den solcherart die Hausgemeinschaft aus sich setzt und aus dem sie sich zurückzieht, zeigt so im Keime schon die Ansätze der Verwandtschaft mit dem 'Büro', und zwar jener heute offensichtlichen Bürokratisierung des Privatwirtschaftslebens. Aber nicht etwa die räumliche Sonderung des Haushalts von der Werkstatt und dem Laden ist hier das entscheidende Entwicklungsmoment.... sondern die 'buchmäßige' und rechtliche Scheidung von 'Haus' und 'Betrieb' und die Entwicklung eines auf diese Trennung zugeschnittenen Rechts" (ebenda)

Trotz der rechtlichen Scheidung von Familie und Betrieb blieb beiden Formen von Wirtschaften und Leben eines gemeinsam, das sich im unterschiedlichen Geschlechterverhältnis niederschlägt: Oberhaupt der Hausgemeinschaft bzw. späteren Familie und des Betriebes waren in der Regel identische Personen (Beer 1990; S. 156). Die für die ständische Gesellschaft typische vertikale Gliederung weist dem Familien- und Wirtschaftsverband über die Personalunion von Familienoberhaupt und Eigentümer seinen Platz zu. Der vertikalen Differenzierung der Gesellschaft entspricht auch das Binnenverhältnis von Mann und Frau, indem Frauen weitgehend als Erbinnen ausgeschlossen waren. Diese vertikale schneidet sich mit einer horizontalen Ungleichheit im Geschlechterverhältnis und zwar in dem Maße, "wie innerhalb eines solchen Verbandes Arbeitsverhältnisse zur Geltung kommen. Sie regulieren den Einsatz und die Kontrolle von Arbeitskraft und reglementieren darüber hinaus die gesamten Lebensumstände der ihnen Unterworfenen" (ebenda; S. 157). Im Binnenverhältnis des Verbandes regelt somit der Besitzstatus des Mannes die sozioökonomischen und sozialen Beziehungen zwischen den Geschlechtern und Generationen.

Die rechtliche Stellung des Mannes als Betriebsinhaber wird auf einer zweiten Ebene über das Familienrecht untermauert. Das Familienrecht (ABGB 1811 §92) verpflichtet die Ehefrau zur lohnlosen Mitarbeit (Lehner 1987; S. 23) und sah den Erwerb im Zweifel als vom Mann herrührend an. Dieses am bürgerlichen Familienmodell orientierte Gesetz brachte Frauen um den Ertrag ihrer Arbeit. Der Bauer wurde durch die Heirat qua Gesetz legitimiert, seine Ehefrau zur lohnlosen Mitarbeit zu verpflichten. Die Frau "seiner Wahl" wurde daher weniger von emotionalen Gesichtspunkten bestimmt, sondern galt vorwiegend ihrer körperlichen Verfassung. Gerade dann, wenn die Subsistenzgrundlage schmal war, konnte die Heirat einer weniger leistungsfähigen Frau die Existenz einer Bauernwirtschaft gefährden. "Dieses rational nachvollziehbare Argument ist in der ständischen Gesellschaft jedoch verschränkt mit einer Geringschätzung der *Person* der Frau, nicht ihrer Funktion" (Beer 1990; S.174). Der - wie Beer es bezeichnet - ständische Patriarchalismus bindet die Verfügungsgewalt über Arbeitskraft und Generativität noch an Eigentum über Grund und Boden bzw. Produktionsmittel.

Allerdings hinterlässt diese für die ständische und frühindustrielle Gesellschaft geltende Ausformung des Geschlechterverhältnisses, auch in der entwickelten Industriegesellschaft mit der Etablierung einer Trennung von Leitungsfunktionen und Eigentumstiteln, sowie den Mechanismen der sozialen Platzierung über Bildungs- und Berufskarrieren ihre Spuren. Die - trotz rechtlicher Gleichstellung der Geschlechter - geringe Verbreitung weiblicher Betriebsinhaberinnen geben ein deutliches Zeugnis davon. Auch tragen heute noch in den meisten landwirtschaftlichen Produktionssystemen der Welt Männer jene Waren, die Frauen produziert haben, zu Markte. Und gewöhnlich erhalten sie dafür den entsprechenden Status, oft sogar das gesamt Einkommen aus dieser Arbeit (Nagl-Docekal/Pauer-Studer 1996; S. 114). Die in der ständischen Gesellschaft verankerten Kontrollbefugnisse der Ehemänner über die unentgoltene familiale Arbeit und Erwerbsarbeit bleiben über familien- und unterhaltsrechtliche Bestimmungen erhalten[5]. Trotz des Wandels der Gesellschaftsformen zeigen Beispiele der

---

[5] Im Zuge der Industrialisierung wird die Familie vom Erwerbseinkommen abhängig. "Werden diese vorzugsweise von Männern erworben, sichern sie diesen eine ökonomische Vorzugsstellung bzw. begründen umgekehrt die Minderstellung von Frauen, wenn und insofern sie keinen Zugang zu eigenen Erwerbseinkommen besitzen" (Beer 1990; S. 263). Die

familienrechtlichen Bestimmungen ihre stabilisierende Funktion für die Aufrechterhaltung der Geschlechterhierarchien.

Christine Delphy (1984) beschreibt die Ehe der Gegenwart als ein Klassenverhältnis, in dem weibliche Arbeit den Männern ohne angemessene Entschädigung zugute kommt. Als Ursache für dieses Ausbeutungsverhältnis führt Delphy das Argument an, dass Frauen diese Arbeiten für jemanden ausführen, von dem sie abhängig sind. Diese Abhängigkeit wird umso drastischer, je weniger Frauen die Chance haben, sich ihre Existenz durch eigenes Einkommen zu sichern. Für die vorliegende Untersuchung erhebt sich damit die Frage, ob für Bäuerinnen diese Voraussetzungen bestehen und wenn nicht, ob darin nicht viel eher eine Ursache für das 'dauerhafte, synthetisierende und unveränderliche Element' der bäuerlichen Familie zu sehen ist als in der gemeinsamen Arbeit. Heißt das aber weiters, dass die Bäuerinnen der Gegenwart den patriarchalen Strukturen der Vergangenheit unverändert unterworfen sind, ohne den "Anspruch auf ein Stück eigenes Leben" (Beck-Gernsheim 1983) entwickeln und umsetzen zu können? Diese Sichtweise würde jedoch den Blick auf die Widersprüche und historischen Ungleichzeitigkeiten in der gesellschaftlichen Konstituierung des Geschlechterverhältnisses verstellen. Axeli-Knapp weist darauf hin, dass es in unserer gegenwärtigen Situation sinnvoller sei, spezifische Rationalitäten in verschiedenen Bereichen und deren Modalitäten zu analysieren (1992; S. 310). Für sozialwissenschaftliche Untersuchungen in diesem Feld bieten Forschungen über familiale Netzwerke und Familienbeziehungen viele Anregungen. Zum Beispiel erhebt sich Frage, ob bei uns noch "Heiratskreise" und Verwandtschaftsverhältnisse auf die Konstituierung und Distribution von Macht Einfluss haben und in welchen sozialen Schichten dies auf welche Art und Weise vor sich geht. Für derartige Analysen ist die Berücksichtigung der Foucault'schen Warnung von Bedeutung, Veränderungen von Gesellschaft oder Kultur zu global zu betrachten (wie dies bei manchen Feministinnen wie zum Beispiel Bennholdt-Thomsen (1997) geschieht).

Das Hineinragen traditioneller Elementen in die Moderne, ist in sämtlichen Übergangsformen nur von den traditionellen Faktoren her zu begreifen (Hettlage 1989; S. 17) Nach dem Prinzip "das Ganze ist mehr als seine Teile" ergibt sich durch die Kombination von Familie und Betrieb in der Gegenwartsgesellschaft

---

Stellung von Frauen in der Einkommenspyramide bzw. in der beruflichen Hierarchie, aber letztlich auch ihre Gebärfunktion läßt ihnen keine allzu große Wahlmöglichkeit. Sie scheinen prädestiniert für die "Liebe". Das Zusammenwirken der Hierarchien auf dem Markt und in der Familie schafft die Voraussetzungen für die Reproduktion des patriarchal-kapitalistischen Sozialgebildes.

eine bunte Palette von Gestaltungsmöglichkeiten[6], wovon keine "wirklich" neu oder "wirklich" alt ist[7]. Es "wird nicht eigenständig Neues geschaffen, sondern Altes neu zusammengefügt" (Richter 1997; S. 201). Für das Verständnis des Lebenszusammenhanges von Bäuerinnen in der Gegenwart, ist daher die Entwicklungsgeschichte der Familie und des Betriebes unabdingbare Voraussetzung, um das neu zusammengefügte Alte als strukturierendes Element ihrer Wirklichkeit zu verstehen.

In diesem dynamischen Geschehen soll der Fokus auf die Bäuerin gelenkt werden. Welche Chancen, Ambivalenzen, Autonomiepotentiale und Unterdrückungszusammenhänge erfährt sie in ihrem Frau sein? Wie verhält sie sich als Interagierende in diese vielfältigen Kombinationsmöglichkeiten von Betrieb und Familie? Wie strukturieren Tradition und die Dominanz der landwirtschaftlichen Arbeit die Eigendefinitionen von Bäuerinnen?

Die vorliegende Arbeit verfolgt das Ziel, ein Bild von Bäuerinnen zu zeichnen, das kein Synonym für vormodern, vorindustriell, vorkapitalistisch, unterentwickelt oder traditional-rückständig darstellt. Ausgehend von der Annahme, dass es weder nur "*eine* große Tradition" der fortgeschrittenen Industriegesellschaft gibt, noch *eine* Art von Modernität, sind bei Bäuerinnen ebenso "multiple Identitäten" oder "cross-cutting identities" (Welsch 1993; S. 192) wie es für GroßstadtbewohnerInnen prognostiziert wird, zu erwarten. Um der historischen Bedingtheit ihrer Subjektivität Rechnung zu tragen, habe ich mich bemüht, der geschichtlichen Entwicklung der bäuerlichen Familie auch entsprechend Raum zu geben. Gleichzeitig zeigt ein historischer Vergleich zwischen der bäuerlichen und bürgerlichen (als Prototyp der modernen) Familie, wie sehr sich beide Familienformen voneinander unterschieden und wie unterschiedlich lange ihre "Modernisierungswege" (Pongratz 1990) waren.

1.6 THEORETISCHER ANSPRUCH UND EMPIRISCHE PRAXIS

Die oben angeführte Diskussion erfordert Methoden, die es den WissenschafterInnen ermöglicht, die Alltagserfahrungen der zu erforschenden Subjekte in einem analytischen und interpretativen Forschungszusammenhang zu untersuchen. Die Vermittlung zwischen sozialen Strukturen und individueller Aktion kann über den Begriff der sozialen Praxis erfolgen, welche die Alltagsstrukturen und -erfahrungen der Menschen erfasst und dadurch die Bedeutungen verändert

---

[6] Empirisch äußert sich dies in mehreren Untersuchungen, die jeweils unterschiedlichen Typen von Familienbetrieben beschreiben (vgl. Hildenbrandt 1992, Kölsch 1990, Wimer 1988)

[7] Dies entspricht auch genau dem Grundbild, das Lyotard von der "Postmoderne" zeichnete: "Die Postmoderne situiert sich weder nach der Moderne noch gegen sie. Sie ist in ihr eingeschlossen, nur verborgen" (Lyotard 1986, Umschlagrücken).

und neu formt. Voraussetzungen dafür ist die Kenntnis und Beschreibung dieser Strukturen, wofür folgende Annahmen leitend sind:
- Individuelle Handlungen sind notwendigerweise in soziale Beziehungen eingebettet. Sie können daher nur "as interactionally accomplished" (Knorr-Cetina/Cicourel 1981) verstanden werden.
- Soziale Strukturen sind keine autonomen Entitäten, die unabhängig von Bedeutungen, die die Menschen diesen Handlungen geben, existieren.
- Soziale Handlungen können soziale Strukturen verändern (wie z. B. durch Klassenkonflikte oder den Kampf gegen Sexismus).

Die Unterscheidung zwischen sozialen Beziehungen als strukturelle Beziehungen auf der Makroebene und persönlichen - gelebten - Beziehungen auf der Mikroebene ist für den Versuch, Frauen im bäuerlichen Familienbetrieb zu analysieren, von zentraler Bedeutung. Der Begriff "everyday making sense" (Heller 1984) bietet einen theoretische Zugang ins Persönliche. Das Alltägliche ist eine Art zweite Natur des Menschen, in der diese sich orientieren, ohne viel darüber nachzudenken. Die gelebte Erfahrung präsentiert, was sozial produziert wurde, als natürlich und jenseits der menschlichen Kontrolle. Obwohl das alltägliche Leben von sozialen Strukturen geformt und eingegrenzt wird, repräsentiert es nicht *nur* diese Strukturen.

Abgesehen davon, dass bei der Untersuchung von Frauen in einem bäuerlichen Familienbetrieb kein Aspekt isoliert und getrennt analysiert werden kann, da nicht nur die sozialen Interaktionen zwischen dem Betrieb und der Familie eine Rolle spielen, ist auch wesentlich, in welcher Weise die handelnden Individuen die komplexen, sich überschneidenden sozialen Beziehungen wahrnehmen und welche Strategien sie entwickeln, um diese zu reproduzieren oder zu transformieren.

Das spezielle Interesse konzentriert sich in diesem Forschungszugang auf jene zentralen Themen und Dinge, die nicht durch die Forscherin in einem Fragebogen vorgegeben sind, sondern von der Bäuerin selbst als bedeutsam geäußert werden. Idealerweise sind dies Tatsachen, die der täglichen Alltagsroutine der Bäuerinnen entstammen, die die Vergangenheit, die Zukunft, ihre eigene und die Identität anderer betreffen. Inwieweit diese Phänomene Aspekte einer "traditionellen" Kultur oder post-moderne Phänomene sind, kann erst durch eine Analyse herausgefunden werden, die es erlaubt, auf der Basis von Interviews eine gegenstandsnahe Theorie zu entdecken (Glaser/Strauss 1979). Meines Erachtens ist ein derartiger Forschungszugang speziell für jenen sozialen Kontext geeignet, der widersprüchliche kulturelle Erfahrungen ausdrückt, in dem die Menschen gleichzeitig die Vergangenheit und die Zukunft, Tradition und Modernität, unterschiedliche Wertsysteme etc. zur gleichen Zeit verwenden (Haan 1995).

Die beachtliche Diskrepanz zwischen Landbesitz und Arbeitskraft als Ware auf der einen Seite und dem Wertsystem auf der anderen, die Art und Weise, wie Frauen ihre eigene Identität konstituieren, sowohl als Bäuerinnen als auch darüber hinaus, all das verweist auf Reflexionen bezüglich der Kontraste innerhalb einer und zwischen den Familien. Einen Bauernhof weiterzuführen ist keine Selbstverständlichkeit mehr. Ja mehr noch, bei fehlendem Kapital, geringem Interesse oder familiären Konflikten ist dies nahezu unmöglich. Doch wie die Menschen denken und was sie tun, ist nach wie vor eine weite unerforschte Realität. Unsere Ignoranz basiert vermutlich auf den im- oder expliziten Annahmen, dass die Kräfte des Marktes oder die Dynamik des Agrarsektors die bäuerliche Lebenswelt determinieren. Tatsächlich bieten bäuerliche Familien nach wie vor ein bedeutendes Forschungsfeld für SoziologInnen, da sie nicht nur in sich hohe kulturelle Vielfalt sondern auch die klassischen, antithetischen, kulturellen Widersprüche westlicher Industriegesellschaften als solche repräsentieren.

1.6.1 Reflexivität der Beforschten und Forscherin - Chance und Unmöglichkeit

Forschungspraxis bedeutet, abgesehen von Datensammeln, das Aufzeichnen und Analysieren von Diskursen sowohl zwischen den Akteuren als auch zwischen Akteuren und ForscherInnen. Obwohl Verhaltensbeobachtung ebenso relevant ist, sind Erzählungen jene Quelle, durch welche zugrunde liegende Bedeutungen erfasst werden können. In diesem Zusammenhang ist die Unterscheidung zwischen einzelnen Analysen wichtig, genauer gesagt, welche verschiedenen Arten der Reflexivität sie repräsentieren.

Giddens zufolge, "every social actor knows a great deal about the conditions of reproduction of the society of which he or she is a member" (1979; S. 5). Indem Akteure eine soziale Aktivität konstituieren, greifen sie auf einen Wissensvorrat zurück. Dieses Wissen, eingebettet in die praktische Bewusstheit, sollte jedoch unterschieden werden von der diskursiven Bewusstheit, welches jenes Wissen umfasst, das den Akteur befähigt, sich in Worten auszudrücken (Haan 1995). Giddens meint, "the mutual knowledge employed by actors in the production of social encounters is not usually known to those actors in an explicit codified form" (1979; S. 58). Die strukturellen Eigenschaften eines sozialen Systems sind in das praktische Bewusstsein eingebettet. Die Akteure wissen, wie sie vorgehen, ohne die Gründe und Motivationen ihrer Aktion diskutieren zu können.

Dies führt uns zum ersten Typ von Reflexivität, die vorwiegend implizit ist. Es steht im Zusammenhang mit dem Ordnen, Interpretieren und mediatieren sozialen Wissens als Teil routinisierten Verhaltens. Es ist eine Möglichkeit, geeignetes Handeln herauszufinden, ohne explizit die Frage nach dem Warum zu stellen und ohne eine Rationalisierung angeben zu müssen. Es nimmt auf einen ziemlich homogenen kulturellen Kontext Bezug, indem viele Dinge als gegeben angenommen werden, auch Konflikte. Es kann zwar Diskussionen geben, was und wie etwas getan werden soll, die zentrale kulturelle Basis innerhalb derer gehandelt wird, bleibt unhinterfragt.

Für Giddens ist das die "normale" Situation: "Routine...is the predominant form of day-to-day social activity" (1984; S. 282). Bourdieu (1985) zufolge, ist das, was Menschen tun, das Ergebnis von praktischem Sinn – ein Gefühl für ein partikuläres, historisch definiertes "Spiel", das in der Kindheit erworben wurde. Dieser vorstrukturierte Bedeutungsgehalt, der den Menschen in der Sozialisation vermittelt wird (Richter 1997; S.169), ist als Habitus Teil der zweiten Natur, das die Gesellschaft in die Körper einschreibt. Strategien werden nicht durch die Beobachtung expliziter Regeln charakterisiert, sondern vielmehr durch die permanente Kapazität von Erfindungsreichtum und Improvisation, um sich - niemals komplett identischen - Situationen anzupassen. Die Handelnden erfinden neue oder imitieren erprobte Strategien, da sie selbstverständlich, passend oder schlicht die einfachsten sind. Praxis scheint der Natur der Dinge eingeschrieben zu sein, ohne dass man dazu explizite Regeln braucht. Die kulturellen, denen Strategien als gewöhnliche Praxis entfaltet werden, bleiben meist unausgesprochen, weil die individuellen Dispositionen den objektiven Strukturen konform sind. Der Habitus existiert quasi als Art Instinkt, der spontan Verhaltensmuster produziert.

Bourdieu's Betonung der geteilten Erfahrung und der selbstverständliche und intuitive Charakter des Verhaltens, lässt vermuten, dass der Habitus zu einem unhinterfragten Aktionsfeld gehört. Das heißt aber weiter, dass der Habitus unpraktikabel wird, wenn Menschen seine Selbstverständlichkeit hinterfragen und speziell dann, wenn seine etablierte Praxis nicht länger mit den Erwartungen übereinstimmt.

Speziell in westlichen Gesellschaften werden die Menschen zusehends mit eher widersprüchlichen als mit stimmigen Ideen konfrontiert. Sie tendieren daher, das Verhalten zu kodifizieren oder zu formalisieren, bzw. werden in solchen Situationen Prinzipien der Objektivierung eingeführt. Verhalten unterliegt damit immer stärker ausgesprochenen Normierungen. Derartige Kodifizierungen minimieren die Ambiguität und Vagheit spezieller Interaktionen und sind speziell in jenen Situationen unerlässlich, in denen die Interaktion durch die Inkongruenz des Habitus blockiert wird. Dazu Giddens: "The giving of reasons in day-to-day activity ... is inevitably caught up in, and expressive of, the demands and the conflicts entailed within social encounters" (1979; S. 58) und "the rationalisation of conduct becomes the discursive offering of reasons if individuals are asked by others why they acted as they did. Such questions are normally posed, of course, only if the activity concerned is in some way puzzling – if it appears either to flout convention or to depart from the habitual modes of conduct of a particular person" (1984; S. 281)

So lange habituelle Dispositionen fast ähnlich sind, kann sich eine Aktion entsprechend der impliziten normativen Prinzipien entfalten. Habituelle Prinzipien treffen jedoch auf Widerstand, wenn eine traditionelle Kultur auf entgegengesetzte kulturelle Prinzipien stößt. Dies kann zum Beispiel dann der Fall sein, wenn Agrarwirtschaft in kommerzielle und konkurrenzorientierte Kreisläufe integriert wird. Die Konfrontation und der unausweichliche Konflikt zwingen die Akteure, ihre Optionen explizit zu machen bzw. Normen und Ziele zu spezifisieren, die im anderen Fall implizit, vage und als gegeben erachtet werden.

Diese Situation ist an eine andere Art der Reflexivität gebunden. Differenzen gibt es nicht nur über das praktische Verhalten, über das, was zu tun ist, sondern auch über tiefere kulturelle Unterschiede zwischen den Akteuren oder zwischen strukturellen Elementen. Der Verhaltenskontext ist durchwoben von kultureller Vielfältigkeit, das entweder über das soziale System ins Selbst gepflanzt oder als Wissen von anderen kulturellen Systemen übernommen werden. Es beinhaltet einen Kampf kultureller Elemente. Die Akteure werden gezwungen, ihre Praxis zu legitimieren, ihre Annahmen zu überprüfen und Verhaltensalternativen in Betracht zu ziehen. Das Idiom in welchem darüber nachgedacht oder diskutiert wird, mag ein lokales sein, speziell wenn die kulturellen Differenzen keine Akteure beinhalten. Wenn die Akteure einander mit unterschiedlichen Einstellungen konfrontieren, beinhaltet die Reflexivität ein transzendierendes Element; strukturelle Prinzipien und Ideologien werden dann von einem Idiom in ein anderes übersetzt und stärker explizit gemacht. Für den ForscherIn ist das eine ideale Situation, da die kulturellen Dispositionen, ihre Unterschiede und ihr Gebrauch zur Gänze offen gelegt werden. Obwohl dieser Diskurs nach wie vor in soziologische Konzepte und Theorien übersetzt werden muss, macht dieser kulturelle Zusammenstoß offen, was meist im Kontext kultureller Homogenität verborgen bleibt.

Kurz gesagt, wir finden hier Reflexivität vor, die entweder auf sozialem Wissen oder auf der Erfahrung eines größeren sozialen Systems basiert, oder in Konfrontation mit strukturellen Elementen eines größeren Systems sozialer Beziehungen. Die umfassendste Form der Reflexivität entsteht dann, wenn die Akteure sich ihres Verhaltens so bewusst sind, dass sie imstande sind, es "in terms of propositional truth" (Haan 1995; S. 28) auszudrücken. Giddens Analyse der Traditionen in post-traditionalen Gesellschaften liefert dafür ein Beispiel: "Traditions may be discursively articulated and defended – in other words, justified as having value in a universe of plural competing values. Traditions may be defended in their own terms or against a more dialogical background..." (1994; S. 100)

Die Situation eines Interviews gibt allerdings nicht jene Reflexivität wieder, die die Akteure entwickeln. Weder ihre Handlung noch ihr Bewusstsein können in dieser künstlich herbeigeführten und von der Wissenschafterin definierten Situation als "Wirklichkeit" eingefangen werden. Da existiert die erste Hürde der Aufzeichnung oder Protokollierung des Interviews in verschrifteter Form, die wichtige Kommunikationsmittel wie Mimik, Gestik, Proxemik oder Tonfall niemals wiedergeben kann. Dieses Artfakt "transkribiertes Interview" unterliegt - als zweite Hürde - den Deutungsprozessen der InterpretInnen, die entscheidend von jenen der Beforschten abweichen können. Schließlich werden - wie Soeffner hervorhebt - über diese Zeichen drei Sinnschichten vermittelt (der objektive, subjektive und okkasionelle Sinn), die rekonstruiert werden müssen (o.J.; S. 2). Das Deutungs- bzw. Rekonstruktionsergebnis ist nicht mit dem tatsächlich 'gemeinten Sinn' identisch, sondern bestenfalls ein Näherungswert. All diese aus den Reflexionen über Erkenntnismöglichkeiten gewonnenen Einsichten führen zu einem - die sozialwissenschaftliche Hermeneutik kennzeichnenden - Postulat, das des Zweifels. "1. Des Zweifels als Grundeinstellung des Interpreten, 2. Des Zweifels auch (und insbesondere) an den Vor-Urteilen des Interpreten, und 3. Des Zweifels an (monistischen) theoretischen Erklärungen." (ebenda S. 7).

Als methodische Konsequenz leitet sich davon ab, dass bei den Prozessen des Verstehens soziale Selbstverständlichkeiten prinzipiell in Frage gestellt werden. Als Ergebnis entstehen Modelle sozialer Erscheinungen und von der Sozialwissenschafterin konstruierte künstliche Geschöpfe. Durch die "Entzauberung gesellschaftlicher Konstruktionen" (Soeffner o.J. S. 10) sollen die interessierenden Phänome sinnentsprechend, problemadäquat und logisch konsistent rekonstruiert werden. Dadurch werden sie im Sinne Webers einer kausalen Erklärung zugänglich.

Die Untersuchung spezieller Milieus, die nicht zum kulturellen Umkreis der Interpretin gehören ist - um das Verstehen intersubjektiv nachvollziehbar zu machen - an die Abstraktionsfähigkeit von den eigenen kulturellen Fraglosigkeiten und der eigenen historischen Perspektive gebunden. Ziel sollte sein, die Struktur des 'fremden' Milieus und die historische Verbundenheit zu rekonstruieren. Da die Interpretin sich nicht in das konkrete Milieu und die Perspektive der darin agierenden versetzen kann, besteht die Interpretationsleistung darin "das Unverstehbare (Singuläre) des Einzelfalls in das Verstehbare (Allgemeine) einer intersubjektiven Perspektive hinüberzuretten und zu übersetzen...Was nicht übersetzbar, verallgemeinert und damit sozial verstehbar gemacht werden kann, ist für die Interpretation verloren"(Soeffner), auch wenn es vorhanden und wirksam gewesen ist.

Da sozialwissenschaftliche Auslegung notwendig exemplarisch arbeitet, zielt sie als Fallanalyse auf das Typische, Verallgemeinerbare ab. Daraus folgt auch weiters, dass die Qualität ihrer Aussagen nicht von der Quantität ihrer Daten, sondern von den Prinzipien der Sinnzumessung von den WissenschafterInnen abhängt. Die Rekonstruktion der Fallstruktur verfolgt das Ziel, die Bedingungen und Konstitutionsregeln sozialer Erscheinungen, ihre konkrete Wirksamkeit und

Veränderbarkeit sichtbar zu machen. In diesem Sinne wird eine beschränkte Anzahl von Fallstudien von Bäuerinnen vorgestellt. Absicht der Autorin ist, die Bedingungen und Konstitutionsregeln von Weiblichkeit in diesem Milieu darzustellen. Auch wenn es mein Bemühen war, die Wahrnehmung und Sorge um die eigene Existenz auszuklammern, kann ich mich des Verdachts nicht erwehren, in der Suche nach dem Zustandekommen der "anderen Wirklichkeit" immer wieder in meine eigenen Konstruktionen zurückzufallen...

1.7 GLIEDERUNG DER UNTERSUCHUNG

Die Untersuchung ist in fünf Kapitel gegliedert. Das erste Kapitel befasst sich mit der Geschichte bäuerlicher Familienbetriebe. Die landwirtschaftlichen Strukturveränderungen im 20. Jahrhundert des folgenden Kapitels. Darauf folgt eine ausführliche Darstellung der sozialen Beziehungen von Bäuerinnen, die den aktuellen Forschungsstand zum Thema Bäuerinnen wiedergeben. Dem Schwerpunkt Arbeitsteilung im bäuerlichen Lebenszusammenhang, geschlechtsspezifischen Zuordnungen und Begründungsargumenten ist das nächste Kapitel gewidmet.

Im folgenden Kapitel werden eigene empirische Forschungsergebnisse präsentiert, die auf qualitativen Methoden basieren und auf interpretative Weise den Bäuerinnen selbst das Wort überlassen wird. An sechsundvierzig österreichische Bäuerinnen (unterschiedlichen Alters, Bildung, Herkunft und aus allen Bundesländern) wurde die Bitte gerichtet, über ihr Leben als Bäuerinnen zu erzählen. Die zentrale Forschungsfrage galt der Suche nach unterschiedlichen Mustern von weiblichen Identitäten im bäuerlichen Lebenszusammenhang. Diese Konstruktionen von Wirklichkeit als Konstruktionen von Weiblichkeit wurde mit der Methode der "Grounded Theory" zu erfassen versucht. Das Ergebnis dieser Bemühungen wird in der vorliegenden Arbeit präsentiert.

Bäuerinnen in der Geschichte und Gegenwart

2 Zur Geschichte bäuerlicher Familienbetriebe

2.1 DER BÄUERLICHE FAMILIENBETRIEB IM 18. UND 19. JAHRHUNDERT IN ÖSTERREICH: STRUKTURBEDINGUNGEN

Vergleicht man die Struktur der ländlichen Bevölkerung in der vor-industriellen Zeit (16. - 18. Jahrhundert) mit jener des 19. Jahrhunderts, also der Phase der Industrialisierung, so zeigen sich beträchtliche Veränderungen. In vorindustrieller Zeit betrug der Anteil der ländlichen Bevölkerung an der Gesamtbevölkerung rund 80 Prozent. Die ländliche Bevölkerung war keineswegs homogen, sondern vielfältig strukturiert. Tatsächliche *Bauern*, also Huben und Lehen, die einem Grundherrn unterstanden, waren die Minderheit. Den weit größeren Teil bildeten die ländlichen Unterschichten (Inleute und Kleinhäusler), die zwei Drittel bis drei Viertel der gesamten ländlichen Bevölkerung ausmachten (Bruckmüller, 1985). *Inleute* waren gleichsam Untermieter und als solche unterstanden sie der Hausherrengewalt des Bauern. Bei den Inleuten handelte es sich meist um Verwandte des Bauern oder der Bäuerin, wie etwa Geschwister oder im Ausgedinge lebende Eltern. Vielfach waren es unverheiratete oder verwitwete Frauen, denen dieser, in der sozialen Hierarchie inferiore Status zukam. Inleute hatten in der Regel einen eigenen Haushalt und konnten auch verheiratet sein. Die Miete wurde abgearbeitet. Daneben verdienten sie als Tagelöhner in der Land- und Forstwirtschaft oder durch gewerbliche Arbeit dazu. *Kleinhäusler* hingegen bewohnten kleine Häuser und bewirtschafteten ein kleines Stück Land. Was die unterschiedlichen sozialen Schichten der ländliche Bevölkerung der damaligen Zeit verband, war die Tatsache, dass sie zusätzlich zur landwirtschaftlichen Arbeit auch noch gewerbliche Tätigkeiten ausübten. Die Bauern, Kleinhäusler und Inleute der damaligen Zeit waren vielfältig und keineswegs nur in der Agrarproduktion tätig. Sie arbeiteten im Verkehrswesen (Fuhrwerker), in Köhlereien, in der Textilproduktion oder als Wirte (Bruckmüller 1985, 219ff). Diese Nebeneinkünfte waren notwendig, weil die Steuerlast immer drückender wurde. Der Typus des "reinen Bauern" entstand eigentlich erst im 19. Jahrhundert, wie noch näher ausgeführt werden wird. Bis dahin jedenfalls war "bäuerliches Leben" nach Regionen und Landschaften äußerst vielgestaltig (vgl. Sieder 1987)[8].

---

[8] Bodenwirtschaft oder Viehzucht, Freiteilbarkeit oder Anerbenrecht, Einzelhofgebiet oder Dorfsiedlung, groß- und mittelbäuerliche Wirtschaft oder Kleinbauernhöfe, Familienwirtschaften mit oder ohne Gesinde - das sind einige wesentliche Differenzierungskriterien, die Sieder (1987) anführt.

Eine weitere soziale Gruppe stellte das *Gesinde* dar. Gesinde war im Grunde genommen eine Altersklasse: meist junge, unverheiratete Leute, die bei einem Bauern im Dienst standen, bis sich die Möglichkeit einer Hausstandsgründung ergab. Lebenslanger Dienstbotenstatus war vor dem 19. Jahrhundert noch eher die Ausnahme[9]. Bereits im 16. und 17. Jahrhundert wurde die Heiratsmöglichkeit von Dienstboten stark eingeschränkt. Mit den Heiratsbeschränkungen für Knechte und Mägde wollte die Herrschaft die Entstehung eines Inleuteproletariats verhindern, das als Bedrohung angesehen wurde. Zudem garantierten unverheiratete Knechte und Mägde ein mobiles und billiges Reservoir an Reservearbeitskräften für die Bauern. Als weiterer Vorteil ergab sich, dass Erbteile für weichende Erben nicht ausbezahlt werden mussten, wenn diese am Hof blieben und nebenbei mitarbeiten mussten (Brückmüller 1985, 222ff).

Ab Mitte des 18. Jahrhundert wuchs die Bevölkerung in den Donau- und Alpenländern stark an[10]. Da die Zahl der Höfe aber gleich blieb, bedeute das Wachstum in erster Linie eine Zunahme der unterbäuerlichen Schichten. Vor allem in Gebieten mit Anerbenrecht bildete sich eine breite Schicht von Landlosen, Kleinhäuslern und Inleuten (vgl. Sieder 1987, 14ff).[11] Zum einen dürfte dies wohl auf die erwähnten Heiratsbeschränkungen zurückzuführen sein. Zum anderen sieht Brückmüller (1985) einen Zusammenhang zwischen der Zunahme an Kleinhäuslern und der merkantilistischen Gewerbeförderung.[12] Die absolutistischen Herrscher förderten die Industrialisierung der ländlichen Gebiete, so dass

---

[9]   vgl. dazu u.a. Mitterauer/Sieder 1984, Sieder 1987, Rosenbaum 1982

[10]   Brückmüller (1985) streicht allerdings die unterschiedliche Entwicklung des Bevölkerungswachstums innerhalb des habsburgischen Herrschaftsgebietes hervor. Denn während die Bevölkerung in den nördlichen und östlichen Ländern sehr stark wuchs, nahm sie in Österreich - mit Ausnahme Wiens und der ländlichen Industriegebiete - weniger stark zu. Bruckmüller nennt als Ursachen zum einen die beschleunigte industrielle Entwicklung etwa in den böhmischen Ländern. Zum anderen wirkte sich seiner Meinung nach das unterschiedliche Heiratsverhalten aus: in den Alpengegenden spätes Heiraten und relativ niedrige Kinderzahlen; in den östlichen Gebieten (Galizien, Bukowina, Teile Ungarns) dagegen niedriges Heiratsalter und höhere Kinderzahlen. Zudem waren im Osten die Güter - im Gegensatz zu den meisten Regionen Österreichs - frei teilbar, was die Entstehung neuer Haushalte begünstigt haben muß (ebd., S. 287ff).

[11]   In den Realteilungsgebieten hingegen kam es - bedingt durch die freie Teilung des Besitzes - zu Besitzerzersplitterung (vgl. Sieder 1987).

[12]   Merkantilismus bezeichnet die Wirtschaftspolitik des absolutistischen Staates (in Europa 17. und 18. Jahrhundert). Gegenüber der Feudalwirtschaft kommt im M. der Geldwirtschaft größere Bedeutung zu. Die Beschaffung von Geld für die Staatskasse zur Stärkung der Staatsmacht war oberstes Ziel der Wirtschaftspolitik. Ein Mittel dazu war etwa die Förderung der Ausfuhr von Gütern. So wurde die Gründung, bzw. Ansiedelung von Gewerbebetrieben, meist Manufakturen, durch Privilegien und Monopole begünstigt.

sich die Hausindustrie[13] ausbreiten konnte. Ab 1770 stieg die Zahl der Fabriken und der Unternehmungen im Habsburgerreich beträchtlich an (ebenda S. 283ff).[14] Ein immer größerer Teil der ländlichen Bevölkerung arbeitete nun in Heimarbeit für Manufakturen. Dies verschaffte insbesondere den Unterschichten größere ökonomische Unabhängigkeit. Das Klischee von der bäuerlichen Gesellschaft der vorindustriellen Zeit stimmt nach Sieder (1987) nicht mit der Realität überein. Denn bereits seit der ersten Hälfte des 18. Jahrhunderts bildeten die Landarmen und Landlosen, und nicht wie häufig dargestellt die Bauern, in vielen west- und mitteleuropäischen Regionen den Großteil der Bevölkerung auf dem Land. Diese Situation verschärfte sich durch die "Bauernbefreiung" (1781/1782), so dass der Anteil an unterbäuerlicher Bevölkerung in der ersten Hälfte des 19. Jahrhunderts weiter zunahm. Bauern, im Sinne ökonomisch weitgehend autarker und sich selbst erhaltender Familienbetriebe, waren auf dem Land in der Minderheit.

Mit Beginn des 19. Jahrhunderts treten gravierende Veränderungen der Bevölkerungs- und Erwerbsstruktur auf. Zwar lässt sich die Bevölkerung mehrheitlich immer noch dem land- und forstwirtschaftlichen Sektor zurechnen, doch verringert sich bis Ende des 19. Jahrhunderts der Anteil der bäuerlichen Bevölkerung innerhalb der Habsburgermonarchie, bezogen auf die Gesamtbevölkerung, auf etwa 60 Prozent. Zum Vergleich: am Beginn des 19. Jahrhunderts waren es noch 80. Brückmüller (1985) konstatiert, dass sich einerseits die nichtlandwirtschaftlichen Erwerbsmöglichkeiten durch den Industrialisierungsprozess[15] verringerten, andererseits ein "Agrarisierungsprozess" einsetzte, im Zuge dessen eigentlich erst der "Landwirt" als ein auf landwirtschaftliche Tätigkeiten reduzierter, neuer Sozialtyp auftritt (ebenda S. 290f).

---

[13] Die hausindustrielle Produktion ist kennzeichnend für die Phase der Proto-Industrialisierung im 18. Jahrhundert. Waren werden vorwiegend von der ländlichen Bevölkerung in deren Häusern oder Wohnungen in Heimarbeit produziert. Anders als im Handwerk wurden diese Waren aber nicht von den Produzenten selber vertrieben. Ein "Verleger", meist ein Händler, stellte das Geld für die Rohstoffe und Produktionsmittel (z.B. Webstühle) zur Verfügung. Die Ansiedelung der Heimindustrie auf dem Land wurde auch dadurch begünstigt, daß in ländlichen Gebieten kein allgemeiner Zunftzwang herrschte und zudem Frauen- und Kinderarbeit nicht verboten war (vgl. Sieder 1987).

[14] Parallel zu diesen Veränderungen beginnt sich in deren Folge das Besitz (Unternehmer und Bankiers)- und Bildungsbürgertum (Beamte, Lehrer, Gelehrte) herauszubilden.

[15] In der Phase der Vor-Industrialisierung (Proto-Industrie) boten Manufakturen und die daran angeschlossene Heimarbeit genügend Möglichkeiten für Zuverdienst. Die Industrialisierung bedeutete nun Zentralisierung der Arbeit in Fabriken, die sich in bestimmten Regionen ansiedelten, wodurch es zu einem Rückgang der ländlichen Heimarbeit kam.

2.1.1 "Agrarpolitik" im 18. und 19. Jahrhundert

Im Laufe des 18. Jahrhunderts kam es in den Ländern der Habsburgermonarchie immer wieder zu bäuerlichen Aufstandsbewegungen, die sich in erster Linie gegen die drückende Abgabenlast richtete. Die große Hungersnot von in den Jahren 1770/72 machte wieder deutlich, wie wichtig die bäuerliche Versorgungsbasis war. So entschloss sich Maria Theresia, den Bauern einerseits die Steuerlast zu erleichtern, andererseits sie in ihrer produktiven Tätigkeit zu fördern. Denn mit der Verbreitung der Manufakturen und Fabriken mussten auch neue, insbesondere "innere" Märkte erschlossen werden. Und dazu bot sich die Landbevölkerung an. Gezielt sollten die Bauern in den Markt eingebunden werden. Zu diesem Zweck wurden die grundherrlichen Verpflichtungen sukzessive reduziert, bzw. Obergrenzen für die Abgabe an den Grundherrn und an den Staat festgelegt. Zu jener Zeit entstanden auch erste Pläne für eine gerechtere Berechnung der Abgabenleistungen. Die Grundstücke des ganzen Reiches sollten vermessen und die Abgaben den Durchschnittserträgen der Bauern angepasst werden. Widerstände der Grundherrn jedoch verhinderten vorerst die Durchsetzung dieser Reformen.

Generell ist somit im 18. Jahrhundert erstmals eine Tendenz zur Aushöhlung feudaler Grundherrschaft durch eine Verlagerung von grundherrlicher Untertänigkeit hin zu direkter Unterordnung unter die Staatsgewalt feststellbar. Endgültig beseitigt hat wurde das Feudalsystem aber durch die Revolution von 1848[16]. Dies betrifft sowohl die Abgaben als auch die Rechtssprechung, die in der vorindustriellen Feudalgesellschaft ebenfalls in den Händen der Grundherrn gelegen war. Ab Mitte des 18. Jahrhunderts trat eine Regelung in Kraft, die es einzelnen Untertanen, aber auch ganzen Dörfern ermöglichte, sich vom Grundherrn freizukaufen. Davon wurde etwa in Niederösterreich in hohem Maße Gebrauch gemacht (ebenda 295f). Auch der Robot[17] wurde neu geregelt. Zum einen wurde

---

[16] Bereits um die Mitte des 18. Jahrhunderts setzt jener umwälzende Prozeß ein, im Zuge dessen die bis dahin fast ausschließlich adelige Grundherrenschicht zunehmend von nichtadeligen Händlern, Gewerken und Bankiers abgelöst wird. Im Vormärz, also in jener Periode bis zur Revolution von 1848, wuchs überall in der Monarchie der Widerstand gegen das Feudalsystem. In den östlichen Gebieten der Monarchie (Mähren, Galizien) kommt es zu großen Bauernaufständen. Die Regierung ermöglichte als Antwort darauf die freiwillige Ablösung feudaler Lasten, wozu die Bauern aber erhebliche Geldmittel hätten aufbringen müssen. Robot- und Zehentverweigerungen waren in den Jahren vor der Revolution an der Tagesordnung und mündeten schließlich in die Unruhen von 1848. Wegen der großen Angst vor großflächigen Bauernaufständen, verabschiedete der Reichstag bald nach seiner Eröffnung im Juli 1848 ein Gesetz zur Grundentlastung (Bruckmüller 1985; S. 348ff).

[17] Robot bezeichnet die Arbeitsrente der Bauern und schränkte die Verfügung der Bauern über ihre Arbeitskraft ein. Sie mußten, zusätzlich zu den Abgaben, die sie zu leisten hatten, bis zu 250 Tage im Jahr für den Grundherrn bzw. für öffentliche Aufgaben arbeiten.

der Robot begrenzt, zum anderen war es nun auch möglich, sich vom Robot durch eine größere Summe freizukaufen oder die Arbeitsrente in eine Geldrente umzuwandeln[18].

Mit der Aufhebung der Leibeigenschaft (1781) wurde den Bauern auch freie Verehelichung[19] gegen vorhergehende Anzeige beim Grundherrn und freie Berufswahl zugesichert. Dies sollte die Bauern mobiler machen und ihr Interesse an Konsumgütern steigern. Bruckmüller kommt zu dem Schluss, dass an die Stelle der Grundherrschaft immer mehr der Staat als freiheitsbegrenzende Instanz trat (ebenda S. 296). Wenn es auch da und dort Widerstände seitens der Bauern gab, so folgte die zunehmende Freisetzung des Bauern aus den feudalen Bindungen im Laufe des 19. Jahrhunderts nach Ansicht einiger Autoren (vgl. Hildenbrand et.al. 1992) mehr der Modernisierungslogik, denn einem, der Bauernschaft inhärenten Befreiungskampf. Die politische Herrschaft wollte von den Bauern mehr Leistung und diese war - gemäß den auch unter Agrarökonomen sich immer stärker verbreitenden Ideen der Aufklärung - nur mehr durch individuelle Befreiung möglich (Hildenbrand et.al. 1992; S. 34f).

Ausgelöst insbesondere durch die große Hungersnot, beschäftigte die theresianische Regierung Fachbeamte, die neue Anbaumethoden zur Sicherung der Ernährung der Bevölkerung und zur Steigerung der landwirtschaftlichen Erträge propagierten. Insgesamt zielten diese Förderungen und Maßnahmen (Grundstückszusammenlegungen; Zuteilung von Gründen an Neuvermählte) darauf ab, die Bauern verstärkt in den Markt einzubinden. Um dies zu gewährleisten, musste sich auch die Anzahl der Bauernhöfe vermehren, was durch die Zerschlagung der Meierhöfe geschah. Erstmals sind auch staatliche Lenkungsversuche festzustellen, bestimmte Produkte und neue Anbau- und Tierhaltungsmethoden (Klee- und Kartoffelanbau; Sommerstallfütterung) zu fördern, indem der Ertrag daraus vom Zehent, also von der Steuer, befreit wurde (Brückmüller 1985; S. 291ff)[20].

---

[18] Die entgültige Grundentlastung wurde 1849, also nach der Revolution in Gang gesetzt. Die bäuerlichen Lasten, also Zehent und Robot, wurden kapitalisiert, d.h. in Geldwert umgerechnet. Diese Summe wurde dann gedrittelt: ein Drittel "zahlte" der Grundherr, ein Drittel der Bauer selbst und ein Drittel der Staat. Dies war eine den Bauern sehr entgegenkommende, moderate Lösung des Grundentlastungsproblems (vgl. Bruckmüller 1985).

[19] In der zweiten Hälfte des 18. Jahrhunderts wurde die Bevölkerungspolitik intensiviert. In diesem Zusammenhang sind auch diverse Eheschließungserleichterungen zu sehen. Im Vormärz, also zu Beginn des 19. Jahrhunderts wurde die politische Ehekonsens, also die Reglementierung der Heirat, wieder verschärft (vgl. Bruckmüller 1985; Ehmer 1991), um die ärmeren Massen politisch im Zaum halten zu können. Den hausrechtlich Abhängigen wurde die Verselbständigung durch Heirat und Gründung eines eigenen Haushaltes wieder erschwert, indem die Heiratswilligen nachweisen mußten, daß ihr Lebensunterhalt gesichert war (Bruckmüller 1985; S. 297f).

[20] Diese Intentionen der theresianischen Politik können als erste agrarpolitische Lenkungsmaßnahmen des Staates betrachtet werden.

Diese erste "Agrarrevolution" hatte vor allem Produktivitätssteigerung zum Ziel. Die Eckpfeiler dieser sich neu entfaltenden, "rationellen Landwirtschaft" (Hildenbrand et.al. 1992) waren die Aufteilung des Weidelandes und der Übergang zur Stallfütterung. Erst seit dieser Zeit ist eine intensive Weidekultur und Viehwirtschaft möglich. Auch der kontinuierliche Ackerbau beginnt eigentlich erst mit der Aufgabe des Brachfeldes (ebenda S. 32f). Diese erste Agrarrevolution war von der Herrschaft intendiert und bedeutete für damalige Verhältnisse eine enorme Intensivierung der Produktion unter Beibehaltung noch weitgehend natürlicher Produktionsbedingungen. "Es wurde also versucht, die in frühen Agrarreformgebieten gleichsam 'organisch' entwickelten Prinzipien rationeller Landwirtschaft 'von oben' auf die gesamte Landwirtschaft auszudehnen" (ebenda S. 35). Der erzielte Erfolg war allerdings - je nach Produktionsbedingungen - sehr unterschiedlich.

Wie Bruckmüller feststellt, bewirkten alle staatlich intendierten Veränderungen bis weit ins 19. Jahrhundert hinein eine enorme Steigerung des Arbeitseinsatzes der Bauern (1985; S. 296ff). So erhöhte etwa die Einbeziehung des Brachfeldes in die traditionelle Dreifelderwirtschaft die Ernte- und Drescharbeiten um ein Drittel. Bei arbeitsintensiven Pflanzen, wie der Kartoffel oder der Futterrübe, stieg der Arbeitsaufwand pro Hektar um drei bis fünf Arbeitstage pro Jahr[21]. Diese Mehrarbeit war hauptsächlich Pflanz- und Hackarbeit, die vorwiegend von Frauen geleistet wurde. Auch die Sommerstallfütterung (meist mit Klee) erhöhte den Arbeitskräftebedarf auf den Höfen. Im späten 18. und frühen 19. Jahrhundert ist somit ein beträchtlicher Anstieg des landwirtschaftlichen Arbeitskräftebedarfs festzustellen (ebenda S. 297f). Tatsächlich standen zu Beginn des 19. Jahrhunderts auch genügend Arbeitskräfte zur Verfügung, da - wie schon erwähnt - die gewerblichen Arbeitsmöglichkeiten auf dem Land durch die Zentralisierung der Arbeit geringer wurden. Die wieder restriktiver werdende Bevölkerungspolitik mit ihren eingeschränkten Heiratschancen für ärmere Schichten (vgl. Fußnote 19) verstärkte wiederum die hausrechtliche Abhängigkeit der Dienstboten und prolongierte den Gesindestatus. Tatsächlich war in der ersten Hälfte des 19. Jahrhunderts der Gesindeanteil an bäuerlichen Arbeitskräften sehr hoch (vgl. u.a. Bruckmüller 1985; Ehmer 1991). Die nun wieder verminderten Heiratschancen hatten zur Folgen, dass die Kinder und Dienstboten wieder länger im Haus blieben.

Betrachtet man die Landwirtschaft des 19. Jahrhunderts unter dem Gesichtspunkt der von den politisch Herrschenden initiierten Veränderungen der Produktion, so kann mit Hildenbrand (et.al. 1992) festgestellt werden, dass "der Bauer kein besonders aktives Element der Rationalisierung" (ebenda S. 31) war, da ihm die neuen Methoden weitgehend von der Herrschaft aufgezwungen worden

---

[21] Dieser Prozeß wird häufig als "Agrarrevolution" bezeichnet.

waren, um eine beschleunigt wachsende Stadtbevölkerung ernähren zu können. Diese frühe rationelle Landwirtschaft war eine Bedingung der industriellen Revolution. Gerade das Element der Fremdbestimmtheit der einst weitgehend autarken Bauernschaft erweist sich immer stärker als Element des Modernisierungsprozesses und der Entfaltung einer kapitalistischen Marktlogik. Besonders deutlich tritt dies dann in der zweiten Agrarrevolution (Technisierung und Chemisierung) des 20. Jahrhunderts zu Tage.

2.1.2 Die "Agrarisierung"[22] des Landes im 19. Jahrhundert

Diese Entwicklung macht Bruckmüller (1985) an zwei Punkten fest: Herausbildung des/r LandwirtIn und ökonomische Verarmung vieler ländlicher Regionen.

Der/die LandwirtIn sind zum einen gleichsam "Produkte" eines ökonomischen Spezialisierungsprozesses. Dieser ist dadurch gekennzeichnet, dass für den vielseitig tätigen Bauern bzw. die ebenso vielschichtig beschäftigte Bäuerin, die in der vorindustriellen Periode neben der landwirtschaftlichen Produktion zahlreiche andere Tätigkeiten verrichteten, im Laufe des 19. Jahrhunderts verstärkt die landwirtschaftliche Produktion zum ökonomischen Schwerpunkt des bäuerlichen Familienbetriebes wurde.

Ausgelöst wurde dies zum einen durch den industrialisierungsbedingten Rückgang der Heimindustrie und kleingewerblicher Tätigkeiten. Für viele Bauernfamilien bedeutete dies einen Verlust von zusätzlichen Einkommensmöglichkeiten und Arbeitsplätzen. Hauptsächlich betroffen waren die so genannten "Waldbauern" in den alpinen Landesteilen, die dadurch an der Schwelle zum 20. Jahrhundert in große existenzielle Nöte gerieten. Zum anderen waren es die Maßnahmen zur Ertragssteigerung und Förderung bestimmter Produkte, die, wie schon erwähnt, eine Intensivierung der agrarischen Produktion zur Folge hatten und die landwirtschaftliche Produktion arbeits- und zeitintensiver machten. Dadurch verloren die anderen Einkommensquellen grundsätzlich an Bedeutung (Bruckmüller 1985; S. 299f).

Der Beginn der "ökonomischen Verarmung" des Landes setzt nach Bruckmüller um 1800 ein. Von da an reduziert sich durch die industrialisierungsbedingte Zentralisierung der Produktion in Fabriken der Bedarf an HeimarbeiterInnen sehr stark. Als erstes wurde das Textilgewerbe, später - gegen Ende des 19. Jahrhunderts - auch das Verkehrswesen davon erfasst, so dass die ländliche Bevölkerung sukzessive ihrer Verdienstmöglichkeiten beraubt wurde. Somit setzte im Vormärz jener Prozess ein, "... der wohl zutreffend als 'Agrarisierung' bezeichnet wird und jenen Bauern und Kleinhäuslern, die in der alten 'Industrie' tä-

---

[22] Damit meint Bruckmüller (1985) jenen Prozeß, durch den Bauern und Kleinhäusler am Land im Zuge der Industrialisierung ihrer Existenzmöglichkeiten beraubt wurden.

tig waren, zunehmend die Existenzmöglichkeiten beengte" (Bruckmüller 1985; S. 300).

Beginnend mit der "Agrarrevolution" im auslaufenden 18. Jahrhundert wird also ein umwälzender Prozess in Gang gesetzt, der sich in den darauf folgenden 200 Jahre fortsetzen wird. Mit der Produktivitätssteigerung im 19. und 20. Jahrhundert ging der Anteil der bäuerlichen Bevölkerung drastisch zurück. Bis zu Beginn des 20. Jahrhunderts reduziert sich die landwirtschaftliche Bevölkerung in der Monarchie auf durchschnittlich 50 Prozent[23].

Trotz dieser strukturellen Verschiebungen blieb der bäuerliche Betrieb bis 1918 als "... Einheit der Organisationsform von Produktion und 'Reproduktion', also von Wohnen, Essen, Kinderaufzucht, Freizeit und religiöser Sinnstiftung, erhalten" (ebenda S. 379), so dass festgestellt werden kann, dass in den Gesellschaften des 18. und 19. Jahrhunderts in überwiegendem Maße bäuerliche Lebensweise dominierte (Sieder 1987), wenngleich sich die strukturellen Bedingungen deutlich zu verändern beginnen.

2.2 Das "Ganze Haus"[24]

Der bäuerliche Familienbetrieb war seit je her als Einheit von Produktion, Konsumation und Familienleben charakterisiert. Die bäuerlichen Familien fanden im 18. und 19. Jahrhundert kaum mit den Arbeitskräften der Eltern-Kind-Gruppe das Auslangen. So bildeten sich entweder komplexe Familienformen, wie in Ost- und Südeuropa oder aber die bäuerliche Familie wurde durch Gesinde oder Tagelöhner ergänzt (vgl. Sieder 1987). Charakteristisch für das "Ganze Haus" aber war, dass die blutsverwandtschaftlichen Beziehungen eine untergeordnete Rolle spielten und der sozialen Funktion, d.h. insbesondere der Funktion im Arbeitsgefüge, nachgeordnet waren. Bis ins 19. Jahrhundert hinein produzierten die bäuerlichen Betriebe fast ausschließlich für den Eigenbedarf. Es dominierte in weiten Teilen West- und Mitteleuropas vorkapitalistische Subsistenzökonomie (ebenda S. 18ff)[25]. In abgelegenen Regionen hielt sich diese weitgehend autarke Form der Bauernwirtschaft bis ins 20. Jahrhundert hinein; bei Tiroler Bergbauern war noch nach dem Zweiten Weltkrieg größtenteils Selbstversorgung üblich. Diese bäuerlichen Familienwirtschaften waren zusätzlich "Kleinstgewerbebetriebe", die Werkzeuge, Stoffe und Kleidung selbst herstellten. Doch im Laufe des 19. Jahrhunderts - ausgelöst durch die so genannte "Argrarrevolu-

---

[23] Die Zahl der Selbständigen in der Land- und Forstwirtschaft hingegen stieg zwischen 1891 und 1910 um fast 30 Prozent. Bruckmüller (1985) führt dies im Wesentlichen auf die Zunahme von Kleinstwirtschaften in den Realteilungsgebieten.

[24] vgl. dazu auch Kapitel zum Begriff der Familie und der Übergang vom ganzen Haus

[25] D.h., daß nicht kalkuliert wurde, inwieweit Arbeitsaufwand und Ertrag in einem rentablen Verhältnis zueinander stehen.

tion" - beginnt sich allmählich das Verhältnis Subsistenzproduktion - Marktproduktion zugunsten des Marktes zu verschieben. Rosenbaum (1984) betont allerdings, dass dennoch der bäuerliche Betrieb zumindest bis zum Ersten Weltkrieg noch ein kaum spezialisierter "Allround-Betrieb" war und die Selbstversorgung auch weiterhin im Vordergrund stand.

2.2.1 Gesinde

Knechte und Mägde waren Teil der bäuerlichen Hausgemeinschaft und hausrechtlich abhängig. Das Gesinde setzte sich hauptsächlich aus den Kindern unter- und kleinbäuerlicher Schichten, aber auch z.t. aus nichterbenden Bauernkindern zusammen (vgl. u.a. Sieder 1987). Mitterauer (1984) schätzt den durchschnittlichen Gesindeanteil in vorindustrieller Zeit auf 7 bis 15 Prozent. Die Zahl des Gesindes war dem jeweiligen Arbeitskräftebedarf angepasst. In Klein- und Mittelbetrieben hing der Gesindebedarf mit der Arbeitsfähigkeit der Kinder zusammen: solange diese noch klein waren, benötigten die Höfe mehr Gesinde; später, wenn die Kinder das arbeitsfähige Alter erreicht hatten, reduzierte sich der Gesindeanteil. Sieder (1987) weist allerdings darauf hin, dass große Höfe und solche, die Viehzucht betreiben, einen relativ stabilen Gesindebedarf hatten (ebenda S. 50f).

Vielfach dokumentiert ist die Tatsache, dass Mägde deutlich weniger Prestige hatten als männliches Gesinde. Sieder (1987) berichtet, dass oftmals nur die Männer am gemeinsamen Esstisch sitzen durften. Diese Degradierung der weiblichen Dienstboten spiegelt allerdings nur die allgemeine Geringschätzung der weiblichen Arbeiten wider (vgl. Kap. 0).

Wesentlich für die Kennzeichnung der sozialen Beziehungen innerhalb der bäuerlichen Familienwirtschaften ist die Dominanz der Arbeitsbeziehungen. Hinsichtlich der sozialen Wertigkeit sind kaum Unterschiede zwischen blutsverwandten Personen und familienfremdem Gesinde festzustellen[26]. Sieder (1987) hebt allerdings den Unterschied in der sozialen Erfahrung zwischen verwandten und nicht-verwandten Familienmitgliedern hervor, wonach die Geschwister zumindest die Aussicht auf eine Heirat und somit Aufstieg in der sozialen Hierarchie hatten. Diese Gewissheit hatte das nicht-verwandte Gesinde nicht, zumal wenn es der ländlichen Unterschicht angehörte.

Wie bereits ausgeführt, waren zu Beginn des 19. Jahrhunderts die Dienstbotenzahlen als Folge der Arbeitsintensivierung der bäuerlichen Wirtschaft und des Verlustes nichtagrarischer Erwerbsmöglichkeiten für die ländlichen Unterschichten gestiegen. Dies ändert sich gegen Ende des 19. Jahrhunderts. Immer

---

[26] vgl. dazu u.a. Rosenbaum 1982, Sieder 1987, Mitterauer/Sieder 1984, Bruckmüller 1985.

öfter werden auf den Bauernhöfen Dienstboten durch familieneigene Arbeitskräfte ersetzt. Dieser Trend wird sich später im 20. Jahrhundert weiter fortsetzen. Dies kann als Prozess der Privatisierung bezeichnet werden, im Zuge dessen sich die bäuerliche Familie auf ihren genealogischen Kern, also die blutsverwandten Personen, reduzierte und sich immer näher dem "bürgerlichen Familienmodell" anzugleichen beginnt (vgl. u.a. Sieder 1987; Rosenbaum 1982). Nun wurden verstärkt die eigenen Kinder für die Arbeit herangezogen. Erst im ausgehenden 19. Jahrhundert wird der Bauernhof nun zum eigentlichen "Familienbetrieb" (Bruckmüller 1985; S. 383). Gerade auf kommerzialisierten Höfen mit zunehmend rationaler Wirtschaftsführung veränderte sich allmählich der Status des Gesindes: "seine Integration in die bäuerliche Familie wich zunehmend einer distanzierten 'Unternehmer-Arbeiter-Beziehung' " (Sieder 1987; S. 59). Das sukzessive Herauslösen des Gesindes aus der hausrechtlichen Abhängigkeit ging einher mit getrenntem Wohnen und Essen. In stadt- und verkehrsfernen Gebieten allerdings, wie etwa in Tiroler Gebirgstälern, blieben alte Formen hausrechtlicher Abhängigkeit bis ins 20. Jahrhundert erhalten (ebenda).

2.2.2 Heirat[27] und ihre Bedeutung

Strategien und Kriterien der bäuerlichen Partnerwahl sowie die Frage nach dem Stellenwert der Gefühle in der Mann-Frau-Beziehung in historischen bäuerlichen Familien werden in der sozialhistorischen und familiensoziologischen Literatur vielfach behandelt. Nicht immer ist es leicht, vor allem angesichts der mangelhaften "Datenbasis" zu Fragen des Gefühls oder der Liebe, Klischee und/oder Ideologie von sachlichen Hypothesen zu trennen. Es soll nun versucht werden, die unterschiedlichen Positionen und Ausgangsfragen vorerst isoliert darzustellen, um sie dann miteinander zu verbinden, bzw. die eine oder andere Position zu relativieren.

2.2.2.1 Sozioökonomische Grundlagen der Heirat und Partnerwahl

Relative Einigkeit innerhalb der sonst oft sehr differenten Auffassungen über die bäuerliche Heirat und (Gefühls)beziehung ist hinsichtlich der sozioökonomischen Notwendigkeit zur Heirat festzustellen. Denn, "Heiraten war in bäuerlichen Kreisen eine unabdingbare Voraussetzung, wollte man in den Besitz eines bäuerlichen Hofes gelangen oder einen von den Eltern übernommenen Bauernhof erhalten. (Diese) (Anm.d.V.) Notwendigkeit (...) bestimmte - gleichsam als zentrale sozioökonomische Determinante - den gesamten Umgang mit potentiellen Ehepartnern, mit Erotik und Sexualität" (Sieder 1987; S. 59). In ähnlicher Weise argumentiert Rosenbaum (1982), etwa wenn sie als die drei wesentlichen Kriterien der PartnerInnenwahl die Mitgift, die Arbeitsfähigkeit der zukünftigen

---

[27] vgl. auch das Kapitel zum Bedeutungswandel Heirat und Wandel desHeiratsalters)

Bäuerin und deren Gesundheit hervorhebt (S. 72). Solange die bäuerliche Familie hauptsächlich Produktionsgemeinschaft war, mussten einfach die zentralen Positionen des Bauern und der Bäuerin kontinuierlich besetzt sein. Deshalb führte der Tod eines Ehepartners zur baldigen Wiederverheiratung (vgl. Mitterauer/Sieder 1984). Da, wie Rosenbaum (1982) betont, die familienwirtschaftliche Ordnung des bäuerlichen Betriebes bis ins 20. Jahrhundert hinein - trotz umwälzender struktureller Veränderungen der Wirtschafts- und Gesellschaftsordnung - relativ stabil blieb, kann wohl auch diese spezifische, an den Erfordernissen des Betriebes orientierte Beziehung zwischen dem bäuerlichen Ehepaar als charakteristisch für die bäuerliche Familien angesehen werden.

Nicht zuletzt wegen dieser auf Komplementarität basierenden Beziehung zwischen dem bäuerlichen Ehepaar war es nahezu existenziell notwendig, dass der Bauer eine Frau bäuerlicher Herkunft wählte, die bereits durch die Sozialisation auf dem elterlichen Hof mit den Erfordernissen der Arbeit vertraut gemacht worden war. So bildete das bäuerliche Milieu bis ins 20. Jahrhundert einen weitgehend geschlossenen Heiratskreis, d.h. unter Wahrung strenger sozialer Heiratsgrenzen. "Bauersleut" und "geringe Leut" durften sich nicht vermischen (Werner 1980). Gründe für eine "standesbewußte" Heirat bildeten manifeste ökonomische, an der Wahrung des Besitzstandes orientierte Interessen. Vor allem in jenen west- und mitteleuropäischen Regionen, in denen die Besitzgrößen stark differierten und sich dadurch unterbäuerliche Schichten (Inwohner, Kleinhäusler, Heimarbeiter) herausbildeten, waren die Besitzklassen zugleich deutlich markierte Heiratskreise (soziale Endogamie) (Sieder 1987; S. 14f). Insbesondere bei Großbauern hatte standesgemäßes Heiraten zentrale Bedeutung. Am ehesten ließen die Eltern nicht-erbende, also weichende Bauernkinder in sozial untergeordnete Gruppen einheiraten. In die eigene soziale Gruppe aber wurden nur selten Angehörige der "Unterschicht" aufgenommen. Für erbende Bauernsöhne hingegen galt sehr wohl jener Grundsatz, wie er in jener, auch heute noch geläufigen Redewendung zum Ausdruck kommt: "Drum prüfe, wer sich ewig bindet, wie sich die Wies zum Acker findet" (Ilien/Jeggle 1978; 79). Diese Partnerwahlstrategien trugen ganz wesentlich zur Stabilisierung des ökonomischen und sozialen Gefüges im Dorf bzw. unter den Bauern bei. So strukturierten die sozialen Rahmenbedingungen die Handlungsmuster der Menschen. Vor allem die Frauen "fanden in der Region, in der sie geboren waren, das vor, was sie für ihre Lebensgestaltung brauchten: Ausbildungsmöglichkeiten und Erwerbsquellen, soziale Verbindungen und einen geeigneten Lebenspartner. Sie nahmen diese Chancen wahr und führten ein Leben innerhalb ihrer Handlungsspielräume, die begrenzt wurden durch ihre materielle und soziale Herkunft" (Werner 1989; S. 41).

In diesem Zusammenhang muss eines der vielen Klischees rund um die "heile Welt" einstiger Bauernfamilien relativiert werden. Da die Frauensterblichkeit durch die mit den Geburten verbundenen Gefahren sehr hoch war, waren Zweit- und Drittehen keine Seltenheit. In der Literatur sind die vielfachen Probleme von Stiefelternschaft und die damit verbundene Rivalitäten zwischen den Kindern aus erster, zweiter oder dritter Ehe hinreichend dokumentiert[28]. Dementsprechend groß konnte auch der Altersunterschied zwischen dem Mann und der Frau sein. In der Regel waren es die verwitweten Männer, die wieder heirateten. Verwitwete Bäuerinnen tendierten stattdessen stärker zur Hofübergabe an den Nachfolger (Sieder 1987; S. 69f). Dies kann als Indiz dafür betrachtet werden, dass der Bäuerin in der sozialen Hierarchie des Hofes - ungeachtet ihrer Kompetenzen innerhalb ihres Aufgabenbereiches - eine untergeordnete Position zukam.

2.2.2.2 Moderne Liebesheirat versus historisch-"instrumentelle" Partnerwahl

Nicht selten wird die bäuerliche Familie des 18. und 19. Jahrhunderts als Hort der Gefühllosigkeit dargestellt. Etwa wenn Shorter (1977) die Frage aufwirft, welche "emotionale Beziehungen in diesen frostigen Bauernhäusern und dumpfen Hütten" wohl geherrscht haben mögen (S. 72). Shorter berichtet auf Basis biographischer Dokumente von einigen Beispielen aus französischen Dörfern in der Zeit vor 1800, denen zufolge eine Frau weniger wertvoller gewesen sei als etwa eine Kuh, was darin zum Ausdruck kam, dass das Geld eher für den Tierarzt als für den Arztbesuch der Bäuerin ausgegeben wurde. Seiner Ansicht nach waren die Beziehungen der Kleinbürger und Bauern der damaligen Zeit charakterisiert durch eheliche Lieblosigkeit (ebenda S. 78).

Sehr vehement gegen diese Position tritt u.a. Sieder (1987) auf. Er wirft Shorter vor, den bäuerlichen Verhältnissen das "reine Ideal" der Liebesheirat als den Gipfel des Menschseins entgegenzusetzen. Die Annahme, dass es jemals (bis heute) so etwas wie "reine Liebensheiraten" tatsächlich gegeben hätte, verwirft Sieder als "naiv, unkritisch und ideologisch". Im Gegensatz dazu betont Sieder, dass sowohl die Ehen der damaligen Zeit wie auch jene der Gegenwart eine subtile Verflechtung von 'persönlichen', kulturellen und ökonomischen Motiven bezüglich Partnerwahl beinhalteten (S. 303: Fußnote 147). Sachlich differenziert verweist Sieder auf die ökonomische Grundlage der Partnerwahl bzw. der Heirat

---

[28] vgl. dazu Sieder 1987, Rosenbaum 1982. Diese Problematik ist somit kein Phänomen der Gegenwart, die vielfach wegen steigender Scheidungszahlen und Zunahme von AlleinerzieherInnen mit der "Auflösung" der Familie apostrophiert wird. Sehr oft können solche Positionen, die die Gegenwart als Negativbeispiel einer ins Positive verklärten Vergangenheit gegenüberstellen als Ideologie entlarvt werden (vgl. dazu u.a. Mitterauer/Sieder 1984). Allerdings gilt dies auch für die umgekehrte Bewertung historischer versus gegenwärtiger Verhältnisse (vgl. dazu u.a. Rosenbaum 1982 und ihre Kritik an der Deutung der historischen bäuerlichen Gefühlsbeziehungen (S. 72ff)).

in einer Gesellschaft, deren Ökonomie ganz wesentlich auf dem Besitz und der Bearbeitung von Grund und Boden beruhte. Neben den sachlichen Kriterien der Partnerwahl, wie zu erbender Besitz, Gesundheit u.s.w. wurden aber auch Eigenschaften wie körperliche Attraktivität oder persönliche Ausstrahlung berücksichtigt, wenngleich sie auch nicht die Entscheidung dominierten. Insofern könne man, so Sieder, durchaus von einem "instrumentellen Charakter" der Partnerwahl sprechen. Die sachliche Grundlage war aber gleichsam existenziell notwendig. Denn das Schicksal der gesamten Hausgemeinschaft hing davon ab. Sieder meint, dass eine "personalisierte", dem Einzelnen überlassene, frei von wirtschaftlichem Kalkül getroffene Partnerwahl zumindest bei großen bäuerlichen Familien zu persönlichen und wirtschaftlichen Katastrophen hätte führen können (ebenda S. 61)[29]. Ein anderes Beispiel für die Notwenigkeit "vernunftgeleiteter" Partnerwahl sind die Eheschließungen in den Realteilungsgebieten. Dort waren die Höfe durch Besitzzersplitterung oft schon so klein geworden, dass sie kaum die Subsistenz sichern konnten. Beide Ehepartner mussten also soviel an materiellen Gütern, also Grund und Boden in die Ehe mitbringen, dass ihre Existenz gesichert war. Es scheint also "... die Eingebundenheit des Subjekts in ein gesellschaftliches System der Produktion, der Besitzsicherung und des intergenerativen Transfers von Besitz, dem die wirtschaftliche 'Vernünftigkeit' der Partnerwahl geschuldet war" (ebenda S. 61).

Segalen (1983) vertritt dagegen die These, dass "Liebe" im ländlichen Umfeld in Frankreich (16. - 19. Jh.) sehr wohl existierte. Diese äußerte sich in Gesten und Sprachausdrücken, die wegen ihrer Derbheit (Kneifen, gegen das Knie treten, Anblasen) befremdlich wirken mögen, aber ihrer Schlussfolgerung nach durchaus Ausdruck von Liebe waren und gleichzeitig auch die physische Kapazität der zukünftigen Ehefrau testeten, da die äußere Attraktivität der Frauen am Heiratsmarkt der damaligen von Handarbeit bestimmten ländlichen Gesellschaft weniger wichtig waren als körperliche Kraft, Gesundheit und Kenntnisse. Diese Autorin vertritt - im Gegensatz zu Shorter - die Ansicht, dass die bäuerliche Zärtlichkeit sich ganz anders manifestierte, nämlich durch gegenseitigen Respekt und Übernahme von Aufgaben und Verantwortungen.

Nach Segalen (1990) war die Liebe in bäuerlichen Gesellschaften stark kodifiziert. Die Gesten, Geschenke und Worte, die die Liebenden verbinden, waren jedoch stark stereotyp, was allerdings ihrer Ansicht nach die Aufrichtigkeit des Gefühls nicht ausschloss. Vielmehr waren diese stereotypen Beweise der Zuneigung Folge des Phänomens sozialer Reproduktion, wie sie auch in anderen Bereichen (Kleidung, Mobiliar, Tradierung von Märchen und Legenden) zum Ausdruck kam (S. 164f).

---

[29]   Zu ähnlichen Schlußfolgerungen gelangt auch Meuter (1987b).

Die starke Ritualisierung der Affekte zeigte sich schließlich auch in den Ritualen der Brautwerbung. Das "Hofdenken"[30] machte häufig Brautwerber notwendig, über den zwei Familien gleicher ökonomischer Lage in Kontakt kommen konnten. Segalen (1983) geht davon aus, dass diese Zwänge der ritualisierten Brautwerbung von den jungen Leuten internalisiert waren und folgert: Das Sich-Kennenlernen der Bauerntöchter und -söhne unterlag auch aufgrund des starken Einflusses von Eltern und Verwandtschaft auf die Partnerwahl starker sozialer Kontrolle. Alle Formen der Kontaktaufnahme hatten öffentlichen Charakter, unkontrolliertes Alleinsein war kaum gestattet. "Die Dorfgemeinschaft als ganze oder Teilgruppen kontrollierten und sanktionierten die innerhäuslichen Vorgänge und Beziehungen. Diese Eingriffsmöglichkeiten in den Lebensbereich, den wir als absolut privat erleben, machen eine der großen Differenzen zwischen traditioneller und gegenwärtiger Familie aus" (Rosenbaum 1982; S. 79; ebenso Segalen 1983; Sieder 1987; S. 61).

Vergleicht man nun diese unterschiedlichen Positionen, scheint es tatsächlich problematisch zu sein, "moderne" Ansprüche an die Ehe, bzw. an Gefühlsbeziehungen auf die bäuerlichen Lebensverhältnisse des 18. und 19. Jahrhunderts zu projizieren (Sieder 1987; S. 61), wie dies Shorter insbesondere von Rosenbaum (1982) und Sieder (1987) zum Vorwurf gemacht wird. Wichtig zu erwähnen ist der Zusammenhang zwischen sozialem Kontext und Wahrnehmung. Die "Liebe" am Dorf war etwas völlig anderes als die bürgerliche Hoffnung, um seiner selbst willen geliebt zu werden, denn "die äußeren Lebensbedingungen und Zwänge bewirkten eine spezifische Form der Wahrnehmung. Man sah den anderen nie losgelöst von seiner Umgebung, seinem Besitz, seiner Vergangenheit und seiner Zukunft" (vgl. Ilien/Jeggle 1978; S. 78). Unterschiedliche soziale Realitäten bringen differente Interpretations- und Wahrnehmungsmuster, auch Gefühle betreffend, hervor. Doch nur weil die Ebenen des Individuellen und Emotionalen gerade im Bürgertum des 19. Jahrhunderts stärker als in anderen sozialen Gruppen betont wurden, dürfe so Rosenbaum, nicht der Schluss gezogen werden, dass materielle Interessen für diese Klasse irrelevant gewesen seien. Die Betonung der Gefühle als zentrales Element von Mann-Frau-Beziehungen hatte jedoch relative materielle Sicherheit und die Trennung von beruflicher und familiärer Sphäre zur Voraussetzung (Rosenbaum 1982; S. 76). Die bäuerlichen Existenzen hingegen waren zu der damaligen Zeit nur selten frei und unbeeinflusst von ökonomischen Zwängen und materiellem Existenzdruck. Rosenbaum (1982) ist es am ehesten gelungen, die widersprüchlichen Positionen zur Qualität von Gefühlen in bäuerlichen Beziehungen - Liebe (Segalen) versus Gefühllosigkeit und Kälte (Shorter) - zu verbinden: " Das 'persönliche Glück', das für Shorter so bedeutsam ist, lag für den Bauern darin beschlossen, eine Frau zu hei-

---

[30] Darunter wird die Ausrichtung aller persönlicher Interessen und Bedürfnisse an der Erhaltung des Hofes verstanden.

raten, mit der er arbeitete, die ihm gesunde Kinder gebar und ihn durch ihre Mitgift vor Schulden bewahrte. Man kann wohl nicht bestreiten, dass das auch eine Art von Glück ist. Auf die Person des Partners bezogene Liebe an sich, unabhängig von diesem Fundament, hatte jedoch kaum eine Chance, sich zu entwickeln" (S. 76). Somit mag es tatsächlich Elemente in den Beziehungen Bauer-Bäuerin gegeben haben, die im Lichte des heutigen Interpretationsrahmens, der persönliche Zuneigung zum Ausgangspunkt hat, als lieblos und kalt erscheinen (z.B. Überwertigkeit der Produktionsgrundlagen, wie Tiere etc. gegenüber menschlichen Problemen und Bedürfnissen). Gleichzeitig scheint es für den/die BetrachterIn dieser Epoche angebracht, seinen/ihren Blick auf die sozialen und strukturellen Rahmenbedingungen der damaligen Zeit zu lenken und nicht "postmoderne" Kriterien als Vergleichs- und Bewertungsbasis heranzuziehen. Erwiesenermaßen kann wohl davon ausgegangen werden, dass zwar "keine intensive Liebe (im bürgerlichen Sinne) die Ehepartner miteinander verband, aber in der Mehrzahl der Fälle ebenfalls keine ausgesprochene Abneigung" (Rosenbaum 1982, 88). Das Ehepaar orientierte sich am übergeordneten Hof.

2.2.3 Innerfamiliäre Beziehungen in den bäuerlichen Familienwirtschaften

Wie schon in den vorangegangenen Kapiteln ausgeführt, stand im Zentrum bäuerlichen Denkens die Erhaltung des Hofes. Insofern zeigen die Beziehungen innerhalb der bäuerlichen Hausgemeinschaft eher instrumentellen Charakter. Somit ist auch die Beziehung der Ehegatten zueinander durch die gemeinsame Arbeit für den Hof grundlegend geprägt worden. Als gleichsam notwendige Konsequenz ergibt sich daraus, dass die Wertschätzung des Partners sich nach dessen Beitrag für die Erhaltung des Ganzen resultierte. Oder, wie Rosenbaum (1982) feststellt: "Die jeweilige ökonomische Leistung (...) beeinflusste sowohl die persönlichen Beziehungen als auch den Status innerhalb der Hausgemeinschaft" (S. 79).

2.2.3.1 Geschlechtsspezifische Arbeitsteilung im bäuerlichen Haushalt

"Kaum eine andere Produktionsweise erforderte in so hohem Maß eine 'familienhafte', d.h. eine auf komplementären und geschlechtsspezifischen Rollen von Mann, Frau und Kindern aufgebaute Organisation der Arbeit" (Sieder 1987; S. 17). Ungeachtet dieser Grundlage bäuerlicher Familienwirtschaften zeigen sich in Bezug auf die Art und Weise der Arbeitsteilung, regionale und vor allem produktionsspezifische Differenzen. Hinsichtlich der grundsätzlichen geschlechtsspezifischen Zuordnung der Arbeitsgebiete stimmen die meisten Autoren überein[31]. Generell waren den Männern jene Tätigkeiten zugeordnet, die sich außer-

---

[31] vgl. u.a. Sieder (1987), Rosenbaum (1982), Bruckmüller (1985), Segalen (1983 und 1990)

halb des Hofes und im öffentlichen Raum (z.B. Viehhandel) abspielten und mit höherem Risiko und höherer Körperkraft verbunden waren. Dies waren insbesondere Acker, Wiese und Wald sowie die Zugtiere. Die Bäuerin hingegen war für die Aufzucht der Kinder, den Haushalt und die gesamte Vorratshaltung (Verarbeitung der Lebensmittel) sowie für das Kleinvieh, die Schweine, die Milchwirtschaft, den Garten und die Hackfrüchte zuständig. Darüber hinaus hatte sie die Mägde und deren Tätigkeiten (Melken, Buttererzeugung u.s.w.) zu beaufsichtigen. Sieder hebt allerdings hervor, dass insbesondere in Ackerbau- und Viehzuchtbetrieben die Arbeitsteilung am ausgeprägtesten war. Der Haushalt hingegen hatte im 18. und 19. Jahrhundert nur untergeordnete Bedeutung (vgl. Sieder 1987)[32]. Beide Ehepartner haben in erster Linie landwirtschaftliche Produktion betrieben (Rosenbaum 1982; S. 80); die Hausarbeit als eigenständiger Aufgabenbereich hat sich erst im Laufe des 20. Jahrhunderts, im Zuge der Ausbreitung des bürgerlichen Familien- und Frauenbildes, ausdifferenziert. Rosenbaum (1982) und auch Sieder (1987) weisen darauf hin, dass gerade bei Kleinbauern und in traditionell subsistenzwirtschaftlich orientierten Betrieben die Arbeitsteilung zwischen Mann und Frau nur schwach ausgeprägt war.

Wichtige Veränderungen der Arbeitsteilung im 18. und 19. Jahrhundert lassen sich im Zusammenhang mit dem Grad der Marktverflechtung und dem Technisierungsgrad bäuerlicher Produktionsweise beobachten (Sieder 1987; S. 29). Denn, so Sieder, dort wo "... eine frühe Montearisierung und Kommerzialisierung der Landwirtschaft einsetzte, wurden die wichtigsten Arbeitsgänge immer deutlicher zu Männerarbeit" (ebenda). Sieder belegt dies anhand mehrerer Beispiele, wie etwa dem Melken, dem Getreidemähen und dem Füttern. In den kommerzialisierten Milchwirtschaftsgebieten der Schweiz, Vorarlbergs, des Salzburger Pinzgaus und Westtirols molken in den größeren Betrieben fast ausschließlich Männer; in den traditionell subsistenzwirtschaftlich ausgerichteten Familienbetrieben Süddeutschlands und Österreichs hingegen war Melken bis in die dreißiger Jahre dieses Jahrhunderts "Frauensache". Ähnlich verhielt es sich mit dem Getreideschneiden: überall in Europa, wo das Getreide noch mit der Sichel geschnitten wurde, also vorwiegend in den kleinen Betrieben, war dies Frauenarbeit. In den norddeutschen Gutswirtschaften und Großbetrieben aber, wo bereits die Getreidesense zum Einsatz kam, wurden diese Arbeiten von Männern erledigt. Ebenso das Füttern: der Mann fütterte dann, wenn die Viehhaltung modernisiert und intensiviert worden war, die Frau in den subsistenzwirtschaftlichen Gebieten (ebenda S. 30f). Das "Prinzip" geschlechtsspezifischer Arbeitsteilung in bäuerlichen Wirtschaften lässt sich somit wie folgt zusammenfassen:

---

[32] Erst im 20. Jahrhundert nahm der Anteil der auf Hausarbeit entfallenden Tätigkeiten der Bäuerinnen stark zu (Sieder 1987; S. 29).

- Je mehr ein Arbeitsbereich im Mittelpunkt des ökonomischen Interesses steht, je mehr er als Beruf aufgefasst wird und je mehr er auf den Handel ausgerichtet ist, desto stärker ist der Anteil der Männer an den Hauptarbeiten. Je enger eine Tätigkeit mit der Hausarbeit verbunden ist, umso wahrscheinlicher wird sie von Frauen ausgeführt.

- Je komplizierter die für eine Arbeit benutzten Geräte und Maschinen, desto bedeutender der männliche Anteil.

- Je mehr Kraftaufwand nötig ist, desto wahrscheinlicher ist die Ausführung dieser Arbeit durch Männer.

- Je feiner eine Arbeit, je mehr Fingerfertigkeit sie erfordert, je eintöniger, desto wahrscheinlicher ist sie Frauenarbeit.

- Je größer die Betriebe und je mehr Arbeitskräfte in einem Betrieb zur Verfügung stehen, desto differenzierter die Arbeitsorganisation und die Arbeitsteilung der Geschlechter, desto eher die alleinige Durchführung der zentralen Arbeiten durch Männer (Wiegelmann 1975 zit.n. Sieder 1987; S. 30/31).

Dass die Arbeitsteilung nicht aus dem biologischen Unterschied der Geschlechter abzuleiten ist, zeigen zahlreiche Beispiele, wonach Arbeiten, die in einer Region als "typische Männerarbeit" galten in einer anderen Region typischerweise von Frauen erledigt wurden. So wurden Säen und Pflügen - in Mitteleuropa typische Männerarbeiten - in einigen skandinavischen Regionen von Frauen erledigt (ebenda). Immer dann, wenn der Ertrag deutlich zugenommen hat, scheinen bestimmte Wirtschaftsformen in die Kompetenz der Männer übergegangen zu sein, wie z.B. das Käsen in der Schweiz (Sieder 1987; S. 34).

Auch das Einkommen wurde geschlechtsspezifisch verwaltet. Die Bäuerinnen verwalteten meist die "kleineren" Nebeneinkünfte aus dem Verkauf von Milchprodukten, Eiern und Geflügel. Diese Produkte verkaufte die Bäuerin einmal pro Woche auf dem Markt. Dem Bauern hingegen fiel das Einkommen aus dem Getreide und dem Viehverkauf zu.

Eine Sonderstellung nahm schon früh der *Weinbau* ein. Hier kam es früher als bei anderen Wirtschaftsformen zu einer hoch entwickelten Geldwirtschaft, da die Weinkulturen seit je her höhere Rentabilität erzielten als vergleichsweise Ackerbaubetriebe. Weinbauern waren gleichsam zum Verkauf ihrer Produkte gezwungen und nicht subsistenzorientiert, so dass sie sich früh an Export und Markt ausrichten mussten. In Weinbaubetrieben gab es kaum Gesinde; zu Spitzenzeiten wurden Tagelöhner beschäftigt. Da es sich meist um Kleinstbesitz handelte, entwickelte sich auch keine ausgeprägte Arbeitsteilung zwischen Mann und Frau. Auch die Bedeutung der Kinder als Arbeitskräfte oder Erben war im Weinbau nicht so groß, da Neolokalität dominierte (Sieder 1987; S. 25ff).

2.1.5.2 Stellenwert der Bäuerin

Wie schon im Kapitel über Arbeitsteilung deutlich gemacht, drückt sich in der Art und Weise der Zuteilung bestimmter Arbeiten sehr deutlich ein Machtgefälle zwischen Mann und Frau aus. Aus der Tatsache, dass im 18. und 19. Jahrhundert zwar beide Partner landwirtschaftliche Produktion betrieben und die Bäuerin eindeutig Produzentin und nicht - wie im 20. Jahrhundert "mithelfende Familienangehörige" - war (vgl. Mitterauer 1993a), somit also die Frau einen wesentlichen Beitrag zur bäuerlichen Ökonomie geleistet haben muss, darf nach Rosenbaum jedoch daraus keineswegs auf eine gleichwertige Position der Frau im sozialen Gefüge geschlossen werden (Rosenbaum 1982; S. 81). Scheinbar im Gegensatz dazu betonen manche AutorInnen gerade aber die Gleichwertigkeit von Bauer und Bäuerin in den früheren Jahrhunderten. Aus mehreren Quellen, wie etwa der so genannten Hausväterliteratur (16.- 18. Jh.), den christlichen Predigten im Mittelalter, Roman- und Trivialliteratur, bildlichen Darstellungen usw. wird entnommen, dass die "Bäuerinnen in der Hofwirtschaft über lange Zeit gleichwertig und gleich wichtig neben den Bauern standen" (Kolbeck 1990; S. 144; vgl. dazu auch Inhetveen/Blasche 1983). Auch Segalen (1983), die sich auf anthropologische Forschungsbeiträge, volkskundliche Schriften und Sprichwörter sowie Bestandsaufnahmen bäuerlicher Architektur als Informationsquellen bezieht, ist davon überzeugt, dass im Frankreich des 19. Jahrhunderts die Bäuerin als "Herrin des Hauses" dem Bauern gleichgestellt und eine "Partnerin" im damaligen Verständnis war[33]. Allerdings bedurfte es dazu bestimmter regional unterschiedlicher, kultureller Traditionen. Es gibt Anzeichen, dass die Hausmutter nicht nur die "distributive" Funktion der Hofwirtschaft besetzte, sondern sich auch "erfolgreich in 'akquisitiven' Männerdomänen bewegte" (Inhetveen/Blasche 1983; S. 61).

Diese scheinbaren Widersprüche in der Darstellung der historischen Stellung und Macht der Bäuerin resultieren aus der oft mangelhaften Differenzierung zwischen innerhäuslicher und öffentlicher Stellung der Bäuerin im 18. und 19. Jahrhundert. So kam der Bäuerin im Haus - vor allem dann, wenn sie eigenverantwortlich einen Wirtschaftsbereich führte - durchaus eine gewisse Machtposition zu. Meist war die Bäuerin auch Hüterin der Vorräte, wodurch ihr speziell in

---

[33] Zu ähnlichen Schlußfolgerungen gelangt auch Bruckmüller (1985), wenn er die rechtliche Selbständigkeit der Bäuerin hervorhebt. Die Vertretung nach außen ist seiner Meinung nach im 18. Jahrhundert kein relevantes Kriterium zur Beurteilung der sozialen Position, da in der frühen Neuzeit die Gemeinde als solche noch keine große Bedeutung hatte (ebd., S. 224). Dem muß aber entgegengehalten werden, daß mit "außen" i.a. nicht die Gemeinde, als Gebietskörperschaft, gemeint ist, sondern der öffentliche Raum (z.B. Gesellichkeit) als solches.

Zeiten ökonomischer Knappheit eine besondere Bedeutung zukam (vgl. Sieder 1987). Wenngleich auch innerhalb des bäuerlichen Betriebes die Stellung der Bäuerin im 18. und 19. Jahrhundert bedeutender erscheinen mag, so darf nicht außer Acht gelassen werden, dass die Position und Wertigkeit der Frau innerhalb der sozialen Hierarchie ganz wesentlich von ihrer öffentlichen Stellung abhängig war. Obwohl die Bäuerin also wesentliche Leistungen für den Hof und die Wirtschaft (Rosenbaum 1982; S. 81) erbrachte, kam ihr dennoch ein untergeordneter Status zu, weil männliche Arbeiten generell mit einem höheren Sozialprestige versehen waren. Segalen (1983) berichtet, dass Männer, die sich um häusliche Dinge oder weibliche Belange kümmerten, in Sprichwörtern lächerlich gemacht wurden (S. 115)[34]. Somit ist es gerade die mangelnde Präsenz der Bäuerin in der Öffentlichkeit, die ihre Machtposition ganz wesentlich einschränkte, so dass m.E. von einer gewissen "innerhäuslichen Machtposition" gesprochen werden kann, während ihre Stellung außerhalb des Hauses - wie zahlreiche AutorInnen belegen[35] - doch eher untergeordnet war. Die sozial untergeordnete Stellung der Frau wird auf mehreren Ebenen des bäuerlichen Lebens sichtbar:

Öffentlicher Raum/Geselligkeit: Jener zentrale Ort, wo die männliche Dominanz innerhalb der Dorfgemeinschaft deutlich seinen Niederschlag fand, war der Viehmarkt. Dieser scheint nach Sieder "... eine der wichtigsten Verknotungen von ökonomischen und kulturellen Determinanten des bäuerlichen Patriarchalismus gewesen zu sein" (Sieder 1987; S. 36). Frauen waren sowohl von den Geschäften als auch der meist damit verbundenen Geselligkeit ausgeschlossen. Während die Arbeit der Bäuerin zeitlich unbegrenzt war, wechselten für den Bauern Phasen schwerer Arbeit mit Phasen der Erholung ab (Rosenbaum 1982; Shorter 1977). Zudem konnte der Bauer den öffentlichen Raum für sich alleine beanspruchen. Somit entwickelten sich zwei unterschiedliche Formen bäuerlicher Geselligkeit: jene der Frauen waren auf das Haus beschränkt und meist mit Arbeit verbunden (Spinnstuben); die Männer pflegten Geselligkeit auch im öffentlichen Rahmen (Gasthaus, Vereine) und zwar unabhängig von der Arbeit (Segalen 1990; S. 263). Frauen verließen hingegen nie "willkürlich" das Haus (Shorter 1977; S. 92). Segalen stellte auch fest, dass sich die Männerkultur gegenüber den Frauen eher herablassend verhielt.

Abwertung der Frau: Das Haus war nach Mitterauer eine "dominant herrschaftlich organisierte Sozialform". Weil allein der Mann und Hausvater politisch-

---

[34] Auch Mitterauer (1993a) hebt hervor, daß diese Distanzierung der Männer von Frauenarbeiten ein Ausdruck sozialer Wertmuster ist und nicht als eine sinnvolle Reaktion auf biologische Unterschiede gesehen werden kann. So wie Männer abgewertet wurden, wenn sie 'Frauenarbeiten' verrichteten, konnten umgekehrt Frauen, die 'Männerarbeiten' übernahmen (z.B. in Kriegszeiten) dadurch eine Aufwertung erfahren (S. 26).

[35] vgl. u.a. Sieder (1987), Rosenbaum (1982), Mitterauer/Sieder (1984), Shorter (1977)

rechtlich handlungsfähig war (Rosenbaum 1982; S. 85), waren Frauen generell untergeordnet und galten vor allem außerhalb des Hauses als 'minderwertig' (Shorter 1977; S. 91). Dies kommt u.a. in diversen Redensarten zum Ausdruck: "Weibersterben bringt kein Verderben, aber Pferde im Grab bringen den Bauer an den Bettelstab" (Rosenbaum 1982; S. 89) oder "Der Hut soll die Haube kommandieren" (Sieder 1987; S. 33). Shorter (1977) betont, dass die Rolle der Frau durch Verzicht und Aufopferung charakterisiert war (S. 93).

Ehe und Sexualität: Rosenbaum (1982) beschreibt aufgrund ihrer Recherchen und unter Bezugnahme auf diverse spezielle Literatur die intime Beziehung zwischen Bauer und Bäuerin als hauptsächlich an der "unmittelbaren Befriedigung der Bedürfnisse des Mannes ausgerichtet" (S. 87; Shorter 1977; S. 96). Der Austausch von Zärtlichkeiten, sowie das Eingehen auf die Bedürfnisse der Frau dürfte nicht verbreitet gewesen sein (vgl. Shorter 1977). Vor allem die schwere, körperliche Arbeit, der lange Arbeitstag, die beengten Wohnverhältnisse und kalte Stuben scheinen keine positiven Voraussetzung für die Entwicklung eines verfeinerten Umgangs von Mann und Frau im Gefühls- und Sexualleben gewesen zu sein (vgl. Mitterauer/Sieder 1984; S. 141ff). Bedingt durch die schwere Arbeit und die mangelnde Schonung während den Schwangerschaften litten Bäuerinnen zudem häufig unter Unterleibs- und Geschlechtserkrankungen und verweigerten deshalb sexuelle Beziehungen, worauf sich die Männer bei den Mägden schadlos hielten (Rosenbaum 1982; S. 87). Rosenbaum kommt zu dem Schluss, dass die Gestaltung der sexuellen Beziehungen zwischen Bauer und Bäuerin eine weitere Bestätigung für die patriarchalische Verfassung des bäuerlichen Hauses und die geringe Bedeutung persönlicher Beziehungen ist (S. 89). Drastischer stellt Shorter (1977) die ehelichen Verhältnisse dar, die für ihn eine Bestätigung einer von "Schweigen und Lieblosigkeit" (ebenda S. 98) geprägten Beziehung sind: "Jeder musste gegenüber dem anderen Geschlecht seine Rolle spielen: Die Männer mussten tyrannisch, (...) einschüchternd, selbstsüchtig, brutal und unsentimental sein; die Frauen loyal, bescheiden und unterwürfig" (ebenda). Für ihn bestätigt sich somit der Eindruck einer "unüberbrückbaren Gefühlsdistanz" zwischen dem Ehepaar.

2.2.3.3 Gesellschaftliche Ursachen für das Machtgefälle

Die Höherbewertung der Position des Mannes war nicht nur auf die bäuerlichen Familien beschränkt, sondern hatte in allen mittel- und westeuropäischen Ländern lange Tradition. Weil meist nur die Männer über Grund und Boden verfügten, konnte sich dieses Grundmuster der patriarchalischen Verfassung immer wieder reproduzieren und legitimieren (Rosenbaum 1982; S. 83f). Verbessern konnte sich die Position der Frau etwa dann, wenn sie "abwärts" heiratete[36]. Auf

---

[36] Rosenbaum verweist in diesem Zusammenhang auf eine Untersuchung, die in den 60er Jahren dieses Jahrhunderts in der BRD durchgeführt worden war und derzufolge die Au-

eine weitere relevante Ursache, nämlich die geringe Bedeutung der Bäuerin im öffentlichen Raum, wurde a.a.O. bereits hingewiesen. Sieder erwähnt zudem die betriebshierarchische Abhängigkeit vom Mann und Hausvater, sowie das Fehlen wirklich eigenständiger Arbeitsbereiche (vgl. Sieder 1975). Rosenbaum (1982) verweist noch auf den Umstand, dass die Einhaltung dieses sozialen Gefälles zwischen Mann und Frau durch die dörfliche Gemeinschaft kontrolliert wurde.

2.2.3.4 Bedeutung und Stellenwert der Kinder

Im Kontext bäuerlicher Hauswirtschaften hatten Kinder vor allem zwei wichtige Funktionen zu erfüllen: als Arbeitskräfte und als Erben. Vor allem in Klein- und Mittelbetrieben wurden Kinder wegen des ökonomischen Druckes bereits früh zur Arbeit herangezogen. Bereits vom vierten Lebensjahr an wurden Kindern Arbeiten übertragen. Vielfach hing der Gesindeanteil von der Arbeitsfähigkeit der Kinder ab: solange die Kinder noch nicht arbeitsfähig waren, benötigte der Betrieb mehr Gesinde. So wie der Status aller Mitglieder des bäuerlichen Haushalts in traditionellen Gesellschaften von ihrer Arbeitsleistung abhing, war auch die Wertschätzung der Kinder davon bestimmt (vgl. Sieder 1987, Rosenbaum 1982, Mitterauer/Sieder 1984). Die Kinderzahl orientierte sich an den ökonomischen Ressourcen des Hofes. Sozialhistorische Daten widerlegen sehr deutlich das Klischee von der kinderreichen Bauernfamilie früherer Zeiten, denn "der Bauer neigt nicht zu hohen Kinderzahlen, solange nicht die Arbeitsorganisation sie erfordert" (Bruckmüller 1985; S. 369).

Zur Sicherung der bäuerlichen Existenzen musste der Hof von einem - meist männlichen - Erben weitergeführt werden. Die soziale Stellung des einzelnen Kindes hing wesentlich vom Erbrecht, bzw. der Erbpraxis ab, das sich - neben dem Geschlecht - an der Stellung in der Geschwisterreihe orientierte. In *Anerbengebieten* (Großteil Österreichs) wurde der Hof ungeteilt meist an den ältesten Sohn übergeben; die "weichenden Erben" mussten abgefunden werden. Das als Nachfolger bestimmte Kind wuchs allmählich in seine Rolle und Aufgaben hinein und bezog den jüngeren Geschwistern gegenüber eine an Rechten und Pflichten übergeordnete Stellung (Rosenbaum 1982; S. 97). Häufig ist zwischen dem Hofnachfolger und seinen Eltern ein Spannungsverhältnis im Hinblick auf den innerbetrieblichen Machtwechsel festzustellen. Vielfach konnte auch beobachtet werden, dass eine Tochter dazu angehalten wurde, mit den Eltern ins Ausgedinge zu gehen. Mancherorts wurde auch berichtet, dass zu diesem Zweck Töchtern das Heiraten untersagt oder die Heiratschancen durch systematische "Verdummung" gemindert wurden (Sieder 1987; S. 45). Die Tochter blieb somit als billige Arbeitskraft am Hof, man sparte Mitgift und die Versorgung der Eltern im Ausgedinge war gesichert. In *Realteilungsgebieten* (Vorarlberg, Westti-

---

torität des Mannes deutlich geringer war, wenn dieser auf den Hof der Frau eingeheiratet hatte (1982 S. 84).

rol, Burgenland) hingegen mussten alle Erben gleichwertig abgefunden werden. Dies führte ebenfalls häufig zu Spannungen innerhalb der Geschwister, da jedes zusätzliche Kind bei gleichem Nahrungsspielraum die Chancen der anderen minderte.

Die Erziehung der Kinder vollzog sich weitgehend "naturwüchsig" (Rosenbaum 1982; S. 93) und lässt sich am besten mit "Erziehung zur Arbeit" beschreiben. Lernen erfolgte weitgehend empirisch, d.h. die Kinder lernten ihre Aufgaben von den Eltern oder dem Gesinde. Sieder (1987) weist aber auch auf die Bedeutung der "kognitiven Sozialisation" (S. 57) hin. Die bäuerliche Lebenswelt war reich an tradierten Deutungsmustern, die in Erzählungen an den langen Winterabenden den Kindern vermittelt wurden. Dieses kontinuierliche Hineinwachsen des Kindes in die bäuerliche Lebenswelt bedeutete gleichzeitig eine starke Determinierung des einzelnen und seines Lebensschicksals. Individuelle Begabungen und Fähigkeiten wurden weder beachtet noch gefördert (Rosenbaum 1982; S. 96). Dadurch ergab sich eine stark traditionalistische Einstellung zur Arbeit und zur Welt, die von Generation zu Generation weiter vermittelt wurde. Dieses nicht bewusste Hineinwachsen (im Ggs. zu einer formalisierten Berufsausbildung) in die Arbeitsvollzüge verlieh ihnen gleichsam eine "instinkthafte Selbstverständlichkeit" (ebenda). Veränderungen und Neuerungen wurden demgemäß eher als Bedrohung denn als Fortschritt erlebt. Funktional war diese Art der Erziehung gebunden an eine stabile soziale, ökonomische und technische Umwelt.

Die praktischen Fertigkeiten lernten die Bauernkinder fast ausschließlich durch unmittelbare Teilnahme an der Arbeit und weniger durch Reden oder Hören. Bereits ab dem dritten bzw. vierten Lebensjahr mussten sie vielfältige Aufgaben übernehmen. Nicht immer war die Arbeit mit Zwang verbunden; vielfach waren die Übergänge zwischen Spiel und Arbeit fließend. Erst allmählich dominierte dann die Arbeit. Die Aufsicht und Anleitung zur Arbeit war nicht nur Aufgabe der Eltern. Dazu autorisiert waren alle Personen, etwa ältere Geschwister oder Gesinde, die in der Hierarchie der Arbeitskräfte dazu befähigt waren. Dies bewirkte u.a. die Verankerung der leistungsbezogenen, hierarchischen Struktur der Bauernfamilie im Bewusstsein der heranwachsenden Kinder (Sieder 1987, 46). Rosenbaum (1982) weist insbesondere auf die Bedeutung des Gesindes als Erziehungsinstanz hin. So hatte das Gesinde in manchen Gebieten sogar das ausdrückliche Recht zur Züchtigung der Kinder. Was die Erziehungsmethoden betrifft, regelten Befehl und Gehorsam die Eltern-Kind-Beziehung. Körperliche Züchtigung gehörte durchaus zum üblichen Methodenrepertoire.

Vor allem in Anerbengebieten war es üblich, dass Kinder, die nicht am Hof benötigt wurden, in den Gesindedienst mussten. Dieser Wechsel in einen anderen Haushalt fand meist schon mit dem zwölften Lebensjahr statt. Selbst große Höfe konnten es sich kaum leisten, mehr als drei bis vier heranwachsende Kinder im

Haus zu behalten. Entlohnung gab es meist keine; die Kinder arbeiteten für Essen, Schlafen und Kleidung.

Die Schule hatte bis ins späte 19. Jahrhundert hinein in der bäuerlichen Lebenswelt eine untergeordnete Bedeutung, da sie als nicht empirisch organisierte Institution des Lernens befremdlich wirkte (Sieder 1987; S. 46). Der Schulbesuch der Kinder richtete sich nach dem jahreszeitlichen Arbeitsanfall, so dass regelmäßiger Schulbesuch meist nur im Winter möglich war. Konflikte zwischen den Eltern und Lehrern waren keine Seltenheit. Außerdem wurde die Einführung der allgemeinen Schulpflicht nicht nur als Schikane in Bezug auf die Arbeitsleistung der Kinder für den Hof, sonder auch als unzulässiger Eingriff in elterliche Rechte betrachtet (Mitterauer 1989; S. 191).

Was - wie erwähnt - die Einschätzung der emotionalen Beziehung zu den Kindern betrifft, zeigen sich unter den HistorikerInnen unterschiedliche und z.T. kontroversielle Auffassungen. Hier soll nun noch auf die speziellen Bedingungen der emotionalen Eltern-Kind-Beziehung in der bäuerlichen Familie eingegangen werden:

Aufgrund der engen Verflechtung von Arbeits- und Sozialbeziehungen muss nochmals hervorgehoben werden, dass die bäuerliche Familie des 18. und 19. Jahrhunderts vorwiegend Produktionsgemeinschaft war, und somit Emotionalität im heutigen Sinne nicht zentraler Bezugspunkt menschlicher Beziehungen sein konnte. Leben und Arbeit, Natur und Tierwelt, all das war eng verflochten und noch nicht getrennt wie in der späteren arbeitsteilig organisierten Gesellschaft[37]. Vor allem aber war die bäuerliche Familie "... noch nicht auf Reproduktionsaufgaben, insbesondere nicht auf Sozialisationsaufgaben, konzentriert (Sieder 1987; S. 39). Was die Beschäftigung mit Säuglingen und Kleinkindern betrifft, so stand hier eindeutig die Versorgung im Rahmen der anfallenden Arbeitsprozesse im Vordergrund. Bis weit ins 19. Jahrhundert wurde das so genannte "Steckwickeln" praktiziert. Lange Wickelbänder verhinderten nahezu jegliche Bewegungsmöglichkeit der Arme und Beine der Säuglinge. Dadurch konnten die Bauersfrauen die Säuglinge oft stundenlang alleine lassen, währenddessen sie auf den Feldern arbeiteten (vgl. Sieder 1987). Auch wenn diese Praktiken aus heutiger Sicht "lieblos" erscheinen mögen, muss doch bedacht werden, dass die bäuerliche Arbeitsverfassung - vor allem in Kleinbetrieben - es notwendig machte, die Versorgung der Kleinstkinder in den täglichen Arbeitsablauf einzugliedern. Zentrales Anliegen der Mütter war dadurch wohl auch die Ruhigstellung der Säuglinge. Um dies zu gewährleisten wurden üblicherweise mit Mohn oder Alkohol getränkte Schnuller verabreicht. Die hohe Kindersterblichkeit resultierte zwangsweise aus dieser ungenügenden Versorgungspraxis

---

[37] Deren Kennzeichen u.a. die Trennung von Sachbeziehungen (Berufswelt) und emotionalen Beziehungen (Familie/Partnerschaft), sowie die Ausdifferenzierung der Freizeit sind.

der Säuglinge und - wie Sieder noch anmerkt - aus dem Umstand, dass in den westeuropäischen Ländern kaum gestillt wurde und die Kinder stattdessen sehr früh Kuhmilch zu sich nehmen mussten. Dies erhöhte die Anfälligkeit für Infektionskrankheiten. Demgegenüber scheint es in Deutschland und Österreich eher üblich gewesen zu sein, dass die Mütter gestillt hätten (ebenda S. 41).

Eine geschützte, von den Härten der bäuerlichen Existenzsicherung abgeschirmte kindliche Lebenswelt hat im alten Bauernhaus nicht bestanden, wie Sieder (1987) feststellt. Die Identität des einzelnen stellte sich über die symbolischen Handlungsweisen seiner sozialen Gruppe her. Diese starre Tendenz der Unterordnung in die Struktur des Dorfes, des Hofes und der Arbeitshierarchie wirkte hemmend auf die individualistische Herausbildung einer Persönlichkeit und auf die Kultivierung der "seelischer Betrachtung" sowie dem damit verbundenem Gefühlsleben (vgl. Sieder 1987; S. 42ff). Was im dörflichen Wertgefüge zählte, waren nicht individuelle Bedürfnisse oder Motive, sondern wie der/die einzelne seinen/ihren Platz ausfüllte. Dieses Muster setzte praktisch mit der Geburt ein. Im Gegensatz zu jenen Autoren, die den Umgang mit Kindern in früheren Zeit als weitgehend "gefühllos" bezeichnen[38] meint etwa Lipp (1984), dass den menschlichen Beziehungen in diesen Gesellschaften nicht jegliche Gefühlsqualität abgesprochen werden dürfe. Der wesentliche Unterschied bestand darin, dass Gefühle nicht - wie in der heutigen Gesellschaft - über Empathie und Sprache, sondern durch Symbole und rituelle Verhaltensweisen ausgedrückt wurden (vgl. Lipp 1984). Daraus lässt sich schließen, dass Gefühle und Emotionen keineswegs überzeitliche und universelle Konstanten sind, sondern sich als sozial und historisch wandelbar erweisen, wie Sieder (1987; S. 43) betont, denn "letztlich scheinen sie (die Gefühle, Anm.V.) von dem je möglichen Maß an existentieller Sicherheit - sowohl im leib-seelischen als auch im wirtschaftlichen Sinn - abhängig zu sein" (ebenda).

2.2.3.5 Generationenverhältnis

In autarken Bauerngesellschaften war das Ausgedinge die einzige Form der Altenversorgung. Je nach Größe und ökonomischer Potenz des Hofes bezogen Altbauer und Altbäuerin nach der Übergabe an den Hofnachfolger entweder ein eigenes Auszugshaus oder die Altenteilstube. In ärmeren Regionen allerdings wurde oft nur ein Eck im gemeinsamen Wohnraum für das Altbauernpaar abgeteilt (vgl. Sieder 1987; S. 65ff).

Das Ausgedinge in Nord-, West- und Mitteleuropa ist bereits seit dem Mittelalter bekannt und hatte ursprünglich ökonomische Wurzeln (vgl. u.a. Brückmüller

---

[38] Diese Position vertreten insbesondere Shorter (1977) und Aries (1975).

1985; Mitterauer/Sieder 1984)³⁹. Verbreitet hat sich das Ausgedinge vor allem in Lehensgebieten, wo die Grundherrn mehr Einflussmöglichkeiten hatten. Das Ausgedinge war zwar für den Hof eine gewisse Belastung, sollte aber dem Grundherrn garantieren, dass ein Wirtschaftsführer den Hof bewirtschaftete, der im Vollbesitz seiner körperlichen Leistungsfähigkeit war. Regional konnten die vertraglichen Übergaberegelungen differieren. In einigen Tiroler und Salzburger Tälern etwa behielten der alte Bauer und die alte Bäuerin die Führungsposition bis an ihr Lebensende. Üblicherweise ging aber gleichzeitig mit der Heirat des Hoferben auch die Führungsposition an diesen über.

Im 18. Jahrhundert vermehrte sich die Zahl der Ausgedinge stark. Sieder (1987) begründet dies mit der Neufassung des Militärdienstes. Denn viele Bauern übergaben nun frühzeitig an ihre Söhne, um deren Freistellung vom Militärdienst zu erreichen.

Im 19. Jahrhundert schließlich führte die rasch steigende Lebenserwartung zu einem weiteren Anstieg der Ausgedinge. Denn immer öfter drängte nun der Hofnachfolger, den Hof zu übernehmen, um heiraten zu können (Sieder 1987; S. 66f). So verdoppelte sich in einigen Orten die Zahl der Ausgedinge innerhalb weniger Jahre. Erst ab diesem Zeitpunkt konnte die Drei-Generationen-Familie zur typischen Konstellation in den mitteleuropäischen, bäuerlichen Gesellschaften werden.

Sozial bedeutete der Übertritt ins Ausgedinge einen Abstieg, da der soziale Status vom Hausbesitz abhängig war. Sieder (1987) beschreibt die sozialen Folgen als besonders konfliktträchtig und kritisiert die oft fälschliche Darstellung der bäuerlichen Drei-Generationen-Familie als "ideale, heile Welt" der Altenversorgung im 19. Jahrhundert. Rein ökonomisch betrachtet stellte das Ausgedinge eine u.U. enorme Belastung des Familienbetriebes dar. Somit musste der Hofübernehmer danach trachten, die wirtschaftliche Belastung aus dem Ausgedinge so gering wie möglich zu halten. Zahlreiche Beispiele von kleinlichsten Übergaberegelungen, wie peinlichst genaue Auflistungen der dem Altbauernpaar zustehenden Nahrungsmenge bis hin zu tätlichen Auseinandersetzungen zwischen dem Alt- und dem Jungbauern sprechen eine deutliche Sprache. Auch überlieferte Redewendungen wie "Übergeben und nimmer leben" oder "Auf der Altenbank ist hart sitzen" können als Indiz für das Konfliktpotential rund um die Hofübergabe betrachtet werden (Sieder 1987; S. 65ff). Die Ausgedingephasen waren innerhalb Europas sehr unterschiedlich. Eine Erhebung aus dem Jahre 1899 ergab für Österreich, dass die Auszugsdauer, als der Zeitpunkt von der Hofüber-

---

[39] In der Zeit feudaler Abhängigkeit bedeutete das Ausgedinge eine Abtretung der Rechtsansprüche des vom Grundherrn geliehenen Guts (Lehen) von einer Generation zur nächsten (Sieder 1987; S. 65f).

gabe bis zum Ableben des Altbauernpaares, zwischen 15 und 20 Jahre betrug (Sieder 1987; S. 69f).

Materiell sicherten sich die Altenteiler häufig noch zusätzlich durch Nebeneinkünfte aus der Heimindustrie oder durch ein Gewerbe ab, so dass sie sich u.U. auch eine Wiederverheiratung leisten konnten. Das Ausgedinge scheint aber nicht nur die Funktion der Altersversorgung gehabt zu haben. Sieder (1987) berichtet etwa, dass es durchaus nicht unüblich war, dass auch unmündige Kinder der Altbauern mit ihren Eltern in den Auszug gingen. Aus manchen Gebieten wird auch berichtet, dass beispielsweise ledige Töchter des Altbauern mit unehelichen Kindern auf dem Hof aufgenommen wurden. Während diese ledigen Töchter oft nur vorübergehend Unterkunft fanden, blieben die Enkelkinder mit dem Altbauern im Auszug. Sieder stellt dazu fest, dass es gleichsam eine Nebenfunktion des Ausgedinges war, Schutzrechte der nichterbenden bzw. der erblassenden Familienmitglieder zu sichern (ebenda S. 70f).

2.2.3.6 Hofübergabe - Erbregelung

Der Zeitpunkt der Übergabe hing von mehreren Faktoren ab. Auf reicheren Höfen gingen die Bauern eher früher ins Ausgedinge, da der Hof die wirtschaftliche Belastung leichter verkraften konnte. Auch der Tod des Bauern oder der Bäuerin bewirkte in manchen Gebieten eine rasche Übergabe an den Hofnachfolger. In bestimmten Regionen, vor allem in solchen mit geringerem grundherrschaftlichen Einfluss auf die Wirtschaftsführung, bestand schon früh ein bäuerliches Erbrecht. Dort hatte ein verwitweter Bauer oder eine verwitwete Bäuerin das Recht, die Wirtschaft weiterzuführen, was in der Regel zur Wiederverheiratung führte und nicht zur Hofübergabe. In diesen Gegenden war das Ausgedinge gering verbreitet (Sieder 1987; S. 69ff). Im 18. und 19. Jahrhundert ist aber in den Anerbengebieten eine Tendenz zu früherer Hofübergabe festzustellen. Sieder bringt dies mit einer zunehmenden Emotionalisierung der Beziehung zwischen den Ehepaaren in Zusammenhang, so dass es nicht mehr so leicht war, die durch das Ableben vakant gewordene Stelle übergangslos mit einem/r neuen PartnerIn zu ersetzen.

Durch die Heiratsbeschränkungen musste der Status des Hoferben besonders privilegiert erscheinen, denn zum Hausherrn gehörte gleichsam automatisch die Hausfrau dazu. Generell ist festzuhalten, dass der weichende Bauer und die weichende Bäuerin eher die Hofübergabe hinauszuzögern versuchten, während es der Wunsch des Nachfolgers war, den Hof so früh wie möglich übernehmen und somit auch heiraten zu können.

In den Übergabeverträgen wurde nicht nur die Alterssicherung des weichenden Bauernpaares geregelt, sondern auch die Abfindung der Miterben. Das Erbrecht der Bauern hat - bis heute - einen Sonderstatus und weicht von den, sich im 19. Jahrhundert immer stärker verankernden Rechtsvorstellungen des römischen

Rechts ab. Demnach sollte jedes Kind einen annähernd gleich großen Anteil erhalten. Um aber den gemeinsamen Familienbesitz zu erhalten, bzw. ihn nicht in ökonomische Nöte zu stoßen, hielten sich de facto und auch de jure die Ansprüche der Miterben in Grenzen[40]. Die Situation verschärfte sich gegen Ende des 19. Jahrhunderts und zu Beginn des 20. Jahrhunderts. Einerseits überlebten immer mehr erbberechtigte Kinder infolge der steigenden Lebenserwartung. Andererseits setzten sich die aus dem Römischen Recht abgeleiteten Gerechtigkeitsprinzipien immer stärker durch, so dass die Ansprüche der Miterben stiegen. Als Konsequenz dieser Entwicklung stieg die Verschuldung der Höfe durch die Lasten des Ausgedinges und die Abfindung der Miterben an. In einigen Teilen Europas, wie etwa in Dänemark und Schweden, ging man ab der Jahrhundertwende sogar von der Übergabe mittels Vertrags ab und verkaufte stattdessen den Hof an den Erben. Diese Praxis stellte Sieder auch in Österreich fest, allerdings beschränkt auf stark marktorientierte bäuerliche Betriebe (Sieder 1987; S. 72f). Diese spezifischen intergenerativen Spannungen begannen sich erst nach dem Ende des Zweiten Weltkrieg mit Einführung der Bauernpensionen zu reduzieren.

2.3 Zusammenfassende Charakteristika bäuerlicher Familienbetriebe

Die ländliche Bevölkerung war im 18. und 19. Jahrhundert eher heterogen strukturiert und setzte sich aus freien und abhängigen Bauern, sowie einer breiten, ländlichen Unterschicht zusammen. Ein Großteil der Bauern ging einer, meist gewerblichen Nebenbeschäftigung nach. In dieser Zeitspanne zeichnen sich für die bäuerliche Gesellschaft einschneidende Veränderungen ab: Aufhebung der Leibeigenschaft, Industrialisierung des ländlichen Raumes, erste staatliche Eingriffe in die Bewirtschaftung.

Bereits im 19. Jahrhundert zeigen sich erste staatliche Eingriffe in die Landwirtschaft. Im Zuge der Industrialisierung und nicht zuletzt ausgelöst durch die große Hungersnot am Ende des 18. Jahrhunderts, sowie das im 19. Jahrhundert einsetzende Bevölkerungswachstum soll die Produktivität der Landwirtschaft gesteigert werden. Die Aufgabe des Brachfeldes und der damit verbundene Übergang zur Dreifelderwirtschaft, sowie die Propagierung der Stallfütterung werden als erste "Agrarrevolution" bezeichnet, die den Übergang zu einer rationelleren Wirtschaftsweise darstellen. Gelenkt und gesteuert werden diese Maßnahme allerdings "von oben".

---

[40] Joseph II. wollte 1786 die völlige Gleichstellung der bäuerlichen Erben durchsetzen. Heftige Diskussionen und Widerstände gegen diese Erbregelung mündeten aber ein Jahr später in eine Regelung der bäuerlichen Erbfolge im Sinne einer Dominanz des Anerbenrechtes (Brückmüller 1985; S. 293f).

Der bäuerliche Betrieb des 18. und 19. Jahrhunderts war ein noch weitgehend autarker, familienwirtschaftlicher Betrieb. Die sozialen Beziehungen im "Ganzen Haus" waren einerseits patriarchalisch-hierarchisch strukturiert und von der Leistungsfähigkeit des einzelnen bestimmt. Blutsverwandtschaft war als Bestimmungskriterium nachgeordnet.

Die Analyse der Partnerwahl hat gezeigt, dass im Zentrum bäuerlichen Denkens der Hof und dessen Erhaltung stand. Von daher bekam die heute eher "instrumentell" anmutende Art der Partnerwahl nach den Kriterien Mitgift, Arbeitsfähigkeit und Gesundheit der Frau ihre Bedeutung. Dabei muss aber immer berücksichtigt werden, dass dieser instrumentelle Charakter der Partnerwahl kulturell und ökonomisch bedingt war und nicht etwa mit dem wertenden Begriff "Lieb- oder Gefühllosigkeit" versehen werden darf.

Der bäuerliche Familienbetrieb war durchgehend geschlechtsspezifisch arbeitsteilig strukturiert. Allerdings nahm die Ausdifferenzierung der Arbeitsteilung bei größeren und stärker kommerzialisierten Höfen zu, während sie in subsistenzwirtschaftlich orientierten Betrieben weniger ausgeprägt war. Dort übernahmen Frauen durchaus auch Männerarbeiten. Die Arbeitsteilung zwischen Mann und Frau war von folgenden Kriterien bestimmt: Hausnähe und Kleinkindbetreuung, wirtschaftliche Bedeutung eines Arbeitsganges und vom Machtverhältnis zwischen Mann und Frau.

Die Bedeutung der Bäuerin innerhalb des Hauses im 18. und 19. Jahrhundert war jene einer Produzentin, die einen wesentlichen Beitrag zur Gesamtökonomie leistete. Außerhalb des Hauses jedoch hatte die Frau jedoch eher eine inferiore Position inne, so dass ihr sozialer Status als - der patriarchalischen Verfassung der damaligen Gesellschaften entsprechend - dem Manne untergeordnet bezeichnet werden kann.

Das Machtverhältnis zwischen Männern und Frauen war somit Ergebnis der Arbeitsteilung und den Formen der öffentlichen Repräsentation (Sieder 1987). Zusammenfassend lassen sich somit nach Sieder folgende Thesen aufstellen:

- Professionalisierung landwirtschaftlicher Arbeiten bedeutete gleichzeitig meist ihre "Vermännlichung", wodurch sich der gesellschaftliche Status der Männer vergrößerte.
- Den beträchtlichen Kompetenzen der Bäuerin in der bäuerlichen Hauswirtschaft steht eine fast lückenlose Diskriminierung der Frau in der bäuerlich-dörflichen Öffentlichkeit gegenüber. Diese männlich dominierte Öffentlichkeit scheint geradezu bestrebt gewesen zu sein, in symbolischer Weise (Redewendungen, Gasthauskultur etc.) ihre Herrschaft zu behaupten.
- Die Minderbewertung der Bäuerin und ihrer Arbeit ist Ausdruck des Patriarchalismus aller europäischer Gesellschaften und nicht als milieuspezifisch aufzufassen. Nicht ihr objektiver Anteil an der Sicherung der familialen Existenz war Maßstab für den Wert der Frau/Bäuerin, sondern dieser ergab sich aus der Definitionsmacht der männlichen Öffentlichkeit.

- In keiner anderen Produktionsweise der damaligen Zeit war die Frau so wesentlich in die Produktion eingebunden wie im bäuerlichen Betrieb. Aufgrund der og. geschlechtsspezifischen Aufteilung des Außen- und Binnenraumes blieb die Arbeit der Bäuerin aber "unöffentlich" (ebenda S. 38) und somit auch weitgehend unsichtbar.

Kinder hatten in der alten bäuerlichen Lebenswelt hauptsächlich als Arbeitskräfte und Erben eine Bedeutung. Die Betreuung der Säuglinge war an den täglichen Arbeitsablauf angepaßt und vor allem auf Ruhigstellen und Versorgen ausgerichtet. Darüberhinausgehende emotionale Zuwendung der Mütter dürfte die Ausnahme gewesen sein.

Alles was die Kinder wissen und lernen mußten, wurde ihnen in einem Prozeß des selbstverständlichen Hineinwachsens und Mitarbeitens am Hof vermittelt. Es war eine Erziehung zur Arbeit und zum Überleben in einer stark symbolisch vermittelten und traditionsgebundenen Welt.

Das Verhältnis der Generationen untereinander kann als konfliktträchtig beschrieben werden. Dies zeigt sich insbesondere an den Übergaberegelungen, die meist für die weichende Generationen mit einschneidenden Beschränkungen und sozialem Statusverlust begleitet waren. Bereits im 18. aber vor allem im 19. Jahrhundert kam es zu einer starken Zunahme der Ausgedinge infolge der steigenden Lebenserwartung. Bis zur Einführung der Bauernpensionen nach dem Zweiten Weltkrieg war das Ausgedinge die einzige Form bäuerlicher Altenversorgung und bedeutete für den Hofübernehmer u.U. eine enorme ökonomische Belastung.

Die Hofübergabe wurde oft lange hinausgezögert. Dies änderte sich erst im 19. Jahrhundert. Gleichzeitig mit der Übergabe mußten in Anerbengebieten auch die erbberechtigten Geschwister abgefunden werden, was eine hohe Verschuldung der Höfe nach sich ziehen konnte.

3 Landwirtschaftliche Strukturveränderungen im 20. Jahrhundert

Bruckmüller konstatiert der Habsburgermonarchie eine "insgesamt langsame, zögernde Modernisierung" (Bruckmüller 1985; S. 365), die von ausgeprägten regionalen Ungleichheiten begleitet war. Eine, dem westeuropäischen Muster folgende, rasche Entwicklung zeichnete sich nur in Niederösterreich mit Wien und in Vorarlberg ab (ebenda). Im in sich zersplitterten Reich verstärkten sich bis zum Beginn des Ersten Weltkrieges regionale Nationalismen. Die traditionalistischen katholischen Klassen des Kleinbürger- und Bauerntums, denen das Heer, die Bürokratie, der Adel und der Klerus sowie die Bauern angehörten, waren an der Erhaltung der Monarchie interessiert und eher "vorkapitalistisch" orientiert. Ihre Interessen waren durch den Kapitalismus und eine schnelle Industrialisierung besonders gefährdet. Deshalb standen sie der relativ kleinen Schicht aus der Wirtschaftsbourgeoisie skeptisch gegenüber. In dieser Schicht trafen sich Unternehmer und Finanzleute, die sich aus dem Großbürgertum rekrutierten. Sie vertraten am ehesten überregionale und an Modernisierung ausgerichtete Interessen (vgl. Bruckmüller S. 363ff).

Die gesellschaftlichen und wirtschaftlichen Umwälzungen gingen einher mit markanten, demographischen Veränderungen. 1875 markiert eine einschneidende Wende in der Bevölkerungsentwicklung, die bereits eine Konsequenz der Modernisierung war. Der sogenannte "demographische Übergang" löst die bisherige Entwicklung von hohen Geburten- und hohen Sterbeziffern ab. Nun begannen die Sterbeziffern - bei vorerst gleichbleibenden Geburtenziffern - zu sinken. Aber auch hier zeigen sich relevante regionale Unterschiede. Denn in den Alpenländern, also auch im Gebiet des heutigen Österreich, sanken Geburten- und Sterbeziffern relativ parallel; tendenziell sank bis zu Beginn des 20. Jahrhunderts sogar die Geburtenrate stärker als die Sterberate (ebenda S. 369f).

Um die Jahrhundertwende setzte dann auch jener Prozeß ein, im Zuge dessen es zu erheblichen Verschiebungen der Bevölkerung innerhalb der Wirtschaftssektoren kam. Dies betrifft insbesondere die Abnahme der Beschäftigten in der Landwirtschaft. Während um die Jahrhundertwende noch rund 60 Prozent der Gesamtbevölkerung (Berufstätige und Nichtberufstätige) der Land- und Forstwirtschaft zugerechnet wurden, waren es etwa 1934 nur mehr 27 Prozent.

Betrachtet man statistisch nur die Berufstätigen, so zeigt sich für die Zeit bis knapp vor dem Ersten Weltkrieg, daß noch mehr als die Hälfte aller Berufstätigen im Agrarsektor beschäftigt war[41]. Innerhalb Österreichs ergeben sich nun folgende regionale Verschiebungen: In den Alpenländern vollzog sich die industrielle Entwicklung, mit Ausnahme von Vorarlberg und Wien, verlangsamt. So-

---

[41] Die österreichische Statistik hat damals auch die mithelfenden Familienangehörigen in der Landwirtschaft, also Frauen und Kinder, zu den Berufstätigen gezählt.

mit bleibt der Agrarsektor bis in die Erste Republik hinein noch der dominate Wirtschaftszweig.

Interessante Unterschiede sind am Beginn dieses Jahrhunderts auch innerhalb der Geschlechter der Berufstätigen zu beobachten: 60 Prozent der Berufstägigen sind zu Beginn des 20. Jahrhunderts Männer, 40 Prozent Frauen. Der Großteil dieser berufstätigen Frauen, nämlich zwei Drittel, arbeitete in der Landwirtschaft als "mithelfende Familienangehörige". Wie gravierend sich gerade der Anteil an selbständigen Frauen in der Landwirtschaft inzwischen verschoben hat, zeigt ein Vergleich der österreichischen Datenaus den Jahren 1934 und 1990: 1934 waren 7 Prozent der Bäuerinnen "selbständig" (vgl. Bruckmüller 1985). Für 1990 ergab die Land- und Forstwirtschaftliche Betriebszählung einen Anteil an Betriebsinhaberinnen von 26,4 Prozent; die überwiegende Mehrheit der Bäuerinnen, nämlich 73,8 Prozent, wurden als "Mithelfende" registriert [42](ÖSTAT, 1992). Der zu Beginn dieses Jahrhunderts einsetzende Rückgang der land- und forstwirtschaftlich Beschäftigten führte nach Ansicht Bruckmüllers vor allem zu einem Rückgang der Frauenarbeit. Und tatsächlich sank der allgemeine Anteil der dort berufstätigen Frauen vorerst ab (ebenda S. 378), um dann erst ab den 60er Jahren wieder anzusteigen.

Die umwälzenden gesellschaftlichen und wirschafltichen Veränderungen an der Wende zum 20. Jahrhundert erschütterten die bislang relativ stabilen bäuerlichen Lebensverhältnisse. Insbesondere für die Waldbauern in den alpinen Regionen (Obersteiermark, Teile Kärntens sowie Nieder- und Oberösterreichs) verschärfte sich die existenzielle Lage zu Beginn dieses Jahrhunderts. Das Vordringen industrieller Großbetriebe beraubte die kleinen Bauernhöfe ihrer Nebeneinkünfte in der Kleineisenindustrie, im Transportwesen und in der Textilindustrie. Verschärft wurde die Lage der Bauern in diesen Gebieten auch noch dadurch, daß ihnen die Waldbesitzer die Servituts- und Weiderechte zunehmend entzogen, was zur Folge hatte, daß den Bauern die Weidegebiete für ihr Vieh abhanden kamen. In Foge hoher Verschuldung kam es schon zu Beginn des 20. Jahrhunderts in manchen alpinen Gegenden Österreichs zu einem "Bauernsterben": zwischen 10 und 20 Prozent bäuerlichen Grundbesitzes gingen mancherorts verloren. Alt- und neuadelige Finanz- und Industriebarone verleibten sich die verschuldeten Höfe ein (Bruckmüller 1985; S. 379ff). Als Konsequenz verminderten sich die Höfe in bestimmten Alpengegenden, während sie in Gunstlagen zunahmen.

---

[42] Dies ist vor allem im Hinblick auf die heutige Dominanz der Nebenerwerbsbetrieb (60 Prozent) relevant. Denn dort führen die Bäuerinnen vielfach, wie aus zahlreichen Studien hervorgeht, aufgrund der außerlandwirtschaftlichen Berufstätigkeit ihrer Männer de facto den Betrieb, ohne daß dieses Faktum auch in der Betriebsleitung seinen Niederschlag findet.

Im 20. Jahrhundert wird nun endgültig der "Landwirt" zum vorherrschenden Sozialtypus in der ländlichen Arbeit. Diese Entwicklung wird deutlich, wenn man die Veränderung des Selbständigenanteils (in diesem Fall der männlichen) in der Landwirtschaft vergleicht: 1934 war knapp ein Drittel der Männer "selbständig", der bei weitem größte Teil war lohnabhängig (Guts- und Forstarbeiter) oder stand im Gesindedienst (Bruckmüller 1985; S. 477). Heute hingegen hat sich dieses Verhältnis umgekehrt: der selbständige Landwirt dominiert; die Kategorie der unselbständig Beschäftigten hat sich marginalisiert. Diese Entwicklung vollzieht sich parallel zur Auflösung des "Ganzen Hauses".

3.1 Der bäuerliche Familienbetrieb im Wandel

Bis etwa 1918 blieb der bäuerliche Betrieb in seiner typischen Organisationsform als Einheit von Produktion und "Reproduktion" (Wohnen, Essen, Kinderaufzucht, arbeitsfreier Zeit und religiöser Sinnstiftung) erhalten. Anders verhielt sich dies im Guts- und Forstbetrieb, denn dort verrichteten nun zunehmend Lohnarbeiter jene Arbeiten, die einst die untertänigen Bauern und Tagelöhner zu bewerkstelligen hatten (Bruckmüller 1985; S. 379f).

Wesentliches Merkmal einer Strukturveränderung innerhalb der bäuerlichen Familien- und Arbeitsorganisation war der drastische Rückgang familienfremder Arbeitskräfte in diesem Jahrhundert. Ausgelöst wurde diese Entwicklung vor allem durch die Agrarkrise am Ende des 19. Jahrhunderts. Die Bauern mußten ihren Gesindeanteil reduzieren, um Kosten zu sparen. Stattdessen wurden nun vermehrt die eigenen Kinder zur Arbeit herangezogen (Bruckmüller 1985, 383f). Häufiger als in den Jahrzehnten zuvor wurden auch die Geschwister des Hofherrn zur Arbeit herangezogen, was deren Heiratsmöglichkeiten erschwerte. Ausgelöst durch diese Entwicklungen am Ende des 19. Jahrhunderts, wird nun der Bauernhof im 20. Jahrhundert immer stärker zum Familienbetrieb. Die Statistik verdeutlicht diese Entwicklung: waren 1930 noch rund 450.000 familienfremde Personen in der Landwirtschaft beschäftigt, so waren es 1980 nur mehr rund 40.000 (ebenda).

Mit der, seit den 60er Jahren, immer stärker einsetzenden Entwicklung vom Voll- zum Neben- oder Zuerwerb beginnt sich die einstige Einheit von Produktion und Reproduktion im bäuerlichen Familienbetrieb weiter aufzulösen. Die früher komplementären Rollen Bauer-Bäuerin werden in der Gegenwart immer stärker zu reinen Arbeitsrollen (Bruckmüller 1985; S. 485). Das "Ganze Haus" als Organisationsform von Leben und Arbeit hat sich weitgehend aufgelöst. Daran anknüpfende Denktraditionen, wie das "Hofdenken", lassen sich aber auch noch heute finden. Insbesondere für die Bäuerinnen ist die Einheit Produktion-Reproduktion keineswegs aufgehoben, wenn auch unter anderen strukturellen Rahmenbedingungen, wie im Kapitel über die "Bäuerliche Familie" noch näher ausgeführt werden wird.

3.2 RATIONALISIERUNG UND INDUSTRIALISIERUNG DER LANDWIRTSCHAFT

Wie bereits im vorigen Kapitel ausgeführt, setzten schon im 19. Jahrhundert erste Eingriffe des Staates in die landwirtschaftliche Produktion ein. Deren Ziel war damals vor allem Produktivitätssteigerung, die bereits teilweise zu einer Spezialisierung der Produktion führte. Dieser Trend setzte sich in diesem Jahrhundert fort. Vor allem die Entwicklung der Landwirtschaft nach dem 2. Weltkrieg ist geprägt durch den technischen Fortschritt, die Rationalisierung der landwirtschaftlichen Produktion und den effizienten Einsatz von Produktionsfaktoren, insbesondere von Arbeitskräften (Harms 1988b). Die Modernisierung der Landwirtschaft vollzog sich einerseits im Produktionsbereich. Dort führte sie zu immer stärken Einsatz von Maschinen und Chemikalien. Anderseits setzte sich in der Wirtschaftsführung immer stärker die "rationelle Wirtschafsform" (vgl. Hildenbrand et.al. 1992) durch. Die Bauern entfernten sich von der einst dominanten Subsistenzwirtschaft und wurden stetig stärker in den Markt und die Geldwirtschaft eingebunden. Im Zuge dieses Modernisierungsprozeßes der Landwirtschaft tritt die wirtschaftende Bäuerin immer mehr in den Hintergrund. Die "rationelle Landwirtschaft" wurde nun als wissenschaftliche Disziplin begründet, die die rein ökonomische Rentabilität in den Vordergrund stellte. Die Agrarwissenschaft wurde zu einer reinen Männerdomäne (Kolbeck 1990), weshalb die Darstellung der Aufgabenbereiche der Frauen aus den Abhandlungen zunehmend verbannt wurde. Stattdessen etablierte sich parallel dazu eine Wissenschaft vom (inneren) Haushalt als eigenständige Frauen-Disziplin (vgl. dazu auch Inhetveen/Blasche 1983; Redclift/Whatmore 1990; Hildenbrand u.a. 1992). Während des Nationalsozialismus stieg dann die "Hauswirtschaft" institutionell zu einer eigenen Wissenschaftsdisziplin auf (Jacobeit 1989; S. 85).

Jedoch scheint insbesonders in Krisenzeiten die Verantwortung für Hoferhalt, Wirtschaft und Subsistenz bei den Frauen gelegen bzw. von ihnen übernommen worden zu sein[43]. So fungierten beispielsweise im Zuge der Agrarkrise zwischen 1890 und 1910 (Ziebermayer 1993) Kleinbäuerinnen als Ernährerinnen der Familie. Gemeinsam mit der älteren Generation und den Kindern verrichteten sie die Hofarbeit (Stall und Feld), während der Mann einem Erwerb außerhalb der Landwirtschaft nachging. Diese außerbetriebliche Erwerbstätigkeit hatte v.a. in Realteilungsgebieten mit den kleinen Betrieben schon Tradition, aus anfänglichen Spinnern und Webern wurden Saisonarbeiter und später Pendler in die entstehenden Industrieregionen (vgl. dazu auch Bolognese-Leuchtenmüller/Mitterauer 1993). Dies hatte eben zur Folge, daß Frauen Funk-

---

[43] Dies gilt nicht nur im bäuerlichen Kontext, sondern für Frauen im allgemeinen.

tionen übernahmen, "die dem männlichen Vorstand bäuerlicher Haushalte zukam. Allerdings sprach man den Wirtschaften, die von Frauen geführt wurden, ab, bäuerlich zu sein, um die Ideologie vom Mann als 'Lehrherr, Chef, Erzieher und Ernährer' aufrecht zu erhalten" (Werner 1989; S. 32). Ob Mann oder Frau den Betrieb nach außen hin führte, wurde zu einem wichtigen Kriterium für die soziale Stellung eines Betriebes innerhalb des Dorfes. "Die Dorföffentlichkeit sah in einer bäuerlichen Wirtschaft unter weiblicher Leitung ein kleineres landwirtschaftliches Anwesen, schätzte es also geringer als eine bäuerliche Wirtschaft unter männlicher Leitung" (Werner 1989; S. 35).

3.3 INTERDEPENDENZEN ZWISCHEN BÄUERLICHEN FAMILIENBETRIEBEN UND MARKT BZW. STAAT

Die Einbindung in das kapitalistisch-industrielle Gesellschaftssystem bedeutet für die Bauern einen Verlust an Selbständigkeit. Sie sind - sowohl was Einkommen, als auch Selbstversorgung betrifft - weitgehend vom Markt bzw. vom Staat abhängig.

Hildenbrand et.al. (1992) haben die Folgen der rationellen Landwirtschaft wie folgt zusammengefaßt:

- Die Chemisierung der Produktion löst die Landwirtschaft aus den naturgegebenen Kreisläufen.
- Durch die Spezialisierung wird der systematische Betriebskreislauf aufgegeben.
- Der Familienzyklus ist nicht mehr mit dem Zyklus der Wirtschaftsgeneration abgestimmt, Hoferhaltung tritt als Ziel immer mehr in den Hintergrund, was auch an der Partnerwahl abzulesen ist.
- Die alte, statusgebundene und wenig flexible Arbeitsordnung löst sich zunehmend auf; die bäuerliche Familie wird immer stärker zur Kernfamilie.

Vor allem das seit den 60er Jahren immer differenzierter werdende Förderungssystem landwirtschaftlicher Produktion, in Kombination mit vielfältigen Auflagen und Subventionen, hat die Abhängigkeit der Bauern und Bäuerinnen vom Staat enorm verstärkt. Problematisch sieht Hildenbrand die Tatsache, daß gerade die Landwirtschaft, die sich aufgrund ihrer naturgebundenen Produktionsbedingungen am wenigsten für zentrale und bürokratische Lenkung eignet, eben dieser zunehmend unterworfen wurde. Besonders deutlich wurde dies in den 70er und 80er Jahren in Deutschland, wo sich aufgrund der zentralen EWG-Agrarpolitik die familienbetrieblichen Strukturen schon viel früher als in Österreich aufzulösen begannen, was die Schließung zahlreicher Höfe zur Folge hatte. So wurden in diesem Zeitraum nur mehr rund 5 Prozent aller Betriebe als "entwicklungsfähig" betrachtet; gefördert wurden jene Betriebe, deren Strukturen eher agrar-industrielle Dimensionen aufzuweisen hatten (vgl. Priebe 1985).

Die Abhängigkeit von staatlicher Unterstützung kommt auch in der Struktur des Gesamteinkommens von Haupterwerbsbetrieben zum Ausdruck: Der Anteil an öffentlichen Geldern überwiegt bei weitem das land- und forstwirtschaftliche Produktiveinkommen (Grüner Bericht 1995; S. 142). Bei Nebenerwerbsbetrieben überwiegen Löhne und Gehälter aus nicht-landwirtschaftlichem Einkommen.

Diese Entwicklungen reflektieren die vielfachen Widersprüche im Modernisierungsprozeß, welche die Bauern und Bäuerinnen zu bewältigen haben: Auf betrieblicher Ebene, also in der Produktion, verlieren traditionale Orientierungen zugunsten ökonomischer Zweckrationalität zunehmend an Bedeutung während im Privatbereich vielfach noch an traditionalen Werten festgehalten wird. Dies führt wiederum zu vielfältigen Spannungen innerhalb der Familien (vgl. Schmitt 1988).

3.4 Folgekosten der Spezialisierung und Technisierung

3.4.1 "Agrarkrise"

Durch die Industrialisierung des Agrarsektors wurden nun die traditionellen Formen der Landnutzung und bäuerlichen Wirtschaftens, die durch eine regional angepaßte Kombination von Viehzucht und Pflanzenproduktion charakterisiert waren, Schritt für Schritt durch Monokulturen und intensivierte Spezialisierung in der Viehzucht ersetzt (Sauer 1990). Dadurch wurde die Landwirtschaft zum kapitalintensivsten Wirtschaftsbereich hinter der Energiewirtschaft. Diese strukturellen Veränderungen zogen zahlreiche problematische Entwicklungen nach sich: sie führten zu Überproduktion, zu wachsenden inneragrarischen Einkommensdisparitäten, zu Konzentration der Produktion in Gunstlagen, zu ökologischen Problemen und einer steigenden Abhängigkeit der Landwirtschaft von vor- und nachgelagerten Sektoren, wie Kapital, Futtermittel- und Energieimporten (Krammer/Scheer 1980), die eine "Tendenz zu dualistischen Strukturen in der Landwirtschaft erkennen läßt, einer Minderheit an Betrieben, die relativ hohe Einkommen erwirtschaften, steht die Mehrheit der Betriebe gegenüber, die kaum mehr in ihrer Substanz erhalten werden können" (Kölsch 1990; S. 3). Ausgangsbasis dieser Maßnahmen war der Mansholt-Plan in der EWG, im Zuge dessen zahlreiche landwirtschaftlicher Betriebe schließen mußten. Ziel des Plans war die Strukturbereinigung innerhalb der Landwirtschaft. Konkret bedeutete dies: Bauern von nicht-existenzfähigen Betrieben wurde der Ausstieg durch Ausgleichszahlungen, Umschulungen u.ä. erleichtert; existenzfähige Betriebe wurden in große, moderne Agrarunternehmen umfunktioniert (Watz 1989; vgl.

dazu auch Sauer 1990)⁴⁴. "Wachsen oder Weichen" lautete das Motto, mit immer größer werdenden Höfen bei abnehmender Anzahl der Höfe (Timmermann/Vonderach 1993)⁴⁵. Technisierung und Spezialisierung führten zu einer Überproduktion mancher Produkte. Staatliche Restriktionen (Milchquoten etc.) und ein weltweiter Preisverfall landwirtschaftlicher Produkte waren die Konsequenz dieser Entwicklung.

Diese Entwicklung machte auch vor Österreich nicht halt und zeigt sich durch den Rückgang der Betriebe bis 30 ha (BAK 1995; S. 253). Seit dem Ersten Weltkrieg nimmt in Österreich die Zahl der landwirtschaftlichen Betriebe, sowie die Zahl der Beschäftigten in der Landwirtschaft ständig ab. Zum Vergleich: 1951 wurden noch rund 1Million Berufstätige in der Land- und Forstwirtschaft gezählt, 1995 nur mehr rund 245.000⁴⁶. Vor allem ab den 60er Jahren beschleunigt sich diese Entwicklung (Bruckmüller 1985, 484f). Auch innerhalb der Betriebe kommt es zu einer Strukturverschiebung: Immer mehr kleine Höfe werden aufgegeben, während die Bewirtschaftung durch Mittel- und Großbetriebe zunimmt. Insgesamt betrachtet hat die Landwirtschaft in Österreich seit 1950 einen tiefgreifenden Wandel erfahren. Dies drückt sich vor allem im Rückgang der Erwerbstätigen, in einer enormen Steigerung der Produktivität, sowie einer Intensivierung und Technisierung der Produktion aus (vgl. Krammer 1980; Pichler 1992).

Mit diesen Wandlungen in der Produktion wurden der bäuerlichen Wirtschaftsform Prinzipien aufgezwungen, die ihr an sich wesensfremd sein mußten: die Notwendigkeit einer rationalen betrieblichen Kapitalrechnung und die Orientierung an neuen Leitwissenschaften, der Physik (Technisierung) und der Chemie (Dünger- und Pestizideinsatz) oder mit anderen Worten: Unterwerfung unter die Gesetze der Kapitalwirtschaft und chemisch-technische Naturbeherrschung (Hildenbrand et.al. 1992; S. 43). Das Prinzip des Produzierens und Lebens in Naturkreisläufen zur Reproduktion der bäuerlichen Familie, wie dies für die einstige Subsistenzwirtschaft charakteristisch war, wurde nun von industriell-marktwirtschaftichen Regeln abgelöst (vgl. Hildenbrand et.al. 1992). Damit verbunden sind immer stärkere Eingriffe des Staates in die Agrarwirtschaft und weitreichende Folgen für die bäuerlichen Familie, die folgenden dargestellt werden.

---

⁴⁴ Diese Entwicklung zu einer an Rentabilität orientierten Betriebsführung setzte in Deutschland bereits in den 50er Jahren ein und wurde durch die Gründung der EWG beschleunigt (vgl. dazu Hildenbrand et.al. 1992). In Österreich vollzog sich diese agrarindustrielle Entwicklung wesentlich langsamer und in nur abgeschwächter Form.

⁴⁵ Tatsächlich waren die jährlichen Wachstumsraten mit jenen der Industrie vergleichbar.

⁴⁶ Quelle: ÖSTAT - Ergebnisse des Mikrozensus. Gezählt werden Selbständige, mithelfende Familienangehörige und unselbständig Berufstätige mit einer wöchentlichen Normalarbeitszeit von mindestens 12 Stunden in der Landwirtschaft.

3.4.2 Existenzsorgen - "Bauernsterben"

Existenzsorgen bestimmen das Leben vieler landwirtschaftlicher Familien, vor allem aber kleiner Betriebe. Die Dominanz des Nebenerwerbs, Verschuldung und Rückgang der Betriebe sind Ausdruck der existenziell schwierigen Situation. In einer 1990 in Deutschland durchgeführten Studie (Meyer-Mansour et.al. 1990) wurde die *Verschuldung* als starke Belastung empfunden. Die AutorInnen haben festgestellt, daß insbesondere hoch spezialisierte und durchrationalisierte Unternehmungen mit hoher Verschuldung zu kämpfen haben. Dort spielt die traditionelle bäuerliche Sicherheitsorientierung keine so große Rolle mehr. Gemischtbetriebe hingegen können leichter "jonglieren". Allerdings setzt eine diversifizierte Betriebsstruktur familieneigene Arbeitskräfte voraus (Altenteiler, Kinder), die unentgeltlich mitarbeiten. Diese sind aber oft kaum oder nur mehr zeitweise verfügbar, weil die Hofsozialisation der Kinder an Bedeutung verliert (vgl. Hildenbrand et.al. 1992; Schmitt 1988), bzw. diese verstärkt in andere Berufe abwandern.

In Folge dieser Entwicklungen kam es nach dem 2. Weltkrieg zur stärksten *Abwanderung* aus der Landwirtschaft. Während zunächst (bis in die Fünfziger/Sechziger Jahre) das Gesinde und die Dienstboten die Landwirtschaft verließen, folgten die mithelfenden Familienangehörige (bis ca. 1970) und mittlerweile die Bäuerinnen und Bauern selbst (Niebuer 1993; S. 25). Von 1951 bis 1995 hat sich der Anteil an Berufstätigen in der Land- und Forstwirtschaft in Österreich von 32 Prozent auf rund 6 Prozent reduziert (ÖSTAT in: BMLF 1996).

Verändert haben sich aber auch die Arbeits- und Lebensverhältnisse. Von einer Arbeitsentlastung durch Einsatz von Maschinen und chemischen Produkten kann nicht gesprochen werden, die Belastung hat sich verschoben. "Wie belastend eine Arbeit ist, hängt nicht zuletzt auch mit dem in Aussicht stehenden Erfolg zusammen. Sinkendes Einkommen, steigende Verschuldung und ungelöste Hofnachfolge stehen dem entgegen" (Ziebermayer 1993; S. 8). Vor allem die innersektorale Einkommensdisparität hat sich stark vergrößert (Kölsch 1990). Die Aufnahme eines Nebenerwerbs ist für Oberlehner (1991) und Ziebermayer (1993) der letzte Schritt der Abwanderung vor der Hofaufgabe. Und wiederum übernehmen - nicht nur in Vollerwerbsbetrieben - sondern v.a. in Zu- und Nebenerwerbsbetrieben - die Frauen voll verantwortlich bestimmte Aufgaben und werden somit gleichberechtigte Partnerinnen des Betriebsleiters (Lindemann-Meyer 1981; Timmermann/Vonderach 1993) oder selbst Betriebsleiterinnen.

Ein anderer Ausweg aus der existenzbedrohenden Situation ist die verstärkte Suche nach neuen Nischen der landwirtschaftlichen Produktion.

3.5 Soziale Folgen der Spezialisierung und Technisierung

Technisierung, Rationalisierung, Spezialisierung und Reduktion der - familienfremden - Arbeitskräfte kennzeichnen den Übergang von der bäuerlichen Subsistenzwirtschaft zur Marktorientierung (Wimer 1988). Die Spezialisierung der Betriebe hat diese aber auch krisenanfälliger gemacht; der Maschineneinsatz die Verschuldung der Höfe in die Höhe getrieben (vgl. Meyer-Mansour et.al. 1990). Investiert wurde aber auch in die Modernisierung des Wohnbereiches. So haben etwa Matasci-Brüngger et.al. in einer 1984 durchgeführten Untersuchung festgestellt, daß in den vorangegangenen sechs Jahren immerhin ein Drittel aller Haushalte und Betriebe um- oder ausgebaut worden waren.

Insgesamt läßt sich somit sagen, daß vor allem aufgrund der Ausdifferenzierung der ländlichen Arbeits-, Bildungs- und Berufsmöglichkeiten sowie der veränderten Sozialstruktur des Dorfes (städtische Zuwanderer; verschiedene soziale Schichten) "neben den traditionellen dörflichen Verhaltenskodex ein (eher urban geprägter) Werte- und Normpluralismus" (Watz 1989) tritt. Bedingt wurde diese Entwicklung durch die zunehmende Einbindung des "sozialen Subsystem Dorf" (van Deenen 1983a) in übergeordnete wirtschaftliche und gesellschaftliche Systeme. Wenn auch die traditionellen Werte in bestimmten Bereichen (z.B. Arbeitsethos) erhalten bleiben, übernehmen die Bauern und Bäuerinnen doch Verhaltensweisen der industrialisierten und urbanisierten Gesellschaft.

Insbesondere seit den 60er Jahren hat sich der Modernisierungsdruck auch innerhalb der Bauernfamilien verstärkt. Folgende Faktoren werden in der Literatur dafür verantwortlich gemacht (vgl. Hebenstreit-Müller/Helbrecht-Jordan 1988, Winter 1993):

- Veränderung der wirtschaftlichen Grundlagen (Industrialisierung des Agrarbereichs, Konzentration des Bodenbesitzes durch weniger Höfe, Anwachsen der Nebenerwerbsbebriebe)

- Veränderung der Infra- und Sozialstruktur: Ausdifferenzierung der Arbeits- und Berufsmöglichkeiten

- Ausweitung und überdörfliche Zentralisierung des Bildungswesens

- gestiegene Mobilität

- Medienkonsum und daraus resultierende nivellierende Auswirkungen

- Erosion kirchlich-religiöser Eingebundenheit und Abnahme der Dominanz kirchlicher Wert- und Moralsysteme

Weiters werden in der Literatur auch die Auswirkungen des Rationalisierungsprozesses auf die sozialen Beziehungen innerhalb der bäuerlichen Familien und insbesondere auf die Bäuerin selbst vielfach beschrieben (Wimer 1988; Meyer-

Mansour et. al. 1990) Die AutorInnen stimmten darüber überein, daß die Technisierung des Betriebes und des Haushalts zwar die Arbeit der Bäuerin erleichtert hat, aber grundsätzlich keine Reduktion der Arbeit nach sich gezogen hat. Die Technisierung und Rationalisierung bringen wenig Vorteile wenn nicht Nachteile für die Bäuerinnen. So stellen Inhetveen/Blasche (1983) in ihrer Kleinbäuerinnenstudie dazu fest, daß die arbeitssparende Wirkung der Maschinen den Anstieg des Gesamtquantums an Arbeit und die gleichzeitige Abnahme der "arbeitenden Hände" nicht kompensieren könne. Vor allem wird die Anschaffung von arbeitserleichternden Haushaltsgeräten oder -maschinen oft hinausgezögert (Aigner 1991).

Einige der AutorInnen sehen sogar eine *Zunahme der Arbeitsbelastung der Bäuerinnen* durch die *Technisierung* (vgl. Claupein 1991). Als Gründe werden genannt: gestiegene (bürgerliche, Anm.V.) Ansprüche an den Lebensstandard im Haushalt; Abwanderung von Arbeitskräften und dadurch verstärkte Mithilfe der Bäuerin; Übernahme von "Männer-Arbeiten" (vor allem in Nebenerwerbsbetrieben). Als weiterer Grund für die Zunahme der Arbeitsbelastung der Frauen wird die *"Rationalisierungsspirale"* (Janshen/Aßfalg 1984) genannt. Diese zwingt die Bauern (meist die Männer) immer öfter zum Nebenerwerb, wodurch die Arbeitsbelastung für die Bäuerinnen enorm steigt. Gleichzeitig hat aber die Bäuerin keine Entlastung in ihren Arbeitsbereichen (innerfamiliäre Reproduktionsarbeit) (Bräm 1984). Die Frau ist meist die einzig voll einsetzbare Arbeitskraft im Haushalt und zusätzlich die "einzige Hilfskraft des Ehemannes und Betriebsleiters im landwirtschaftlichen Betrieb" (van Deenen/Kossen-Knirim 1981).

Generell läßt sich auch eine Verschiebung der innerfamiliären Machtstrukturen erkennen. Die Maschinen haben eine neue Form der geschlechtsspezifischen Arbeitsteilung hervorgebracht, die sich auf folgenden Nenner bringen läßt: Maschinenarbeit ist Männerarbeit; Hilfs- und Handarbeit ist Frauenarbeit (Aigner 1991; Berlan et.al. 1983). Weil die "Maschinenbedienung zur Domäne der Männer wird" (Tryfan 1983), wird die Bäuerin immer stärker in den häuslichen Bereich zurückgedrängt. Haugen (1990) spricht in diesem Zusammenhang von einer Tendenz zur "Maskulinisierung". Ähnlich argumentiert auch Wimer (1988), wenn sie meint, daß durch zunehmende Technisierung, Rationalisierung und Spezialisierung der Betriebe anstelle früherer Beteiligung der Frauen an der Außenwirtschaft Teilnahmslosigkeit entstehe (S. 94). Die Bäuerinnen verspüren - sozialisationsbedingt -mehr Unbehagen im Umgang mit Maschinen, wobei allerdings jüngere Frauen weniger Berührungsängste im Umgang mit Maschinen zeigen als ältere (Haugen 1990). Insgesamt läßt sich bei Frauen eine kritischere Haltung sowohl Maschinen als auch der Agrochemie gegenüber beobachten (Inhetveen/Blasche 1983). Die Technisierung hat die Arbeitsvollzüge im Betrieb aber auch vielfältiger und heterogener werden lassen, sodaß sich für die Bäuerinnen "Hektik und Diffusität, vor allem durch die häufigen Wechsel der Arbeitsformen und -inhalte" (Karsten/Waninger 1985; S. 22) verstärkt haben. Als negative soziale Folgen der Technisierung sieht Wimer (1988) Entfremdungstendenzen bäuerlicher Arbeitsvollzüge. Isolation, Monotonie und Entsinnlichung prägen insbesondere die Arbeit der Männer, da diese meist alleine außer Haus arbeiten. In der intensiven Landwirtschaft, so die Autorin, werde die Arbeit immer stärker entfremdet, dafür werde "das Bedürfnis nach emotionalem Ausgleich immer größer" (S. 49). Und diese "psychische Regeneration" falle wiederum in die Zuständigkeit der Frau.

Watz (1989) sieht auch positive Konsequenzen der Technisierung für die Bäuerinnen. Erstmals in der Geschichte seien diese nun in der Lage, schwierige Arbeitsgänge alleine zu bewältigen. Diese könnte eine Aufwertung des Ansehens der Bäuerin mit sich bringen.

Konsequenzen für die Bäuerinnen: Die *Arbeitsbelastung* steigt, da nur mehr Frauen die einzig ständig verfügbaren Arbeitskräfte auf dem Hof sind. Dies betrifft vor allem Klein- und Mittelbetriebe. In den *Nebenerwerbsbetrieben* verrichten die Bäuerinnen den überwiegenden Teil der betrieblichen Arbeit, zusätzlich zu ihren Reproduktionsaufgaben. Allerdings zeigt sich in einigen Ländern (in Nordeuropa) durch diese erzwungene Form der Arbeitsteilung ein gewisser Trend zu einer *"Feminisierung"* der Landwirtschaft, der auch für Österreich z.T. konstatiert wird. Gegen diese These spricht, daß die meisten dieser de-facto-Betriebsleiterinnen sich rechtlich im Status einer "Mithelfenden" (rund 20 Prozent Betriebsleiterinnen) befinden. Hingegen ist in hoch technisierten, agroindustriellen Betrieben eher der Trend der *"Maskulinisierung"* zu beobachten.

Die *Technisierung* hat wohl die betriebliche Arbeit erleichtert, die Gesamtarbeitsbelastung der Bäuerinnen hat sich dadurch nicht verringert. Teilweise ist sie, bedingt durch Hilfs- und Zuarbeiten, sogar noch größer geworden. Mit der Technisierung hat die Bäuerinnenarbeit, die vorwiegend Handarbeit ist, eine Entwertung erfahren. Die Frauen leiden deshalb zunehmend unter dem *Statusverlust* und der *fehlenden Anerkennung* ihrer Arbeit. Sozialisationsbedingt haben sie eine gewisse Scheu im Umgang mit Maschinen. Dafür bringt die hochtechnisierten Männerarbeit Entfremdungserscheinungen mit sich (Isolation, Monotonie).

Abgesehen von einer Nebenbeschäftigung, sichern heute immer öfter die Bäuerinnen das *Überleben* der Betriebe durch Zusatzeinkommen aus der Direktvermarktung oder der Zimmervermietung, was die Arbeitsbelastung der Frauen erhelblich erhöht, weil gleichzeitig in der Familien- und Hausarbeit kaum entlastet werden. Insbesondere die Direktvermarktung, als moderne Fortsetzung der traditionell erweiterten Subsistenzwirtschaft in Form des Wochenmarktes, ist, bedingt durch die Professionalisierung und strenge Auflagen, sehr arbeitsintensiv. Durch den Strukturwandel ergeben sich Widersprüche und Unvereinbarkeiten, da die gemeinschaftlich-hoforientierten Werte des bäuerlichen Systems mit den personalisierten und individualisierten Werten der heutigen Gesellschaft kollidieren. So stehen auf der einen Seite die traditionellen Grundbedingungen der landwirtschaftlichen Produktion, wie Einheit von Produktion und Reproduktion, Arbeitsplatz und Haushalt, Bindung an ererbten Besitz, Abhängigkeit von der Natur usw., auf der anderen Seite moderne Vorstellungen. Es wird von den LandwirtInnen erwartet, daß sie sich gleichzeitig den traditionellen Bedingungen beugen und auf eigene biographische Perspektiven weitgehend verzichten, gleichzeitig sollen sie auch auf ökonomische und soziale Entwicklungstendenzen individuell und flexibel reagieren, da heute nur innovative Betriebe eine Überlebenschance haben (vgl. Hildenbrand 1988). In diesem Widerspruch "droht dieses Bewältigungsmuster dauerhaft dadurch sinnentleert zu werden, daß der Sohn des Betriebsinhabers aus den gleichen individualisierten Bestrebungen heraus, zu denen der wirtschaftende Bauer gezwungen ist, um seinen Hof aufrecht zu erhalten, den Hof verläßt, um eine alternative biographische Entwicklung zu verfolgen" (ebenda S. 300). Kölsch (1990) hingegen beobachtet eine Spaltung: Während in der Produktion traditionelle Orientierungen zugunsten der ökonomischen Zweckrationalität an Bedeutung verlieren, werden diese im Privatbereich verstärkt eingehalten und gepflegt.

Die Widersprüche sind jedoch nicht nur auf betrieblicher Ebene sondern auch - oder gerade - im persönlichen Bereich der bäuerlichen Familie zu finden. Dort bekommen vor allem die Bäuerinnen, bedingt durch ihre rollenspezifische Zuständigkeit und ihre Rollenvielfalt, den sozioökonomischen und sozialen Struktur- und Wertewandel zu spüren (Schmitt 1988). Sie seien es, die die Spannungen zwischen der traditionellen bäuerlichen Existenzweise und den "modernen" Arbeitsformen sowie den bürgerlich-städtischen Lebensnormen auszuhalten bzw. abzumildern haben. Wonneberger (1984) hat dazu festgestellt, daß die Modernisierungsprozesse besonders für Bäuerinnen mit hohem psychischen und physischen Streß verbunden seien, was gesundheitliche Probleme mit sich bringen würde.

Ebenso wie Hildenbrand (1988; S. 1992) an Fallbeispielen belegt, daß moderne und traditionale Verhaltensweisen gleichermaßen, und zwar nebeneinander, in bäuerlichen Familien zu finden sind, vertritt auch Pongraz (1990) die Ansicht, daß bäuerliche Werthaltungen, wie Dominanz der Arbeit, Orientierung an Hof- und Besitz, Regelhaftigkeit der Zeitwahrnehmung und Mißtrauen gegenüber Einflußnahme von außen noch lebendig zu sein scheinen. Pongratz zieht daraus den Schluß, daß die bäuerliche Bevölkerung tatsächlich "ihren eigenen Modernisierungsweg gegegangen ist, indem sie sich den Anforderungen der modernen

Industriegesellschaft nicht verweigert, aber auch ihre kulturellen Traditionen nicht ohne weiteres aufgegeben hat " (1990, S. 238) und sich als "wandlungsfähig" erwiesen habe. Er widerspricht damit der oft vorgebrachten These von der "Rückständigkeit" bäuerlicher Kultur. Argumentativ belegt er dies mit einem Rückblick in historische Zeiten. Ausgehend vom Bürgertum und dessen Familienideal stellt Pongratz fest, daß die bäuerlichen Familien in den vergangenen 200 Jahren einen weitaus größeren Modernisierungsweg zurückgelegt hätten als vergleichsweise die bürgerlichen und proletarischen Familien, sodaß ihm das Fazit zulässig scheint, "daß die immer noch als rückständig geltenden bäuerlichen Familien wohl mehr an sozialer Veränderung erfahren und bewältigt haben als jede andere Bevölkerungsgruppe" (Pongratz 1990; S. 241). Diese Schlußfolgerung attestiert auch den bäuerlichen Familien hohe Wandlungs- und Anpassungsbereitschaft, während SozialhistorikerInnen eher die mangelnde Elastizität dieses sozialen Systems hervorheben (vgl. u.a. Rosenbaum 1982).

Timmermann/Vonderach, die ein norddeutsches Milchproduktionsgebiet untersucht haben, gehen in ihrer Diagnose so weit, daß sie bezweifeln, ob man angesichts der "Enttraditionalisierung" und "Individualisierung" den bäuerlichen Familienbetrieb heute überhaupt noch als "soziale Einheit" definieren könne. "Denn eine solche soziale Einheit setzt voraus, daß sich die verschiedenen Mitglieder einer Familie in wenig individualisierter Weise auf den Hof als gemeinsamen Lebensmittelpunkt beziehen, auch ihre anderen Erwerbstätigkeiten darauf abstimmen (...) und weiterhin die Hofkontinuität durch die nachfolgende Generation wahren, statt eigenen berufsbiographischen Entwürfen zu folgen" (1993; S. 5).

In Österreich ist die Auflösung traditioneller Strukturen in den bäuerlichen Betrieben offenbar noch nicht so weit fortgeschritten, wie in jenen Ländern, die den EU-bedingten Strukturbereinigungsprozeß schon durchlaufen mußten. Pevetz (1988) sieht zwar einen gewissen "Übergang von 'Pflicht- und Akzeptanzwerten' zu 'Selbstentfaltungswerten' auch hierzulande (S. 310), aber, so führt der Autor weiter aus, trotzdem habe selbst unter der jungen Generationen die Pflicht der Betriebserhaltung noch einen sehr hohen Stellenwert. Die Unterschiede zum Nachbarland Deutschland scheinen aufgrund der starken strukturellen Unterschiede (in Österreich dominieren bis jetzt noch die Klein- und Mittelbetriebe) plausibel.

4 Die sozialen Beziehungen der Bäuerin

Traditionell ist bäuerliches Leben geprägt von einer Haltung, die in der Literatur als "Hofzentriertheit" bezeichnet wird. In diesem traditionellen Modell treten die individuellen Bedürfnisse gegenüber der Existenzsicherung in den Hintergrund. Die Rollen sind patriarchalisch-autoritär strukturiert, die Heiratsvorschriften auf das Bestehen des Hofes hin ausgerichtet (Hildenbrand 1988). Zweifelsohne vollzog sich in den bäuerlichen Familien ein Wandel der Werte langsamer als in anderen sozialen Milieus. Dies äußert sich darin, daß die Arbeits- und Lebensverhältnisse der Bauern bis zum 1. Weltkrieg relativ stabil waren (Rosenbaum 1982; S. 117). Inzwischen hat aber die "Moderne", gekennzeichnet durch das Auflösen traditioneller Bezüge und Wertorientierungen sowie die Individualisierung des Lebenszusammenhangs, auch in den bäuerlichen Familien tiefgreifende Spuren hinterlassen; das Modell des Familienbetriebs erscheint nun zunehmend problematisch. Individuelle Orientierungen und Verhaltensmuster sind auch in den Bauernfamilien zu beobachten (Bien 1994). Sichtbar wird dies z.B. an den geänderten Kriterien der Partnerwahl, an der Einstellung zu Kindern und bei der Bedeutung der Hofsozialisation und -nachfolge, wie weiter unten noch ausgeführt werden wird. Als Tendenz in diesem Jahrhundert zeigt sich die zunehmende Herauslösung der Hauswirtschaft aus der traditionellen Produktionseinheit "Hof". Mit Auflösung der Hausgemeinschaft und Schrumpfung der Hauswirtschaft war zwar eine Mehrbelastung der Bäuerin verbunden, ihr sozialer Wert hat jedoch dadurch abgenommen (Hildenbrand et al. 1992), was in den häufigen Klagen von Bäuerinnen über mangelndes Ansehen in der Gesellschaft und zu wenig Anerkennung innerhalb der eigenen Familie zum Ausdruck kommt (vgl. u.a. Arnreiter et al. 1987).

Im Nationalsozialismus wurde die Bäuerinnenrolle verstärkt in den Reproduktionsbereich zurückgedrängt. Als Ersatz für tatsächliche Leistungen wurden die Bäuerinnen zu Heldinnen gemacht, die trotz Mühe und Entbehrungen den Alltag zu meistern verstanden. „Die Landfrauen, die reichlich mit Arbeit belastet sind, die während der letzten Monate tagtäglich auf dem Felde standen, um irgendeine Frucht einzubringen, fanden doch noch Zeit zum Stricken (...) Wahrhaftig eine Leistung, die alle Hochachtung und den Dank des ganzen Volkes verdient, wenn man berücksichtigt, wie überlastet mit Arbeit im allgemeinen unsere Bäuerinnen sind" (Jacobeit 1989; S. 69 zit. aus NS-Landpost 44/1936). Niemals zuvor hatte es eine ähnliche 'Aufwertung' der Bäuerinnen gegeben.

Eine weitere, wesentliche Veränderung kann mit "Verbürgerlichung" der bäuerlichen Familie umschrieben werden. Städtisch-bürgerlicher Standards im Haus und im Wohnbereich, wie gestiegene Sauberkeits- und Hygieneansprüche sind ein Indiz dafür. Die, für die Familie im Modernisierungsprozeß kennzeichnende Entwicklung der Trennung von Haushalt und Familie zeigt sich somit in gewisser Weise auch im bäuerlichen Haushalt durch die Trennung der Arbeitsprozesse von Haus- und Stallarbeit (vgl. Inhetveen/Blasche 1983). Die tendenzielle Abkehr von der traditionell-arbeitsbestimmten Familie findet insbesondere in der geänderten Einstellung zu Kindern und zum Partner/Mann ihren Niederschlag. Dies bedeutet einerseits einen Emanzipationsschritt und ein Aufweichen von patriarchalen Strukturen (vgl. Ziebermayr 1993), andererseits ergeben sich dadurch auch neue Belastungen für die "moderne" Bäuerin. Denn "der Gewinn an Häuslichkeit, Emotionalität und Rücksichtnahme zahlt somit die Bäuerin mit Mehrarbeit und neuen psychischen Belastungen" (Inhetveen/Blasche 1983).

4.1 SELBSTBILD - FREMDBILD DER BÄUERINNEN

Der Typ der "Mithelfenden" entspricht noch immer dem überwiegend traditionellen Rollenbild der Bäuerin als Hausfrau und Mitarbeiterin im Betrieb (Rossier 1992) bzw. Zuarbeiterin und Assistentin ihres Mannes (Karsten/Waninger 1985; Oedl-Wieser 1993). Sie hat dann keinen professionellen und anerkannten eigenständigen Status, sondern ist die Ehefrau eines Bauern (Arnreiter u.a. 1987; Haugen 1990; Rossier 1992; O´Hara 1994).

Prägend für die Identität einer Bäuerin werden nach Inhetveen/Blasche (1983) und Putz (1990) die Kindheit am Bauernhof, das Leben in der bäuerlichen Familie, die Einheirat in einen Bauernhof, das Zusammenleben mehrerer Generationen und die Spezifika der bäuerlichen Arbeit. Pichler (1992) übernimmt das von Wernisch (1991) geprägte Verständnis des Bäuerin-Seins als "Dreifaches" - als Beruf, als Standesbezeichnung und als Lebensform. Bäuerin *als Beruf* erfordert "zu einer erfolgreichen Ausübung aller erforderlichen Tätigkeiten ein hohes Maß fachlicher und menschlicher Qualifikation" (Pichler 1992; S. 2). Als *Standesbezeichnung* ist Bäuerin sein"verbunden mit Bewirtschaftung eines bäuerlichen Betriebes" (ebenda). Und Bäuerin sein als *Lebensform* bedeutet "eine positive Einstellung zur Bäuerlichkeit, die Bereitschaft, Erarbeitetes bzw. Erworbenes mit ökonomischer und ökologischer Verantwortung zu bewirtschaften, der nächsten Generation zu übertragen, mit Freude die vielfältigsten Aufgaben im Haushalt, Familie, im inner- und außerlandwirtschaftlichen Betrieb zu tun. Bäuerin sein bedeutet aber auch, das bäuerliche Kulturgut zu pflegen, es an die nächste Generation zu überliefern" (ebenda). So sind es nach Arnreiter u.a. (1987) noch immer traditionelle Zuschreibungen, wie Arbeit, Fleiß, Tüchtigkeit und Leistungsfähigkeit, die das Ansehen der Bäuerin heute wesentlich bestimmen. Die Arbeit, die im "Ganzen Haus" auf mehrere Personen aufgeteilt war, wird heute vielfach von der Bäuerin allein bewältigt. Spiegel (1990) bringt dies kurz zusammengefaßt folgendermaßen auf den Punkt: "Die Aufgaben einer Bäuerin sind die einer Unternehmerin, ihre soziale Stellung ist die einer Magd" (Spiegel 1990; S. 113). Da sich die Identität der Bäuerin wohl auch aus ihrem Status ableitet, muß dieser Zwiespalt zwangsläufig zu innerpsychischen und innerfamiliären Spannungen führen, was Wonneberger (1994) mit dem Begriff "Identitätsstreß" zusammenfaßt.

Das Image der Bäuerinnen erscheint oft klischeehaft und ist mit Vorurteilen, wie "weniger gebildet, weniger gepflegt, rückständig, konservativ, wenig interessiert an öffentlichen Entscheidungen u.s.f." (Kolbeck 1990; S. 151) behaftet. Es entspricht dem "Urtyp" einer Bäuerin: "Eine Frau mit Kopftuch, die im Stall rumrennt und am Herd steht" (Birnthaler/Hagen 1989; S. 88). Um diesem Klischee zu entkommen, distanzieren sich Neueinsteigerinnen in die Landwirtschaft (vor allem im alternativen Landbau) bereits von der Bezeichnung "Bäuerin". Eher erscheint ihnen die Bezeichnung "Landwirtin" als akzeptabel, da dies in ihren Augen ein relativ wertungsfreier Begriff ist. "Die Veränderungen beruhen darauf, daß die Frauen ihre persönlichen Interessen und Bedürfnisse nicht mehr zurücknehmen. Sie treten aus dem Zusammenhang zwischen Arbeit und Familie hervor und tauchen als eigenständige Persönlichkeiten auf" (Birnthaler/Hagen 1989; S. 90). Dies trifft sich auch mit den Ergebnissen einer Untersuchung von Endeveld (1994), in der sich die Bäuerinnen nur selten als unterdrückte, hilflose Frauen sehen.

4.2 Einheit Produktion - Reproduktion

Immer wieder wird in der Literatur auf das Nebeneinander von traditionellen Leitbildern (z.B. Hofdenken), die aber zunehmend an Funktionalität verlieren, und neuen Werten und Ansprüchen - insbesondere der Frauen - hingewiesen (vgl. u.a. Scheu 1991; Wernisch 1993; Kölsch 1990). Gerade die traditionelle Rolle der Bäuerin im familienwirtschaftlichen Betrieb steht vielfach mit kulturellen Wandlungen des Selbstbildes und gestiegenen beruflichen und biographischen Orientierungen der Frauen im Widerspruch. Dies äußert sich u.a. in der schwieriger werdenen Partnerinnensuche für junge Bauern (vgl. Meuther 1989). Vor allem zeigt sich in den Ansprüchen junger Bäuerinnen der Wunsch nach mehr Eigenständigkeit und Gleichberechtigung innerhalb der betrieblichen Sozialform. Timmermann/Vonderach (1993) haben folgende Tendenzen zusammengefaßt:

- gleichberechtigte Teilhabe an der Betriebsführung
- Nicht-Beteiligung oder eingeschränkte Beteiligung an der Hofarbeit zugunsten der Familienaufgaben
- eigenständige berufliche Entwicklung.

Gerade solche Vorstellungen stoßen jedoch häufig auf Widerstand bei der Schwiegermutter. Die Schwiegermütter, die ja selbst meist noch nach traditionellen Mustern der Unterordnung sozialisiert wurden, erwarten von den jungen Frauen nun dieselben Anpassungsleistungen, nämlich daß die junge Frau ihre

Arbeiten "nach den Gepflogenheiten des Hauses verrichtet" (Zettinig 1990; S. 30). Gerade dieses "Modell" ist aber nach Ansicht von Timmermann/Vonderach nicht mehr zeitgemäß. Sie halten die "partnerschaftlich-gleichberechtigte Betriebsleiterin" für die *"zeitadäquate Frauenrolle"* in der heutigen Landwirtschaft (ebenda 1993 S. 155ff). Der Hof stellt sich als gemeinsam aufzubauendes Lebensprojekt dar, das vielfach auch rechtlich durch gleichberechtigte Betriebsinhaberschaft abgesichert wird. Als die *"modernste Form"* der heutigen Bäuerinnenrolle erachten die Autoren die "Hofnachfolgerin als alleinige Betriebsleiterin", die aber noch sehr selten anzutreffen ist.

Bäuerinnen mit einer eigenständigen Berufsbiographie haben es am schwersten, ihre Bedürfnisse mit den Erfordernissen des Betriebes in Einklang zu bringen, da diese Frauen nicht als Arbeitskraft zur Verfügung stehen (oder nur sehr eingeschränkt) bzw. sich weigern, ihre individuellen Bedürfnisse (eigene Berufstätigkeit) den Hoferfordernissen unterzuordnen. Hierzu muß allerdings angemerkt werden, daß diese Problematik sich in erster Linie für Vollerwerbsbetriebe stellt.

4.2.1 Heirat

4.2.1.1 Bedeutung der Ehe

Was die Bedeutung der Ehe betrifft, geht aus der Literatur hervor, daß die Ehe im bäuerlichen Milieu noch immer einen vergleichsweise zur Stadt hohen Stellenwert hat. Aigner (1991) vertritt die Ansicht, daß diese höhere Wertigkeit noch teilwese den funktionalen Erfordernissen des Sozial- und Wirtschaftsgefüges entspricht ("Rollenergänzungszwang"), denn "der Beruf der Bäuerin und des Bauern ist aufs Engste mit dem Verheiratetsein gekoppelt. Die bäuerliche Produktionsweise erfordert geradezu eine Verehelichung" (ebenda S. 142).

Neben diesem traditionellen Aspekt familienbetrieblicher Prägung der Lebensgestaltung sind in der Beziehungsgestaltung auch bereits "moderne" Einflüsse festzustellen. So sind etwa "Probeehen" in der bäuerlichen Bevölkerung bereits zur Selbstverständlichkeit geworden (Deenen 1986, Frieling-Huchzermeyer 1991, Goldberg 1997a). Die Akzeptanz dieses Zusammenlebens vor der Ehe steht in Zusammenhang mit der "Nähe"[47]zur Landwirtschaft. Frauen mit mehr "Nähe" zur Landwirtschaft sprechen sich eher für eine sofortige Eheschließung aus.

---

[47] Als "distanzmindernde" Fakoren - bezogen auf die Berührungspunkte mit der Landwirtschaft - definiert Meuther (1987b) z.B.: Berufsgruppe des/der Befragten; Berufszugehörigkeit der Eltern; Berufszugehörigkeit des Freundes; Kenntnis von Bäuerinnen; Erfahrungen mit dörflicher Umwelt

Was die bäuerliche Ehe von anderen unterscheidet, ist die Tatsache, daß sie Arbeits- und Gefühlsgemeinschaft ist, was den Verpflichtungs- und Verbindlichkeitscharakter vermutlich erhöht (Herrmann 1993). Dies dürfte auch mitbestimmend für die geringen Scheidungsraten in bäuerlichen Familien sein.

Der Weg, Bäuerin zu werden, führt auch heute noch weitgehend über die Ehe. In einer 1986 durchgeführten Erhebung der Präsidentenkonferenz haben zwei Drittel der befragten Bäuerinnen eingeheiratet. Allerdings zeigen sich diesbezüglich altersabhängige Differenzen. Während die älteren Bäuerinnen fast ausschließlich durch die Heirat zur Bäuerin wurden, entscheiden sich junge Frauen verstärkt bewußt für diesen Beruf (Haugen 1990). Dieser traditionelle "Zugang" zum Beruf über die Heirat wird in der Literatur u.a. als Grund für die mangelnde berufliche Identität angegeben (vgl. Karsten/Waninger 1985)

4.2.1.2 Einheirat - Probleme

Die Phase der Einheirat wird in der Literatur für die Frauen meist als krisenhaft dargestellt (Augustin 1987, Nadig 1987, Niebuer 1993). Neu und fremd sind die Personen, die Umgebung und zum Teil auch die Arbeit. Dazu kommt, daß jede Familie, jeder Betrieb nach internen Regelungen lebt und arbeitet, die von spezifischen Umgangsformen, Kommunikationsregeln und Verhaltensmustern bestimmt werden und die zum Großteil unbewußt (Tabus) und damit nicht mehr hinterfragbar und veränderbar sind. Die junge Bäuerin muß sich dem Ehemann, dem Betrieb, dem Hof, der Arbeit, der Familie ... zugehörig fühlen und sich damit identifizieren können. „Der Weg in diese neue Identität beinhaltet nicht nur Übernahme und Integration, sondern ebenso Abgrenzung und ´Nichtanpassung´; beispielsweise gegenüber der Schwiegermutter oder dem Partner ... Wird diese Zeit positiv (im Sinne persönlicher Integration) bewältigt, führt sie zu einem ´erhöhten Gefühl der inneren Einheit´, zur Übernahme neuer Rollen und Fähigkeiten - zu einem Wandel der Identität also" (Augustin 1987; S. 141; vgl. Niebuer 1993).

Gerade wegen der größer gewordenen Differenzen in der Sozialisation von Bauerntöchtern und -söhnen, sind weichende Bauerntöchter aber zunehmend immer weniger bereit, die traditionellen Anpassungs- und Integrationserwartungen (insbesondere der Schwiegereltern, aber wohl auch der eher traditionell sozialisierten Männer) zu erfüllen (vgl. Schmitt 1989; Timmermann/Vonderach 1993; Hildenbrand 1992).

4.2.2 Hofdenken versus Individualisierung

Nach Inhetveen/Blasche (1983) und Meyer-Mansour (1988) bedeutete das traditionelle Modell des Hofes noch vor wenigen Jahrzehnten eine relativ gesicherte wirtschaftliche Existenz und einen angesehen Status im Dorf, sowie einen festen sozialen Bezugspunkt für alle Haushaltsmitglieder. Der Hof stand für familiäre Kontinuität und Tradition, für Sicherheit, Geborgenheit und Identität. „Die Geschichte des Hofes war dabei immer auch die Geschichte der damit verbundenen Familien. Der Hof repräsentiert sozial und psychisch bindend die Arbeit der 'Väter' - die der 'Mütter' wird nicht erwähnt - und damit der Vorfahren. Die wirtschaftende Familie erlebte sich jeweils nur als Sachverwalterin, Bewahrerin und Vermehrerin des Ererbten für die zukünftige Generation. In dieser Funktion legitimiert der Hof stets die Unterordnung des einzelnen unter seine Erfordernisse" (Meyer-Mansour 1988; S. 241). Der Boden hat nie die Gegenständlichkeit erreicht, wie die hergestellten Dinge. Diesem Bild entsprachen auch die von Inhetveen/Blasche (1983) befragten (Klein-Bäuerinnen (in der BRD), die sich selber kaum als „eigentumslos" wahrnahmen und immer wieder auf „das Eigene" verwiesen, das als Sammelbegriff für Hof, Grund, Boden, Produktionsmittel, Freiheiten und Spielräume im Arbeitsprozeß, Verfügung über die Arbeitsprodukte und Arbeitsproduktion fungiert und im Gegensatz zur staatlichen und marktlichen Fremdbestimmung wahrgenommen wurde.

Achtzig Prozent der von Inhetveen/Blasche befragten Frauen sprachen sich für eine Weiterführung des Hofes aus. Folgende Gründe dafür wurden angeführt:

„Der Hof als Brotkorb": Er bedeutet unmittelbare Daseinsversorgung, Produktion für den Eigenbedarf.

Der Hof als Arbeitsplatz und Arbeitsquelle: Im Gegensatz zum gesellschaftlichen Arbeitsmarkt bietet der Hof jederzeit genügend Arbeit. Der Hof als sicheres „Standbein" in Krisenzeiten.

Der Hof als „feste Burg" in unsteten Zeiten: In diesen bis jetzt angeführten Argumenten zeigt sich ein gewisses Mißtrauen gegenüber der Gesellschaft und dem Staat.

Der Hof als generationenverklammernde Kontinuität und Pflicht: der Hof als Anliegen zwischen den Generationen.

„Verwachsen-sein" mit dem Hof: Identität mit dem Hof, symbiotisches Verhältnis der Bäuerin mit dem Hof.

Die Relevanz kleinbäuerlicher Landwirtschaft für die Gesellschaft: die Befragten sahen ihre Aufgabe für die Volkswirtschaft in der Sicherung der Autarkie auf dem Nahrungsmittelsektor und der damit verbundenen Unabhängigkeit vom Ausland.

Da fast jede befragte Bäuerin mindestens eines der oben angeführten Argumente anführte, stellten Inhetveen/Blasche eine „starke und traditionell gefärbte Identifikation mit dem Hof" fest. Auch wenn die Bäuerinnen lieber besser als schlechter leben wollen, so ziehen sie doch, „wenn es um die Entscheidung für oder gegen den Hof als Existenzgrundlage der bäuerlichen Familie geht, ...den Erhalt des Hofes dem eigenen Wohlbefinden vor und nehmen in Kauf, den darauf stehenden Preis von Konsumreduktion und Überarbeit zu zahlen" (Inhetveen/Blasche 1983; S. 41).

Als *Brüche* in der traditionellen Hoforientierung sehen die Autorinnen, daß in den Äußerungen der Bäuerinnen die Dimension des Sozialprestiges und die Dimension der ungebrochenen Zukunftssicherung für kommende Generationen fehlen. Für das Verhältnis zwischen den Generationen heißt dies, daß die Eltern sich nicht mehr gezwungen sehen, den Hof als Existenzgrundlage für die Nachkommen zu erhalten bzw. sich die Jugend nicht mehr verpflichtet fühlt, den Hof zu übernehmen. Ähnliches stellt auch Claupein (1991) in ihrer Untersuchung fest, denn „obwohl die Mehrzahl der befragten Bäuerinnen sich durchaus noch mit dem traditionellen Bild einer Bäuerin identifizieren kann, deuten sich im Rollenverhalten und auch im 'Hofdenken' Brüche an" (Claupein 1991; S. 119). Aufgrund des Bedeutungsverlust des Hofes und der Veränderung der Sozialstruktur sieht sich die Bäuerin mit neuen Werten und Normen konfrontiert.

4.2.3 Soziale Situation der Bäuerinnen

Gerade im Sozialrecht manifestieren sich die Charakteristika bäuerlicher Familienbetriebe. Die "komplementäre" Ergänzung von Mann und Frau wird gleichsam vorausgesetzt. Berechnungsbasis ist der Betrieb; versichert ist nur der Betriebsleiter und der ist großteils männlich. „Nach alter patriachalischer Tradition ist dieser Betriebsleiter meist in der Person des Mannes zu finden, was für die Bäuerin heißt, daß sie zwar landwirtschaftliche Arbeit, Haus- und Familienarbeit verrichten muß, pensionsrechtlich aber eigentlich den Status einer Hausfrau innehat, und so stets finanziell vom Betriebsleiter, sofern er der Ehegatte ist, abhängig ist" (Fastl 1987; S. 6), was von den befragten Frauen auch z.T. als Benachteiligung empfunden wurde (Claupein 1990; Geluk-Geluk 1994).

Für die österreichischen Bäuerinnen hat sich diese Situation mit der am 1. Jänner 1992 eingeführten Bäuerinnenpension verbessert. Bäuerinnen können nun eigene Versicherungszeiten erwerben. Anspruchsberechtigt sind Frauen, die gemeinsam mit ihrem Mann einen Vollerwerbsbetrieb bewirtschaften. Sie müssen nicht Mitbesitzerinnen sein, es genügt, wenn sie hauptberuflich 15 Versicherungsjahre - ohne anderen zusätzlichen Beruf - in der Landwirtschaft mitgearbeitet haben (Zissler 1991). Die Beitragsgrundlage wurde geteilt, um die bäuerlichen Haushalte nicht zu sehr zu belasten. Andererseits ergeben sich auch daraus niedrige Leistungen in der Pension. Durch diese Maßnahme stieg die Zahl der pensionsversicherten Betriebsführerinnen um 40.000 an und Ende 1994 bezogen knapp 1.800 Bäuerinnen die Hälfte der Pension ihres Mannes. Seit 1.7.1993 sind auch Schwiegerkinder pensionsversichert, wenn sie hauptberuflich im Betrieb der Schwiegereltern tätig sind (Wörister/Talos 1995; S. 399).

Auch die, ebenfalls seit 1.7.1993 geltende Regelung, wonach Kindererziehungszeiten für die Pension angerechnet werden, sowie die Einführung des Pflegegeldes brachten den Bäuerinnen eine bessere soziale Absicherung.

4.2.3.1 Vererbung/Erbrecht

In Österreich herrscht die Anerbensitte vor, d.h. daß der Hof geschlossen an den/die NachfolgerIn vererbt wird. Realteilungsgebiete, wo der Besitz zu gleichen Teilen an die Kinder vererbt wird, gibt es in Vorarlberg, dem westlichen Tirol und im Burgenland. Das östliche Niederösterreich, vor allem das Weinviertel, ist ein beachtliches Übergangsgebiet der Vererbungsgrundformen. Damit gliedert sich Österreich in das mitteleuropäische Verbreitungsgebiet der Vererbungsgrundformen folgendermaßen ein: Das westliche Realteilungsgebiet in Vorarlberg hat große Ähnlichkeiten mit dem schweizerischen Graubünden und dem westlichen Südtirol, denen sich die großen süd- und westeuropäischen Realteilungsgebiete anschließen (Frankreich, Belgien, Niederlande, Oberrheintiefland, Baden-Württemberg, Rheinland-Pfalz, Saarland). Andererseits stellt das österreichische Anerbengebiet den südlichen Teil einer großen Verbreitungszone dar, die sich von Skandinavien über Dänemark, den gesamten Norden der BRD sowie das ehemalige Preußen, Schlesien und Böhmen erstreckt (Kretschmer 1980).[48]

In Österreich wurde das bäuerliche Erbrecht 1991 reformiert (vgl. Raab 1992). Dabei wurde der Begriff "Erbhof"[49] neu definiert. Die "Erbhofregelung", die im

---

[48] Blanc/Perrier-Cornet (1993) definieren und differenzieren im EU-Vergleich etwas anders.
Gleichrangige Vererbung und Aufteilung des Besitzes ist typischerweise in den mediterranen Ländern als Fortsetzung des römischen Rechtes (Symes 1990) zu finden. Hier wird der Zusammenbruch des Hofes oft durch Partnerschaften zwischen den gleichberechtigten Erben verhindert. Diese Vererbungsform bewirkt, daß es in den Mittelmeerländern die geringste Anzahl an „Voll-Zeit-Bauern" gibt.
Vorwiegend in Frankreich, Belgien und Dänemark wird die *gleichrangige Vererbung und Bewahrung des Hofes als Einheit* - in Varianten - praktiziert. Der/die HofübernehmerIn kauft oder pachtet den Hof von den Eltern. Dies geht nur dann ohne eine hohe finanzielle Belastung der Jungbauern/-bäuerinnen vor sich, wenn der Besitz groß bzw. finanzstark ist. Somit sind in diesen drei Ländern die Bauern am höchsten verschuldet.
Ungleiche Vererbung und Weiterbestand des Hofes als ganze Einheit wird - ebenfalls in Varianten - in Großbritannien, Irland, Holland und Deutschland praktiziert. Bei der Abfindung der Mit-Erben wird auf den Bestand des Hofes Rücksicht genommen. Der Hof wird nicht zum tatsächlichen Marktwert bewertet. Der Erhalt des Hofes als Einheit ist in diesen Ländern wesentlich leichter. Als Ausgleich für die ungleiche Erbpraxis finanzieren Eltern jenen Kindern, die nicht übernehmen, oft eine bessere und längere Ausbildung (vgl. dazu auch Symes 1990).

[49] In Kärnten gelten z.B. folgende Kriterien: Erbhöfe sind "landwirtschaftliche, mit einer Hofstelle versehene Betriebe, deren Flächenausmaß wenigstens 5 ha beträgt und deren Durch-

wesentlichen eine Stärkung der Anerbensitte zur Folge hat (Brauneder 1980), soll die wirtschaftliche Leistungsfähigkeit und den Bestand mittlerer Höfe gewährleisten und Besitzaufsplitterungen verhindern. Deshalb wird der/die HofübernehmerIn gegenüber den weichenden ErInnen bevorzugt behandelt. Die Reform beseitigte auch bislang gegoltene Benachteiligungen von unehelichen Kindern, Wahlkindern und weiblichen Verwandten. Dem alten Erbrecht nach galt etwa bei Bestimmung des Anerben "Mannesvorzug" (Brauneder 1980). Es muß allerdings hinzugefügt werden, daß die gesetzliche Erbfolge nur zur Anwendung kommt, wenn die Hofübernahme nicht schon mittels Übergabevertrag oder durch ein Testament bestimmt worden ist.

Die in Österreich geltenden Erbregelungen spiegeln den traditionellen Wert der Hoferhaltung wider, der Vorrang gegenüber der Gleichbehandlung aller Erbberechtigten hat. Die, zumindest bis 1991 gültig gewesene Bevorzugung männlicher Erben ist somit Ausdruck der traditionellen Dominanz des Mannes im bäuerlichen Familienbetrieb (vgl. u.a. Rosenbaum 1982). Trotz gesetzlicher Gleichstellung wird vorwiegend patrilinear vererbt, wie Claupein (1991) festgestellt hat, d.h. die HofnachfolgerInnen sind mehrheitlich männlich. Daran kann man auch die Diskrepanz zwischen Erbrecht und Erbsitte erkennen, auf die auch Brauneder (1980) und Kretschmer (1980) hinweisen. Da die meisten Höfe - rund 80 Prozent - vor dem Ableben des Besitzers übergeben werden (vgl. Pevetz 1987), ist die gesetzliche Gleichstellung nur eine formale, die durch die Erbsitte, derzufolge die männlichen NachfolgerInnen bevorzugt werden, überlagert wird.

Frauen kommen oft nur dann für die Hofnachfolge in Frage, wenn der männliche Nachfolger ausfällt. Das kommt darin zum Ausdruck, daß in Österreich der Anteil an weiblichen HofnachfolgerInnen (bei Nebenerwerbsbetrieben) höher ist, wenn die Bäuerinnen über 30 Jahre sind. Hingegen sind rund 90 Prozent der ÜbernehmerInnen unter 30 Jahren Männer. Daß mit zunehmendem Alter der Frauenanteil steigt, läßt darauf schließen, daß Frauen oft erst die "zweite Wahl" sind, wenn ein männlicher Nachfolger ausscheidet (vgl. Pevetz 1987). In Norwegen übernehmen immerhin ein Drittel der Mädchen den Hof (Jodahl 1994).

4.3 BEDEUTUNG DER FAMILIE

Betrieb und Familie bilden eine nicht zu trennende Einheit. Insgesamt wird die Familie vor allem von Frauen bzw. das Familienglück als wichtigster Lebensbereich genannt (Pevetz/Richter 1993). Auch viele LandwirtInnen sehen heute zunehmend die Familie als "letzten Zufluchtsort" vor den oft als bedrohlich wahrgenommenen Konsequenzen des Modernisierungs- und Individualisierungsprozesses (vgl. Beck/Beck-Gernsheim 1990). Familie stellt somit "bei Zunahme der

---

schnittsertrag das sechsfache des zur Erhaltung einer fünfköpfigen Familie Erforderlichen nicht übersteigt" (Anderluh 1990; S. 12).

sozialen Konfliktfelder im Dorf häufig die einzige soziale Beziehung dar, derer man sich aufgrund ihres stark institutionalisierten und emotional-verwandtschaftlichen Charakters sicher weiß. Wenn alle anderen sozialen Beziehungen im Dorf sich auflösen oder oberflächlich werden, verbleibt die Familie der letzte Ort, an dem Gemeinschaft gelebt werden kann" (Kölsch 1990; S. 112). Pevetz (1994) sieht die Familie in ihrer "Vollgestalt", d.h. als Abstammungs-, Lebens- und Fortpflanzungsgemeinschaft heute am ehesten noch im Bauerntum verankert.

Für das Funktionieren der Familie wird in erster Linie die Bäuerin verantwortlich gemacht. Nach den Ergebnissen vieler Untersuchungen (u.a. Inhetveen/Blasche 1983, Niebuer 1989, Lindner 1991, Sinkwitz 1991a) zeigt sich der Bedeutungswandel hin zur Kernfamilie. Die Bäuerinnen wünschen sich eine Neubestimmung des Privatbereiches, in dem ein emotionales Klima von Behaglichkeit und Gemütlichkeit geschaffen werden soll, und wo die individuellen Bedürfnisse ihrer Mitglieder gelten. Inhetveen/Blasche (1983) und Deenen (1991) sehen mit dieser neuen Emotionalität und „psychischen Regeneration" einerseits auch eine Mehrarbeit und neue psychische Belastungen auf die Frauen zukommen. Andererseits meint Wimer (1988), daß für die Frau über die Beziehungsarbeit und in der Vermittlung zwischen den Familienmitgliedern die Möglichkeit besteht, sich Anerkennung zu verschaffen, allerdings indem sie andere zu ihrem Lebensinhalt machen und sich selbst aufgeben.

Schon 1964 zeigte Planck auf, daß innerhalb der bäuerlichen Familien ein Übergang von der patriachalischen zur partnerschaftlich getönten Familien- und Arbeitsordnung zu sehen ist. Und fast 30 Jahre später zeichnet sich für Deenen (1991) der Trend zur Gattenfamilie auch im bäuerlichen Milieu ab. Van Deenen hat eine neue Qualität von Ehe und Familie konstatiert, die auf Grundlage partnerschaftlich-egalitärer Verhaltensweisen allen Familienmitgliedern größere persönliche Freiheitsbereiche eröffnet. Dem widersprechen aber erzahlreiche Ergebnisse, die auf die mangelnde Bereitschaft der Bauern, ihre Frauen durch Mithilfe bei den Reproduktionsaufgaben zu entlasten, hinweisen. Darüberhinaus scheinen insbesondere Männer in Bezug auf die Partnerschaft noch teilweise noch traditionale Vorstellungen zu vertreten. Auch Karsten/Waninger (1985) betont in ihrer Studie die noch immer vorhandene "patriarchale Eingebundenheit" der Bäuerinnen.

4.4 PARTNERBEZIEHUNG/LIEBE

4.4.1 Partnerwahl

Im Gegensatz zu früher ist heute kaum mehr eine Soziohomogenität der Heiratskreise festzustellen (Meuther 1987b). Dies äußert sich vor allem im Trend, daß immer häufiger Frauen aus nicht-bäuerlichem Milieu in Bauernfamilien einheiraten. Denn heute stellt sich für den jungen Bauern nicht mehr so sehr die Frage nach der "richtigen" Frau, sondern ob er überhaupt eine Frau findet, die Bäuerin werden will (Deenen 1986, Aigner 1991). Die Auswahl der Partner erfolgt zunehmend nach subjektiven Kriterien.

Geändert haben sich vor allem die Partnerwahlkriterien der Frauen. Es zeigt sich, daß Bauerntöchter - im Gegensatz zu Bauernsöhnen - mehr Wert auf egalitäre, partnerschaftliche Beziehungsgestaltung legen. In ihrer Untersuchung zur bäuerlichen Partnerwahl hat Meuther (1987b) festgestellt, daß sich die Frauen - neben der Fähigkeit zum guten Wirtschaften - von ihren Männern kommunikative ("über Probleme reden können"), soziale ("das Familienleben für wichtig halten") und emotionale ("tolerant und rücksichsvoll; Gefühle zeigen") Fähigkeiten erwarten. Jüngere Frauen (bis 22 Jahre) verlangen eher als ältere zudem eine stärkere Beteiligung der Männer an den innerhäuslichen Reproduktionsaufgaben (Kindererziehung, Hausarbeit).

Eine deutliche Beziehung zwischen dem Bildungsniveau der Hofnachfolger und deren Partnerwahlkriterien hat Meuther (1987b) herausgefunden: Für Hofnachfolger mit höherer Bildungen sind eher moderne, partnerschaftlich-egalitäre Kriterien, wie persönliche Eigenständigkeit, partnerschaftliches Aushandeln der Aufgaben, Beteiligung des Mannes an Hausarbeit und Kinderbetreuung relevant, wogegen Bauernsöhne mit einfacher Schulbildung von ihren Ehefrauen traditionellere Eigenschaften, wie Fleiß, gutes Wirtschaften und die Fähigkeit zur familialen Integration erwarten. Die unterschiedlichen Vorstellungen beeinflussen jedoch die Heiratschancen. Daraus folgt gemäß den Ergebnissen von Meuther, daß Bauernsöhne mit traditionellem Geschlechterrollenbild, einfach Bildung und geringem Verdienst schlechtere Heiratschancen haben als ihre "moderner" orientierte Kollegen. Zusammenfassend stellte Meuther (1987b) fest, daß sich die Erwartungen der Landwirte stärker an traditionellen Standards orientieren als die Erwartungen der Frauen.

Frauen sehen also in einer landwirtschaftlichen Familien weniger Möglichkeiten zur individuellen Lebensgestaltung als in einer nicht-landwirtschaftlichen. Damit im Zusammenhang ist auch die häufig genannte Begründung der "vielen Arbeit" zu sehen, die gegen eine Heirat mit einem Bauern spricht (Mannert 1981).

"Moderne" Leitbilder hinsichtlich Partnerwahl werden primär von der Distanz zur Landwirtschaft und vom niedrigen Lebensalter geprägt. Frauen mit engen Beziehungen zur Landwirtschaft sind traditional-sachliche Merkmale bei der Partnerwahl wichtiger als Frauen mit Distanz zur Landwirtschaft.

4.4.2 Emotionale Beziehung der Ehepartner

Wenn auch das Datenmaterial bezüglich der emotionalen Qualität der Beziehung zwischen Mann und Frau in bäuerlichen Familien nicht sehr umfangreich ist, läßt sich doch daraus ableiten, daß das Bedürfnis nach emotionaler Ausdrucksfähigkeit von Gefühlen der Zuneigung größer geworden ist (vgl. Janshen/Aßfalg 1984, Kossen-Knirim 1992). Allerdings wird betont, daß es auch heute in bäuerlichen Beziehungen oft noch schwierig ist, solche Gefühle auszudrücken. Das wird von den Autorinnen darauf zurückgeführt, „daß die Entwicklung einer differenzierten und expressiven Kultur der Gefühle größere Privilegien an Zeit, Geld und Bildung voraussetzt als diese traditionell in ländlichen Regionen anzutreffen sind" (Janshen/Aßfalg 1984; S. 149). Sie stellten in ihrer Untersuchung fest, daß es oft zu Konflikten kommt, wenn die Frauen Ansprüche auf individuelles Liebesglück zu entwickeln begannen. "Mütter, die ihre Kinder all zu häufig knuddeln, Ehepaare, die sich auf der Straße mit einem Wangenkuß begrüßen, werden weiterhin schief angesehen" (Janshen/Aßfalg 1984; S. 149).

Dies wird auch von Kossen-Knirim (1992) untermauert. Als relevante Differenzierungsfaktoren für den Wunsch und/oder die Fähigkeit zum expressiven Gefühlsausdruck wurden das Alter und die räumliche Zuordnung der Befragten eruiert: Landbewohner erwiesen sich generell als un-emotionaler und insbesondere ältere Befragte hielten Gefühle für nicht so wichtig. Kossen-Knirim begründet dies mit den stärker traditonellen Normen, denen zufolge Familienbeziehungen primär Arbeitsbeziehungen und Gefühle keine notwendige Voraussetzung für eine gute Ehe waren. "Man hielt sich an leichter zu kalkulierende Faktoren für das Funktionieren einer Ehe als an die 'romantische Liebe' (ebenda S. 146).

Nach Kossen-Knirim (1992) gibt es im Bezug auf Zärtlichkeit und Nähe keine gravierenden geschlechtsspezifischen Unterschiede. Frauen haben eine leichte Tendenz zu spontaneren und körpernahen Zärtlichkeiten, während Männer ihre Gefühle mehr mit Worten und in ritualisierter Form mitteilen. Gesten und Rituale sind jene Formen, die schon in vorindustriellen Zeit eher als Sprache dazu dienten, Emotionen auszudrücken (vgl. Segalen 1983). Daß gerade Männer zu diesen traditionalen Formen des Gefühlsausdrucks tendieren, stimmt mit den Ergebnissen von Meuther (1989) überein, denenzufolge Männer aus bäuerlichem Milieu z.T. noch relativ traditonale Partnerschaftsvorstellungen aufweisen. Die Ansprüche nach Emotionalität in der Beziehung korrelieren mit Alter und Bildung, je jünger die Frau und je gebildeter desto höher der Anspruch an Emotionalität.

Als weiteres Merkmal modernisierter Mann-Frau-Beziehungen beurteilen einige AutorInnen eine abnehmende Altersdifferenz zwischen den Ehegatten. Dies kann zwar auch für die bäuerlichen Ehen bestätigt werden (Kozakiewicz 1983, Deenen/Kossen-Knirim 1981). Da jedoch nach wie vor die Altersdifferenz größer ist als im Bevölkerungsdurchschnitt, wird dies als traditionelle Verhaltensweise interpretiert (Kozakiewicz 1983).

Allerdings wird bei beiden AutorInnen gezeigt, daß die sozio-kulturelle Homogenität der Ehepartner nur mehr von wenigen vertreten wird und gerade bei jungen Frauen auf völlige Ablehnung stößt (Deenen/Kossen-Knirim 1981). Dies ist ihrer Meinung nach als modernes Einstellungsmuster und „auch als Indikator für die Vorherrschaft emotionaler Bindungen in den jungen und zukünftigen Ehen" (Deenen/Kossen-Knirim 1981; S. 131) zu interpretieren.

4.4.3 Sexualität/Elternschaft

Die Einstellung zur Sexualität hängt nach Bach u.a. (1982) signifikant vom Alter ab. Jüngere Frauen und Frauen mit höherem Bildungsniveau haben eine progressivere Einstellung zur Sexualität, unabhängig von Industrienähe.

Deenen (1983a) stellte in seiner Untersuchung fest, daß vor allem junge Bäuerinnen über Empfängnisverhütung gut informiert sind. Die AutorInnen kamen zu dem Schluß, daß sich eine bewußte partnerschaftliche Familienplanung auf die Zufriedenheit der Frauen auswirkt. Frauen und Männern geben bei Meuther (1987b) gleichermaßen als „ideale" Zeit für die Elternschaft eine Spanne von zwei bis drei Jahren nach der Eheschließung an. Familienplanung bedeutet aber auch eine geringere Kinderanzahl, die sich v.a. in industrienahen Gebieten durch rückläufige Geburtenziffern bemerkbar macht (Deenen/Kossen-Knirim 1981, Bach u.a. 1982; Deenen 1983a; Ziche/Woerl 1991). Nach wie vor haben Bäuerinnen im Vergleich mit anderen gesellschaftlichen Gruppen den ausgeprägtesten Kinderwunsch, nämlich - statistisch gesprochen - 2,82 Kinder (Münz 1995; S. 33).

Insgesamt zeigen sich die befragten Bäuerinnen der Sexualerziehung gegenüber aufgeschlossener als der Sexualität (Deenen/Kossen-Knirim 1981, Bach u.a. 1982). Die Mehrzahl der von Deenen/Kossen-Knirim (1981) befragten Frauen halten beide Elternteile für die Sexualerziehung der Kinder zuständig. Ihrer Meinung nach haben auch hier Lebensalter, Bildung und der Grad der sozialen Aufgeschlossenheit den stärksten Einfluß auf das Thema Sexualität (ebenso: Bach u.a. 1982). Die Einstellung zur Thematik Sexualität insgesamt läßt sich nach Deenen/Kossen-Knirim (1981) sowohl in Industrienähe als auch Industrieferne als "gemäßigt progressiv" bezeichnen.

4.4.4 Partnerschafliche Beziehungsgestaltung

Alle von Hebenstreit-Müller/Helbrecht-Jordan (1988) befragten Frauen äußerten den Anspruch einer partnerschaftlichen Ehe. Die partnerschaftliche Qualität ihrer Beziehung wurde an zwei Kriterien festgemacht: an den innerfamilialen

Machtverhältnisssen und an der Neugestaltung der Vaterrolle. Die Befragten zeichneten ein überwiegend positives Bild ihrer Ehen mit gleichberechtigten Entscheidungsstrukturen und intensiven emotionalen Kontakten zum Partner und den Kindern. Die Autorinnen geben in ähnlicher Weise wie Kossen-Knirim (1991) zu Bedenken, daß hier auch Wunschvorstellungen zum Ausdruck gebracht wurden.

Dies bestätigen die Ergebnisse von Meyer-Mansour et al. (1990) in einer Untersuchung über psycho-soziale Bewältigungsstrategien, die eine allgemeine Tendenz zum Beschönigen der inner-familiären Situation beobachten konnten.

Für die von Hebenstreit-Müller/Helbrecht-Jordan (1988) befragten Mütter war es „hochbedeutsam, einen Partner gefunden zu haben, der Familie anders begreift, als dies traditionell üblich war, und der insbesondere auch ihre Einstellung zum Kind teilt" (S. 93). In Bezug auf parnterschaftliches Verhalten zeichnen die Ergebnisse eine sehr positives Bild. Die Autorinnen sehen darin ein Zeichen für die Wirksamkeit von Modernisierungsprozessen auf dem Land. Sie verweisen zum einen auf das Vorhandensein eines Norm- und Wertpluralismus vor Ort, der es den jungen Frauen ermöglicht, die Befolgung traditioneller Partnerschaftsmuster zu verweigern. Zugleich wird aber auch deutlich, daß bei der Verabschiedung von überkommenen Normierungen tendenziell neue Formen der sozialen Einbindung wirksam werden, indem nämlich das, was als 'zeitgemäß' gilt - die egalitäre Gefährtenschaft - zum neuen Orientierungsmaßstab wird und gleichsam normative Kraft erhält" (Hebenstreit-Müller/Helbrecht-Jordan 1988; S. 94).[50]

4.5 INNERFAMILIÄRE KOMMUNIKATION

Unter "Kommunikation" versteht Kossen-Knirim (1992) ausschließlich verbale Mitteilungen sowie die Gesprächsmuster zwischen den Familienmitgliedern (Aigner 1991). Diesbezüglich stellten Hülsen (1980), Kriechbaum (1994) in der bäuerlichen Bevölkerung eine Tendenz zu Sprachlosigkeit fest, d.h. einen Mangel sich auszudrücken und seine /ihre Bedürfnisse zu äußern. Dies führt Pevetz (1994) darauf zurück, daß in Bauernfamilien die Arbeit im Mittelpunkt des Gespräches steht, hingegen Sprachlosigkeit über die eigene Person und Gefühle besteht und somit zu Spannungen führt. Die traditionale Geringschätzung der Frau manifestiert sich darin, daß die Meinung der Frau oft nicht akzeptiert wird. Dem schließt sich Wölfl (1980) an, der eine höhere Aggressionsbereitschaft, geringe

---

[50] Da in diversen anderen Studien genau auf das Gegenteil, nämlich das Fehlen partnerschaftlichen Verhaltens hingewiesen wird, muß auf das Alter der befragten Frauen verwiesen werden. Diese waren zwischen 25 und 36 Jahre alt. Es zeigt sich durchgängig auch in anderen Untersuchungen, daß junge Paare eher zu partnerschaftlicher Beziehungsgestaltung tendieren (vgl. Goldberg 1994a).

kognitive Entwicklung bzw. geringere Bedeutung des rationalen Überlegens sowie reduzierte Sprachbeherrschung in der bäuerlichen Bevölkerung feststellte. Er sieht aber auch einen Zusammenhang zwischen der Kommunikationsstruktur und der wirtschaftlichen Situation, je besser letztere ist, desto mehr Kommunikation ist möglich. In der jüngeren Generation ist aber nach Ansicht einiger AutorInnen eine größere Bereitschaft zu verbaler Kommunikation festzustellen (vgl. van Deenen 1986, Meuter 1987b).

Sämtliche AutorInnen sehen das Gespräch in ihrer Wunschvorstellung als wichtigen Bestandteil des partnerschaftlichen Lebens zwischen den Partnern, aber auch zwischen alt und jung. Nach Kossen-Knirim (1992) ist der Ehepartner der „wichtigste andere" Gesprächspartner. Probleme werden in erster Linie mit dem/der PartnerIn, gefolgt von den eigenen Eltern oder Kindern besprochen, jedoch eher selten mit den Schwiegereltern (Kossen-Knirim 1992; S. 98). Frauen können über Probleme eher mit der Mutter als mit dem Vater sprechen (Deenen 1986). „Besonders tabuisiert werden die Bereiche Eheleben, Sexualität und Intimität der Ehepartner untereinander sowie Familienangelegenheiten und Geldfragen, soweit diese sich auf die Kernfamilie der Befragten beziehen" (Deenen 1986; S. 130). Das Bildungsniveau beeinflußt den Kommunikationsstil wesentlich. Bei höherer Bildung ist der Kommunikationstil eher offener und die Beteiligten sprechen strukturierter.

Somit erweisen sich die Bildung, das Alter und Stadtnähe oder -ferne als relevante Faktoren für differentes Kommunikationsverhalten. Die bäuerliche Bevölkerung tendiert eher zu passivem Kommunikationsverhalten.

4.5.1 Konfliktlösung

Als charakteristisch für die ländliche bzw. bäuerliche "Konfliktkultur" konstatiert Kossen-Knirim (1992), wie schon erwähnt, kaum offene Austragung der Konflikte und "Verarbeitung" der Probleme durch Arbeit oder Schweigen. Eine von Kossen-Knirim durchgeführte Vergleichsbefragung von Ehepaaren, ergab interessante Ergebnisse zu geschlechtsspefischen Differenzen im Umgang mit Problemen: Insbesondere Männer tendierten dazu, Probleme zu verleugnen, während ihre Ehefrauen eher geneigt waren, diese zu thematisieren und auf finanzielle und psychische Belastungen hinwiesen. In typisch geschlechtsspezifischer Weise übernahme die Bäuerinnen - auch stellvertretend für ihre Männer - die Rolle, der Sorge und emotionalen Belastung Ausdruck zu verleihen (Kossen-Knirim 1992).

Die häufigsten Arten auf Meinungsunterschiede zu reagieren sind eher passiv und wenig konstruktiv(Kossen-Knirim 1992; S. 209):

- Nicht-Weiter-Verfolgung von weniger wichtigen Problemen;

- Verdrängung durchaus wichtiger Probleme;
- resignativer Rückzug des Schwächeren vor dem Stärkeren oder
- organisatorische Konfliktbewältigung, die einen weitgehend reibungslosen Umgang mit Problemen gewährleistet.

Nach Deenen (1986) und Kossen-Knirim (1992) neigt die ländliche Bevölkerung zu sachlich-harmonischem und friedlichem Verhalten im Konflikt, wobei man häufiger versucht, diesen aus dem Wege zu gehen. Man verhält sich defensiver als in der Stadt, wo Konflikte aggressiver und durchsetzungsfreudiger angegangen werden. Scheu (1991) sieht die Konfliktscheue auf dem Land auch darin begründet, daß das Leben auf der "scheinbaren Öffentlichkeit" des Dorfes ein hohes Maß an Anpassung und Integration verlangt. Nichtkonformes Verhalten fällt sehr schnell auf und wird von der Dorföffentlichkeit angefeindet. Deenen (1986) vermutet dagegen eher, daß das Zusammenleben der Generationen in Bauernfamilien höhere Kompromißbereitschaft zur Folge hat.

Konflikte innerhalb der Familie werden oft über die Frauen ausgetragen, die immer versuchen, zu „vermitteln, schlichten und Konfliktlösungen herbeizuführen" (Harms 1990; S. 129). Insbesondere die ältere Generation zeigte größere Harmonisierungsbestrebungen (Kossen-Knirim 1992). Die jüngere Generation beklagt Einmischung und Bevormundung durch die ältere Generation und sieht dadurch ihre Eigenständigkeit gefährdet.

Ein guter Gradmesser für den emotionalen Gehalt der Generationsbeziehung ist nach Kossen-Knirim die Art der generellen Bewertung von Konflikten. Die Autorin schließt, daß sich in dieser Frage direkt die emotionale Nähe widerspiegelt. Wer der anderen Generation Vertrauen, Liebe, Verständnis und Sympathie entgegenbringt, beurteilt Konflikte mit ihnen häufiger als "klärend und hilfreich".

Das Konfliktverhalten wird von den gleichen Faktoren beeinflußt wie der Kommunikationsstil: Bildung, Alter, Stadt-Land-Verteilung. Höheres Bildungsniveau führt zu größerer Konflikthäufigkeit, Konflikte werden im Gespräch und streitfreudiger ausgetragen. Das durchschnittlich niedrigere Bildungsniveau am Land, besonders bei älteren Menschen, führt nach Meinung Kossen-Knirim's (1992) zu passiverem Konfliktverhalten. Es kommt nach Meyer-Mansour u.a. (1990) kaum zu einer offenen Austragung, die Verarbeitung der Probleme geschieht durch Arbeit oder Schweigen.

4.5.2 Emotionen

Im Umgang mit Gefühlen erweisen sich LandbewohnerInnen und insbesondere die bäuerliche Bevölkerung als un-emotionaler. Ein befragter Landwirt bringt dieses Problem klar zum Ausdruck: "Das Zeigen von Gefühlen liegt uns nicht so sehr. Meistens wird nichts gezeigt.....Man muß sich zusammenreißen" (Kossen-Knirim 1992; S. 151). Eine 55jährige Bäuerin erzählt in berührender Weise, daß die ältere Generation das Fehlen von Gefühlsausdruck im eigenen Leben nun im Spiegel der veränderten Umgangsformen durchaus als defizitär erlebt: "Zärtlichkeiten z.b. kannten wir vom eigenen Elternhaus und bei den eigenen Eltern ja gar nicht. Wenn ich das jetzt so bei den Kindern sehe, dann ist es eigentlich schade, daß wir selber dazu nicht mehr in der Lage sind. Und trotzdem haben wir eigentlich viel von den Kindern gelernt, und es könnte heute durchaus passieren, daß wir ein bißchen unsere Gefühle zeigen. Als meine Schwiegertochter jetzt das zweite Kind bekam und ich sie mit einem Blumenstrauß im Krankenhaus begrüßte, da habe ich sie doch einmal gedrückt" (Kossen-Knirim 1992; S. 146 vgl. auch Janshen/Aßfalg 1994).

Auch in diesem Punkt zeigt sich wiederum die Bildung als relevante Einflußgröße. Frauen mit höherem Bildungsniveau und jüngeren Alters vertreten neue, emotionale Orientierungsmuste

Welche Ausdrucksform angewendet wird, hängt weniger mit dem Gefühlsinhalt als mit familienspezifischen Mustern zusammen. Als relevante Einflußgrößen ergeben sich: Land-Stadt-Differenz und das Alter. 'Zärtlichkeit' ist am Land weniger verbreitet als in der Stadt, Eltern erhalten mehr Zärtlichkeiten als Schwiegereltern. Letzteren gegenüber wird Nähe eher in ritualisierter, indirekter oder körperferner Form bekundet. Dies weist nach Kossen-Knirim (1992) auf einen wesentlich geringeren Intimitätsgrad hin. Auch der Kuß, die klassische Ausdrucksform von Liebe, Sympathie und Zuneigung ist bei der älteren Generation und am Land seltener. Nur zu besonderen Gelegenheiten oder bei 'ritualisierten´ Alltagsanlässen (Gute Nach Kuß) wird geküßt. Kossen-Knirim (1992) leitet daraus ab: je ritualisierter Gefühlsausdruck ist, desto weniger sagt er über den Grad der Emotionalität aus.

Einige AutorInnen warnen aber vor falschen Schlußfolgerungen. So bedeutet fehlende Ausdrucksform nicht automatisch, daß Gefühle fehlen. Die emotionale Ausdrucksform scheint auch zeit- und milieuspezifischen Einflüssen zu unterliegen. Personale Merkmale, die die Wertvorstellung und Wahrnehmung (der Gefühle) beeinflussen sind Alter, Bildung, Geschlecht, Schichtzugehörigkeit, Beruf, Stadt-Land. Nach Bertram/Dannenbeck (1991), Kossen-Knirim (1992) zeigt sich durchgehend eine Stadt-Land-Differenz, vor allem bei älteren Generationen. Kossen-Knirim (1992) meint, daß zwar die ländlichen Lebensformen emotionaler geworden seien, dennoch aber Stadt-Land-Unterschiede bestünden (Kossen-Knirim 1992, S. 170). Am deutlichsten ist der Unterschied bei 'Nähe' und Gefühlen. Stadtbewohner sowie höhere Bildungsschichten messen Gefühlen einen höheren Wert bei und zeigen eher emotionale Nähe durch körpernahe Zärtlichkeiten. Bei Landbewohnern sowie niedrigeren Bildungsschichten dominiert das Bedürfnis nach Harmonie. Gefühle und Nähe werden entweder gar nicht oder nur nonverbal und sehr indirekt durch Blicke, Lächeln oder Aktivitäten ausgedrückt.

Zusammenfassend kann festgestellt werden, daß das tatsächliche innerfamiliäre Kommunikationsverhalten im Gespräch, im Konfliktfall und im Austausch von Gefühlen im bäuerlichen Milieu oft im Widerspruch zu den Wunschvorstellungen steht. Tendenzen zu einer Änderung deuten sich nach Deenen (1986) und auch Kossen-Knirim (1992) bei jungen Leuten an, da diese PartnerInnen wünschen, die ihre Probleme verbalisieren, rücksichtsvoll und tolerant, intelligent und aufgeschlossen, gesellig und kontaktfreudig sowie vielseitig interessiert sein sollen (Deenen 1986; S. 131; Meuther 1987b). Nach wie vor sind aber hauptsächlich die Frauen für das harmonische, konfliktfreie Zusammenleben innerhalb der Familie zuständig und fühlen sich auch dafür verantwortlich (Harms 1990). Sie sollen unter persönlichen Verzicht und hoher Anpassungsleistung für ein harmonisches, ausgeglichenes Familienleben zu sorgen, was oft zu Angst vor Konflikten und störenden Neuerungen führt.

4.6 SCHEIDUNG

Aus der Literatur kann gefolgert werden, daß die Bäuerinnen an der Unauflöslichkeit der Ehe festgehalten. Die niedrigen Scheidungsraten scheinen dies zu bestätigen. In einer 1988 durchgeführte Befragung von HautperwerbslandwirtInnen in Österreich waren von 1.200 Befragten nur 7 (0,6 Prozent) geschieden (Pevetz 1994). Pichler (1994) zieht daraus den Schluß, daß die „bäuerliche Familie im allgemeinen auf ein festeres Fundament ihrer Beziehungen, das Zerfallserscheinungen standhält" (Pichler 1994; S. 2) baut und macht dafür vier Faktoren verantwortlich:

- die noch stark vorhandene religiöse Grundhaltung: positives Zusammenleben, Verantwortungs- und Opferbereitschaft, Toleranz
- „die ganz natürliche partnerschaftliche Struktur": Einheit von Betrieb, Haushalt und Familie
- besserer, harmonischerer und partnerschaftlicher Umgang in Familie und Nachbarschaft
- Mehrgenerationenfamilie: Chancen und Vorteile, aber auch viele Spannungsbereiche.

Aigner (1991) stellt dagegen eher sozialrechtliche Gründe und traditonelle Einstellungen in den Vordergrund ihrer Argumentation. Da Bäuerinnen bis vor kurzem keinen eigenen Pensionsanspruch erwerben konnten, erfüllt die Ehe die Funktion der "lebenslänglichen sozialen Absicherung". Als weitere Faktoren werden genannt: stärkere soziale Kontrolle des Dorfes, traditionellere Einstellungen und eine stärkere Verankerung christlicher Werte.

Diskrepanzen ergeben sich in Bezug auf die Einstellung zur Scheidung allgemein und in Bezug auf die Möglichkeit der Scheidung der eigenen Ehe. Nach Deenen/Kossen-Knirim (1981) ist die Einstellung zur eigenen Ehescheidung unabhängig davon, ob die Bäuerinnen die Scheidung im allgemeinen befürworten oder ablehnen. Die Mehrzahl der Befragten hält ihre eigene Ehe für gut und denkt aufgrund dessen auch nicht an Scheidung. Es herrscht die Meinung vor, daß eheliche Probleme entweder gelöst oder aber erduldet werden müssen. Ein Drittel lehnt die Scheidung aufgrund der Kinder ab, während betriebliche Belange kaum als Grund angeführt werden. Besonders ältere Frauen und Frauen mit hoher Kinderzahl lehnen häufiger eine Scheidung aus religiösen Gründen ab. Jüngere Frauen und Frauen mit weniger Kindern verweisen hingegen häufiger darauf, daß man mit den Problemen fertig werden muß. Der Betrieb wird häufiger von älteren Frauen und von Frauen mit einfacher Bildung in den Vordergrund gestellt. Wirtschaftliche Aspekte werden offensichtlich wichtiger, wenn Kinder von der Scheidung nicht (mehr) betroffen sind (Deenen/Kossen-Knirim 1981). Pevetz (1994) und Ziche/Woerl (1991) betonen aber insbesondere, daß die Besitzwahrung in bäuerlichen Familien eine große Rolle spielt und Scheidung deswegen kaum in Erwägung gezogen wird.

Gründe, die eine Ehescheidung nach Ansicht der Befragten rechtfertigen würden, betreffen alle einseitiges Fehlverhalten des/r PartnerIn. „Prinzipielle Unterschiede im Verhalten und in den Ansichten der Ehegatten, die dem heutigen Zerrüttungsprinzip entsprächen, werden als Scheidungsgründe nicht genannt und wohl auch nicht gesehen" (Deenen/Kossen-Knirim 1981; S. 136).

In einer Vergleichsuntersuchung (1970-1980) stellten van Deenen (1986) fest, daß die Akzeptanz einer Ehescheidung gestiegen ist. Auch das Alter und die Kinderzahl der Bäuerinnen spielen bezüglich Akzeptanz eine Rolle: jüngeren Frauen mit weniger Kindern lassen nach Deenen/Kossen-Knirim (1981, S. 136), Högl (1986) und Watz (1989) trotz grundsätzlich traditioneller Einstellung einen Ansatz des sozialen Wandels erkennen.

Erwartungsgemäß eröffnen sich auch Widersprüche: Frauen, die einerseits die Ehescheidung moralisch mißbilligen, akzeptieren - allerdings für andere - die Scheidung als praktische Lösung einer besonderen Lebenssituation (Kozakiewicz 1983).

4.7 KINDER

Am deutlichsten wird die Tendenz zur Übernahme allgemein-gesellschaftlicher Normen an der geänderten Beziehung der Bäuerinnen zu ihrem Kind sichtbar. Kinder sind nicht mehr funktionaler Teil der Arbeitsgemeinschaft "Bauernfamilie", sondern bekommen zunehmend - insbesondere für jüngere Bäuerinnen - einen emotionalen Stellenwert.

Kinder hatten bis zu Beginn des 20. Jahrhunderts vor allem zwei Funktionen zu erfüllen: Arbeitskräfte und Hofnachfolger. Vor allem durch Schule und Ausbildung wurden die Kinder im Laufe dieses Jahrhunderts stärker aus dem täglichen Arbeitsablauf herausgeholt und bekamen dadurch eine eigenständigere Position in der Familie (Rosenbaum 1982, S. 58). Beide historischen Funktionen stehen heute nicht mehr im Vordergrund, sondern sind mit dem Aspekt des "Freiwilligen" behaftet. Stattdessen sind emotionale Erwartungshaltungen seitens der Mütter/Eltern sehr wohl zu beobachten, insbesondere was die Übernahme des Hofes betrifft. Ein Widerspruch, auf den im Kapitel 4.7.2 noch näher eingegangen werden wird.

4.7.1 Bedeutung als Arbeitskraft

Die zentrale Bedeutung der Kinder als Arbeitskraft hat deutlich abgenommen (Aigner 1991, Wimmer 1988). Dies ist vor allem auf den Wertewandel und die Technisierung der Betriebe (Aigner 1991) zurückzuführen. Fest steht jedoch, daß Kinder auch heute noch zu Hause mitarbeiten, wie Wernisch (1980) für Österreich erhoben hat, wenn auch in geringem zeitlichen Ausmaß, wie die Autorin betont. Sind mehrere Kinder vorhanden, so hat sich gezeigt, daß meist ein Kind besonders stark in den betrieblichen Arbeitsprozeß eingebunden ist, während die Geschwister eher verschont werden (Wernisch 1980b).

Im Allgemeinen hängt die Häufigkeit der kindlichen Mitarbeit von der Arbeitsbelastung der Eltern ab: Je größer diese ist, desto mehr müssen die Kinder mithelfen. Und zwar an erster Stelle im Haushalt; an zweiter Stelle im landwirtschaftlichen Betrieb (Wernisch 1980b).

Auffallend ist die durchgehende geschlechtsspezifische Arbeitssozialisation, die schon bei den Kindern zu beobachten ist: die Buben arbeiten fast ausschließlich im landwirtschaftlichen Betrieb mit, die Mädchen fast nur im Haushalt. Somit werden Mädchen auf die Rolle der Mutter hin sozialisiert, Buben hingegen identifizieren sich schon früh mit dem Vater und erfahren die damit verbundene gesellschaftliche Höherbewertung männlicher Tätigkeiten (Wimmer 1988).

Insbesondere das Mädchen wächst dadurch selbstverändlich und "naturhaft" in den Hof und seine Beziehungen, sowie seine - erwarteten - Aufgaben hinein. Die Vorliebe für die Landwirtschaft erscheint als "Resultat eines mehr oder weniger langen Prozesses von Gewöhnung oder Auseinandersetzung" (Inhetveen/Blasche 1983, 236). Unter dem Druck des "freiwilligen Muß" erfährt das Mädchen die positive Reaktion seiner Umwelt, wenn es die gemeinschaftlichen Aufgaben erfüllt. Dies hat zur Folge, daß die auf dem Hof geprägten "räumlichsinnlichen Erfahrungsmodalitäten" oft "fürs ganze Leben vorstrukturiert" sind (Janshen/Aßfalg 1984; S. 147).

4.7.2 Bedeutung für die Hofnachfolge/Hofsozialisation

Der Hof hat heute gegenüber den Kindern seine Bedeutung als Lock- und Druckmittel verloren. Hinsichtlich der Kinder wird eine „Doppelstrategie" verfolgt, indem man sie einerseits einen Beruf erlernen läßt (berufliche Mobilität) und sie andererseits in den Hof, die Aufgaben, die Arbeit zu integrieren versucht und ermutigt, Bauer oder Bäuerin zu werden. „Heutige Hofsozialisation ist davon geprägt, daß die Übernahme des Hofes zu einem Akt expliziter Entscheidung unter Mitbeteiligung der Kinder wird" (Inhetveen/Blasche 1983; S. 44). Die Bäuerinnen versuchen einen Balanceakt: Die Eltern wollen, modernen Erziehungsnormen folgend, den Kindern die Chance für andere berufliche Möglichkeiten offenlassen. Damit gehen die Eltern aber gleichzeitig das Risiko ein, daß sich die Kinder zunehmend vom Hof entfremden, was wiederum durch Zugeständnisse, wie Verschonung von unangenehmen Arbeiten, Eingehen auf Veränderungsvorschläge und regelmäßige Freizeit verhindert werden soll. Somit verliert der Hof seine „familienintegrative Funktion", der Raum für Individualität wächst.

Die Hofübernahme beeinflusst die zukünftige Betriebsentwicklung. Es zeigt sich, dass bei gesicherter Hofübernahme eher investiert, bei ungesicherter oder fehlender Nachfolge der Betrieb eher verkleinert oder aufgegeben wird (Claupein 1991). Die Bäuerinnen hätten es in der Mehrzahl gerne, wenn der Betrieb weitergeführt wird. Gründe, die dafür sprechen, liegen eher im emotionalen, Gründe dagegen eher im ökonomischen Bereich. Die Bäuerin steht vor dem Dilemma, die Kinder zum Bleiben zu überreden oder sie abwandern zu lassen und somit ihre eigene Arbeit in Frage zu stellen. Gibt es eine/n HofnachfolgerIn, so stellt sich das Problem, ob er/sie eine/n PartnerIn findet, der/die bereit ist, Bäuerin/Bauer zu werden. Ist dem nicht der Fall, fühlt sich die Mutter verpflichtet, das Kind bei der Arbeit zu unterstützen, was mit zunehmendem Alter zur Überlastung führt. "Wird verstärkt hierzu noch der Sinn der immensen Arbeitsanstrengung in Frage gestellt, sei es durch einen nicht vorhandenen Hofnachfolger, einer fehlenden Ehefrau oder durch starke Entwertung der eigenen Arbeitsprodukte, so ist eine enorme psycho-soziale Belastung der Familie vorhanden" (Meyer-Mansour 1988; S. 256).

Timmermann/Vonderauch (1993) bestätigen, dass die Entscheidung, Landwirt zu werden heute nicht mehr jene Selbstverständlichkeit hat wie früher, sondern zunehmend zur "Neigungsentscheidung" wird (S. 151). Insbesondere die jüngeren von ihnen befragten LandwirtInnen betonen die Freiwilligkeit der Entscheidung und die Lust am Beruf. Ob sich ein Kind zur Übernahme des Betriebes entschließen kann, hängt nicht zuletzt von der Erziehung ab, wie Herrmann (1993) festhält. Zwei Tendenzen lassen sich beobachten:

Die Erziehung hin zu der Landwirtschaft: Hier werden die Kinder schrittweise bei praktischen Tätigkeiten und betriebliche Entscheidungen mit einbezogen. Erfahrungswissen und Wertorientierungen werden an die Kinder weitergegeben und emotionale Nähe zum Betrieb kann entstehen.

Die Erziehung weg von der Landwirtschaft: Die Kinder werden nicht mit den landwirtschaftlichen Aufgaben vertraut gemacht, so dass kaum Interesse oder der Wunsch entstehen kann, den Betrieb weiterzuführen. Das macht deutlich, dass die Weitergabe auch von der Einschätzung der gegenwärtigen Bewirtschafter abhängt, wie diese die betrieblichen Entwicklungsmöglichkeiten im Hinblick auf agrarpolitische Veränderungen sehen.

Seit einigen Jahrzehnten zeigt sich verstärkt ein Trend von geschlechtsspezifischer Spaltung in der Hofsozialisation. Während traditionell sowohl Töchter als auch Söhne Gleichmassen auf ihre - gemäß der Arbeitsteilung vorgegebenen - Rollen im bäuerlichen Betrieb vorbereitet wurden (vgl. Rosenbaum 1982, Mitterauer 1984), erfahren heute Söhne wesentlich stärker eine am Hof ausgerichtete Sozialisation als Mädchen. Diesen kommt meist eine gewisse "Ersatzfunktion" zu. Dieser Bruch in der Sozialisation von Bauerntöchtern wirkt sich nach Ansicht einiger AutorInnen auf die Weiterführung und Existenz der Betriebe negativ aus, da die Töchter eher geneigt sind, aus den Höfen "hinauszustreben" (Timmermann/Vonderach 1993), als etwa einen Bauern zu heiraten. Davon ausgehend, entwickeln Mädchen und Buben differente Lebensvorstellung, die sich an unterschiedlichen Zielen ausrichten. Schmitt (1988) sieht die Bauerntöchter verstärkt modernen Einflüssen ausgesetzt und weniger durch traditionale, bäuerliche Orientierungen beeinflusst. Dies kann sich für den Betrieb negativ auswirken, denn diese "... individualistische, an kleinfamilialen Vorstellungen der sozialräumlichen Eigenständigkeit orientierte Lebensperspektive kollidiert jedoch mit den Anforderungen des bäuerlichen Mehrgenerationenverbandes" (ebenda S. 100). Dadurch sind viele weichende Bauerntöchter heute weniger gewillt, jenes hohe Maß an Integrations- und Anpassungsleistung zu erbringen, wenn sie einen Bauern heiraten. Schmitt ist der Meinung, dass aber auch heute noch ein gewisses Maß an "Denken vom Hof her" insbesondere für die Existenz eines Vollerwerbsbetriebes notwendig ist.

4.7.3 Bedeutung als Altersvorsorge

Bis zur Einführung staatlicher Pension- und Krankenversicherungen war die Bauernfamilie auch Fürsorgegemeinschaft. Kinder waren u.a. notwendig als Garanten einer Sozial- und Alterssicherung.

Zur materiellen Alterssicherung spielen Kinder heute zwar keine tragende Rolle mehr, in ideeller Hinsicht allerdings noch immer: Eltern erwarten vielfach von ihren Kindern, dass sie bereit sind, sie im Alter aufzunehmen bzw. zu pflegen (Kossen-Knirim 1992). Das bedeutet, dass Kinder zumindest als "emotionale" Altersvorsorge noch immer praktische Relevanz haben. Die normative Verpflichtung geht im Wesentlichen zu Lasten der Bäuerinnen, denn Altenpflege ist gleichzusetzen mit Frauenarbeit. Dies gilt generell und nicht nur für Bauernfamilien (Scholta 1989).

4.7.4 Bedeutung als "Sinnstifter": neue Kindorientiertheit

In allen westlichen Industrieländern findet eine Entwicklung der Sinnzuschreibung an Kinder statt (Schütze 1988). Das bedeutet, dass an Kinder immer häufiger persönliche Glückserwartungen geknüpft werden und zwar in der Weise, dass von Kindern insbesondere die Mutter Wärme und Zärtlichkeit erwartet (Goldberg 1994c).

Auch österreichische Studien bestätigen die angesprochene Entwicklung (Wilk/Goldberg 1990). Besonders Verheiratete der Unterschicht im ländlichen Raum scheinen zunehmend ihre Glückserwartungen an die Kinder zu knüpfen. Die Autorinnen vermuten, dass gerade diese Gruppe von Personen kaum Akzeptanz und Anerkennung in anderen gesellschaftlichen Bereichen erreichen kann.

Diese Kindorientiertheit ist auf dem Land etwas qualitativ Neues. Es wird nun verstärkt auf das emotionale und kognitive Gedeihen des Kindes Wert gelegt. Die traditionelle sachlich-autoritäre Haltung den Kindern gegenüber ist - vergleicht man die Literatur - im Schwinden begriffen. Auch wird den Kindern zunehmend das Recht auf einen eigenen Lebensentwurf, auch fernab des Hofes zugebilligt. Vielfach stoßen die Mütter, die sich intensiver um ihre Kinder kümmern wollen auf Unverständnis seitens der Schwiegereltern oder Eltern oder aber des Mannes (Claupein 1991).

Problematisch erscheint die Vereinbarkeit dieser intensivierten Form der Zuwendung und der landwirtschaftlichen Arbeit. Fast zwangsläufig geraten sie dabei mit den Interessen des Betriebes in Konflikt. Somit beeinflussen "individuelle, familiale und auch ortsspezifische Faktoren" (Hebenstreit-Müller/Helbrecht-Jordan 1988), ob die Mütter ihre modernen Erziehungsvorstellungen auch tatsächlich realisieren können. Ihr Alltag erfordert ein erhebliches Maß an "Syntheseleistungen" zur zeitlichen und räumlichen Koordination der vielfältigen Tätigkeiten der Bäuerinnen (Birnthaler/Hagen 1989).

4.7.5 Erziehung

Seit den 60er Jahren haben sich die Erziehungsziele allgemein stark verändert. Autoritäre Praktiken traten zunehmend zugunsten eher partnerschaftlicher, die Selbständigkeit und Persönlichkeit des Kindes betonenden, in den Hintergrund (vgl. dazu u.a. Kaufmann 1990, Schütze 1988). Dieser Wandel wird auch für den ländlichen Raum und die bäuerliche Familie von Arnreiter u.a. (1987), Hebenstreit-Müller/Helbrecht-Jordan (1988; S. 50 und 1990b) und Watz (1989) bestätigt. Förderung des Kindes und emotionale Zuwendung sind heute auch für die Bäuerin geltende Norm, will sie eine "gute Mutter" sein. Das traditionell übliche „Mitlaufen" der Kinder bei bestimmten Arbeitsprozessen ist zwar noch vorhanden, die Bäuerinnen nehmen sich aber ihrem eigenen Erleben nach sehr viel mehr Zeit für ihre Kinder und beschäftigen sich mit diesen bewusster und intensiver. Kinder werden nicht mehr nur als eine Selbstverständlichkeit des Lebensentwurfs angesehen, ihnen wird vielmehr eine eigene (emotionale) Qualität zugemessen. Diese Tendenz betrachten Hebenstreit-Müller/Helbrecht-Jordan (1988) als ein Indiz für die Ausdehnung gesellschaftlicher Individualisierungsprozesse auch auf dem Land.

Zu einem anderen Ergebnis kommen van Deenen/Planck (1983), denn ihre Studie hat eher stark ausgeprägte Traditionalität ergeben. Die von ihnen untersuchen Landfrauen bevorzugten traditionell-autoritäre Erziehungsstile. Allerdings stellen sie bei jüngeren Frauen progressivere Einstellungen fest.

Das "Mitlaufen" empfinden die Mütter heute zunehmend als Benachteiligung der Kinder. Viele Bäuerinnen fühlen sich belastet, weil sie sich gerne intensiver um ihre Kinde kümmern würden und das Gefühl haben, ihren „Mutterpflichten" nicht gerecht werden können (Aigner 1991). Insbesondere wenn keine anderen Betreuungspersonen (meist die Schwiegermutter) zur Verfügung stehen, muss die Bäuerin die Betreuung der Kinder in ihre Arbeitsvollzüge einbeziehen. Es muss auch betont werden, dass modernisierungsbedingt das Dabeisein der Kinder immer problematischer wird. In einem modernen, landwirtschaftlichen Betrieb mit hohem Technisierungsgrad sind die Kinder wesentlich größeren Gefahren ausgesetzt als in traditionellen Wirtschaften früherer Zeiten.

Trotz des Vorhandenseins von Defizitgefühlen, schätzen die Bäuerinnen die Situation auf den Höfen als eine ideale Voraussetzungen für das Aufwachsen von Kindern ein. Insbesondere sind sie davon überzeugt, dass die Struktur des landwirtschaftlichen Arbeitens (flexible Zeiteinteilung, Möglichkeit der Unterbrechung einer Arbeit) es ihnen eher als anderen berufstätigen Müttern erlaubt, auf die Kinder eingehen zu können.

Die teilweise idealistische Vorstellung einer bruchlosen Vereinbarkeit von Kindes- und Betriebsinteressen wird aber auch relativiert, denn vor allem die

Betreuung von Kleinkindern schafft Probleme. „Wenn die jungen Bäuerinnen neben ihren anderen Aufgaben und Tätigkeitsfeldern auch ihre Ansprüche an die Kindererziehung in ihrem Alltag realisieren wollen, dann stellt sich dies zuallererst als Zeitproblem. (...) Dabei geraten die Interessen der Kinder nicht selten in Kollision mit denen des Betriebs, was vor allen Dingen die Mütter unter Organisationsdruck setzt" (Hebenstreit-Müller/Helbrecht-Jordan 1988; S. 40).

Die Mitarbeit der Kinder im Betrieb ist durch die Technisierung zunehmend problematischer geworden. Nicht zuletzt deswegen werden sie nicht mehr so selbstverständlich in die Arbeitsprozesse eingebunden. Die Kinder gewinnen dadurch zwar mehr Freiraum, die traditionelle Art des selbstverständlichen Erwerbs landwirtschaftlicher Fähigkeiten durch Mitarbeit wird dadurch aber schwieriger, wie Aigner (1991) betont. Weiters wurde festgestellt, dass sich auch die Kontakt- und Spielmöglichkeiten der Landkinder als Folge des Geburtenrückgangs verringert hätten. Vor allem kleine Kinder sind stark an ihre Mutter und deren Bereitschaft und Möglichkeit gebunden, ihnen Kontakte mit anderen Kindern zu organisieren und Erfahrungsspielräume zu eröffnen. So gleicht sich Kindheit in der Stadt und am Land immer mehr an, und auch die von den Kindern entwickelten Vorstellungen und Bedürfnisse sind ähnlicher Natur, was von einem Teil der Mütter als Gefährdung erlebt wird (Medien, Spielmaterial etc.) (vgl. Hebenstreit-Müller/Helbrecht-Jordan 1988, 1990b).

Beeinflusst wird das Erziehungsverhalten nach Aigner (1991) u.a. von den wirtschaftlichen Bedingungen. In Betrieben mit großen Existenzproblemen hat die Erziehung mehr "funktionalen" Charakter. In vergleichsweise gut situierten Betrieben haben die Frauen mehr Zeit für ihre Kinder.

Den traditionalen Geschlechterrollen folgend, fühlen sich vor allem die Bäuerinnen für die Erziehung, Betreuung und emotionale Zuwendung der Kinder zuständig, während den Vätern Autorität und Sachkompetenz zugeschrieben wird (vgl. Deenen/Kossen-Knirim 1981, Kromka 1991).

In Bezug auf die schulischen Vorstellungen stellte Wölfl (1980) einen Bruch mit der bäuerlichen Tradition fest. Die Eltern haben eine hohe schulische Leistungserwartung an ihre Kinder. Wölf vertritt die Ansicht, dass dies entweder zu einer Über- oder Unterbewertung der praktischen Arbeit gegenüber den mentalen Tätigkeit zur Folge habe.

Auch für die Jugendlichen am Land wird eine Orientierung durch die vielfältigen und z.T. widersprüchlichen Einflüsse zunehmend schwerer. Sie leben gleichsam zwischen zwei Welten: „Auf der einen Seite die urban-industrielle Welt der Bildung, des Berufs, der Medien, der Freizeit und des Konsums, der Zumutungen und Chancen immer neuer Modernisierungswellen. Auf der anderen Seite gibt es aber die Welt der dörflichen Kontrolle, die Durchgängigkeit der alltäglichen Lebensbereiche, der Tabus und traditionalen Selbstverständlichkeit (z.B. der Geschlechterbilder), der Verdeckung sozialer Probleme, aber auch der Vertrautheit, Geborgenheit und sozialen Sicherheit der ländlichen Sozialwelt" (Winter 1993, 110). Es gibt für Jugendliche am Land kaum Vorbilder für das Leben zwischen diesen zwei Welten. Winter (1993) stellt weiters fest, dass diese sich heute mehr am regionalen Nahraum orientieren und sich dabei „weder von ihrem Heimatdorf abkapseln, noch bruchlos urbane Stile übernehmen" (Winter 1993; S. 111). Zwar möchten sie ihr Leben anders als die Eltern gestalten, dennoch ist nach wie vor eine hohe Selbstverständlichkeit zu beobachten, sich in die ländliche und dörfliche Normalität zu integrieren. Allerdings handelt es sich nicht um „bloßes Anpassungsverhalten der Landjugendlichen, sondern eher um eine 'Reproduktion der dörflichen Normalität' auf einer jeweils moderneren Stufe der Lebensformen und Verhaltensstile" (ebenda S. 112).

4.7.6 Schule/Ausbildung

Die formale Ausbildung stieß lange Zeit auf Ablehnung im bäuerlichen Milieu, da es mit den Arbeitsanforderungen kollidierte (Mitterauer 1989, Rosenbaum 1982). Heute kommt der schulischen Sozialisation ein wesentlich höherer Stellenwert zu, was laut Wölfl (1980) einen Bruch mit der bäuerlichen Tradition darstellt. Die Schule hat eindeutig Vorrang gegenüber der Hofarbeit (Janshen/Aßfalg 1984).

Das in der Schule vermittelte formale Wissen steht aber in einem gewissen Gegensatz zum traditionellen landwirtschaftlichen Wissen, welches als durch die Praxis erworben, gewachsen und über Generationen tradiert charakterisiert werden kann (vgl. Hildenbrand 1992). Weil in der Ausbildung die formalen Elemente überwiegen, verliert das bäuerliche Erfahrungswissen zunehmend an Bedeutung (ebenda). Nahezu alle Untersuchungen zu diesem Thema bestätigen den sich abzeichnenden Trend seit den 60er Jahren, dass das Bildungsniveau der Kinder in der Regel jenes der Eltern übersteigt [51] (vgl. Goldberg 1997). Trotz dieses Trends lassen die Daten zur Ausbildung der Kinder auch noch die traditionelle Skepsis gegenüber formaler Bildung erkennen, denn es dominiert die praktische Ausbildung (vgl. Pevetz/Richter 1991).

Betrachtet man insbesondere die Ausbildung/Bildung der HoferbInnen, so sind noch starke "Bildungstraditionen" (Pevetz 1988) festzustellen, d.h. dass vor allem die HoferbInnen eine den Eltern (Vater) ähnliche Bildung haben. Hinsichtlich der Ausbildung des/r HoferbInnen spielen die Betriebsgröße und die "Sicherheit" der Nachfolge eine relevante Rolle. Je größer der Betrieb, desto größer ist im Allgemeinen die erreichte oder angestrebte berufliche Qualifikation. Eben-

---

[51] vgl. dazu Hülsen 1980; Bach et al. 1982; Präsidentenkonferenz 1986; Schmidt 1989; Claupein 1991; Ziche/Woerl 1991; Pevetz/Richter 1993; Braithwaite 1994.

so wie die Eltern einem "sicheren" Erben eher eine qualifizierte landwirtschaftliche Fachausbildung angedeihen lassen wollen; absolvieren "unsichere" Erben hingegen eher eine außerlandwirtschaftliche Berufsausbildung (vgl. Pevetz 1988).

Als gesamteuropäischer Trend lassen sich zunehmend geschlechtsspezifisch unterschiedliche Ausbildungs- und Bildungsziele für Mädchen und Buben seitens der Eltern feststellen. Demnach werden Bauernsöhne eher noch traditionell auf ihre Bauernrolle hin ausgebildet und sozialisiert, während im Zentrum der Berufsausbildung der Töchter nicht mehr der Beruf Bäuerin steht (Deenen/Planck 1983, Watz 1989). Gerade Bauerntöchter besuchen immer häufiger weiterführende bzw. höhere Schulen, so dass ihr Bildungsniveau im Allgemeinen jenes der Brüder übersteigt (vgl. Planck 1982, Deenen/Planck 1982). Dies muss in Zusammenhang mit der noch immer geschlechtsspezifischen Hofsozialisation gesehen werden. Denn in der Regel sind es die männlichen Kinder, die als Nachfolger in Frage kommen. Mädchen wird heute - gleichsam als Ausgleich dafür - verstärkt die Möglichkeit zu einer besseren Ausbildung/Bildung eingeräumt (Bildung als "Mitgift" bei Aigner 1991, aber auch Timmermann/Vonderach 1993). Hinter diesem Bildungsgefälle zwischen Mädchen und Buben steht vielfach die Überlegung der Eltern, "dass der potentielle Hoferbe nicht zu sehr (formal) gebildet werden darf, um die Gefahr, ihn als Nachfolger zu verlieren, möglichst klein zu halten" (Hildenbrand 1992; S. 74). Damit verschieben sich aber die objektiven Lebenschancen des Hoferben im Vergleich zu seinen weichenden Geschwistern, denn diese (die weichenden Geschwister) sind an die Anforderungen der Industriegesellschaft durch die besser Ausbildung auch besser angepasst. Hildenbrand schlussfolgert daraus: "Es zeigt sich weiter eine neue Form des Verlustes der Einheit der bäuerlichen Lebensform: Während Hofnachfolger noch (gewollt) sozialisiert werden, ist dies bei "Jungbäuerinnen" (...) nicht mehr der Fall" (S. 74).

Die gestiegenen Bildungschancen bedeuten für junge Frauen am Land zunehmende Erweiterung ihrer individuellen Handlungsspielräume. Damit ändern sich Wertorientierungen, die emotionale und traditionelle Bindung zur Landwirtschaft wird geringer, stattdessen wird der Betrieb eher unter dem Aspekt der Wirtschaftlichkeit gesehen (vgl. Herrmann 1993). Nicht zuletzt wegen des Anstiegs an Handlungsalternativen empfinden die Bauerntöchter u.U. das Leben als Bäuerin nicht mehr attraktiv genug, um einen Bauern zu heiraten (vgl. Schmitt 1988, Deenen 1986, Aigner 1991, Hülsen 1980). Mit dem erhöhten Wert formaler Bildung sind aber auch die Ansprüche an die Familie gestiegen. Diese Belastungen betreffen überwiegend die Mütter, da diese meist für die schulischen Belange der Kinder zuständig sind (Deenen/Kossen-Knirim 1981).

Zusammenfassend lässt sich in Bezug auf die Ausbildung der Bauerntöchter feststellen, dass sich die geschlechtsspezifischen Unterschiede zugunsten der weiblichen Bauernkinder verschoben haben. Die Berufsausbildung der Töchter folgt jedoch weiterhin den traditionellen Geschlechterrollenleitbildern. Tendenziell dominiert eindeutig die landwirtschaftlich-hauswirtschaftliche Ausbildung (Ziche/Woerl 1991, Harms 1990). In der außerlandwirtschaftlichen Berufsausbildung wählen die Töchter ebenfalls meist typische Frauenberufe (Schmitt 1988, Putz 1990; Ziche/Woerl 1991).

4.8 GENERATIONENVERHÄLTNIS

Durch den Bedeutungsverlust des Ausgedinges und durch den Übergang vom privaten zum öffentlichen Generationenvertrag (staatliche Pensionsversicherung) hat sich die Abhängigkeit zwischen den Generationen gelockert. Diese Familienkonstellation ist fast nur mehr in bäuerlichen Familien anzutreffen. So leben in Österreich 80 Prozent der BauernpensionistInnen bei dem/der HofübernehmerIn (Rauch-Kallat 1994). Ein wesentlicher Vorteil ist die Möglichkeit zu wechselseitigen Hilfeleistungen, die insbesondere für die wirtschaftenden Bäuerinnen als Entlastung bedeutsam sind. Die ältere Generation hilft vorwiegend im Betrieb, im Haushalt und in der Kinderbetreuung (Schwiegermutter) mit (vgl. Bien 1994). Für Frauen, die nicht auf die Hilfe einer Schwiegermutter zurückgreifen können, ergibt sich eine höhere Arbeitsbelastung. Einige AutorInnen meinen sogar, der Belastungsgrad der Bäuerinnen hänge nahezu ausschließlich von der Anwesenheit einer anderen weiblichen Arbeitskraft im Haushalt ab (Deenen/Planck et al. 1983). Die jüngere Generation erbringt im Ausgleich die Pflege für die Altenteiler.

Innerhalb der einzelnen Familienmitglieder und auch zwischen den Generationen sind Frauen die so genannte „Vermittlungsinstanz" (Aigner 1991). Aigner unterscheidet bezüglich der Einflussfaktoren auf die Qualität der Beziehungen zwischen „situativen Aspekten" und jenen Faktoren, die durch die „unterschiedlichen Charaktere" der Familienmitglieder bedingt sind: „Die eigentlichen Ursachen für die Qualität einer Generationsbeziehung liegen darin, wie die Beteiligten sich in der familiären Gemeinschaft einbringen, wie sie mit situativen Gegebenheiten und anstehenden Problemen umgehen" (Reichenbach 1987, zit. n. Aigner 1991, S. 162). Die von Kossen-Knirim (1992) festgestellten, negativen Konfliktlösungsstrategien bei älterer, ländlicher Bevölkerung macht es deutlich, wie schwierig sich das gegenseitige Verstehen zwischen Jung und Alt gestalten kann. Auch Kriechbaum (1994) betont die Notwendigkeit von Gesprächsbereitschaft.

Einerseits hat sich der Austausch von Hilfeleistungen im Sinne familialen Solidarität als wichtiges Bindeglied zwischen den Generationen herausgestellt. Andererseits ergibt sich Spannungspotential ergibt aus folgenden Punkten:

- Ungleichgewicht in den Leistungen zwischen den beiden Generationen

- unterschiedliche Wahrnehmung beider Generationen über das Ausmaß an Hilfe
- mangelnde Übereinstimmung der Motive, Einstellungen und Erwartungen der Generationen.
- Gemäß dieser Definition gestaltet sich rund die Hälfte der Beziehungen als problematisch.

Der Hilfeaustausch ist am Land noch stark von normativen Elementen beeinflusst, besonders von den Eltern, die die Erwartung haben, dass ihnen die Kinder jederzeit zu Dank und Hilfe verpflichtet sind. In der Stadt spielen hingegen Motive wie „Liebe" oder „Freude am Helfen" eine größere Rolle, und die Hilfeleistungen erfolgen eher freiwillig und bewusster. Hingegen werden Hilfe-Normen am Land weniger hinterfragt. Sie bilden einen „positiven Orientierungsrahmen" (Kossen-Knirim 1991, 1992). Kossen-Knirim (1992) zeigt auf, dass traditionelle oder eher moderne Vorstellungen von gegenseitigen Verpflichtungen mit dem Bildungsniveau, dem Einkommen und dem Alter korrelieren. Je niedriger die Bildung und das Einkommen und je höher das Alter desto mehr wird seitens der älteren Generation Dank, Hilfe und Versorgung von den Kindern erwartet, die ihrerseits die Erwartung nicht in diesem Ausmaß teilen.

Claupein (1991) konstatiert, dass die Pflegebetreuung noch immer hauptsächlich von der Bäuerin alleine erledigt wird. Die Pflegearbeit bedeutet eine große zeitliche Belastung, Abhängigkeit und eine Störung des Tagesablaufes. Fremde Hilfe und Unterstützung wird aus falschem Stolz selten angenommen (Höppel 1991). Insbesondere bei Bäuerinnen im Alter um 50 Jahre wurde von Kossen-Knirim (1992) häufig "Hilfe-Streß" beobachtet. Diese „Sandwichfrauen" haben zwar die Kinderarbeit hinter sich und hätten nun etwas mehr Zeit, um ′mehr für sich′ zu tun. Dieses Bedürfnis kann aber meist durch die Pflege der eigenen Eltern oder der Schwiegereltern nicht gelebt werden. Zudem erwarten auch die Kinder Hilfeleistungen und das alles zu einer Zeit, wo die persönlichen Kräfte der Bäuerinnen nachlassen und sie sich etwas aus dem landwirtschaftlichen Betrieb zurückziehen möchten (Hebenstreit-Müller/Helbrecht-Jordan 1988; S. 21).

Niebuer (1989) empfiehlt den Ausbau ländlicher Sozialstationen, die die Familien bei der Pflege unterstützen und dadurch das Pflegeverhältnis „objektivieren" und „entemotionalisieren". Dies würde Pflegepersonen ebenso entlasten wie die zu Pflegenden, weil sich die Hilfsbedürftigen durch die von außen geleistete (und von ihnen direkt oder indirekt finanziell abgegoltene) Pflege ein gewisses Maß an Unabhängigkeit gegenüber der jüngeren Generation erhalten könnten. Der Autor sieht darin für die kommende Generation der Bäuerinnen „die Aussicht auf bessere Voraussetzungen für ein würdiges und unabhängiges Leben in Krankheit und im eigenen Alter" (Niebuer 1989; S. 382).

4.8.1 Konfliktfelder

Eine der krisenanfälligsten Familienphasen stellt die Hofübergabe dar. Bedingt durch den Übergang der betrieblichen Entscheidungsmacht, zögert die weichende Generation häufig die Hofübergabe hinaus oder aber, sie übergeben und wollen weiter an den Entscheidungen mitbeteiligt sein, was zu Spannungen zwischen dem/r weichenden BetriebsleiterIn und dem/r NachfolgerIn führt. Dieses in ganz Europa zu beobachten Problem kann sich nachteilig für die Entwicklung des Betriebes auswirken (Symes 1990, Blanc/Perrier-Cornet 1993, Potter/Lobley 1992). Auch in Österreich wird die Situation rund um die Hofübergabe von einigen AutorInnen als nicht zufrieden stellend erachtet. Pevetz (1984) weist etwa auf das Problem hin, dass viele Altbauern mittels Pacht nur auf dem "Papier" übergeben, tatsächlich aber die Entscheidungsmacht und die Wirtschaftsführungen weiterhin behalten, was naturgemäß die Konflikte mit dem/r NachfolgerIn erhöhen muss.

Ein weiteres Problemfeld, der in der Literatur häufig beschriebene "Schwiegertochter-Schwiegermutter-Konflikt" resultiert daraus, dass sich Schwiegermütter vielfach schon durch die Einheirat der jungen Frau zurückgedrängt fühlen (Putz 1990, Zettinig 1990). Später entzünden sich Differenzen am häufigsten an unterschiedlichen Auffassungen über die Arbeitsteilung und -leistung, die Haushaltsführung und die Kindererziehung (Meyer-Mansour et al. 1990, Herzog 1980, Putz 1990, Harms 1990, Schillhab 1990). Während die Schwiegermütter in ihrer Einstellung zur Arbeit meist noch "hofzentriert" ausgerichtet sind, versuchen junge Bäuerinnen zunehmend etablierte Familienstrukturen aufzubrechen und den eigenen Gestaltungsspielraum zu erhöhen, indem sie sich mehr persönliche Freiräume schaffen. Sie sind im Allgemeinen nicht mehr bereit, die von den Schwiegermüttern erwartete hohe Anpassungs- und Integrationsleistung zu erbringen (Schmitt 1988). Allerdings beginnt sich die traditionell schwache Position der Eingeheirateten zugunsten einer Statusaufwertung zu verändern. Heute scheint nicht mehr die Frage nach der "richtigen" Schwiegertochter anzustehen, sondern ob sich überhaupt noch eine Frau findet, die Bäuerin werden will (Schmitt 1988, Aigner 1991). Es darf die Vermutung geäußert werden, dass dieser "Knappheitszustand" möglicherweise zu einer Aufwertung der Bäuerin als Frau und Schwiegertochter führen könnte.

Gerade in Bezug auf die Punkte Arbeitseinstellung und Kindererziehung werden in typischer Weise die intergenerationalen Bruchstellen zwischen traditionell-bäuerlichen und modernen Werthaltungen sichtbar. Oft wird beidseitig geklagt, man habe kein Verständnis füreinander, die Alterteiler seien ignorant. Auch finanzielle und persönliche Abhängigkeiten werden als Belastung empfunden (Meyer-Mansour et al. 1990). Die Beziehung zwischen den beiden Frauen verbessert sich meist nach der Geburt des ersten Kindes (Bien 1994), obwohl sich dann wieder neue Problemfelder auftun, wie etwa differente Ansichten über das Maß an Zuwendung für die Kinder.

Die Beziehung Schwiegermutter-Schwiegertocher ist nach Marotz-Baden/Mattheis (1994) durch folgende relevante Einflussgrößen charakterisiert:

- Je länger die Schwiegertochter in der Familie ist und Kinder geboren hat, um so eher wird sie als permanentes Familienmitglied akzeptiert.
- Je mehr sie von den Schwiegereltern akzeptiert wird, umso besser kommt sie mit ihnen aus und umso mehr wird sie von ihnen in ihre Übergabepläne miteinbezogen.
- Je mehr die Schwiegertochter in den Betrieb integriert ist, umso mehr Stunden arbeitet sie im landwirtschaftlichen Betrieb und umso mehr Verantwortung trägt sie.
- Je schlechter die Beziehung zu den Schwiegereltern, desto höher ist der Stress der Schwiegertochter.
- Je positiver die Unterstützung durch den Ehemann, desto geringer ist der Stress und desto besser die Integration.

Die Ergebnisse von van Deenen (1991) scheinen zu bestätigen, dass der Anpassungsdruck zwar hauptsächlich von der älteren Generation ausgeht, doch auch die Hälfte der befragten Männer erachtet die Anpassung ihrer Frauen für wünschenswert. Denn immerhin 55 Prozent der zukünftigen Betriebsleiter erwarten, dass sich ihre zukünftigen Ehefrauen gut in die Familie des Mannes einordnen. Sie erwarten allerdings weder, dass diese mit der eigenen Mutter zusammenarbeiten, noch, dass sie sich unterzuordnen haben.

5 Die Bäuerin im Arbeitsprozess

5.1 Verbreitung geschlechtsspezifischer Arbeitsteilung

Die Ergebnisse sämtlicher Untersuchungen bestätigen, da der Großteil der Bäuerinnen im Betrieb mitarbeitet und sich nach Pichler (1992) die Aufgaben und Tätigkeiten von Bäuerin und Bauer nicht mehr klar voneinander abgrenzen lassen. Dieses Ergebnis steht nur scheinbar im Widerspruch zur in empirischen Studien festgestellten geschlechtsspezifischen Arbeitsteilung. Tatsächlich arbeiten in der Realität Bäuerinnen in fast allen Bereichen der landwirtschaftlichen Produktion mit. Vor allem Nebenerwerbsbäuerinnen müssen genauso Maschinen bedienen können wie ihre Männer, die oft nur am Wochenende anwesend sind. Die Kategorisierung "geschlechtsspezifisch" hingegen bezieht sich auf die unterschiedlichen Zuschreibungen (typisch männlich/weiblich) und vor allem auf die Bewertungen, die mit den Arbeitsbereichen verbunden sind.

Nach Arnreiter u.a. (1987) und Claupein (1991) ist der Arbeitsanteil der Frauen an der betrieblichen Arbeit trotz Modernisierung in Haushalt und Betrieb gleich groß geblieben oder hat sich noch vergrößert bzw. um neue Aufgaben erweitert, ohne die Frauen von der Haus- und Familienarbeit zu entlasten. Denn die Technisierung des Haushaltes "war bei verringertem Arbeitskräftepotential die wesentliche Voraussetzung, die Arbeit überhaupt zu bewältigen" (Deenen/Kossen-Knirim 1981; S. 164).

Einerseits sind die Ansprüche an den Lebensstandard in Wohnbereich gestiegen, andererseits ist die Arbeit der Bäuerinnen durch Mechanisierung und Abwanderung der Arbeitskräfte gerade im Betrieb unverzichtbar geworden (Claupein 1991; S. 33). Rossier (1992) faßt die Aufgabenbereiche der Frauen so zusammen: "Milchgeschirr waschen, Kälber tränken, Ziegen-, Schaf- und vor allem die Hühnerhaltung sind eindeutig Frauendomänen. Viele Bäuerinnen sind für die Administration des Betriebes zuständig. Das Melken, das Eingrasen und die maschinelle Bodenbearbeitung wie Pflügen, Eggen, Säen usw. gelten dagegen als Männersache."

Welche Arbeitsbereiche die Bäuerin übernimmt, hängt u.a. ab vom Betriebstyp, der Betriebsgröße, der Betriebsrichtung, der technischen Ausstattung, dem Alter und dem Familienzyklus (Harms 1988, Aigner 1991).

Mit zunehmender Flächengröße des Betriebes erhöht sich der relative Arbeitsanteil des Mannes gemessen an der Arbeitszeit des Ehepaares und der der Bäuerin verringert sich. "Der Einsatz von Frauen erfolgt mit maximalen Arbeitszeiten in den kleinen Betrieben unter 10 ha. Hier übernimmt die Frau mehr als die Hälfte der insgesamt vom Ehepaar getätigten Arbeitszeit" (Deenen/Kossen-Knirim 1981; S. 18, vgl. Bach u.a. 1982, Deenen/Planck 1983; Claupein 1991). Am höchsten ist die Arbeitszeit der Frau in den mittleren Betriebsgrößenklassen mit hoher Intensität, vielgestaltiger Bodennutzung und starkem Vieheinsatz bei nur geringer Mechanisierung. Mit steigendem Betriebseinkommen (korreliert positiv mit Betriebsgröße) verringert sich der relative Anteil der Tätigkeit der Bäuerin im Betrieb.

Unterschiede lassen sich auch je nach Betriebstyp feststellen: Frauen arbeiten besonders viel in Betrieben mit Tierhaltung, dagegen nur gelegentlich im Ackerbau und in Sonderkulturbetrieben mit (Pevetz 1987). Beim Weinbau z.B. ist der Anteil an Hilfskräften sehr hoch, woraus ein zeitmäßig geringer Arbeitsanteil der Bäuerin resultiert (Wernisch 1980).

Regional betrachtet lässt sich mit Deenen/Kossen-Knirim (1981), Bach u.a. (1982) sagen, dass Bäuerinnen in industrienahen Gebieten durch die dort vorherrschenden unterschiedlichen Produktionssysteme und durch die sozioökonomische Betriebsstruktur (durchgängige Technisierung ganzer Arbeitsketten sparen weibliche Arbeitskraft ein) weniger arbeiten als in industriefernen. Nach Rossier (1992) und Wernisch (1993) arbeiten Bergbäuerinnen mehr im Betrieb mit als Talbäuerinnen. Wohl auch deswegen, weil der überwiegende Teil der Bergbauernbetriebe im Nebenerwerb geführt wird.

Das Alter der Bäuerinnen beeinflusst offenbar stark die Orientierung der Frauen bezüglich dominanter Betriebsorientierung oder dominanter Familien- und Haushaltsorientierung. Frauen unter 35 Jahren verbringen durchschnittlich mehr Zeit im Haushalt und mit Kindern, dafür entsprechend weniger Zeit in der landwirtschaftlichen Arbeit als Frauen zwischen 35 und 40 Jahren (haben eher keine kleinen Kinder mehr), die zu einem höheren Anteil im landwirtschaftlichen Betrieb tätig sind (Deenen/Kossen-Knirim 1981, Claupein 1991). Jedoch wirken sich Lebensalter und Haushaltsgröße kaum auf den relativen Anteil der landwirtschaftlichen Tätigkeit der Frau an der Gesamtarbeitszeit des Ehepaares aus. "Die entscheidenden Bestimmungsgründe für den Arbeitseinsatz der Frauen in den verschiedenen Betriebsbereichen gehen offenbar von betriebsorganisatorischen Faktoren aus. Neben der Betriebsgröße und dem sozialökonomischen Betriebstyp (Haupt-/Nebenerwerbsbetrieb, private Hofwirtschaft) scheint vor allem der Stand der Landtechnik und der Grad der betriebswirtschaftlichen Spezialisierung eine bestimmte Rolle spielen" (Tryfan 1983; S. 28). Frauen übernehmen somit im Stall und auf dem Feld eher die manuellen - die Männer eher jene maschinellen Arbeiten, die Fachwissen und Kenntnisse im Einsatz und der Reparatur von Motoren und Maschinen verlangen (Braithwaite1994, Brandth 1994). Jüngere Bäuerinnen sind im Umgang mit Maschinen bereits vertrauter und nutzen diese auch häufiger (Haugen 1990). Dennoch verstärkt die Technik eher das Machtgefälle, wie einige AutorInnen betonen, denn diese "symbolisiert die Dauerhaftigkeit der patriarchalischen Arbeitshierarchie" (Janshen/Aßfalg 1984; S. 146).

5.2 "WEIBLICHE" ARBEITSGEBIETE

5.2.1 Stallarbeit

Deenen/Kossen-Knirim (1981) subsumieren unter "Stallarbeit": Schweine füttern, versorgen; Kühe/Rinder füttern, versorgen; Melken; Kälber füttern, versorgen; Schafe/Ziegen füttern, versorgen; Geflügel/Kleinvieh füttern, versorgen. Die AutorInnen kommen in Bezug auf die Stallarbeit zu relativ einheitlichen Schlussfolgerungen, so dass allgemein folgende Charakteristika festzustellen sind:

Traditionell ist die Stallarbeit laut Bach u.a. (1982), Inhetveen/Blasche (1983), Ziche/Woerl (1991) auch noch - wie in historischer Zeit - vorwiegend Frauenarbeit. Die reinen Versorgungsarbeiten der Kälber, Schweine und des Kleinviehs sowie Reinigungsarbeiten (Melkgeschirr waschen) werden zum Großteil von den Bäuerinnen alleine erledigt (vgl. u.a. Inhetveen/Blasche 1983). Die Zuschreibung der Stallwirtschaft als traditionell weiblich wird einerseits mit der Nähe von Stall und Haus erklärt, andererseits leitet sie sich aus dem Geschlechtsrollenbild ab, demzufolge Aufzucht und Fürsorge als der "weiblichen Natur" entsprechend definiert sind (Deenen/Kossen-Knirim 1981). Als Einflussfaktoren, die die Arbeitsteilung in den Betrieben bestimmen, werden Alter, Betriebsgröße, regionale Schwerpunkt und Erwerbsart genannt. Die Ergebnisse lassen sich wie folgt zusammenfassen:

Kaum Stallarbeiten alleine verrichten nach Ziche/Woerl (1991) Frauen im Alter zwischen 26 und 35 Jahren (und zwar wegen der Kinder) sowie ältere Frauen. Am häufigsten arbeitet die mittlere Frauengeneration (36 - 56 Jahre) alleine im Stall.

Mit zunehmender Betriebsgröße, d.h. steigendem Umfang der Viehhaltung sinkt der Arbeitsanteil der Frauen (Bach 1982, Deenen/Kossen-Knirim 1981, Deenen/Planck 1983, Tryfan 1983), weil sich bei größerem Viehbestand der Technisierungsgrad erhöht, so dass zunehmend die Stallarbeit in den Zuständigkeitsbereich des Mannes übergeht (Deenen/Kossen-Knirim 1981). Das betrifft aber nur die Rinderversorgung und das Melken. Das Melken wird als "symptomatisch" für die betriebsgrößenabhängige Arbeitsteilung beschrieben. Wenn wenig Vieh zu versorgen ist (meist unter 10 Stück), wird vielfach noch mit der Hand gemolken, Versorgen und Melken der Rinder fällt in die alleinige Zuständigkeit der Frauen. Bei Großbetrieben scheidet u.U. die Frau ganz aus diesem Arbeitsbereich aus, während hauptsächlich der Mann, bzw. Fremdarbeitskräfte tätig sind. Rossier (1991) sieht das aber anders. Je besser die Melkarbeit organisiert ist, umso häufiger melkt die Bäuerin. Dafür arbeitet sie um so weniger bei der Entmistung, beim Abladen und Einführen des Rauhfutters, je höher der Mechanisierungsgrad ist. Rinderaufzucht und Rindermast wird generell noch in geringem Maße von Frauen verrichtet.

Innerhalb Österreichs zeigen sich regionale Unterschiede. Im Alpenvorland arbeiten die Bäuerinnen mehr im Stall als vergleichsweise im Hochalpengebiet (Wernisch 1980). Dazu muss ergänzend angemerkt werden, dass im Hochalpengebiet die Viehzucht traditionell zur Haupteinnahmequelle zählt, so dass sich daraus die Dominanz des Mannes ableitet. Im Alpenvorland dominiert eher der Ackerbau, weshalb Bäuerinnen die ökonomisch weniger bedeutende Stallarbeit leisten.

In Nebenerwerbsbetrieben verrichten großteils die Bäuerinnen allein die Stallarbeit, in Haupterwerbsbetrieben hingegen kaum (Molterer 1981, Ziche/Woerl 1991).

Die räumliche und zeitliche Bindung durch die Tierhaltung wird von den Bäuerinnen als "der größte Nachteil ihrer Existenz" empfunden. Bei jenen Frauen, die sich durch die Tiere nicht angehängt fühlen, spielt ein Rotationssystem zwischen den Arbeitskräften eine Rolle, wodurch die traditionelle Arbeitsteilung aufgebrochen und den Bedürfnissen der Familienangehörigen angepasst wurde. Trotz objektiver Gebundenheit reagieren die Bäuerinnen nicht immer mit subjektivem Abhängigkeitsgefühl auf die Gebundenheit, sondern setzen positive Werte und Erfahrungen entgegen, die Inhetveen/Blasche (1983) folgendermaßen begründet:

Bäuerliches Arbeitsethos: Gewöhnung durch frühzeitige Arbeitssozialisation und lange Berufspraxis. Dies ist gekennzeichnet durch das "Abschleifen individueller Wünsche der Bäuerin" (Inhetveen/Blasche 1983; S. 159) und "objektive" Sachzwänge (Stallarbeit ist ein Muss).

Ökonomisch-marktwirtschaftliche Gründe: Die Betreuung der Tiere, das Melken bringen materiellen Lohn für die Mühen.

Emotional-naturwirtschaftlicher Bezug: Das Ansprechen auf die Bedürftigkeit anderer, scheint mit der Sozialisation der Bäuerinnen zusammenzuhängen. "Sie hat frühzeitig gelernt, sich durch Hilflosigkeit angesprochen zu fühlen und für das Wohl von anderen verantwortlich zu sein. Zugleich hat sie gelernt, die eigenen Wünsche zu unterdrücken, wenn sie in Konkurrenz zu den Bedürfnissen anderer nahe stehender Wesen treten, bzw. sie so umzubilden, dass sie damit verträglich oder gar identisch werden" (Inhetveen/Blasche 1983; S. 162) ."Mütterliche Fürsorglichkeit", "Lebendigkeit", Freude am Wachstum und Gedeihen der Tiere, als "sichtbarer Naturerfolg der Arbeit", "Gespräche" mit Tieren, langfristiger Umgang mit dem Vieh ermöglicht "ganzheitliches Naturerleben" und bedingt dadurch eine "emotionale Befriedigung".

5.2.2 Feldarbeit

"Die große Elastizität des Arbeitseinsatzes der Frau in der Landwirtschaft zeigt sich besonders im Bereich der Außenwirtschaft" (Deenen/Kossen-Knirim 1981; S. 64). Als ausgesprochene Frauenarbeiten auf dem Feld gelten die wenig mechanisierten Arbeiten, vor allem im Hackanbau, Kartoffel-, Heu- und Rübenernte (Deenen/Kossen-Knirim 1981, Molterer 1981) sowie Obst- und Gemüseernte. Aber auch bei Waldarbeiten helfen viele Frauen mit. Die Frau ist bei der Feldarbeit nicht so stark präsent wie beispielsweise im Stall, da die Außenwirtschaft primär als männlicher Arbeitsbereich gilt. Diese Tendenz verstärkt sich noch mit zunehmenden Einsatz von Erntegroßgeräten und vollmechanisierten Ernteketten: damit wird die "Maschinenbedienung zur Domäne der Männer" Ziche/Woerl (1991, vgl. Sieder 1987).

Inhetveen/Blasche (1983) haben in ihrer Untersuchung über Kleinbäuerinnen herausgefunden, dass die Feldarbeit ist bei den Bäuerinnen sehr beliebt ist. Sie vermuten, dass - neben ökonomischen Gründen - folgende Faktoren relevant dafür sind:

Sichtbarkeit der Arbeitsergebnisse: In diesem Punkt zeigt sich der größte Gegensatz zur Hausarbeit. Feldarbeit kann vorgezeigt werden, man sieht die Bäuerin beim Arbeiten, Sichtbarkeit des Arbeitsaufwandes.

Freiheit und Selbstbestimmung bei der Feldarbeit: Die Bäuerin kann den Rhythmus und das Tempo der Arbeit selbstbestimmen. Der jahreszeitenzyklische Arbeitsrhythmus erlaubt mehr Freiräume; zudem zeichnen sich die Arbeiten durch ein klares Ende aus. Außerdem ist die Feldarbeit vielschichtiger und abwechslungsreicher als die Stallarbeit.

Psychophysische Wirkung der Feldarbeit: Positive Auswirkungen auf das seelische, nervliche und körperliche Wohlbefinden. "Bäuerinnen, denen die Natur schlicht eine Arbeitskulisse ist, sind selten" (Inhetveen/Blasche 1983; S. 176). Arbeiten in der Natur wird als Vorzug gegenüber der Fabrikarbeit und Möglichkeit zum "frei assoziierenden Gedankenspiel" (Inhetveen/Blasche 1983; S. 179) gesehen.

Sinnlich- ästhetische Wirkung der Natur: Achten auf die Natur, Naturabläufe, Veränderungen in der Natur, Innehalten und Betrachten der Umgebung gehören zum Arbeitsalltag.

5.2.3 Verwaltungsarbeiten

Vor allem in Haupterwerbsbetrieben sind Buchhaltung, Büroarbeiten und andere Verwaltungsarbeiten typische Frauentätigkeiten. Dies wird mit der besseren schulischen Ausbildung der Frauen im Gegensatz zur besseren praktischen Berufsausbildung der Männer erklärt (Deenen/Kossen-Knirim 1981, Watz 1989, O'Hara 1994). Der wichtige Schritt bei diesen Arbeiten liegt aber nach Overbeek (1994) darin, diese nicht nur zu übernehmen, sondern aufgrund der Daten und des Wissens auch Entscheidungen zu treffen und weiterzugeben. Viele Frauen vermeiden dies, weil dadurch die Position des Mannes als Betriebsführer gefährdet wäre und daraus Konflikte entstehen könnten. Nur wenige haben sich diesen zunehmend zeitaufwendigeren Bereich zu ihrem eigenen Verantwortungsgebiet gemacht (Gasson 1992, Rooij 1994). Das Problem besteht darin, dass diese Arbeiten als Teil weiblicher Hausarbeit gesehen werden und somit unsichtbar bleiben.

5.2.4 Hausarbeit

5.2.4.1 Struktur bäuerlicher Haushalte[52]

Unter Haushalt versteht Pevetz (1994) eine Haushaltsgemeinschaft zusammenlebender Menschen bzw. eine Wirtschafts- und Versorgungsfunktion. Das BMLF (1980) definiert Haushalt als ein Ganzes, "als sozioökonomische Einheit, als ein Bereich des Zusammenlebens von Menschen" (BMLF 1980; S. 5). Nach Augustin (1987) umfasst Haushaltswirtschaft - "auch die städtische - Tätigkeiten, die die Versorgung der Familienmitglieder, die Erhaltung ihrer Arbeitsfähigkeit und den sparsamen Umgang mit den vorgegebenen Mitteln zum Inhalt haben. Die Arbeitszeit im Haushalt wird nicht mit Geld bewertet und ist scheinbar kostenlos. Die Grenzen zwischen Betrieb und Haushalt sind in der Landwirtschaft fließend; und zwar im Alltag der Bäuerin ebenso wie in der Zuordnung bestimmter Tätigkeiten, die vorwiegend der Selbstversorgung dienen (z.B. Kleintierhaltung, Gartenarbeit, Vorratshaltung ...)" (Augustin 1987; S. 128).

Bäuerliche Haushalte sind im Allgemeinen noch immer *größer* als andere und umfassen mehr Generationen und eine höhere Kinderanzahl als der Durchschnitt der Gesamtbevölkerung. Diese Tendenz zeigt sich in internationalen (u.a. Heuwinkel in: Akademie für Raumforschung 1988, Arbeitsgemeinschaft Ländlicher Raum 1989, Bertram/Dannenberg 1991; Claupein 1991) wie auch in österreichischen Untersuchungen (Zettinig 1990, Pevetz 1994). So lebten 1988 hierzulande in 36,6 Prozent der bäuerlichen Haushalte mehr als 5 Personen. Auch finden sich Drei-Generationen-Haushalte "fast nur mehr bei der bäuerlichen Bevölkerung" (BMLF 1980; S. 5, Redclift/Whatmore 1990).

Schon seit zwanzig Jahren lässt sich in bäuerlichen Haushalten verstärkt die *Tendenz zu getrennten Haushalten* mit gegenseitiger Hilfe erkennen (Knirim 1975,Präsidentenkonferenz 1986, Schmidt 1989, Zettinig 1990, Ziche/Woerl

---

[52] vgl. hinsichtlich aktueller Daten dazu vor allem die Auswertung der Volkszählungsdaten und die Ergebnisse der Telefonbefragung in Goldberg 1997a.

1991). Diese Entwicklung wurde von Deenen/Kossen-Knirim (1981) die "Verkürzung der Generationsfolge" bzw. das "Auseinanderrücken der Generationen" genannt. Nach Deenen (1983b) wurden dabei aber große regionale und nationale Unterschiede festgestellt. So zeigten sich u.a. auch in Österreich trotz Abbau ökonomischer Notwendigkeiten eine Häufung von Drei-Generationen-Haushalten v.a. in industriefernen Gebieten. Als zusätzlich entscheidende Faktoren für die Generationengröße der Haushalte nennt Deenen (1983b) die wirtschaftliche Lage der Landwirtschaftenden Familie, die Größe der Wohngebäude bzw. die ökonomische Möglichkeit der Schaffung neuer Wohnräume und die industrie-gesellschaftliche Form der sozialen Sicherheit (Alterssicherung). Der Prozess der Generationsstrukturveränderung vollzieht sich nach Deenen (1983b) im Rahmen einer Eheschließung in generativen Sprüngen sowie mit zunehmender Industrialisierung und Urbanisierung. Besonders die junge Generation versucht trotz verbreiteter Familiensolidarität getrennte Haushaltsführung durchzusetzen.

Die Haushaltsgröße ist die wesentliche Bestimmungsgröße, aus der sich der Umfang und das Ausmaß des Arbeitsaufwandes im Haushalt ableiten lassen. Bräm (1984) führt folgende Faktoren an:

- die Größe der Familie und die Anzahl der zu verpflegenden Personen
- die Zahl der Kinder unter 16 Jahren
- die Arbeitszeit der Bäuerin im landwirtschaftlichen Betrieb

Insbesondere in der Familienphase mit kleinen Kindern steigt die Gesamtarbeitszeit der Bäuerin an, da die Arbeitszeit im Betrieb nicht in dem Maße sinkt wie die Hausarbeit zunimmt. Die daraus entstehenden Belastungen tragen fast ausschließlich die Frauen. Dazu kommt noch, dass durch das Zusammenleben mehrerer Generationen vor allem Probleme im zwischenmenschlichen Bereich entstehen. Durch unterschiedliche Wertorientierung kommt es häufig zu Konflikten. Gleichzeitig ist aber die wirtschaftende Bäuerin meist auf die Mithilfe der Schwiegereltern/Eltern angewiesen.

In der Reihenfolge der hauswirtschaftlichen Tätigkeiten wurden hinsichtlich des Zeitaufwandes in erster Linie Nahrungsmittelzubereitung und Hausreinigung (Abwasch, Aufräumen), gefolgt von "Wäsche" (Waschen und Bügeln), Einkauf und Haushaltsführung sowie Vorratshaltung und Gartenarbeit genannt (Wernisch 1980a, Deenen/Kossen-Knirim 1981).

5.2.4.2 Arbeitsteilung im Haushalt

Die Mehrzahl der Hausarbeiten wird - nicht nur in Österreich und nicht nur bei Bäuerinnen - von der Frauen überwiegend alleine erledigt (Deenen/Kossen-

Knirim 1981, Bach u.a. 1982, Präsidentenkonferenz 1986) und zwar unabhängig vom Alter, wie Haugen (1990) feststellte.

Mithilfe erhalten die Bäuerinnen - wenn überhaupt - von weiblichen Verwandten oder Nachbarinnen (Brandth 1994). Dies können die Mutter, Schwiegermutter oder die heranwachsenden Töchter sein, wobei die Reihenfolge von den Wohngegebenheiten abhängt. Männliche Haushaltsmitglieder und Schulkinder werden nur in Einzelfällen zur Mitarbeit herangezogen (Deenen/Kossen-Knirim 1981). Somit hängt der Belastungsgrad der Bäuerin "einzig und allein von der Anwesenheit einer anderen weiblichen Arbeitskraft im Haushalt ab" (Tryfan 1983; S. 9; vgl. dazu Wernisch 1980a, b). Dabei kommt es aber kaum zu einer gleichwertigen Arbeitsteilung, vielmehr eine Frau trägt die Verantwortung, während die andere die Hilfskraft darstellt (Deenen/Kossen-Knirim 1981). Deenen/Kossen-Knirim (1981) kamen bei ihrer Untersuchung weiters zu dem Ergebnis, dass die meiste Mithilfe Vollerwerbsbäuerinnen (ebenso: Präsidentenkonferenz 1986) und verstärkt jene in industriefernen Regionen erhalten, wobei v.a. die Schwiegermutter als zweite Arbeitskraft das Kochen und Abwaschen übernahm. Dabei schwanken - auch in internationalen Untersuchungen - die Angaben von Arbeitsstunden für den Haushalt. Diese hängen einerseits davon ab, ob noch andere Personen zur Mithilfe da bzw. bereit sind und andererseits, inwieweit die Bäuerin in den landwirtschaftlichen Betrieb involviert ist.

Die Bäuerinnen bemühen sich meist darum, ein *Gleichgewicht zwischen den verschiedenen Arbeitsbereichen* (Haushalt und Betrieb) herzustellen. Dabei treten die Männer meist als "personifizierte Störfaktoren'" auf, die die Pläne, Einteilungen und Vorhaben der Frauen durchkreuzen, denn "während die Bäuerin versucht, die Erfordernisse von Betrieb und Haus gemäß ihrer relativen Gewichtigkeit gegeneinander abzuwägen und auszubalancieren, vertritt der Mann mit viel größerer Ausschließlichkeit das Hofprinzip. Sie fügt sich in der Regel beidem: den Betriebserfordernissen und der Autorität des Mannes" (Inhetveen/Blasche 1983; S. 200). Die Bäuerinnen akzeptieren großteils die Vorrangigkeit der Außenarbeiten, nicht zuletzt, weil es ihnen die "ökonomische Notwendigkeit gebietet". "So müssen die Bäuerinnen ihre Arbeitskraft dauernd flexibel und disponibel halten und die Hausarbeit in der Zeit erledigen, die ihnen verbleibt - für eine Nebensache" (Inhetveen/Blasche 1983; S. 202).

Die Untersuchung der Präsidentenkonferenz (1986) kommt zu dem Ergebnis, dass haushaltliche Entscheidungen größeren Umfangs sowie Entscheidungen über Investitionen im Haushalt von der Bäuerin alleine getroffen werden. Hingegen werden laut Molterer (1981) die Entscheidungen für Haushaltsinvestitionen gemeinsam getroffen. Somit übernimmt die Bäuerin als "Zentralfigur im landwirtschaftlichen Haushalt" die Verantwortung und die Entscheidung über die Ausführungen der ländlichen Hausarbeiten (Tryfan 1983).

5.2.4.3 Mithilfe des Mannes

Sämtliche AutorInnen zeigen in ihren Untersuchungen auf, dass der Mann in der Haus- und Familienarbeit kaum mithilft, und dies auch nur maximal von der Hälfte der Befragten gewünscht wird (Tryfan 1983). Nur ein ganz geringer Teil der Frauen würde ihre Männer um Mithilfe bei jeder Art der Arbeit im Haushalt bitten (Bach u.a. 1982; Tryfan 1983; Ziche/Woerl 1991); viele Frauen haben sich diese Frage überhaupt noch nicht gestellt (Molterer 1981). Die geschlechtsspezifische Arbeitsteilung wird auch von den von Inhetveen/Blasche (1983) befragten Frauen in der Regel akzeptiert. Die Abwesenheit der Männer bei der Hausarbeit sowie die ungleiche Arbeitsbelastung nehmen die Bäuerinnen zwar wahr, doch "der Schein des Selbstverständlichen" wird kaum durchbrochen, "sondern man resigniert und kapituliert vor den Gegebenheiten, in diesem Fall vor den Folgen eines nicht mehrt korrigierbaren Erziehungsprozesses" (Inhetveen/Blasche 1983; S. 196). Der Geschlechterrolle entsprechend, fühlen sich die Frauen vielfach durch die Hausarbeit unentbehrlich und unersetzbar. Es erfüllt sie auch mit Stolz, den Haushalt eigenverantwortlich zu organisieren. Soziale Normalitätskonstruktionen behalten damit im Alltagsbewusstsein ihre Geltung. Frauen erhalten in unserer Gesellschaft über das "Identische" an ihnen Bestätigung, das ist das, was sie zur Verkörperung ihrer Rolle funktional macht (Axeli-Knapp 1989; S. 281).

Wenn Männer helfen, dann relativ sporadisch, "wenn es unbedingt sein muss" und nur auf ganz bestimmte Tätigkeitsbereiche beschränkt (Hebenstreit-Müller/Helbrecht-Jordan 1988), z.B. bei der Kindererziehung und beim Einkauf (Wernisch 1980). Die meisten AutorInnen betonen, dass eine partnerschaftliche Ehe nicht dadurch charakterisiert sein müsse, dass der Mann Geschirr spült (Ziche/Woerl 1991).[53] Dennoch belegen die meisten Untersuchungen ein Ungleichgewicht in der Arbeitsbelastung, da von der Bäuerin die ständige Mithilfebereitschaft im Betrieb - zusätzlich zur Hausarbeit - erwartet wird. Als einige der wenigen AutorInnen sehen Deenen (1983b) und Niebuer (1993) auch in bäuerlichen Haushalten eine Entwicklung zu partnerschaftlicherer Arbeitsteilung im Haushalt. Wenn auch nur sehr marginal, denn laut Ziche/Woerl (1991) helfen 85 Prozent der Männer selten bis nie mit.

Einfluss auf die männliche Mithilfe hat weder nach Bach u.a. (1982) die tägliche Arbeitszeit der Frau in der Landwirtschaft noch laut Molterer (1981) und Tryfan (1983) Industrienähe bzw. -ferne. Auch Pevetz/Richter zeigten 1993 in ihrer Untersuchung auf, dass Bauern (gemeinsam mit selbständigen Handwerkern) die größten "Haushaltsmuffeln" sind.

---

[53] "Partnerschaftlich" soll hier so verstanden werden, daß Mann und Frau sich die Verteilung der Aufgaben aushandeln und diese nicht einfach aus traditionellen oder pragmatischen Gründen übernommen wird.

Zusammenfassend lässt sich mit Hildenbrand et al. (1992) sagen, dass die Arbeitsteilung zu Ungunsten der Frau ausfällt, "... wenn der Mann die traditionell überkommenen Arbeiten verrichtet und die Frau alle neu anfallenden übernehmen muss" (S. 70).

5.2.4.4 Beteiligung des Mannes an der Familienarbeit

Ebenso wie in der Hausarbeit zeichnet sich der Mann auch in der Familienarbeit durch Abwesenheit aus (Deenen/Planck et al. 1983). Dem allgemeinen gesellschaftlichen Trend männlicher Beteiligungsbereitschaft an Familienarbeit folgend, kann nach zahlreichen Untersuchungen (Bach u.a. 1982, Deenen 1983a, Hebenstreit-Müller/Helbrecht-Jordan 1988) auch für die bäuerlichen Familie von einer Asymmetrie zwischen den Ehepartnern bezüglich Kinderbetreuung gesprochen werden: Die Frauen übernehmen nach wie vor die pflegerischen Aufgaben, kümmern sich weitgehend alleine um die Säuglinge und Kleinkinder. Die Beschäftigung des Vaters mit dem Kind bezieht sich fast nur auf Freizeitaktivitäten. Wenn überhaupt, springen sie im pflegerischen Bereich nur im Notfall ein. Allerdings stellte Deenen (1983a, 1986) fest, dass in industrienahen Gebieten sich die Väter eher an der Versorgung von Kleinkindern beteiligen, in industriefernen hingegen seltener.

In Bezug auf partnerschaftliche Teilung der Familienarbeit zeigt sich gerade bei den Bäuerinnen eine noch immer starke Wirkung der Geschlechterrollen. Einem Teil der von Hebenstreit-Müller und Helbrecht-Jordan befragten Bäuerinnen erscheint es nämlich unmöglich, ihren Männern "Frauenarbeit" zuzumuten. Die Frauen scheinen geradezu die mangelnde Bereitschaft der Männer, sich an Haus- und Familienarbeiten zu beteiligen, zu antizipieren. Allerdings muss hervorgehoben werden, dass es sich dabei um kein landwirtschaftliches Phänomen handelt, sondern dass eine ähnliche Situation auch gesamtgesellschaftlich beobachtet werden kann (vgl. Wilk/Bacher 1992).

Zusammenfassend lässt sich mit Deenen/Kossen-Knirim (1981) sagen, dass die in den Untersuchungen befragten Bäuerinnen im Bereich der geschlechtsbezogenen Eherollen eine gemäßigt-konservative Haltung zeigen, die sich bei jungen, besser gebildeten Frauen aufzulösen beginnen. Insgesamt gesehen zeigt sich zwar ein sozialer Wandel, der jedoch nicht von Industrienähe oder -ferne abhängig ist, sondern von Alter und Bildung der Frauen. Jedoch: „Das Überdauern bestimmter traditionell-bäuerlicher Werte konnte im größeren oder minderen Umfang in allen (in die Untersuchung einbezogenen Anm.) Ländern festgestellt werden" (Kozakiewicz 1983; S. 41).

5.2.4.5 Bedeutung der Hausarbeit - Veränderung der Ansprüche

Im Zuge der gesellschaftlichen Veränderungen im 20. Jahrhundert ist zu beobachten, dass die Bäuerinnen zunehmend städtische Standards im Haus und im Wohnbereich (Hygiene, Sauberkeit, Komfort) übernehmen. Dies hat zu einer erheblichen Mehrbelastung geführt, da die Bäuerinnen selbst mit der Erwartung konfrontiert sind, eine gute Bäuerin müsse auch eine perfekte Hausfrau sein (vgl. Arnreiter 1987, Hebenstreit-Müller/Helbrecht-Jordan 1988).

Interessanterweise erleben die Bäuerinnen die neuen Standards eher als Anpassungswunsch, denn als -druck (Inhetveen/Blasche 1983). Folgende Bedingungen sind für den Bedeutungswandel ausschlaggebend:

- Materielle Bedingungen: Dominanz der Mark- und Geldwirtschaft im Produktionsprozess

- Fremdeinflüsse: verschiedene Bezugsgruppen vermitteln die neuen Standards (Kinder, der Mann im außerhäuslichen Nebenerwerb)

- Die normative Kraft des Faktischen: die neuen Lebensbedingungen (höherer Lebensstandard in den bäuerlichen Familien) verfestigen sich und werden zur Selbstverständlichkeit

- Identifikation mit der Rolle als Hausfrau: aufgrund der traditionellen Arbeitsteilung fühlen sich die Bäuerinnen für die Realisierung der Standards verantwortlich

- Bewertung: die neuen häuslichen Lebensbedingungen werden von den Bäuerinnen als Komfort betrachtet, den sie nicht mehr missen möchten (Inhetveen/Blasche 1983: Kleinbäuerinnenstudie).

5.2.4.6 Bewertung der Hausarbeit

Aus den zahlreichen Untersuchungsergebnissen geht hervor, dass Hausarbeit gegenüber der betrieblichen Arbeit geringer bewertet wird. Somit wird die Hausarbeit von der Bäuerin als belastend und wenig gewürdigt eingeschätzt, "...weil Hausarbeit eintönig sei, ewig in gleicher Gestalt wiederkehre, dazu wegen ihrer oft geringen Haltbarkeit nutzlos erscheine und noch dazu hinter Mauern und Türen weitgehend unbemerkt von der Öffentlichkeit (auch der familiären) vor sich gehe" (Ziche/Woerl 1991; S. 696). Inhetveen/Blasche (1983) sprechen in diesem Zusammenhang von einer "gespaltenen Identifikation" mit Haushalt und Familie, da die Außenarbeit - wie schon erwähnt - von den Bäuerinnen mehr geschätzt wird. Allerdings sind Bäuerinnen, deren Haushalt technisch besser ausgestattet ist, mit der bestehenden Arbeitsteilung zufriedener (Molterer 1981, Bach u.a. 1982) und wollen eher die Anerkennung ihrer Männer als deren Mithilfe (Högl 1986; S. 12). Nach Pevetz (1994) führt fehlende Anerkennung u.a. auch zu Ehekrisen.

Folgende Begründungen für die Geringschätzung der weiblichen Hausarbeit lassen sich in der Literatur finden:

- Die zunehmende Bedeutung des betriebswirtschaftlichen Einkommens gegenüber der gebrauchswertproduzierenden Arbeit lässt die Hausarbeit unproduktiv und wertlos erscheinen (Wimer 1988; S. 63).
- Mit der Geringschätzung der Hausarbeit geht auch die Geringschätzung der Person bzw. des Geschlechtes einher, die diese Arbeit verrichtet. Dafür ist das traditionelle, hierarchische Gefälle (männliche Dominanz) und seine differente Bewertung von Frauen- und Männerarbeit verantwortlich. Denn "schon allein die bestehende Arbeitsteilung zwischen den Geschlechtern und die ökonomische Notwendigkeit drängen die Frau in die Position der Ersatzkraft" (Wimer 1988; S. 60). Mit der Erwartung der ständigen Verfügbarkeit, ist sie gezwungen, ihre "Arbeitskraft dauernd flexibel und disponibel (zu) halten, und trotzdem (zu) sehen, wie sie den Umfang ihrer Arbeit bewältigen kann" (Wimer 1988; S. 61). Dies trägt aber auch dazu bei, dass - nach marxistischen Analyseansätzen - die tägliche Reproduktionsarbeit am Hof nicht als getrennt von der Gesamtökonomie analysiert werden kann, sondern ganz wesentlich zum Überleben der Höfe beiträgt (Redclift/Whatmore 1990).
- Die Dominanz der Marktversorgung gegenüber der - historischen - Selbstversorgung hat einen Bedeutungsverlust des Bereiches "Hauswirtschaft" mit sich gebracht. "Das bedeutet neben der Arbeitserleichterung auch den Verlust 'sichtbarer' Arbeit, der zu der gängigen Unterbewertung der Hausarbeit führt" (Wimer 1988; S. 56). Außerdem liegt die "Hausarbeit, als haushälterischer Umgang mit Nahrung und Kleidung, die gepflegt bzw. konserviert, repariert und neu hergestellt werden", kaum noch "im Bereich sinnlicher Erfahrung. Übrig bleiben: Putzen, Kochen, Waschen, Einkaufen" (Cramon-Daibler 1984, zit. n. Wimer 1988; S. 57). Inhetveen/Blasche (1983) sprechen in Zusammenhang mit der Routinisierung von Arbeitsleistungen vom Verlust der früheren Selbstverständlichkeit dieser Tätigkeiten, kommunikative und emotionale Bedürfnisse zu befriedigen (vgl. Inhetveen/Blasche 1983 zit. in Wimer 1988; S. 57).
- Durch die beschränkten Möglichkeiten im Haushalt und durch die Enge der Hausfrauenrolle kommt es oft zu einer Überbetonung der Hausfrauenrolle bzw. Übererfüllung von Normen. Frauen finden sich darin in einem ambivalenten Verhältnis, da sie sich dadurch Anerkennung in ihrer Rolle verschaffen, gleichzeitig aber von Überbelastung betroffen sind und weiterhin Rollenerwartungen erfüllen, die letztendlich für sie bedrohlich sind. Wimer spricht von der "normativen Kraft des Faktischen" (Wimer 1988; S. 59; vgl. dazu Birnthaler/Hagen 1989).

5.2.5 Subsistenzproduktion

Die Subsistenzproduktion hat in der ländlichen Region noch immer eine große Bedeutung. In der Hauswirtschaftsstrukturerhebung 1992 bekannten sich laut Pevetz (1994) 66 Prozent der österreichischen Bauern (45 Prozent der Befragten in ländlichen Haushalten) zur Selbstversorgung, wobei diese von der Größe des Haushaltes abhängt. Unter Selbstversorgung wird die Herstellung und Verarbeitung von Produkten aus Garten und Hof für den Eigenbedarf verstanden. Fast alle Bäuerinnen betreiben Selbstversorgung in größerem oder kleinerem Umfang. Dies entspricht einerseits einem ganzheitlichen und naturbezogenen Arbeiten (Bach u.a. 1982, Augustin 1987; S. 128, Pevetz/Richter 1993; S. 173), andererseits auch wirtschaftlichem Denken, denn "im Kalkül der Bäuerin zählt, was Geld kostet, aber nicht, was Arbeit kostet. Da Bäuerinnen die Erfahrung der Lohnlosigkeit sowohl im reproduktiven, wie im produktiven Bereich machen, nehmen sie es fast als 'natürlich' hin. Ihre 'Entlohnung' erfahren sie über immaterielle Anerkennung und Lob und dem Gefühl von Stolz und Zufriedenheit beim Anblick der gefüllten Vorratsschränke und Kühltruhen. Angesichts der chronischen Geldknappheit der Betriebe, hat hier die Bäuerin die Möglichkeit, 'im monetären Sinne zu sparen' und so die Geldreserven des Hofes bzw. die baren Einnahmen für andere Zwecke disponibel zu halten" (Inhetveen/Blasche 1983; S. 69f.).

Als Gründe für die Subsistenzproduktion nannten die von Inhetveen/Blasche (1983) befragten (Klein)Bäuerinnen folgende, die sich auch mit den Angaben bei Pevetz/Richter (1993) decken:

- Nutzen von vorhandenen Naturressourcen (meist genannte Argument)
- die bessere Qualität des Selbstgemachten
- Kosten; Selbergemachtes ist billiger und "erspart" der Bäuerin Geld
- die jederzeitige Verfügbarkeit von Nahrungsmittel und Sparen von Einkaufswegen

Die befragten Bäuerinnen würden eher noch mehr arbeiten als auf die Subsistenzproduktion zu verzichten, auch wenn ein größeres Geldeinkommen (z.B. durch Nebenerwerb) zur Verfügung stünde. "Subsistenzproduktion hat im Weltbild der Bäuerinnen, das eher vom Zyklus der sieben fetten und sieben mageren Jahre als vom linearen Fortschrittsglauben geprägt ist, nach wie vor einen nicht unbedeutenden Stellenwert" (Inhetveen/Blasche 1983; S. 72). Außerdem bietet Subsistenzproduktion auch Möglichkeiten zur Selbstvermarktung mit all ihren positiven Seiten.

5.3 BEGRÜNDUNG DER ARBEITSTEILUNG

Die komplementäre Ergänzung des Bauern und der Bäuerin in den Arbeitsbereichen des Hofes entwickelte sich, historisch betrachtet, gleichsam als eine notwendige Konsequenz familienwirtschaftlicher Strukturen, die auf der Einheit von Betrieb und Haushalt beruhen. Geschlechtsspezifische Arbeitsteilung kann somit als Form der betrieblichen Arbeitsorganisation gesehen werden. Sie erfordert somit nach Aigner (1991) und Hermann (1993) nach wie vor geradezu eine Verehelichung. Denn "Grundlage der familienbetrieblichen Arbeitswirtschaft in unserem Bauerntum ist die Partnerschaft der Ehegatten" (Pevetz 1987; S. 121), die eine ständige Mitarbeit der Bäuerin notwendig macht. Redclift/Whatmore (1990) weisen in ihrer Analyse darauf hin, dass der bäuerliche Familienbetrieb zwar nicht den kapitalistischen Mustern der Trennung von Kapital und Arbeit sowie Arbeitsplatz und Wohnung folgt, die geschlechtsspezifische Struktur sich weiterhin in tatsächliche und symbolische "typische weibliche und männliche Räume" (Redclift/Whatmore 1990; S. 187) teilt. Zurückzuführen sei dies auf traditionelle Verhaltensmuster. Eigene Interessen als Grund für die Arbeitsteilung spielen keine große Rolle (Bach u.a. 1982; vgl. Niebuer 1989). Im Gegensatz dazu meinen Deenen/Kossen-Knirim (1981), dass traditionsbestimmte Verhaltensweisen im landwirtschaftlichen Betrieb weitgehend an Bedeutung verlieren. Stattdessen richtet sich die Arbeitsteilung heute eher nach pragmatischen Kriterien und individuellen Interessen. Trotzdem kann ihrer Meinung nach aber nicht von einer partnerschaftlichen Betriebsführung gesprochen werden.

Das Charakteristikum dieser Arbeitsorganisation ist die unterschiedliche Bewertung von weiblichen und männlichen Arbeitsbereichen, denn Männerarbeit war und ist mit höherem Sozialprestige verbunden, in der gesamten Gesellschaft und auch im bäuerlichen Betrieb. Wie sich die gesellschaftlichen Rollenklischees im Denken festgesetzt haben, zeigen folgende Aussagen über die "Aufgaben der Bäuerin" aus den 50er Jahren: "Die Bäuerin als gleichwertige Partnerin" wird von Ries (1957) unter den "sachlichen Gesichtspunkten für die künftige Arbeitsteilung" analysiert. Die "besondere Arbeitseignung der Frau" ergibt sich aus der "physiologisch körperlichen Seite" und der "geistig seelischen Seite" der Frau, woraus sich dann - "naturgemäß" - ihre Tätigkeitsbereiche ergeben. Als Beispiel für einen Tätigkeitsbereich der Frau in der Landwirtschaft in den frühen 50iger Jahren führt er an: "Nicht nur an den lebenden Geschöpfen, selbst an toten Dingen kann sich der Pflegesinn der Frau bewähren" (Ries 1957; S. 73). Bei Maschinendefekten holen Frauen im Gegensatz zu Männern sofort den Mechaniker, aber: "..sie p f l e g e n (Hervorhebung vom Autor) die Maschinen liebevoller und gewissenhafter" (Ries 1957; S. 73). Dies entspricht eindeutig der gesellschaftlich tief verankerten Vorstellung von der "fürsorgenden" Frau.

Verändert hat sich die Arbeitsteilung am Hof vor allem im Zuge der zunehmenden Technisierung und Rationalisierung der Betriebe. Die Subsistenzwirtschaft, in historischer Zeit gleichsam ein eigener Produktionsbereich, der der Bäuerin zugeordnet war, verlor nun zunehmend an Bedeutung. Seit dem Ende des Zweiten Weltkrieges lässt sich eine Tendenz zur "Hausfrauisierung der Bäuerin"[54] beobachten, die einen gewissen Bedeutungsverlust für die Bäuerinnen mit sich brachte und für die folgende Entwicklungschritte kennzeichnend sind:

- Das *bürgerliche Familienideal* prägt verstärkt - wenn auch langsamer als in anderen Bevölkerungsschichten - das Denken der bäuerlichen Familien. Dies hatte eine Aufwertung der reproduktiven Tätigkeiten (Haushalt, physische und psychische Versorgung der Familienmitglieder) in der bäuerlichen Familie zur Folge. Die Bäuerin identifiziert sich nun zunehmend über den Bereich der Reproduktion, obwohl sie weiterhin wichtige Aufgaben innerhalb der betrieblichen Produktion leistet.

- *Entmachtung der Bäuerin*: Die Technisierung und Professionalisierung (Sieder 1987) führte zu einer Vermännlichung ehemals weiblicher Arbeitsbereiche innerhalb der Produktion (z.B. Milchwirtschaft). Die Technisierung brachte eine "Maskulinisierung" (Haugen 1990) der Landwirtschaft mit sich; immer mehr Arbeitsgänge werden maschinell von Männern durchgeführt. Frauen übernahmen dafür stärker Zu- und Hilfsarbeiten, und zwar vorwiegend händisch zu erledigende.

Vergleicht man in der Literatur die Ergebnisse zur tatsächlichen Arbeitsleistung der Bäuerinnen, so muss die Tendenz zur "Hausfrauisierung" dahingehend relativiert werden, dass diese mehr die Identität und das Selbstverständnis der Frauen prägt, als die effektive Arbeitsteilung. Keinesfalls lässt sich insgesamt ein Rückgang weiblicher Arbeit im Betrieb beobachten. Denn der landwirtschaftliche Strukturwandel (z.B. Zunahme der Nebenerwerbsbetriebe) der letzten Jahrzehnte hat nach Ansicht der meisten AutorInnen bewirkt, dass in den meisten Betrieben auch die Frauen zunehmend in traditionell männlichen Arbeitsbereichen tätig wurden (Hebenstreit/Helbrecht 1988).

Der scheinbare Widerspruch zwischen "Hausfrauisierung" einerseits und der häufig postulierten Übernahme männlicher Arbeitsbereiche durch Frauen ande-

---

[54] Begriffsklärung: Hausfrauisierung - Maskulinisierung: dieses Begriffspaar beschreibt jene Entwicklung, die vorwiegend für gut situierte, nicht existenzgefährdete Haupterwerbsbetriebe gilt. Dort ist die Bäuerin vorwiegend für den Haushalt, die Familienarbeit und die Subsistenzproduktion zuständig. Im landwirtschaftlichen Betrieb erledigt sie Hilfs- und Zuarbeiten. Die Verantwortung und Entscheidungsbefugnis liegt beim Mann (Maskulinisierung).

Mit "Feminisierung" wird jene Entwicklung charakterisiert, wo Bäuerinnen den überwiegenden Teil der betrieblichen Arbeit alleine erledigen und auch die Hauptverantwortung alleine tragen. Dies trifft vorwiegend auf Nebenerwerbsbetriebe zu.

rerseits, resultiert aus den unterschiedlichen Entwicklungen der Arbeitsteilung in Haupt- und Nebenerwerbsbetrieben. Bei Betrieben im Haupterwerb fungieren die Bäuerinnen häufig als Zuarbeiterinnen für den Mann im Sinne von "mithelfenden Familienangehörigen". Nebenerwerbsbäuerinnen hingegen müssen tatsächlich u.U. die gesamte Betriebsarbeit alleine erledigen und tragen somit auch die Verantwortung alleine, insbesondere wenn der Mann Wochenpendler ist. In Haupterwerbsbetrieben hingegen bleiben die Verantwortung und die Entscheidungsbefugnis meist beim Mann (Claupein 1991).

Geblieben ist aber die nahezu ausschließliche Verantwortung der Bäuerinnen für die Bereiche Haushalt-Familie-Selbstversorgung. Dies spiegelt sich laut Kolbeck (1990) auch in der geschlechtsspezifisch strukturierten landwirtschaftlichen Ausbildung wider, wo noch immer zwischen weiblich-orientierten (hauswirtschaftliche Ausbildung) und männlich-orientierten Lehrplänen (land- und forstwirtschaftliche Ausbildung) unterschieden wird.

5.4 FEMINISIERUNGSTENDENZEN IN DER LANDWIRTSCHAFT

Hinsichtlich der männlich-weiblichen Arbeitsteilung lassen sich europaweit zwei Tendenzen erkennen (Oedl-Wieser 1993, S. 16), die unter der Bezeichnung "Feminisierung" und "Maskulinisierung" zusammengefasst werden.

Die *Feminisierung* der Landwirtschaft zeigt sich vor allem in Deutschland bedingt durch den hohen Grad an außerlandwirtschaftlicher Erwerbstätigkeit der Männer und den hohen Technisierungs- und Industrialisierungsgrad der Betriebe. Dies trifft z.T. auch für Österreich und hier insbesondere für Nebenerwerbsbäuerinnen zu. Da in Österreich laut Oberlehner (1994) die Klein- und Mittelbetriebe vorherrschen, wird vor allem bei Nebenerwerbsbetrieben, in denen typischerweise die Männer außerlandwirtschaftlich berufstätig sind, und hier wieder im Besonderen in Betrieben mit Viehwirtschaft eher die Tendenz zur Feminisierung zu erwarten sein. Bei Futterbetrieben hingegen, wo die Arbeit mit Maschinen relativ leicht von einer Person zu verrichten ist, wird sich die Maskulinisierung der Landwirtschaft bemerkbar machen, wie das heute schon bei den großen Betrieben im Burgenland und Marchfeld der Fall ist. Allerdings zeigt sich hierzulande noch die patriarchalisch-geschlechtsspezifisch geprägte Disparität zwischen der Alleinverantwortung der Nebenerwerbsbäuerinnen für den Betrieb, die aber nicht gleichzeitig eine Verankerung im betrieblichen Status nach sich zieht, da nur eine Minderheit der Nebenerwerbsbäuerinnen auch Betriebsleiterinnen sind. Niebuer (1989) geht davon aus, dass sich die Entwicklung zur Feminisierung verstärken und fortsetzen wird, wenn aus ökonomischen Gründen Vollerwerbsbetriebe vermehrt zu Nebenerwerbsbetrieben werden und der Bauer außerbetriebliche Teil- oder Ganztagsarbeiten übernimmt. Bestimmte strukturelle Bedingungen begünstigen die „*Feminisierung der Landwirtschaft*": ein hoher

Anteil landwirtschaftlicher Kleinstbetriebe an der unteren Grenze des Existenzminimums und Ehemänner in nichtlandwirtschaftlichen Hauptberufen haben zu Folge, dass Bodenbewirtschaftung und Viehhaltung von den Frauen besorgt wird (Deenen/Planck 1983).

Hingegen ist ein Trend zur *Maskulinisierung* in Ländern mit hohem Technisierungsgrad und gutem außerlandwirtschaftlichem Arbeitsplatzangebot, wie etwa in Norwegen, Schweden oder Island, festzustellen. Dort gehen mehr als zwei Drittel der Landwirtinnen (ob Geburts- oder eingeheiratete Bäuerinnen ist nicht geklärt) einer außerbetrieblichen Erwerbstätigkeit nach. Sie arbeiten in der Regel nur in Spitzenzeiten im landwirtschaftlichen Betrieb mit (Jodahl 1994). Ebenso geht in Spanien und Griechenland laut Braithwaite (1994) die Mechanisierung mit einer Erhöhung des Männeranteils einher, der die Frauen in arbeitsintensive Produktionsbereiche oder aber gänzlich aus der betrieblichen Arbeit (Wimer 1988) abdrängt. Wimer (1988) sieht die Maskulinisierung eher skeptisch: „Durch die zunehmende Technisierung, Rationalisierung und Spezialisierung der Betriebe aber entsteht anstelle früherer Beteiligung der Frauen an der Außenwirtschaft Teilnahmslosigkeit. ... Mit wachsender ökonomischer Abhängigkeit, den zunehmenden Fehlen von Gestaltungs- und Wirkungsbereichen und der wachsenden Bezugslosigkeit der Bäuerinnen zur bestimmenden Außenwirtschaft ändern sich die Bedingungen männlicher Dominanz. Angesichts des Verlusts eigener Bereiche konzentriert sich der weibliche Einfluss auf Haus und Familie. Die hier eingesetzten Fähigkeiten und die investierte Arbeit werden jedoch nicht anerkannt" (Wimer 1988, S. 93f.).

5.5 GESCHLECHTSSPEZIFISCHE ARBEITSTEILUNG UND MACHTSTRUKTUREN

Die Arbeitsbereiche, in denen die Bäuerin tätig ist, scheinen kaum selbstbestimmt von den Frauen gewählt. Eher ergeben sie sich *pragmatisch* (z.B. Nebenerwerb) oder *traditionell geschlechtsspezifisch*, d.h. männlich bestimmt (Definitionskompetenz der Männer: vgl. dazu Karsten/Waninger 1985). Wenn Frauen auch "Männerarbeiten" verrichten, so haben sie aber keine eigenen Arbeitsbereiche, sondern sind im wesentlichen mit Zu-, Hilfs-, Aufräum- und Feinarbeiten nach dem "Prinzip des Bedarfs" (Claupein 1991; S. 33, vgl. Deenen/Kossen-Knirim 1981, Inhetveen/Blasche 1983, Janshen/Aßfalg 1984, Rooij 1994) beschäftigt. Die Arbeitsbereiche der Frauen ergeben sich meist in Abgrenzung zu denen der Männer. So müssen die Bäuerinnen entweder *bei Bedarf* (d.h. nach dem Zeitplan der Männer) zur Verfügung stehen (Rooij 1994) bzw. sie übernehmen *Aufgaben, die von den Männern nicht gerne getan werden* (Wimer 1988). So ist es nicht verwunderlich, dass Männer kaum eine Arbeit ohne Frauen verrichten, während Frauen viele (auch Außen-)Arbeiten ohne die Mitarbeit von Männern verrichten" (BMUKS 1990; S. 17; ebenso Aigner 1991). Vor allem sind dies die Nebenerwerbsbäuerinnen, die in zunehmendem Maße den Betrieb alleine führen (Bolognese-Leuchtenmüller/Mitterauer 1993). Aber ihr Beitrag für die Landwirtschaft "wird typischerweise übersehen und unterbewertet, obwohl der Betrieb ohne sie nicht funktionieren würde" (Gasson 1991; S. 74; vgl. Watz 1989). Dies zeigt sich auch darin, dass selbst unter den Nebenerwerbsbäuerinnen nur wenige Betriebsleiterinnen zu finden sind.

Was die *Entscheidungsbefugnis* betrifft, kommen fast alle AutorInnen zur Überzeugung, dass die traditionell patriarchalischen Strukturen weiter wirken: Frauen dürfen im Betrieb "zwar mitreden, aber nicht mitentscheiden" (Zettinig 1990; S. 34, ebenso Molterer 1981, Janshen/Aßfalg 1984, Rossier 1992, Goldberg 1997a). Das Mitspracherecht der Bäuerinnen ist zwar gestiegen und zwar umso mehr, je mehr der Mann außerbetrieblich erwerbstätig ist (Nadig 1987, Schmitt G. 1988). Die letzte Entscheidungsmacht liegt aber meist immer noch beim Mann, dem auch die Außenkontakte des Betriebes obliegen. Es entsteht nach wie vor der Eindruck, "die unternehmerischen dispositiven Entscheidungen innerhalb des und über den Betrieb würden nahezu ausschließlich in die Domäne des (soweit vorhandenen) männlichen Ehegatten fallen" (Schmitt G. 1988; S. 217, vgl. Geluk-Geluk 1994).

Rooij (1994) behauptet, dass vor allem in großen spezialisierten Familienbetrieben die Hierarchie in der Zusammenarbeit zwischen Frauen und Männern wächst, da die Frauen keine eigenen Arbeitsbereiche mehr haben bzw. ihre Arbeiten abgewertet werden, weil sie keine speziellen Kenntnisse (mehr) erfordern. Im Weiteren sinkt dadurch auch ihre Kontrolle auf die landwirtschaftlichen Entscheidungsprozesse, sie zieht sich in Haushalt und Familie zurück.

Trotz der offensichtlichen Entscheidungsdominanz der Männer, scheinen Bäuerinnen um ihre Kompetenzen und Fähigkeiten zu wissen, denn laut Schmitt G. (1988) und Rossier (1992) würde sich mehr als die Hälfte der Bäuerinnen auf Grund ihrer Kenntnisse zumuten, bei Abwesenheit des Mannes den Betrieb kurzfristig auch alleine zu leiten.

Im Gegensatz zum Betrieb, werden Entscheidungen im *Haushalt* entweder gemeinsam oder von der Bäuerin alleine getroffen (Molterer 1981, Bach 1982, Meyer-Mansour 1990, PRÄKO 1986).

Die *Einflussfaktoren* betreffend, kommen die AutorInnen zu unterschiedlichen Ergebnissen. Bach (1982) hat aufgrund ihrer in Österreich durchgeführten Fragebogenuntersuchung herausgefunden, dass vermutete Faktoren, wie Bildungsstand, Alter der Frau, Betriebsgröße, Mechanisierung, Erwerbscharakter und wirtschaftliche Aufgeschlossenheit k e i n e n Einfluss auf die Macht- und Entscheidungsbefugnis hätten. Ähnlich argumentiert auch Gasson (1992). Obwohl viele Frauen etwa die Verwaltung und die Finanzen betreuen, weil sie besser gebildet sind als ihre Männer, ist ihr Einfluss auf betriebliche Entscheidungen gering. Im Gegensatz stellt Rossier (1992) in ihrer Untersuchung fest, dass Bäuerinnen mit *qualifizierter Berufsausbildung* eher am Entscheidungsprozeß beteiligt werden. Soziale Herkunft hingegen hat keinen Einfluss auf die Mitsprache.[55] Als relevante Einflussgröße erweist sich jedoch die *berufliche Identifikation* der Bäuerin. Bäuerinnen, die sich bewusst für die Landwirtschaft als Beruf, und nicht als Lebensart, entschieden haben, wie z.B. die Biobäuerinnen (vgl. Birnthaler/Hagen 1989), sind überzeugt, Männerarbeit genauso gut machen zu können, haben eine zunehmend geschäftsmäßige, unternehmerische Einstellung zu ihrem Beruf und verlangen partnerschaftliche Regelungen (Geluk-Geluk 1994). Sie betonen die Gleichheit mit den Männern. Sie wollen Anerkennung als Bäuerin und nicht als Frau. Viele Bäuerinnen sehen in der Übernahme wichtiger betrieblicher Aufgaben eine Erweiterung ihrer Kompetenzen und eine damit verbundene Aufwertung des Selbstbewusstseins (Hebenstreit/Helbrecht 1988), während der Bauer die verstärkte Partizipation der Frau nicht so positiv erlebt (Pevetz 1994). In diesem Zusammenhang sieht Brandth (1994) diese selbstbewussten Bäuerinnen dafür einer subtilen Dominanz der Männer ausgesetzt, die sich weniger durch Konflikte als durch erzwungene Übereinstimmung ausdrückt.

Als Conclusio lässt sich somit feststellen:

Die *Betriebsführung* ist auch heute noch eindeutige Männerdomäne, während der Haushalt, die Kinder- und Pflegefallbetreuung immer noch hauptsächlich von der Bäuerin alleine erledigt wird. Die Betriebsleiterrolle scheint noch immer stark traditionell-patriarchalisch geprägt und steht somit im Widerspruch zu der tatsächlichen Arbeitsteilung im klein- und mittelbäuerlichen Betrieb (unter 20 ha) (Deenen/Kossen-Knirim 1981). Die AutorInnen betonen aber, dass gerade in Nebenerwerbsbetrieben oft ein "partnerschaftlicherer" Entscheidungsmodus anzutreffen sei, wenn auch eher aus pragmatischen Gründen (Abwesenheit des Mannes). Frauen müssen dort zunehmend auch die Außenkontakte übernehmen. Doch gerade aus dieser "normativen Kraft des Faktischen" könne dann u.U. eine stärker partnerschaftlichere Orientierung entstehen (ebenda S. 77).

Hinsichtlich der *Partnerschaft im bäuerlichen Betrieb* schlussfolgert Planck (1964; S. 159): "Eine Wende zur Partnerschaft stellt es jedoch dar, dass die Bauern der jüngeren Generation die Arbeitsleistung der Frau - und zwar auch ihre Leistung in Haus und Familie - ideell anerkennen." Männer wissen, was sie an ihren Frauen haben und schätzen deren Mitarbeit von "entscheidender Bedeu-

---

[55] Bezüglich der Differenzen muß darauf hingewiesen werden, daß die drei Studien nicht vergleichbar sind, da sie mit unterschiedlichen Methoden (Fragebogen einerseits - qualitative Interviews andererseits) arbeiten und in verschiedenen Ländern durchgeführt wurden (Schweiz, Österreich, England). Plausibel erscheint aber das Ergebnis von Rossier (1992): die berufliche Ausbildung dürfte sich wohl eher positiv auf die Entscheidungsbefugnis auswirken als das allgemeine Bildungsniveau der Bäuerin. So betrachtet, relativiert sich die Widersprüchlichkeit der Ergebnisse.

tung ein" (Pevetz 1987). Lindemann-Meyer (1981) sieht ebenfalls einen Wandel, wenn sie schreibt: "Aus der mitarbeitenden Ehefrau ist die mitdenkende, mitplanende, aktiv am Betriebsgeschehen beteiligte Partnerin geworden, die in voller Verantwortung bestimmte Betriebszweige führt und am Betriebserfolg entscheidenden Anteil hat, die aber auch bereit ist, alle Risken mit zu übernehmen und zu tragen" (Lindemann-Meyer 1981; S. 59). Dazu ist aber natürlich vermehrtes Wissen und Können nötig. Overbeek (1994) sieht dies weniger optimistisch, in dem sie feststellt, dass Frauen in der betrieblichen Arbeit ihre eigene Meinung weitgehend zurückhalten, um Konflikte mit dem Partner zu vermeiden. Overbeek zieht daraus den Schluss, dass weder Männer noch Frauen wirklich etwas dazu beitragen, dass die Beziehung gleichwertig und partnerschaftlich verläuft, da sich das Umdenken vor allem in den Beziehungen zwischen Mann und Frau nur sehr langsam vollzieht (Österreichische Bergbauernvereinigung 1995; S. 10).

6 Methode der Datenerhebung und Datenanalyse

Ist die urbane Struktur dadurch gekennzeichnet, dass Familie und Beruf getrennte Orte haben, durch unterschiedliche Zeitrhythmen strukturiert sind und die jeweiligen Arbeitsinhalte geschlechtsspezifisch zugeordnet werden, weist das bäuerliche Milieu unterschiedliche Grade der örtlichen und zeitlichen Entmischung auf. Wie gezeigt gehen damit unterschiedliche geschlechtstypische Zuweisungen einher. Der institutionelle Kontext - in dem Frau und Mann Anpassungsleistungen erbringen - ist der Familienbetrieb. Er strukturiert die bäuerliche Gesellschaft und wird zur Grundbedingung für das menschliche Handeln. Allerdings sind gesellschaftliche Strukturen nicht unveränderbare Formen, sondern gestaltbar. So verschieden die Gestaltungsmöglichkeiten der untersuchten Bäuerinnen auch sind, der Familienbetrieb bleibt das verbindende Element.

Zur Klärung der Frage, aus welcher Perspektive die Bäuerinnen sich selbst wahrnehmen, wie ihre "Wirklichkeit" als Frauen konstruiert ist, wurde an sechsundvierzig Bäuerinnen[56] unterschiedlichen Alters und aus allen Bundesländern Österreichs die Bitte gerichtet, aus ihrem Leben zu erzählen. Nach den Prinzipien des narrativen Interviews wurde versucht, den Redefluss der Bäuerin nicht zu unterbrechen und etwaige Unklarheiten erst im Anschluss an die Haupterzählung nachzufragen. Die Interviews dauerten ungefähr ein bis drei Stunden. Ich möchte an dieser Stelle nochmals allen Bäuerinnen danken, die sich trotz ihrer vielen Arbeit so viel Zeit für uns genommen hatten.

Alle Tonbandinterviews wurden anschließend anonymisiert und wortgetreu verschriftet, wobei in einigen Fällen „Übersetzungen" vorgenommen wurden (dies war z.B. bei den Bäuerinnen aus Vorarlberg und Tirol für das Sinnverständnis der interpretierenden Wissenschafterin/nen notwendig). Die Analysen erfolgten in drei Schritten mit jeweils unterschiedlichen Methoden. Zwei Interviews wurden in der Gruppe[57] sequenzanalytisch untersucht. Dabei ging es um die Frage nach den den Sinneinheiten zugrundeliegenden latenten Momenten und objektiven Konsequenzen für Handlungs- und Denkweisen.

Schon nach dieser ersten Analyse wurde die Bedeutung der unterschiedlichen biografischen Voraussetzungen für das Bäuerinsein klar. War die Einheit des

---

[56] Repräsentativität erhält in diesem Forschungsansatz eine völlig andere Bedeutung: Nicht die Anzahl der Fälle, sondern die Sättigung unseres Wissens, die sich auf der Ebene soziostruktureller Beziehungen (und nicht auf Ebene oberflächlicher Beschreibung) einstellt und aus der Analyse neuer Fälle keine weiteren Variationen ergibt, macht die Untersuchungspopulation repräsentativ (Berteaux 1981; S. 37).
[57] Ich möchte an dieser Stelle den Studentinnen und ganz besonders meiner Kollegin Mag. Kratzer danken, die an diesen Sitzungen teilgenommen haben.

Familienbetriebes für eine Bäuerin ein nicht zu hinterfragendes Ganzes, in dem sie ihre Aufgaben zu erfüllen hatte, die Entscheidungskompetenz für alle Belange primär beim Bauern lag, waren die Denk- und Handlungsweisen bei der zweiten – aus einer Kleinstadt stammenden – Bäuerin unterschiedlich. Für sie existierte diese Einheit des Familienbetriebes nicht in vergleichbarer Form, die Familie wurde von ihr als zentral gedeutet, in der der Mann als Ehemann eine wichtige Funktion erhielt, als Betriebsführer hingegen nicht wirklich interessierte. In „an Bauernhof muaß ma einiwachsn" und „a richtige Bäurin werd i nie" waren wichtige Kategorien, die die Gegensätzlichkeit der herkunftsbedingten biografischen Voraussetzungen markierten. Ergebnisse der Sequenzanalyse waren eine Reihe brauchbarer Kategorien. Daneben konnte der Blick für strukturelle Bedingungen des Bäuerinnenseins geschärft werden.

In den folgenden Auswertungsschritten wurden alle Interviews einer Grobanalyse unterzogen. Dadurch wurde eine Systematisierung der wichtigen Kategorien möglich und der offene Kodiervorgang der Grounded Theory eingeleitet. Ihre Begründer, Glaser/Strauss, meinen damit die induktive Erschließung von Handlungsorientierungen, die das soziale Geschehen aus den alltagsweltlichen Vorstellungsbildern (Theorien) der sozial Handelnden begründen bzw. herleiten will (Glaser/Strauss 1967, Fischer 1980, Gerhardt 1986). Die Entwicklung und Verfeinerung der "Theorien" erfolgt durch fortschreitendes, feinfühliges Vergleichen der Fälle und mündet letztlich in präzisen Hypothesen über einen empirischen Zusammenhang. Die begriffliche Einordnung der Daten in ein Theorieganzes ermöglicht zu verstehen, was in einem Gesellschaftsbereich vor sich geht, wie es zu erklären und deuten sei. (Glaser 1978). Wichtig ist in diesem Zusammenhang, dass es nicht um Einzelfälle, sondern um Typen von Personenkategorien und von Ereignissen geht, die gesellschaftlich (interaktionell) strukturiert sind. "Der Einzelfall ist bei dieser Analyse daher nur ein Beispiel, an dem Strukturen eruiert werden, er zählt soziologisch als Vergegenständlichung *typischer* Strukturen (Gerhardt 1986, 82). Das Typische am Individuellen wird zum Ausdruck geschichtlich relativer Zusammenhänge. Die Konstruktion von Idealtypen wird in diesem Interpretationszusammenhang zum wesentlichen *methodischen Instrument* (vgl. Gerhardt 1986). Wichtigstes Verfahren, das auf idealtypisches Erkennen hinführt, ist die *fallvergleichende Kontrastierung*. Es zielt darauf ab, typische Grundmuster im Vergleich beobachteter Fälle und Vorgänge zu finden.

Wie sich schon in der Sequenzanalyse aber auch in der Literaturaufarbeitung gezeigt hatte, erwies sich das Konzept der "Mithelfenden" zentral als Folie für systematische Untersuchungen und Vergleiche. Das „Einiwachsn" impliziert, dass eine starre, fixe Form – der Familienbetrieb – vorgegeben ist. Als handlungstheoretischer Gegenpol ist die Zerlegung der Form in seine Elemente, die Gestaltbarkeit ihrer Anordnung, die Neuordnung der Bedeutungshierarchie vorstellbar. „Einiwachsn" kann in diesem Interaktionsgeschehen ein möglicher Handlungsentwurf sein, aber nur einer unter mehreren Optionen.

Die strukturell verknüpften Bereiche Hof und Familie, Partner, Kinder, Schwieger-/Eltern und das weitere soziale Umfeld haben auf die Gestaltbarkeit des "Fahrplans" der individuellen Biografien selbstverständlichen grossen Einfluss. Sie ermöglichen oder verhindern die Nutzung individueller Ressourcen.

Die Beteiligung mehrerer Subjekte an der Ausgestaltung dieser Lebenslaufbahnen, bedeutet, dass Handlungen durch Beeinflussung mehreren Personen zustande kommen. Strauss bezeichnet jene Handlungsgefüge, die von einer Reihe von AkteurInnen hervorgebracht werden, ohne dass ein zentraler Autor, ein zentrales Subjekt auszumachen wäre, mit dem Begriff des "trajectory" (vgl. Strauss 1991; Soeffner 1989; Reichertz 1991). Mit dem Konzept des trajectory werden unterschiedliche Ebenen analytisch erschlossen. "Auf der Ebene individuellen Handelns bezieht es sich auf die Relation zwischen Plan und Deutungs- bzw. Verhaltensmuster, auf der Ebene gruppaler Kooperation auf die Relationen zwischen Projekten und Arbeitsroutinen, auf der Ebene kollektiver Mentalität schließlich auf die Relationen zwischen formulierbaren Handlungsnormen und latent geleitetem Wissen." (Soeffner 1989; S. 63).

So konnte in vielen Fällen festgestellt werden, dass der Lebensentwurf vieler Frauen auf andere Berufe als Bäuerinnen gerichtet war. Diese Abweichung zwischen individueller Planung und konkretem Verhalten wurde meist als die notwendige Unterordnung unter Hofinteressen interpretiert, mit leichter Wehmut zwar, aber als „richtiges" bzw. normgerechtes Verhaltensmuster. Als solches geht diese Deutung konform mit den in bäuerlichen Milieus tradierten Handlungsnormen.

Gruppale Kooperationen spielen sowohl in den betrieblichen Arbeitsroutinen als auch in der familieninternen Arbeitsteilung eine grosse Rolle. Noch einmal kann es zu einer Brechung zwischen individuellen weiblichen Lebensentwürfen und konkretem Alltagshandeln kommen, abhängig von der Bereitschaft der Hofmitglieder anderes zuzulassen als „einiwachsn". Aus diesem Grund wurde den Interaktionspartnern Ehemann, Kinder, Generationenverhältnis grosse Aufmerksamkeit geschenkt. Über die beobachteten Differenzen und Gleichheiten wurden Verbindungen zu den theoretischen Kategorien hergestellt und die entdeckten Zusammenhänge systematisch geordnet. Durch die Methode des ständigen Vergleichens konnten letztlich die dargestellten Weiblichkeitskonstruktionen ermittelt werden[58].

---

[58] Meines Erachtens gehen Glaser und Strauß sowohl bei der Interaktion mit Sterbenden (den Bewusstseinskontexten) als auch bei den Statuspassagen ähnlich vor ohne allerdings den Ausdruck Typus zu verwenden.

7 Differenzen zwischen Bäuerinnen - Ergebnisse der empirischen Analyse

Die Darstellung der Befunde beginnt mit der anschaulichen Beschreibung der typischen Fälle. Im Fallvergleich werden Gemeinsamkeiten, Differenzen und strukturelle Gleichheiten sichtbar gemacht. Abschließend erfolgt die Präsentation der Ergebnisse auf einer abstrakten Ebene.

7.1 DIE "MITHELFENDE"

An den Anfang der Fallbeschreibungen sind jene Frauen gestellt, die weitgehend der historischen Weiblichkeitskonstruktion der *"Mithelfenden"* entsprechen. Mithelfende deshalb, weil sie alle im Haus und in der unmittelbaren Nähe des Hauses anfallenden Arbeiten verrichten und den Männern nach Bedarf bei ihrer Arbeit helfen. Obwohl ihr Beitrag zum Erhalt des bäuerlichen Wirtschafts- und Familienverbands von gleicher Bedeutung ist wie jener der Männer, widerspiegelt sich dies nicht in ihrer Eigenwahrnehmung. Generell messen sie ihrer eigenen Arbeit nicht die gleiche Bedeutung bei wie der Männerarbeit. Unabhängig von ihren realen Kompetenzen und Fähigkeiten erachten sie die Männer als überlegen. Der Bestand und die Führung des Hofes ist primär an das Vorhandensein eines "Kopfes" was heißt Mannes gebunden, sie selbst verstehen sich als ausführende Hände. Im Zentrum ihrer Lebensführung steht der Betrieb, in dem sie lohnlos und "mit"arbeitend oft in höherem Stundenausmaß als die Männer tätig sind. Die Akzeptanz der geschlechtsspezifischen Komplementarität verhindert nicht, dass Ambivalenzen entstehen. Handlungsleitend werden diese nicht für die eigene Person, sondern in der individuellen Förderung der Kinder. Vor allem bei den Töchtern erfolgt eine Distanzierung von der eigenen Biographie. Darin ist auch die Bruch zu dieser historisch gewachsenen Weiblichkeitskonstruktion abgelegt.

7.1.1 Fallbeschreibung der Frau S.

7.1.1.1 Beschreibung der allgemeinen Bedingungen

Frau S. ist 55 Jahre alt und Mutter zweier erwachsener Kinder. Der Weinbaubetrieb wurde von ihr in die Ehe gebracht und wird heute unter Mithilfe der ganzen Familie bewirtschaftet. Ihr Vater und ihr ältester Bruder, der den Hof hätte übernehmen sollen, sind beide im Krieg gefallen, Frau S. war zu diesem Zeitpunkt erst vier Jahre alt. Der zweite Bruder musste daraufhin sein Studium abbrechen, um am Hof mitzuarbeiten, er war aber an der Weiterführung des Betriebes absolut nicht interessiert und blieb nur solange, bis Frau S. alt genug war, um auch die gröberen Arbeiten auszuüben. Frau S. besuchte nur die Pflichtschule, für eine weitere Ausbildung war keine Zeit vorhanden. Als sie mit 16 Jahren den Traktorführerschein erwarb, verließ ihr Bruder den Betrieb und wurde Beamter. Bis zur Heirat arbeitete Frau S. mit ihrer Mutter und der Hilfe eines alten Knechts im Betrieb.

Nach der Heirat übernahm ihr Mann die Führung und die Hauptverantwortung über den Betrieb. Herr S. stammt aus demselben Dorf wie Frau S., sein Vater war ebenfalls Weinbauer, während seine Mutter als Kauffrau tätig war. Herr S. absolvierte eine kaufmännische Ausbildung.

Die ersten Ehejahre, in die auch die Geburt des Sohnes und der Tochter fallen, sind durch eine arbeitsintensive Aufbauphase geprägt. Es wurde unter anderem der Weinkeller modernisiert und ein neues Auto angeschafft, um den Betrieb effizienter und gewinnträchtiger zu gestalten. Der Betrieb stellt heute ein aufstrebendes Unternehmen dar, dessen Weine zum Teil preisgekrönt sind.

Die zwei erwachsenen Kinder arbeiten heute beide im Betrieb mit, die verheiratete Tochter hat einen eigenen Hausstand gegründet, während der Sohn noch im Haushalt der Eltern lebt. Der Sohn ist schon seit langem als Nachfolger vorgesehen und wird durch eine qualifizierte Ausbildung darauf vorbereitet.

7.1.1.2 Bedeutung des Hofes

Für Frau S. stellte sich in dem Sinn nie die Frage, ob sie überhaupt Bäuerin werden wollte. Da der eine Bruder im Krieg gefallen war und der andere dezidiert nicht Bauer werden wollte, bot sich in ihren Augen keine andere Alternative als den Betrieb mit ihrer Mutter weiterzuführen. Eigene Interessen oder Wünsche bezüglich eines außerlandwirtschaftlichen Berufes werden nicht erwähnt und scheinen auch für Frau S. von geringer Bedeutung zu sein, die Fortführung des Betriebs steht im Vordergrund.

Nach der Einheirat des Mannes wird wie oben beschrieben der Betrieb zunehmend marktwirtschaftlich ausgerichtet. Auch der Heurige, der in die Zuständigkeit von Frau S. fällt, wird ausgebaut, es wurde eine zusätzliche Lokalität errichtet, in der die Gäste auch bei Schlechtwetter bewirtet werden können. Die Speisen, die dabei zum Wein angeboten werden, bereitet Frau S. selbst zu. Zu den weiteren Arbeitsbereichen gehören Abhofverkauf, die Arbeit im Weingarten und ein aufwendiger Haushalt, der neben der Kernfamilie auch die Schwiegermutter sowie einen Arbeiter und manchmal bis zu drei Praktikanten umfasst. Das tägliche Kochen wird von Frau S. nur ungern verrichtet, da die Eßgewohnheiten in der Familie variieren und sie es allen recht machen will (*"Aber kochen tu ich nicht gern, wär froh, wenn ich nicht müsste"*), jedoch sieht sie keine Möglichkeiten, diese ungeliebte Arbeit einzuschränken. Die verantwortungsvolle Aufgabe im Weinkeller wird von den Männern, dem Ehemann und ihrem Sohn ausgeführt, die auch hauptsächlich für die Präsentation der Weine außerhalb des Heurigen zuständig sind. Frau S. besucht auch Weinmessen, allerdings nur im Inland, die in einer ihr vertrauten Umgebung stattfinden und wo sie schon einige Bekanntschaften geknüpft hat. Auf den prestigeträchtigen Messen im Ausland fühlt sie sich einerseits wegen ihrer mangelnden Sprachkenntnisse, andererseits aufgrund des internationalen Publikums, dem sie sich nicht gewachsen fühlt, deplaciert.

Frau S. hat bisher nicht darüber reflektiert, ob sie mit ihrer Stellung im familiären Betrieb und ihrer Arbeit überhaupt zufrieden ist, es bleibt ihr auch gar keine Zeit darüber nachzudenken. Sie hat auch kein Bedürfnis, etwas an ihrer Situation zu ändern.

"Man kommt nicht zum denken, i hab ja gar nicht Zeit zum Denken, das ich grübeln könnt oder was. Ich weiß nicht, was wäre wenn ich soviel Zeit hätt, ob ich nicht auch grüblerisch oder was der Teufel was depressiv oder alles mögliche, was heut zu Tag so modern ist. Aber do passiert schon wieder irgendwas oder kommt wer oder das sollt auch noch gemacht werden... Und am Abend fällt man todmüde ins Bett. Hat schon Vorteile auch, also ich siehs nicht so ganz negativ."

Ihre Arbeit, obwohl anstrengend und zeitaufwendig, bietet ihr auch Erfolgserlebnisse, die Frau S. darauf zurückführt, dass sie ein Aufgabengebiet hat, in dem sie auch *"gefordert"* wird. Vor allem der Verkauf des Weines macht ihre Freude, da sie hier neben der finanziellen vor allem auch emotionale Anerkennung ihrer Leistungen durch die Kunden erfährt.

Entsprechend ihrer traditionellen Lebens- und Arbeitsauffassung stehen die betrieblichen Anforderungen im Mittelpunkt ihres Denken und Handelns. Ohne sich zu beklagen, investiert Frau S. den Großteil ihrer Lebenszeit in die betriebliche Arbeit und Hausarbeit.

"Beim Heurigen, bin i um Mitternacht schlafen gegangen und in der Früh aufg'standen, in den Weingarten mitgefahren, zu Mittag nach Hause wieder in den Heurigen und wieder, und des praktizier ma im Sommer schon auch so."

Sie erhebt keinen Anspruch auf individuelle Freiräume, das Funktionieren des Betriebes steht im Vordergrund ihres Interesses. Ihre Identität bezieht Frau S. vorwiegend aus ihrem Status als **mithelfende** Weinbäuerin eines gewinnbringenden Betriebs. Obwohl sie für das reibungslose Funktionieren des Heurigen allein verantwortlich ist, was ihr eine ständige hohe Integrationsleistung der verschiedensten Arbeiten abverlangt (*"Vormittag - wir gehen halt einkaufen und dann... Fleische braten und dies und das und dann kommt um neune schon wer Wein kaufen manchesmal und dann.. s'Telefon läutet 17 Mal"*), sieht sie den

Heurigen nicht als eigenen Kompetenzbereich. Sie identifiziert sich nicht als Frau, die gemeinsam mit ihrem Mann den Betrieb aufgebaut hat, ihre Rolle ist die einer fleißigen und pflichtbewussten Mitarbeiterin ohne weiterreichende Entscheidungskompetenzen. Insofern ist sie auch stolz auf ihren erfolgreichen Betrieb, sieht dies aber primär als Verdienst ihres Mannes.

7.1.1.3 Partnerschaft

Frau P.s Ehe ist eine hierarchisch, männlich dominierte Paarbeziehung mit primär funktionalem Anspruch. Die Beziehung zu ihrem Mann wird über die Arbeit thematisiert, wobei eine gut funktionierende Zusammenarbeit im Vordergrund steht. Der Mann stellt dabei den "*Kopf*" des Betriebs dar und bestimmt, was gemacht werden soll, während die Frau "*halt mitzieht*" und den Anweisungen des Mannes folgt. *"Wenn ein Ehepaar nicht z'sammarbeitet und die* (Anm.: die Ehefrau*) pocht und sagt, das ist ka Arbeit für mich, also i weiß net, ob das gut ist auf die Dauer."* Ihr eigenes Wissen und ihren Erfahrungsschatz, den sie sich in ihrer langjährigen Praxis erworben hat, kann sie in dieser Arbeitsbeziehung nicht einbringen: "*Sehen sie, ich werd so selten um meine Meinung gebeten.*"

Obwohl sie die Hoferbin ist, hat ihr Mann die gesamte Verantwortung über den Betrieb übernommen und ihn mit ihrer tatkräftigen Hilfe zu einem florierenden Unternehmen ausgebaut. Frau S. spricht nicht nur sich, sondern den Frauen im allgemeinen die Kompetenz ab, einen Betrieb führen zu können. Frauen, die einen Betrieb führen "*wurschteln*" sich nur so durch, von einer sachkundigen Leitung kann hier nicht gesprochen werden "*ja wenn man überhaupt do von führen überhaupt reden kann*". Frauen werden generell in der untergeordneten Rolle gesehen.

Frau S. bezeichnet sich selbst nie als selbständig, sie lässt sich gerne von einer männlichen Person leiten. Auch in der Zeit, als sie mit ihrer Mutter den Betrieb führte, lehnte sie sich an ihren Bruder an, der ihr auch nach seinem Weggehen mit Ratschlägen zur Seite stand. Sie akzeptiert voll und ganz die Autorität ihres Mannes und passt sich ihm nahezu vollständig an. Ihre Unselbständigkeit wird von ihr nicht problematisiert, sie sieht es eher so, dass "*jeder in der Familie* (hat) *halt seine Aufgaben, einer ist für die Kleinarbeiten zuständig, und der andere fürs Große*". Die Aufteilung derselben wird nicht reflektiert oder in Frage gestellt.

7.1.1.4 Bedeutung der Kinder

Auch hier manifestiert sich Frau S.´ traditionelle Orientierung, die sich bereits in der Beziehung zum Partner und ihrer Einstellung zum Betrieb und landwirtschaftlicher Arbeit zeigte. Die Kinder haben funktionale Bedeutung für den Betrieb, da sie zum einen als Arbeitskräfte benötigt werden, zum anderen durch sie mit der Weiterführung des Betriebs gerechnet werden. ("*Was ma schafft, macht ma für die Kinder*".) Beide erwachsenen Kinder arbeiten im Betrieb mit, der Sohn wird den Betrieb auf längere Sicht übernehmen.

Auch während die Kinder klein waren, blieb der Einsatz Frau S.´ im landwirtschaftlichen Betrieb sehr hoch. Die Betreuung und Erziehung der Kinder wurde im großen und ganzen an die Großmütter, auf deren Hilfe sich Frau S. verlassen konnte und ans Internat delegiert, Frau S.´ Anteil daran reduziert sich auf ein Mindestmaß.

"Wenn i mi an meine Kinder errinnere, meine Mutter und meine Schwiegermutter haben sie den ganzen Tag g'habt und am Abend hab i sie ins Bett gesteckt, und naja, am Sonntag beim Heurigen, hat's auch so ausg'schaut, dass die Kinder mit der Großmutter spaziern gegangen sind, solang sie noch klein waren."

Frau S. schätzt sich glücklich, dass sie während der Zeit als die Kinder noch klein waren auf eine aktive Mutter bzw. Schwiegermutter zurückgreifen konnte, da nach ihrer Auffassung eine Bäuerin ihren Aufgaben im Betrieb auch dann nachgehen muss, wenn die Kinder noch klein sind, sie den Kinder also nicht soviel Zeit opfern konnte wie etwa eine "*normale*" Erwerbstätige, die die Möglichkeit hat, in Karenz zu gehen. Gegenüber Bäuerinnen, die sich hauptsächlich der Kindererziehung widmen, grenzt sie sich ab.

Die Ausbildung der Kinder erfolgt nach betriebs- und leistungsorientierten Maßstäben. Für beide Kinder ist eine qualifizierte Ausbildung, allerdings im geschlechtsspezifischen Rahmen, geplant, die jedoch den individuellen Interessen der Kinder nur teilweise entsprechen. Die Tochter erreichte das von den Eltern angestrebte Ziel, Matura und anschließend eine Ausbildung im Fremdenverkehr, nicht. Sie bricht das Internat in Wien frühzeitig ab und kehrt auf den Hof der Eltern zurück. Obwohl sie nie einen Bauer heiraten wollte, was auf ihre Unzufriedenheit mit den hohen Arbeitserfordernissen eines landwirtschaftlichen Betriebs hinweist, arbeitet sie heute auf dem elterlichen Hof mit. Frau S. war über den Schulabbruch ihrer Tochter nicht unglücklich, da diese im Falle einer nichtlandwirtschaftlichen Berufsausbildung "*verloren wär für uns*" und ihrer Ausbildung entsprechend in anderen Bereichen tätig wäre. Die Arbeitskraft der Tochter bleibt dem Betrieb nun erhalten, sie hilft jetzt "*fleißig*" in den verschiedensten Bereichen des Familienbetriebs mit, was Frau S. aufgrund ihrer traditionellen Hofzentrierung und ihrem funktionalen Anspruch an die Kinder sehr entgegenkommt.

Die Karriere des Sohnes, des künftigen Nachfolgers wurde noch genauer durchgeplant. Nach der Pflichtschule besuchte er die Weinbaufachschule in Klosterneuburg, und während dieser Zeit begann er großes Interesse für den Weinbaubetrieb zu zeigen. Der Vater, selbst sehr ehrgeizig und gegenüber betrieblichen

Innovationen aufgeschlossen, ermöglicht seinem Sohn eine internationale Ausbildung im Weinbaubereich. Nach Abschluss der Matura organisierte er ihm mehrmonatige Praktikantenstellen in Frankreich und Kalifornien. Es waren noch weitere Praktika geplant gewesen (Südafrika, Australien), doch inzwischen hat sich der Sohn sehr gut in den Betrieb eingearbeitet und verschiedene Aufgabenbereiche selbständig übernommen, so dass nur mehr schwer auf ihn verzichtet werden kann. Die Arbeit macht ihm viel Spaß, Vater und Sohn scheinen eine gelungene Arbeitsgemeinschaft gegründet zu haben, in der der Sohn auf seine Aufgaben als Betriebsnachfolger hingeführt wird.

Frau S. ist im großen und ganzen mit ihrem Dasein als Bäuerin zufrieden, wobei sie, wie beschrieben, ihre Situation kaum reflektiert hat. Ihre Identifikation als Bäuerin verläuft primär über ihren Mann, dessen Autorität (als Mann) sie sich von vornherein untergeordnet hat und auf den sie als erfolgreicher Weinbauer stolz ist, sie selbst identifiziert sich vorwiegend als Mithelfende diese landwirtschaftlichen Betriebs. Ihre Arbeitsbeziehung scheint gut zu funktionieren, da nach beider Handlungsorientierung der Betrieb im Zentrum der Lebensführung steht. Das Bedürfnis nach individuellen Freiräumen ist nicht vorhanden bzw. wird überhaupt nicht beachtet und stellt dementsprechend auch kein Konfliktpotential zur hofzentrierten Arbeitsauffassung dar. Auch steht ihre Auffassung von Kindererziehung nicht in Konkurrenz zur traditionellen bäuerlichen Ansicht, nach der die Kinder neben der Arbeit mitlaufen. Durch die Hilfe der beiden Großmütter konnte Frau S. ihren Aufgaben als Bäuerin auch während Kleinkindphase ohne größere Probleme nachkommen.

7.1.2 Fallbeschreibung Frau E.

7.1.2.1 Beschreibung der allgemeinen Bedingungen

Frau E. ist zum Zeitpunkt des Interviews 40 Jahre. Mit 18 Jahren heiratete sie auf den Hof ihres Mannes, der zu diesem Zeitpunkt den elterlichen Betrieb bereits übernommen hatte. Sie stammt, wie sie selbst sagte, von einem "schwierigen Bergbauernhof" und hatte nicht vor, jemals Bäuerin zu werden. Ihren Wunsch, Krankenschwester zu werden, konnte sie nicht umsetzen, da sie am elterlichen Hof als Arbeitskraft gebraucht wurde. Die Lehre der ländlichen Hauswirtschaft hat Frau E. abgebrochen. Die Eltern erlaubten der Tochter keine andere Ausbildung. Ihre Brüder durften hingegen eine Lehre absolvieren.

Zum Mischbetrieb gehören 56 Ha Grund, der sich auf 20 Ha Wald, 5 Ha Almweiden, 6 Ha Ackerboden und der Rest auf Grünland und Weiden aufteilt. Insgesamt werden 28 Stück Vieh gehalten, davon liefern 12 Kühe ca. 45 000 Liter Milch pro Jahr, die anderen Tiere werden entweder zur eigenen Nachzucht verwendet oder als Zuchttiere bzw. Mastochsen verkauft. Seit 12 Jahren bauen Frau und Herr E. Roggen, Weizen und Dinkel biologisch an und verarbeiten diese Getreide auch selbst weiter. Durch Direktvermarktung und Abhofverkauf versuchen sie, die Existenz zu sichern und das Einkommen zu stabilisieren.

Die Schwiegereltern wohnen in einem eigenen Haus in der Nachbarschaft. Von Anfang an wurde auf sie kaum als unterstützende und mithelfende Arbeitskräfte zurückgegriffen. Lediglich ein alter noch am Hofe lebender Knecht, der zum Zeitpunkt des Interviews bereits vier Jahren tot war, beaufsichtigte die damals noch kleinen Kinder, während Frau E. landwirtschaftliche Arbeiten verrichtete. Durch die räumliche Trennung und der frühen Kompetenzüberschreibung der Eltern an den Sohn kam es nie zu Generationskonflikten. Ihre drei Töchter sind heute zwölf, fünfzehn und siebzehn Jahre alt. Seit 12 Jahren nimmt Frau E. am Arbeitskreis Bäuerinnen der österreichischen Bergbauernvereinigung teil.

7.1.2.2 Bedeutung des Hofes

Die primäre individuelle Orientierung von Frau E. zeigt sich an der Vorrangigkeit des Hofes gegenüber ihren eigenen Interessen. Bei Frau E. stehen die Arbeitserfordernisse des Hofes im Zentrum des Handelns. Von traditionell hoher Arbeitsmoral geprägt, versucht sie die Einkommensverluste durch gesteigerte Selbstausbeutung zu kompensieren.

Besonders die Weiterverarbeitung des Getreides zu Mehl, Brot und Mehlspeisen ist sehr arbeits- und zeitintensiv und gehört zu den Arbeitsbereichen von Frau E. Die hohe marktwirtschaftliche Orientierung vergrößert die Abhängigkeit von Agrarpolitik und regionaler Infrastruktur. Durch stetiges Probieren neuer Einkommensmöglichkeiten, wie zum Beispiel das Beliefern eines Biogeschäftes mit Brot, um weitere Standbeine zu schaffen, entstehen zusätzliche Arbeitsbelastungen für Frau E., die zwar einerseits das Einkommen stützen, jedoch die Unsicherheiten über die existentielle Zukunft nicht nehmen. Da vor allem die Veredelung des Getreides fast ausschließlich in ihren Kompetenzbereich fällt, erlebt sie die Verantwortung bezüglich Existenzsicherung als besonders belastend.

"Aba wo's ma schlecht geht damit, is de Oarbeitszeit und des Einkommen. Des is des wo's ma schlecht geht damit, die Oarbeit, oiso, waunn ma zum Beispü sagt, durch Direktvermarktung kaunn ma einiges mehr an Einkommen erziehlen. Des stimmt, oba i kaunn net oiwei wos an Einkommen abgeht wieder durch Mehroarbeit kompensieren. Und des is momentan der Foi. Des betrifft sehr stark die Bäuerinnen, des betrifft sehr stark die Frauen wieder, daß durch irgenda Intensivierung vo irgendam Betriebszweig, wias bei uns speziell is, durch de Getreideverarbeitung, des betrifft speziell mi. Und des bleibt hoit daunn an mir hänga."

Obwohl die Diversifikation des Betriebes einerseits in Bioprodukte und andererseits in Masttiere, sowie die Expansion der Direktvermarktung auf hohes objektbezogenes Rentabilitätsdenken und Leistungsorientierung schließen lassen, können keine eindeutigen Handlungsstrategien bezüglich Hoferhalt und Existenzsicherung festgemacht werden. Die Konsequenzen, die für Frau E. daraus resultieren, sind das Gefühl, allgegenwärtig sein zu müssen, im "Radl" gefangen zu sein und keine Freizeit zu haben.

> *"Des schwierigste is wahrscheinlich des, daß ma in a Radl einkimmt, wo ma nimma außa kaunn, wo ma sagt daun, des hab i gwehnt oda was. Oiso i denk ma a oft, gewisse Sachn gwehnst. Un des is oft bei da Vermarktung a so, das is wie a so a Radl. Des kunnt ma nu probieren, und der braucht nu was. Und des is a so, daß des so a Geschwindigkeit kriagt, wo ma's goar nimma dawerka kaunn. Da macht ma Abstriche bei de persönlichen Sachn."*

Die Zerrissenheit zwischen landwirtschaftlicher und hauswirtschaftlicher Arbeit führt zu dem Wunsch, die Hausarbeit zu reduzieren, das heißt, sobald die Kinder aus dem Haus sind, nicht mehr regelmäßig zu kochen,.

> *"Weil des kaunn i ma vorstölln, waunn amoi de Kinda groß san, daß nimma von der Schui hamkumman und an Hunga haum, kaun i ma des vorstölln, daß i hoit amoi goar nix koch."*

Anders ausgedrückt gestaltet sich die Verwobenheit der unterschiedlichen Arbeitsbereiche für Frau E. eher problematisch, da sie es kaum schafft, für sich selbst Grenzen zu ziehen, um so eine gewisse Ordnungsstruktur in ihren Alltag zu bringen und Arbeit und Freizeit zu trennen.

Abgesehen davon, gehören Haus- und Reproduktionsarbeit nicht zu den sinnstiftenden Tätigkeiten im Leben von Frau E. Die Erfüllung moderner Reinlichkeitsstandards ist ihr aber wichtig. Sie nimmt dafür bezahlte Hilfsdienste in Anspruch.

> *"Gaunz weng Bäuerinnen sant bereit für des Göld wen zu beanspruchn.... Des is de Wertschätzung der Frau, net, wo i denk, was ihr zusteht... Waunn de Frauen, de des wirklich vü in Aunspruch nehman, de götn daunn in da Umgebung zum Teil so oiso, wia soi i denn sagn, ois faul oda, na de haums Not."*

Während der Maschinenring als Unterstützung bei Außenarbeiten der Bauern heute selbstverständlich ist, wird die ökonomische Relevanz weiblicher Arbeitskraft in landwirtschaftlichen Betrieben nach wie vor gering bewertet, was Frau E. auch kritisiert.

Vorrangig gilt das Denken und Handeln von Frau E. der Existenz- und Hofsicherung zumindest für ihre Generation. Die Diskrepanz zwischen Wunsch, die Arbeit nicht vor alles zu stellen und der Wirklichkeit, Dominanz der Arbeit, ist nicht gerade förderlich für das Gefühl der Zufriedenheit. Je mehr Frau E. persönliche Abstriche macht, um so mehr verstärkt sich ihr Gefühl nicht mehr "*aus dem Radl*" zu kommen. In ihrer passiven Haltung und hohen Anpassungsbereitschaft erlebt sie sich den Bedingungen ausgeliefert. Der Gedanke an eine zeitlich strukturierte Erwerbsarbeit mit vorgegebener Freizeit erscheint ihr - mangels konkreter Erfahrung - als erstrebenswerter Zustand. Frau E. vergleicht ihr Leben mit einer idealisierten Vorstellung von der Erwerbswelt, ohne jedoch die Möglichkeit in Betracht zu ziehen, auch in ihrem realen Alltag Schritte zur Veränderung zu setzten. Sie fordert nicht die Mithilfe ihres Ehemannes, der neben seiner Arbeit Zeit zu intensivem Jagen findet. Da jedoch die Aushandlungsmöglichkeiten innerhalb der Partnerschaft kaum wahrgenommen werden bzw. nicht vorhanden sind und die Durchsetzungsfähigkeit bei Frau E. wenig entwickelt ist, bleibt die Differenz zwischen Bewusstsein und tatsächlichem Handeln. Daraus resultiert aber der Versuch, ihren Töchter andere Möglichkeiten zu bieten.

7.1.2.3 *Partnerschaft*

Die Partnerschaft wird ausschließlich im Zusammenhang mit Arbeit thematisiert. Die Arbeitsteilung zwischen den Ehepartnern verläuft entlang der traditionellen Trennlinie zwischen Außen- und Innenwirtschaft, wobei die Kompetenzbereiche nicht explizit ausgehandelt wurden, sondern sich mehr oder weniger "*so ergeben*" haben.

> *"Oiso partnerschaftlich gehts uns net so schlecht. Oiso, des kaunn i ehrlich sagn. Es is a so, daß des zum Teil üba weite Streckn aufteilt is....Des für Viech und des Innerwirtschaftliche oiso des Innerbetriebliche, da ghert a da Stoi dazua und d'Viecha, des is bei mir so im Kopf. Des aundere hat so er im Kopf, von da Verauntwortung, vom Umschaun und vom Geistigen. Was tua i, was bau i aun oda mit wöchan Stier laß i de Kua zua und so, oiso, des haum ma aufteilt. Aba des is net amoi eintoit worn, sondern des hat sie so ergebm. Durch des, daß i hoit mehr im Haus bin, gehts Viech leichta mit und er is mehr drauβn. De starke Oarbeit oda Hoizoarbeitn geh, kaunn i net, nur in Ausnahmefälle daß i mitgeh, waunn er sunst neamt hat."*

Gegenseitiges Aushelfen wird als Aspekt einer gut funktionierenden Partnerschaft empfunden. Die Alltagspraxis zeigt, dass Frau E. ihrem Mann mehr oder weniger überall "hilft", während dieser außer beim Melken und gelegentlich Brotausfahren kaum Bereitschaft zeigt, sie auch im Haushalt bzw. bei innerhäuslichen Arbeiten zu entlasten. Die einzige Ausnahme ist die Anwesenheit des

Mannes während der Zeit des Frühstücks bei den Kindern, während Frau E. bereits den Stall macht. Ihre mehr oder weniger permanente Anwesenheit am Hof führt dazu, auch ständig mit Arbeit konfrontiert zu sein, die jedoch oft den Charakter des Unsichtbaren trägt. Beispiel dafür wären das Warten auf den Tierarzt oder das Betreuen der Abhof kaufenden Kundschaften.

"Wobei i sagn muaß, daß a bei uns a so is, daß die laungwierigen Oarbeitn, oda die ständig wiederkehrenden Oarbeitn sicha i mach, de was, de was ma a am Sonntag net abschiabm kaunn.... Er is Jagn und i mach so eher die kloan Oarbeitn, waunn wer um an Most kummt, oda um a Droat. Des is ois Oarbeit. I bin zwoar sowieso da, i brauch net extra vo irgendwo herfoahrn, aba des san so de kloan Oarbeitn und i glaub, des is auf alle Betriebe gleich."

Für Frau E. stellt es sich als generelle Geschlechterproblematik dar, dass es für Männer leichter ist, sich zu entziehen, bzw. Verantwortung abzugeben. Ihre Zuständigkeit für regelmäßige Arbeiten, wie das Melken, macht es für sie auch schwierig, ihre Omnipräsenz abzugeben. Im Gegensatz dazu ist die Arbeitszeit klar von der freien Zeit abgegrenzt. Obwohl ihr Herr E. im Stall hilft, kommt es immer wieder zu Unzuverlässigkeiten, die Frau E. zwar thematisiert aber in ihren Handlungen relativ wenig Widerstand zeigt. Sie hat sich damit mehr oder weniger abgefunden und erledigt auch die Stallarbeit allein. *"I bin sowieso dahoam, ob jetzt mei Maun hoamkimmt zum Fuattern oder net, mi regt des oft goar net amoi auf. I mach in Stoi eh aloan."*

Charakteristisch für das Zusammenleben am Hof im traditionellen Sinne ist die arbeitsorientierte Beziehungsstruktur entlang geschlechtsspezifischer Trennlinien. Diese erweisen sich jedoch gerade für Frauen immer wieder als besonders durchlässig. Das heißt, ihre Zu- und Mithilfe wird je nach Notwendigkeit gefordert, jedoch die umgekehrt Situation tritt kaum ein. Diese Art der geschlechtsspezifischen Arbeitsteilung nimmt Frau E. gelegentlich als solche wahr. Gleichzeitig akzeptiert sie die Geschlechterhierarchie und lässt aus ihrem Ärger keine interaktiven Konsequenzen folgen. Sie transformiert ihre Probleme auf eine allgemein politische Ebene und thematisiert sich auf der Ebene aller Frauen oder im Geschlechterverhältnis aller Bäuerinnen zu ihren Männern.

Dass Frau E. mit dem Gefühl der Überlastung und des sich in einem Radl Drehens und nicht mehr Herauskommens kämpft, lässt sich unter anderem einerseits mit der geringen Unterstützung von außen erklären und dass sie es andererseits in einem System von hoher Zyklizität und Komplexität nicht schafft, aktiv Schritte zu setzen, die ihr Freiräume und Erholung gewähren würden. Stattdessen entwickelt sie Bedürfnisse nach autoritären Instanzen, die ihren Arbeitsalltag strukturieren und ihr klare Freizeiten vorgeben. Ihr aus einer phantasierten Realität der Fabrikarbeit abgeleiteter Wunsch, *"den Ream obihaun"* zu können, verdeutlicht ihr Dilemma.

7.1.2.4 Bedeutung der Kinder

Hinsichtlich der Perspektiven für die Kinder zeigt sich bei Frau E. ein Bruch zu ihren Erfahrungen. Die eigene Sozialisation wird als defizitär wahrgenommen und soll sich auf keinem Fall an ihren Kindern wiederholen. So versucht Frau E., im Haus anwesend zu sein, wenn die Kinder von der Schule nach Hause kommen. Wichtig ist ihr, den Töchtern ein Gefühl von "Heimat" zu vermitteln, was sie in ihrem Elternhaus missen musste, da aufgrund der hohen Arbeitsbelastung keine Zeit für Kommunikation und sonstige Bedürfnisse war.

> *"Ja, mir is des sicha abgaunga, daß ma hamgeh haum kinna mit irgendwölche Sorgen und Probleme. Oda oanfach dahoam sein habm kinna. I man, mir haum a dahoam sei kinna, oba des, des Heimatgefühl in dem Sinn hab i net so ghabt dahoam."*

Allerdings leidet sie unter der inneren Zerrissenheit, ständig mit Zeitmangel bzw. Zeitdruck zu kämpfen und gleichzeitig den Anspruch zu haben, ihren Kindern so weit als möglich zur Verfügung zu stehen. Als Lösung ihres Dilemmas entwickelt Frau E. eine Strategie des "Reagierens" auf kindliche Bedürfnisse anstatt von sich aus zu "Agieren". Konkret müssen ihr die Kinder „nachlaufen" wenn sie etwas von ihr wollen, wobei sie das Gefühl hat, prinzipiell immer für die Kinder erreichbar zu sein. Besonders in der Kleinkindphase erlebte sie die räumliche Vereinigung von Hofarbeit und Familie wenig positiv. In den späteren Jahren hatten sich die Arbeitsanforderungen als vorrangig durchgesetzt, die Kleinkinder mussten unbeaufsichtigt zu Hause gelassen werden oder sie wurden zu den Außenarbeiten mitgenommen.

> *"waunn's mi wirklich brauchn, rennans ma hoit nach außi. Oda, oiso des is jetzt koa Problem mehr, weil's jetzt oanfach schon groß genug san. Des war mehr Problem wias kleana woarn, weil oft Oarbeitn gfährlich san, wo ma's net braucha kaunn. Und daunn sans hoit unbeaufsichtigt, oda ja, ma nimmts mit. Des is sicha a wesentliches Problem, weil oanfach, wenn i sag, jetzt bin i zwoa Joahr bei de Kinda, sicha, nur für de Kinda da, wias in Karenz is, des is ja da net. Die Oarbeit geht ja durch."*

Ihr Anspruch als Mutter und als landwirtschaftlich arbeitende Frau wurde von ihr als kaum vereinbar erlebt und verstärkte ihre Ambivalenzen als Bäuerin. Da trotz der Familien- und Kinderarbeit der Umfang der landwirtschaftlichen Arbeit gleich bleibt, erlebt sie den Widerspruch zwischen den eigenen Erziehungsansprüchen und den Arbeitsanforderungen als Belastung. Sie problematisiert aus dieser Perspektive die allgemeine Situation der Bäuerinnen und erlebt diese im Vergleich zu berufstätigen Müttern in Karenz als stark benachteiligt.

Das Gefühl ständig zur Verfügung stehen zu müssen bzw. auch zu wollen schlägt sich in Form von Zerrissenheit nieder, das sich bei Frau E. in allen Bereichen (Haushalt, landwirtschaftliche Arbeit, Direktvermarktung, Kinder) beobachten lässt. Der Stress macht sie auch ungeduldig im Umgang mit den Kindern. Dies ist Grund, weshalb die einst krankheitsbedingte morgendliche Anwesenheit des Mannes bei den Kindern beibehalten wurde, während Frau E. den Stall macht. Die Entlastung durch diese Arbeitsteilung besteht primär nicht nur in der realen Verminderung der Arbeit für Frau E., sondern in der Reduktion der meist synchron anfallenden Aufgaben.

Nicht nur im Zusammenhang mit der heute viel zitierten Agrarkrise ist die Ermutigung der Töchter zu einer Ausbildung zu sehen, sondern auch in den eigenen Sozialisationserfahrungen von Frau E.. Die Bildungsentscheidungen für die Töchter orientieren sich nicht an einer möglichen Hofnachfolge, sondern an deren individuellen Interessen. Damit bleibt eine eventuelle Hofnachfolge offen, bzw. wird in gewisser Weise die Verantwortung und die Entscheidung auf die Kinder übertragen. Vorrangiger Wunsch von Frau E. für ihre Kinder ist ein Beruf, der ihnen Spaß macht und ihren materiellen Ansprüchen Genüge tut. Sie zweifelt öfter, ob in der Landwirtschaft eine Verwirklichungsmöglichkeit für die Töchter besteht, zumal sie selbst das Gefühl hat, ihren Kindern nicht die nötige positive Einstellung zu vermitteln.

"I kaunns goar net sagn, was i für Wünsche für die Kinda haun. Zum einen Teil denk i ma, es wa schen in de Richtung, waunn oans weitagang. Zum aunderen Teil bin i ma goar net sicha, ob i eana des vermittlt, wei's i oft schwierig und aunstrengend erleb."

Gleichzeitig vertritt sie traditionell geschlechtsspezifische Erziehungsvorstellungen, da die Hofweiterführung nicht an das Interesse und die Fähigkeiten der Töchter gebunden wird, sondern an das ihrer zukünftigen Partner.

"Daß is insofern ein Problem, daß i net sagn kaunn, jetzt büd ma oans aus in Richtung Laundwirtschaft, damit's dahoam bleibt. Des is insofern gaunz schwer möglich, wie ma ja net woaß was für an Partner daß amoi kriagn, ob's den a interessiert."

Zwar werden die Töchter zu einem gewissen Grad zur Arbeit herangezogen, doch gibt es keine regelmäßige Einteilung und Verpflichtung zur Mithilfe, die eine Entlastung für Frau E. bedeuten würde. Die Relevanz der Bildung für die Kinder wird von Frau E. sehr ernst genommen. Bei der Inanspruchnahme ihrer Hilfe nimmt sie primär darauf Rücksicht, ob die Kinder mit ihren Schulaufgaben fertig sind.

Ihre innere Ambivalenz löst Frau E. über das Kalkül von Tauschbeziehung zwischen ihr und den Töchtern, in deren Mittelpunkt das Gemeinsame steht.

> "*Es foit relativ oft was aun, wo's oanfach hoaßt, so höfts gschwind mit. Es is aba net so, daß generell für was einteilt san, daß jetzt, daß waunn's jetzt hoamkemman, daß jetzt in Stoi geh miassn oda was, wia's bei uns woar. Des net....Außa se haum wirklich koa Zeit, daß net da san, oda daß sagt, i haun überhaupt koa Zeit, i muaß so vü lerna. Oda ma siachts, daß eh koa Zeit hat, na, daunn gehts hoit net. Aba so is mia wichtig, daß eher auf des Gemeinsame a weng g'schaut wird. Dafür führn ma's hoit amoi wo hin oder i schau a wieda, daß se wieda ois habm oder i mach für se an Schoba oda bügit eana d'Wäsch. Ja, des kunntn's schon söba, aba daß auf des Gemeinsame a weng g'acht wird. Aba es is a so, de großn Zwoa kinnan beide möcha, und de miassn hoit daunn von Zeit zu Zeit einspringa. Oiso des is für uns insofern wichtig, daß da Betrieb a weitarennt, waunn irgendwas is.*"

Gerade an der nicht mehr mit Selbstverständlichkeit vorausgesetzten Einbindung der Kinder als Arbeitskräfte in das Hofgeschehen, zeigt sich die Individualisierung und das Aufbrechen traditioneller Wertvorstellungen. Dies hat zur Folge, dass die Weiterführung des Hofes zwar als idealer Wunsch bestehen bleibt, doch real den Kindern kaum noch Fähigkeiten und Wertigkeiten vermittelt werden, die dies bruchlos möglich machen würde. Die Kompetenzen der beiden älteren Töchter beschränken sich auf des Melken, um im Falle der Abwesenheit der Eltern (z.B. Urlaub), den Stall mit Hilfe der Nachbarn zu versorgen. Frau E. versucht positiv besetzte Werte, wie Ausbildung, Freiräume, Geborgenheit und Heimat für die Kinder, in ihre Erziehungsvorstellungen einzubauen und stößt dabei zwangsweise immer wieder auf Unvereinbarkeiten, die letztendlich ein Gefühl der Zerrissenheit hinterlassen und sie psychisch und physisch belasten.

Trotz all der Widersprüche, mit denen Frau E. zu kämpfen hat, ist ihre Identifikation als Bäuerin sehr hoch, wenngleich nicht unproblematisch, wenn man ihre Existenzangst und ihr subjektives Gefühl der Überforderung miteinbezieht. Durch ihre Mitarbeit im Arbeitskreis Bäuerinnen der österreichischen Bergbauernvereinigung existiert für sie eine Möglichkeit, politisch für Bäuerinnen und Bauern einzutreten und zur gesamten Agrar- und Sozialpolitik kritisch Stellung zu beziehen. Wie bereits erwähnt, folgen als isolierte Frau dem politisch, feministisch geprägten Bewusstsein keine konkreten Handlungsstrategien. Die individuelle Angst vor Veränderungen und geringe Bereitschaft zur Eigenverantwortung lässt Ohnmachtsgefühle entstehen, die sich im Erleben als Gefangene in einem Rad und dem Gefühl des Ausgeliefertseins äußern und charakteristisch für hohen Leidensdruck sind. Im Gegensatz zu Bäuerinnen, die aktiv ihre Umwelt mitgestalten, versucht Frau E. sich jeweils an die vorgegebenen Umstände anzupassen.

"Ja, des is a Grundvoraussetzung, waunn ma oanfach sagt, so, da kummt ma hin, wias bei mir war. Da bin i herkumma und mit dem muaß i auskumma, mit dem muaß i lebm, des muaß i für mei Lebm irgendwie einbaun."

Der innerliche Widerstand muss sich aus ihrem Verständnis den normativen äußeren Anforderungen beugen. Der Bruch mit der traditionell geforderten totalen Unterordnung der individuellen Bedürfnisse unter die Hoferfordernisse zeigt sich bei Frau E. erst bei ihren Töchtern, ihr eigenes Leben jedoch nicht nach ihren Wünschen und Bedürfnissen zu gestalten vermag. Widerstand äußert sich in der Empörung gegenüber der traditionellen Anrede mit dem Hofnamen, hier forderte sie ein Stück Identität.

"Was i laung net vertragn hab, waunn mi wer mim Hausnaum aungredt hat. I hab immer gsagt, i hab net s'Haus gheirat. Jetzt störts mi nimma. Aba des hat mir wirklich gaunz oarg gstört, weist da jede Identität verlierst. Des Aufgebm von der eigenen Identität, ah, Persönlichkeit oanfach. Daß't oanfach nimma ois Person aunerkannt wirst, sondern nur mehr ois dejenige von da. Han i zu alle gsagt, entweder es redt's mi mit A. aun, oda i hab eh an Familiennaumen a."

Zusammengefasst bezieht Frau K. ihre Identifikation als Bäuerin vorrangig aus der landwirtschaftlichen Tätigkeit und weniger über ihr Handeln als Mutter. Hohe Anpassungsbereitschaft zeigt sie hinsichtlich der totalen Unterordnung ihrer Bedürfnisse nach Freizeit und Freiräume an die Erfordernisse des Betriebes. Ihr Gefühl, völlig überlastet zu sein, hängt zum einen mit der geringen Unterstützungsbereitschaft ihres Mannes zusammen, zum anderen aber auch damit, dass sie große Verantwortung für das Funktionieren der Direktvermarktung und somit die Existenzsicherung hat. Da sie kaum aktiv Schritte setzt, ihre Ansprüche durchzusetzen oder auch Unterstützung seitens des Mannes oder der Kinder einzufordern, sondern sich ständig weiter in Verpflichtungen verstrickt, wächst ihr Gefühl des Ausgeliefertsein und die Unzufriedenheit über ihr Leben, das stark fremdbestimmt erlebt wird. Während andere Bäuerinnen darüber klagen, durch ihre Schwiegereltern in ihren Handlungsspielräumen stark eingegrenzt und kontrolliert zu werden, wären, unter diesem Aspekt betrachtet, die Voraussetzungen für Frau E. günstig, sich selbst Freiräume zu nehmen und ihr Leben nach ihren Vorstellungen zu gestalten. Nachdem jedoch Frau E. für sich keinen befriedigenden Weg findet, die unterschiedlichen Anforderungen zu vereinen, oder bewusste Entscheidungen herbeizuführen, hat sie immer den Eindruck, alles gleichzeitig tun zu müssen mit dem Ergebnis der inneren Zerrissenheit. Ihr Vorsatz, die von außen herangetragenen Anforderungen in ihr Leben positiv einzubauen, verhindert schließlich, jene Handlungsmöglichkeiten wahrzunehmen, die ihren Bedürfnissen gerecht werden würden.

7.1.3 Fallvergleich

Den beiden vorgestellten Frauen ist gemeinsam, dass sie in einem landwirtschaftlichen Betrieb aufwuchsen. Sie durchlaufen die traditionell weibliche Hofsozialisation, eine Art Regelbiographie, die für "Herstory" typisch war. Die frühen Arbeitserfahrungen prägen ihr Leben und Handeln und schreiben sich unterschiedlich in ihr Bewusstsein ein. Frau E. entwickelte zwar einen diffusen alternativen Lebensentwurf, ordnete sich jedoch ohne Widerstand den Hoferfordernissen unter. Sie hatte nicht den Wunsch, Bäuerin zu werden. Die Ablehnung dieser Lebensform wurde über die Heirat eines Bauern außer Kraft gesetzt. Frau S. stellte ihre Zukunft als Bäuerin nie in Frage. Anpassung und Unterordnung ihrer Wünsche und Vorstellung an die Hoferfordernisse wurden von beiden Frauen verinnerlicht. Sowohl Frau S. als auch Frau E. wurden zur Mithilfe angehalten, während ihre Brüder eine nichtlandwirtschaftliche Berufsausbildung erhielten. Resultat ist, dass keine dieser Frauen eine weiterführende Ausbildung hat.

Bei Frau E. dienen die defizitären Sozialisationserfahrungen als Negativfolie bei der Erziehung ihrer Töchter. Obwohl sie Wiederholungen der eigenen Biographie und Arbeitserfahrungen möchte sie bei deren Erziehung vermeiden möchte, erfahren ihre Töchter in einer Art "freiwilligen Muss" einen Prozess der Anpassung und Gewöhnung an die Landwirtschaft. Da sie ihren Kindern jene Freiräume und Individualität zugestehen will, die ihr selbst versagt blieben, geht der Balanceakt zwischen Hofsozialisation und Förderung des Kindes meist auf ihre Kosten. Zentrales Anliegen der Bäuerinnen ist es, den Kindern eine Berufsausbildung zu ermöglichen, wobei sie dennoch hofft, dass eines der Kinder den Hof weiterführen wird. Sie verhält sich den Kinder gegenüber in einer passiven, abwartenden Rolle.

Das Anliegen, ihre Kinder individuell zu fördern, verursacht das Problem, ihre Arbeiten in der Landwirtschaft mit den Erziehungsanforderungen in Einklang zu bringen. Ihr Ehemann unterstützt sie weder bei der Erziehung noch bei anderen "Frauenarbeiten". Obwohl sie gegenüber der herkömmlichen Aufgabenteilung kritisches Bewusstsein entwickelt, gelingt es ihr nicht, diese Ungleichheit aufzulösen. Gleichzeitig stellt sie die Autorität des Mannes nicht in Zweifel.

Für Frau S. ist von Kindheit an die Fortführung des Betriebs sehr wichtig, da sie schon frühzeitig gemeinsam mit ihrer Mutter den Betrieb bewirtschaftet hat, ohne auf eine männliche Führungskraft zurückgreifen zu können. So oft als möglich wird jedoch der Bruder für die Entscheidungen herangezogen. Die offene männliche Position wird ehebaldigst besetzt. Obwohl Frau S. Hoferbin ist, schätzt sie die hierarchisch, männlich dominierte Paarbeziehung. Sofort nach der Heirat übernimmt ihr Mann die Betriebsführung und gestaltet den Betrieb nach seinem Ermessen um. Frau S., die den Frauen generell die Kompetenz abspricht, erfolgreich einen Betrieb führen zu können, beruft sich nicht auf etwaige Hoftraditionen oder ihre Mitbestimmungsberechtigung, sondern sie ordnet sich ihm und seinen Entscheidungen unter.

Die Handlungsweisen von Frau S. sind von Passivität gekennzeichnet. Sie bezieht ihre Identität primär aus ihrem Status als Mithelfende. Entscheidungen werden im Hause S. allein vom Ehemann - später auch vom Sohn - getroffen. Ihre Aufgabe ist es, den Mann in seinen Bemühungen tatkräftig zu unterstützen. Allerdings hat sie dieser Entscheidungsaufteilung von Anfang an Vorschub geleistet, in dem sie sich ihrem Mann und seinen Ansprüchen bedingungslos angepasst hat.

Da kein eigenständiger Lebensplan verfolgt wurde und sie an Anpassung und Akzeptanz männlicher Autorität gewöhnt waren, gestaltete es sich für diese Bäuerinnen nicht sehr schwierig, ihren Männern zu folgen und sich in einem mehr oder weniger vertrauten System einen Platz zu schaffen. Entscheidend dafür ist einerseits die Wahrnehmung eigenen unterlegenen Rolle als Frau oder im zweiten Fall, dass es sich um starre Bedingungen handelt, mit der die Bäuerin auszukommen hat und um welche sie ihr Leben arrangieren muss. Für Frau S. ist ihre Position im Betrieb und in der Familie befriedigend, für Frau E. entstehen daraus Ambivalenzen, in denen sie gefangen bleibt.

Identitätsstiftenden Charakter hat für die Frauen in dieser Gruppe vor allem die landwirtschaftliche Arbeit und weniger Haushalt oder die Mutterrolle. Die Identifikation als Bäuerin ist einerseits über die traditionell bäuerliche Mädchensozialisation vorgegeben, zum Teil jedoch durch die Heirat eines Bauern und die Arbeit am eigenen Hof selbst gestaltet.

Beide dargestellten Fälle charakterisieren die "Mithelfende" und spannen gleichzeitig den Bogen von Frauen, die in diesem Weiblichkeitskonstrukt ihre Erfüllung finden zu jenen, die darin gefangen bleiben. Gemeinsam ist all den Frauen, dass sie ihren Töchtern die Möglichkeit geben wollen, dieses historisch gewachsene, aber immer noch dominante Weiblichkeitskonstrukt sprengen zu können.

7.2 DIE "BAUERIN"

Mit der Weiblichkeitskonstruktion der "Bauerin" werden Frauen vorgestellt, die sich durch folgende charakteristische Eigenschaften auszeichnen: Die Hofbewirtschaftung steht im Mittelpunkt ihres Lebensinteresses. Sie haben hohes Selbstbewusstsein, das sie befähigt, sowohl die am Hof anfallende Arbeiten als auch die wirtschaftliche Verantwortung kompetent zu übernehmen. Diese Frauen überschreiten damit die Geschlechtergrenzen der traditionellen Arbeitsteilung in der Landwirtschaft. Allerdings gehen sie nicht soweit, eine Abkoppelung der familialen von den betrieblichen Positionen ins Auge zu fassen. Im Sinne eines holistischen Denkens sind Frau **und** Mann für die Existenz und Funktionsfähigkeit eines Hofes nötig. Die vorgestellten drei Bäuerinnen repräsentieren in der Art der Hofführung eine Bandbreite von der Subsistenz (aus Überzeugung) bis zum hoch technisierten Betrieb.

7.2.1 Fallbeschreibung Frau P.

7.2.1.1 Beschreibung der allgemeinen Bedingungen

Frau P. ist 1940 geboren und wuchs auf einem Bergbauernhof auf. Die bäuerliche Sozialisation von Frau P. begann schon sehr früh. Bereits mit fünf Jahren kam sie im Sommer auf die Alm und bekam verschiedene Aufgabenbereich übertragen, die sich mit zunehmenden Alter erweiterten. Ihr Vater führte sie schon frühzeitig in so genannt "männliche" Arbeitsgebiete ein. Nach acht Jahren Pflichtschule besucht Fr. P die zweijährige landwirtschaftliche Haushaltungsschule. Der elterliche Hof wurde von ihrem Bruder übernommen, doch ermöglichte ihr der Vater durch den Kauf eines kleinen Hofes, sich ihren Lebensplan zu erfüllen. Nach der Heirat mit einem aus ärmlichen Verhältnissen stammenden Bauernsohn wurde der Hof bezogen, die alte Bäuerin, die den Hof vorher besessen und ihn mit einem Knecht bewirtschaftet hatte, lebte noch bis zu ihrem Tode auf Leibrente darauf. In den Anfangsjahren wurde zuerst das Stallgebäude erneuert und dann erst ein neues Wohnhaus gebaut. Frau P. schildert diese Zeit, in der auch die Geburt der älteren beiden Kinder fiel, als sehr arbeitsintensiv, in der auf jegliche Art von Luxus verzichtet wurde, um den Hof nicht mit Schulden zu belasten. Zum Hof gehören knapp sechs Hektar Grund, davon 60 Ar Wald, sechs Milchkühe und einige Stück Jungvieh. Frau P. hat drei Kinder, zwei Söhne im Alter von 16 und 28 und eine Tochter im Alter von 29 Jahren. Der jüngste Sohn besucht die Forstwirtschaftsschule in Salzburg. Die Tochter ist verheiratet und wohnt in einem anderen Dorf. Der ältere Sohn übt den Beruf des Elektrikers aus und wird vermutlich den Hof im Nebenerwerb weiterführen. Er wohnt mit seiner Frau und seiner zweijährigen Tochter im gleichen Haus.

7.2.1.2 Bedeutung des Hofes

Frau P. ist beispielhaft für eine funktional denkenden Bäuerinnen, deren Hauptinteresse die Bewirtschaftung und der Erhalt des Hofes ist. Wie oben ausgeführt war sie als "Geburtsbäuerin" schon sehr früh am elterlichen Hof in den landwirtschaftlichen Arbeitsprozess integriert, die Wissensvermittlung landwirtschaftlicher Tätigkeiten verlief sehr praxisnahe und vorwiegend intergenerationell. Die landwirtschaftlichen Haushaltungsschule wurde hauptsächlich deswegen besucht, um auch ihrer Funktion als Ehefrau und Mutter gerecht werden zu können und hauswirtschaftliche Fähigkeiten zu erlangen ("*dass i a bißl kochen lern und halt von der Hauswirtschaft*"). Frau P.s persönliche Präferenzen lagen immer schon im Stall und bei den Tieren, während sie die Hauswirtschaft kaum interessierte. "*Weil mi hat des viel mehr interessiert bei d'Viecher*".

Für Frau P. bestand schon seit frühester Jugend der Wunsch, einen eigenen kleinen Bauernhof zu besitzen, um auch in Krisenzeiten ihre Subsistenz gewährleistet zu wissen.

> "*Allwei, i möcht a Äschtl (kleines Bauernhaus), a Äschtl möcht i a kleines (...) Da ist ma sehr auf Sicherheit gangen. Weil, wenn i jetzt an kleinen Hof hab, ist's allwei noch besser wie gar keinen. Weil, i kann a Kuh haben, i kann a Geiß haben und a kann a Sau haben, dann hab i a bißl Milch und Fleisch und Butter, wenn i sonst gar nix hab*".

Ihr Vollerwerbsbetrieb in der Bergbauernzone vier, der unter heutigen Maßstäben als winzig zu bezeichnen ist, wird subsistenzorientiert bewirtschaftet, wobei die Bäuerin größtmögliche Unabhängigkeit von Markt- und Geldwirtschaft anstrebt. Für Frau P. ist es sehr wichtig, dass Haus und Hof schuldenfrei sind, um nicht durch die Abzahlung von Krediten in eine Abhängigkeit zu geraten und dadurch eventuell den Hof zu verlieren. Die Sicherheit des Hofes ist ihr sehr viel wichtiger als ein gehobener Lebensstandard. Durch Genügsamkeit und Sparsamkeit (Verzicht u.a. auf ein Auto, Urlaub) werden die Lebenshaltungskosten sehr gering gehalten.

> "*Jetzt wennst standardgemäß leben willst, do kannst nie leben von dem. Wennst a Auto hättest, schau, weil jo wir nie a Auto g'habt haben selber (...) Wir haben halt z'leben schau, kannst sagen auf guat deutsch.*"

Der Modernisierungsgrad des Hofes ist sehr gering. Dies empfindet Frau P. jedoch nicht als Belastung, für sie sind Genügsamkeit und vor allem Unabhängigkeit Werte an sich, die weitgehende Autonomie garantieren. Geld, finanzielle Anerkennung gilt dabei nicht als Wertmaßstab für Arbeit, Frau P. begreift ihre Arbeit als Teil eines natürlichen Ablaufes. Marktwirtschaftliches Denken und das Expansionsstreben von bäuerlichen Betrieben wird generell kritisch betrachtet, da nach Frau P.s Ansicht den Kleineren durch die Großbauern aufgrund von Intensivierung und Überproduktion die Lebens- und Existenzgrundlage genommen wird. Ebenso empfindet sie die ungleiche Verteilung von Unterstützungen und Subventionen zugunsten der "Großen" als sozial ungerecht.

Sie legt großen Wert auf traditionell bäuerliche Werte, die speziell in Kleinbetrieben verbreitet sind. In Frau P.s Weltbild wird der Hof als Teil eines organischen "Ganzen" gesehen. Insofern hat jeder Mensch seine spezielle Funktion, um etwas zum Erhalt des "Ganzen" beizutragen, geistige und körperliche Arbeit werden dabei als gleichwertig betrachtet. Ihre Aufgabe sieht sie darin, den Betrieb so weiterzuführen, wie das seit Generationen gemacht wurde, um ihn damit der nächsten Generation weitergeben zu können. Sie praktiziert und plädiert damit für eine Bewirtschaftungsform, die unter dem Schlagwort "Nachhaltigkeit" subsumiert werden kann. Dass bedeutet, dass die Ressourcen der Natur genutzt aber nicht aufgebraucht werden und das ökologische Gleichgewicht gewahrt bleibt.

"Aber irgendwie bringt dich des ins Nachdenken, weil s'Essen kommt irgendwie immer von do her und wenn's mit Kunstdünger, wie's des g'macht haben. wenn's des net täten, schau, nocha wär des alles ausgewogener, d'Welt wär net so belast, die Umwelt und alles (...) weil die Welt sollt jo net grad noch für hundert Jahr oder zwanzig oder dreißig oder, sollt jo noch ewig bestehen".

Genauso geht Frau P. mit ihren eigenen Ressourcen um. Um leistungsfähig zu sein und zu bleiben, nimmt Rücksicht auf ihre eigen Gesundheit und stimmt ihren Lebens- und Arbeitsstil auf den natürlichen Rhythmus der Natur ab. In diesem zyklischen Ablauf sind neben arbeitsintensiven Zeiten auch Ruhephasen, die der Regeneration dienen, vorgesehen. Nach Frau P.s Verständnis erscheint es unsinnig, durch verstärkten Arbeitseinsatz, zwar mehr Geld zu verdienen, aber gleichzeitig damit die Gesundheit zu gefährden.

In Frau P.s von matriarchalischen Tendenzen geprägten Weltbild sind es gerade die Frauen, die für die Erhaltung des Gleichgewichtes zuständig sind, da sich Frauen aufgrund ihrer generativen Funktion der Verantwortung gegenüber den nächsten Generationen bewusster sind.

"Und speziell die Frauen, sag i, sollten do amol hergehn und sagen, paßt's auf, weil sie ist die Trägerin des Lebens und die muaß des Leben schützen und die muaß a schauen, wie ihre Nachkommen z'essen haben, die muaß sich einsetzen. Weil die Mannerleit, die denken echt net a deam soweit."

Frau P. ist allein für den Betrieb zuständig und trägt die gesamte Verantwortung für das Funktionieren des Viehbetriebes. Sie übernimmt dabei auch die sonst üblicherweise von Männern ausgeübten Tätigkeiten (Kontakte zu den Behörden, Verkauf von Kälbern). Sie verfügt über den finanziellen Ertrag des Hofes und entscheidet über die Verwendung des landwirtschaftlichen Einkommens. Ihr Ehemann arbeitet während des Sommers als Holzarbeiter, im Winter hilft er fallweise im Stall aus.

Für Frau P. steht demnach die Erhaltung des Hofes und die landwirtschaftliche Arbeit im Zentrum ihres Lebens. Ihr kleiner Bauernhof, das "Äschtl", bedeutet für sie die bewusst gewählte, einzige Form der Existenzsicherung, zwischen Hofinteressen und individuellen Ansprüchen besteht keine Diskrepanz, da die eigenen Interessen primär auf den Hof ausgerichtet sind. Da die landwirtschaftliche Arbeit ihr Lebensinhalt ist, entsteht für sie kein Bedürfnis nach geregelter Freizeit, nach ihrem zyklischen Zeitverständnis nimmt sie sich in weniger arbeitsintensiven Zeiten den einen oder anderen Tag frei, geht wandern oder fährt wohin. *"Net, so bin i doch irgenwie a zu meinm Urlaub kommt, halt abgestottert net, dann und wann ein Tag."*

Ihre autonome Lebens- und Arbeitsweise, die als eine traditionelle Enklave inmitten der kapitalistisch orientierten Konsum- und Leistungsgesellschaft anmutet, sieht sie auch als Lösung für allgemein gesellschaftliche Probleme wie Arbeitslosigkeit, Umweltverschmutzung u.ä.m..

> *"Ma sieht's wie des heut kommt, was tuat heut einer, wenn er arbeitslos ist. I wär mir gar nimma so sicher, ob er's Geld in zehn Jahr allwei pünktlich kriegt. Und wenn i jetzt wieder mein Äschtl hab, mein kleines, und a Familie hab, a bißl hab i schon., und sonst hab i gar nix. Weil lieber ist's mir, ma sieht's heut a die Städte umanand, wo's a die Müllberge umanand wurlt. Und des möcht i meine Kinder und Enkel und Urenkel net zumuten. Do ist's allwei noch besser, es ist des kleine Äschtl, und des muß g'schützt werden."*

7.2.1.3 Partnerschaft

Da für Frau P. der Hof im Zentrum ihres Denkens und Handelns steht, hat für sie die Partnerschaft, und die Familie im allgemeinen funktionalen Charakter, emotionale Bindungen stehen nicht im Vordergrund.

Ihr Bäuerinsein bedeutet für Frau P., ihren langjährigen Wunsch nach einem eigenen Hof durchgesetzt zu haben. Im Vergleich zu vielen anderen Bäuerinnen, die ihr Bäuerinsein an der Heirat festmachen, bzw., die aufgrund der Heirat mit einem Bauern Bäuerin wurden und damit von ihrem ursprünglichen Berufswunsch abgehalten wurden, stellt dieses Ereignis keinen Bruch in ihrer Biographie dar. Ihre Heirat fiel mit der von ihr angestrebten Hofgründung zusammen, sie folgte damit der traditionell-funktionalen Auffassung, nach der beide Positionen auf einem Hof besetzt werden müssen.

Zu Beginn engagierte sich Frau P.s Mann sehr stark beim gemeinsamen Aufbau des Betriebes und des Wohnhauses, wozu er damals sowohl finanziell als auch mit seinem Arbeitseinsatz beigetragen hatte. Die baulichen Tätigkeiten stellen den hauptsächlichen (fast scheint es einzigen) Beitrag Herr P.s zum Hoferhalt dar. Er leitet daraus offensichtlich sein Selbstwertgefühl ab und degradiert Frau P., der *"als Frau"* jegliche Kompetenz bei baulichen Arbeiten fehlt. Seit damals beschränkt sich seine Mitarbeit auf die lohnabhängige Tätigkeit des Holzfällens in den Sommermonaten, auf seine Mithilfe im landwirtschaftlichen Betrieb kann Frau P. nicht zählen. *"Im Winter tua ma net viel, reiß ma sich kan Hax aus"*.

Ein Konflikt mit dem Mann wird nicht direkt angesprochen, Frau P. äußert sich jedoch mit gewisser Verbitterung darüber, dass sie sich aufgrund ihres Frauseins trotz ihres hohen Durchsetzungsvermögen im landwirtschaftlichen Bereich gegenüber der Gesellschaft im allgemeinen und ihrem Mann im besonderen in bestimmten Bereichen (Hausbau) nur schwer durchsetzen kann:

> *"Und speziell a Frau, wenn jetzt a Frau an Besitz hat oder mitbeteiligt ist am Besitz, die hat's sowieso allwei schwer. Do heißt's immer, die ist d'G'scheitheit oder was, oder sie net so g'scheit oder, des kannst a von deinem Partner hören, und des ist halt einfach hart."*

7.2.1.4 Bedeutung der Kinder

Die Kinder haben, da sie wichtig für die Erhaltung und Weiterführung des "Ganzen" sind, hohe funktionale Bedeutung. Die Erziehung der Kinder bezieht sich vorwiegend auf das Versorgen ihrer primären Bedürfnisse, emotional ist ihre Bedeutung für Frau P. eher gering, die Förderung ihrer individuellen Bedürfnisse und Anlagen sind keine Thema.

> *"Jo jo d'Vicher sind halt mein ein und alles. Was will i do sagen, wie bei mir die Kinder klein g'wesen sind, jo schon zuerst die Kinder zuerst g'füttert, aber nocha schon schnell zu die Küh auffe (...) so a Familienmensch bin i nie g'wesen."*

Die Kinder stellen damit auch keine Belastung dar, sie laufen quasi neben dem üblichen Arbeitsablauf mit. Daraus resultiert, dass die Kinder schon sehr früh selbständig sind und die Verantwortung über sich selbst übernehmen können und müssen.

Hinsichtlich der Ausbildung rät Frau P. ihren Kindern, sich eine berufliche Qualifikation anzueignen, um in diesen unsicheren Zeiten flexibler und unabhängiger zu sein. Eine landwirtschaftliche Ausbildung steht bei ihren Ratschlägen nicht im Vordergrund. Die letzte Entscheidung über die Ausbildung bleibt den Kindern überlassen. *"I hab allwei g'sagt, meine Kinder, die müssen schauen, daß sie was lernen."* Da Frau P. nicht am Ausbau ihres Betriebs interessiert ist, vermittelt sie den Kindern ihre subsistenzwirtschaftlich orientierten Kenntnisse und Fähigkeiten durch deren frühe Integration in den Arbeitsprozess. Ihrer Ansicht nach sind die jungen Menschen zu wenig auf Autonomie bedacht und verlassen sich stattdessen auf ein System, dass ihnen zwar momentan Arbeit und Einkommen sichert, dessen Zukunft aber ungewiss ist. Hier bricht sie jedoch mit ihrer traditionellen Handlungsorientierung, da sie den Kindern ihre eigene sparsame und genügsame Lebensweise nicht zumuten würde.

Frau P. hat drei Kinder, zwei Söhne im Alter von 16 und 28 und eine Tochter im Alter von 29 Jahren. Der ältere Sohn, der wahrscheinlich den Hof im Nebenerwerb weiterführen wird, wohnt wie bereits angeführt mit seiner Familie im gleichen Haus. Die Wohneinheiten sind noch nicht getrennt, jedoch ist der Ausbau des oberen Stockwerkes geplant. Intergenerationelle Konflikte oder die Mithilfe des Sohnes am Hof werden nicht angesprochen.

Abschließend ist noch einmal hervorzuheben, dass sich Frau P. ungebrochen als Bäuerin identifiziert. Ihre individuelle Bedürfnisse schraubt sie zugunsten des Hofes zurück, was von ihr aber nicht als Einengung erlebt wird, da der schuldenfreie Erhalt des Hofes absolute Priorität vor allem anderen besitzt. Aufgrund ihrer traditionelle Hofzentriertheit wird auch das Verhältnis zu Kindern und Ehemann in Bezug auf den Hof gesehen und hat primär funktionalen Charakter. Mann, Frau und Kinder sind in der geschlossenen Lebenswelt Frau P.s nur notwendig für das "Ganze", individualisierte Beziehungen haben keine Bedeutung.

7.2.2 Fallbeschreibung Frau A.

7.2.2.1 Beschreibung der allgemeinen Bedingungen

Der Betrieb von Frau A. wird als Mischbetrieb geführt. Er umfasst 75 Hektar Grund - davon 23 Hektar Waldfläche - und 100 Stück Vieh, davon sind 30 bis 35 Milchkühen, ungefähr 35 Maststieren und ebenso viele Jungtiere. Der Betrieb verfügt über 102.000 Kilogramm Milchkontingent. Der Betrieb wird markt- und leistungsorientiert geführt, er zeichnet sich durch einen hohen Technisierungsgrad aus und ist in ständiger Expansion (Maschinen, Grund) begriffen.

Frau A. wuchs als Einzelkind auf, besuchte nach der Pflichtschule in einem Internat die zweijährige Schule der ländlichen Hauswirtschaft und schloss ihre Ausbildung mit einer Meisterprüfung ab. Frau A. wird den - für diese Gegend relativ großen - Vollerwerbsbetrieb nach der Pensionierung ihres Vaters, die im nächsten Jahr erfolgen wird übernehmen.

Sie ist zum Zeitpunkt des Interviews 27 Jahre alt, seit einem Jahr verheiratet und Mutter eines zweijährigen Sohnes. Ihr Mann wuchs ebenfalls auf einem Bauernhof auf, wollte aber ursprünglich nie Bauer werden. Da er aufgrund seiner fünfzehnjährigen außerlandwirtschaftlichen Berufstätigkeit wenig Ahnung von der landwirtschaftlichen Arbeit hat, wird er nun von Frau A. und ihrem Vater in die verschiedenen Arbeitsbereiche eingeführt. Sie will, dass er nach der Hofübergabe seinen Beruf als Angestellter aufgibt und ganztägig im landwirtschaftlichen Betrieb arbeitet.

7.2.2.2 Bedeutung des Hofes

Frau A.s Handlungsorientierung ist sowohl durch einen funktionalen als auch egalitären Anspruch hinsichtlich ihrer Arbeits- und Lebensweise geprägt. Als einziges Kind von den Eltern, respektive vom Vater im Hinblick auf ihre zukünftige Hofnachfolge sozialisiert, wurde von ihr ein anderer Beruf nie ernsthaft in Erwägung gezogen. Da die Mutter aufgrund einer Krankheit keine landwirtschaftlichen Arbeiten mehr durchführen kann und ans Haus gebunden ist, wurde Frau A. schon früh in den landwirtschaftlichen Arbeitsprozess eingebunden. Ihre wenig geschlechtsspezifische Sozialisation erfährt sie hauptsächlich über ihren Vater. Während ihrer gemeinsamen Arbeit in der Landwirtschaft, in der sie auch viele als "männlich" definierten Arbeiten ausübt, wird sie von ihm auf ihre Funktion als Hofnachfolgerin hingeführt. In diesem Sinne werden auch die Entscheidungen nicht von ihrem Vater allein getroffen, sondern sie wird intensiv in die Entscheidungsfindung mit einbezogen.

> *"Wenn ich daheim bin, ich entscheide genauso mit, bei uns heißt es nicht zum Beispiel: der Vater entscheidet das alleine, es werden alle gefragt: was sagt's ihr dazu. Also das hat es bei uns nie gegeben, wenn etwas gekauft worden ist, dass wer alleine entschieden hat, das ist nie dagewesen, dass der Vater einfach sagt: so, das kriegen wir und basta."*

Das hierarchisches Element in der Vater-Tochter-Beziehung resultiert vorwiegend aus den unterschiedlichen Erfahrungshorizonten. Frau A. achtet ihren Vater als positive Autorität, da er sich über seine langjährige Praxis und Lebenserfahrung im landwirtschaftlichen Bereich umfangreiches fachliches Wissen angeeignet hat. Der Betrieb wird auch nicht abrupt übergeben werden, sondern die Aufgabenbereiche werden entsprechend der (wachsenden) Fähigkeiten sukzessive vom Vater an die Tochter bzw. an den Schwiegersohn transferiert. (*"Ich darf jetzt schon viel entscheiden"*.) Auch nach der Übergabe wird ihr Vater im Betrieb mithelfen und sein Wissen zu Verfügung stellen. Die Hoftradition, die auf dem Erfahrungsschatz des Vaters fußt, wird von Frau A. anerkannt und in seinem Sinne fortgeführt.

Frau A.s Hofzentrierung kommt auch dahingehend zum Ausdruck, dass sie zugunsten des Betriebs auf die fünfjährige ländliche Hauswirtschaftsschule verzichtet, da ihre Anwesenheit am Betrieb aufgrund vermehrten Arbeitsanfalls notwendig wurde. Obwohl sie damit ihre eigenen Interessen hinter die Hofinteressen stellt, fühlt sie sich in ihrem Handeln nicht eingeschränkt, da sowohl für sie als auch für die Familie eine effiziente Betriebsführung im Vordergrund steht.

Trotz Frau A.s hofzentrierter Handlungsorientierung wird die Arbeit so strukturiert, dass noch Zeit für außerlandwirtschaftliche Aktivitäten bleibt. Die Betriebs,- und Hausarbeit wird generell um 19 Uhr beendet. Das ermöglicht es Frau A., nach Arbeitsschluss ihren individuellen Interessen nachzugehen. Gerade während der Schulzeit genoss Frau A. ihre relative Ungebundenheit und Freiheit, als Einzelkind stellte für sie die Gemeinschaft im Internat und in ihrem Freundeskreis ein große Bereicherung dar, und obwohl nach der Geburt des Kindes und ihrer Heirat ihr Bedürfnis nach außerfamiliären Kontakten nachgelassen hat, pflegt sie auch weiterhin, allerdings eingeschränkt, ihre diversen Hobbys (Blumenstecken, Musikverein) und Freundschaften. Dieser Bruch zu ihrer sonstigen funktionalen Lebensweise erklärt sich daraus, dass einerseits die Arbeit durch den hohen Technisierungsgrad schneller und rationeller vonstatten geht und andererseits durch die Unterstützung ihrer Eltern im landwirtschaftlichen Bereich, im Haushalt und bei der Kinderbetreuung mehr Zeit für individuelle Interessen bleibt.

Der Betrieb wird als marktwirtschaftliches Unternehmen geführt, die Rentabilität steht im Vordergrund. Aufgrund der laufenden Modernisierung ist der Betrieb in Frau A.s Augen sehr "praktisch" organisiert, ihre Arbeit wird mithilfe der Technik vereinfacht und erleichtert. Obwohl die Existenzgrundlage im Vergleich zu kleineren Höfen ausreichend ist, besteht trotzdem Unsicherheit, wie lange der Betrieb noch gewinnbringend zu führen ist. Frau A. grenzt sich mit ihrem Betrieb dezidiert von Klein- und biologisch arbeitenden Betrieben ab, denen sie keine großen Zukunftschancen gibt. Sie sieht allerdings sehr wohl Grenzen in der Ausbeutung der Natur und versucht hier einen goldenen Mittelweg einzuschlagen, in dem beispielsweise statt Kunstdünger eigenen Mist verwendet wird. Gleichzeitig verteidigt sie ihre konventionelle Bewirtschaftungsform als die einzig rentable. Ihrem unternehmerischen Denken zufolge, werden jene Betriebe, deren Rentabilität nicht mehr gegeben ist, aufgelassen.

Frau A. hätte in ihren Augen sehr wohl auch die Möglichkeit gesehen, den Hof nicht zu übernehmen und einen anderen Beruf zu wählen, jedoch empfindet sie sich selbst als *"gar nicht so unfähig für eine Bäuerin"*. Frau A. bezieht ihre Identität vorwiegend aus ihrer landwirtschaftlichen Arbeit, die wie beschrieben im Zentrum ihres Denkens und Handelns steht, und für die sie sich voll einsetzt. Die Arbeit im Haushalt ist sekundär. Es ist wichtig, dass auch der Wohnbereich praktisch und zweckmäßig eingerichtet ist, jedoch befriedigt sie die Hausarbeit wenig und wird auf ein Minimum reduziert. *"Das hielte ich auch nicht aus, das wär mir ganz einfach zu fad."* So kocht zum Beispiel ihre Mutter unter der Woche mittags für sie und ihren Sohn mit, während ihr Mann noch bei seiner Mutter zu Mittag isst.

Frau A. identifiziert sich vollkommen mit der ihr zugedachten Rolle als Hofnachfolgerin, die von ihr nicht in Frage gestellt wird. In dieser Rolle kann sie sich entfalten, gleichzeitig wird sie von ihr aktiv und kompetent ausgestaltet. Wie für Frau P. bedeutet auch für sie ihr Bäuerinsein kein Bruch mit dem bisherigen Leben, sondern es stellt eine einheitliche Entwicklung dar, die von allen Beteiligten angestrebt wurde.

7.2.2.3 Partnerschaft

Wie schon die Hoforientierung ist auch das Familienideal Frau A.s und ihre Erwartungen an die Partnerschaft als funktional zu bezeichnen. Betrieb und Familie werden als Einheit gesehen, wobei persönliche Interessen den Hofinteressen nachgeordnet werden. Die emotionale Beziehung zu ihrem Mann wird in der Erzählung nicht angesprochen, der funktionale Aspekt, das gemeinsame Arbeiten steht im Vordergrund. Ihr Ehemann, der in den Familienbetrieb eingeheiratet hat, soll später die Position des weichenden Vaters übernehmen, und damit wären beide Positionen, die des Bauern und die der Bäuerin, wieder besetzt. Sie strebt dabei eine partnerschaftlich-egalitäre Arbeits- und Lebensweise an, in der eine für beide Seiten befriedigende Arbeitsteilung praktiziert wird und der jede/r gleichberechtigt bestimmte Funktionen übernimmt.

Ihr Mann wird nun von Frau A.s Vater in die verschiedenen Arbeitsbereiche eingelernt und zeigt große Bereitschaft, sich in den Arbeitsablauf zu integrieren. Schon jetzt springt er während seiner Freizeit und während des Urlaubs im Betrieb ein. Frau A. hofft und erwartet sich gleichzeitig, dass er nach der Hofübernahme im Betrieb ebenso gewissenhaft und tüchtig sein wird, wie er das in seinem derzeitigen Beruf ist. Ihr Vertrauen in ihn und ihre Beziehung äußert sich darin, dass der Hof zu 50 Prozent auf ihren Mann überschrieben wird.

Für Frau A. war es nachgerade eine Bedingung, dass ihr zukünftiger Mann, in den Betrieb einsteigt. "Ich habe selber gesagt zu ihm: wenn er mich heiratet, dann muss er das auch nehmen, das ist automatisch dabei, das hängt sich automatisch an."

Sie kann sich prinzipiell gar keine Beziehung vorstellen, in der der Partner kein Interesse für die Landwirtschaft zeigt, weil ihrer Ansicht nach Konflikte aufgrund der unterschiedlichen Interessensgebiete vorprogrammiert sind. Frau A. unterscheidet sich allerdings von den meisten männlichen Hofnachfolgern dadurch, dass sie nicht selbstverständlich davon ausgeht, dass ihr zukünftiger Mann seine außerlandwirtschaftliche Berufstätigkeit aufgibt, um in ihrem Betrieb mitzuarbeiten. Da ihr Mann eine finanziell lukrative Position mit Karrierechancen innehat, die ihre ein gesichertes Hausfrauendasein ermöglichen würde, gab es trotz der hohen Hofzentrierung eine Phase, während der sie die Alternative - nämlich den Betrieb nicht zu übernehmen - ins Auge fasste. Nach einer Phase des Überlegens, in der gemeinsam die Vor- und Nachteile dieser Möglichkeit abgewogen wurden, entschied sich das Paar für die Übernahme des Betriebs. Ausschlaggebend waren zum einen traditionell-emotionale Gründe, da Frau A. an dem Bauernhaus "*hängt*", zum anderen sprachen finanzielle Gründe für eine Weiterführung, da der Betrieb erst kürzlich modernisiert wurde und eine relativ gesicherte Existenzgrundlage bietet.

"Aber nur wie des ist, bei uns ist alles neu gebaut fast, es ist und da kann man eben nicht so. Ich hab gesagt, ich will das Bauernhaus nicht hintanlassen, er hat gesagt: wir nehmen es, er hat auch gesagt: wir nehmen es. Er hat halt auf seinen Beruf da verzichtet."

7.2.2.4 Bedeutung der Kinder

Auch hinsichtlich der Kindererziehung hat Frau A. eine traditionell-funktionale Auffassung. Der zweijährige Sohn wird die meiste Zeit von ihrer Mutter beaufsichtigt, die zum großen Teil die emotionalen und physischen Betreuungsaufgaben übernimmt und die hauptsächliche Bezugsperson des Kindes darstellt. Wenn die Mutter krankheitshalber ausfällt, übernimmt Frau A. die Versorgungsfunktion. Dem Kind wird nicht extra Zeit gewidmet, es läuft neben dem üblichen Arbeitspensum mit bzw. wird in den betrieblichen Arbeitsablauf integriert. Frau A. empfindet dies für das Kind als vorteilhaft, weil es dadurch frühzeitig selbständig wird.

"Ja der muss eben einfach mitrennen, des ist sicher, Zeit hab ich weniger wie ein anderes(...)

Wann wir draußen was tun, wann wir mit dem Traktor, nehme ich ihn auch schon oft mit (.) und dann, bevor du sie zusammenfährst, wann er mal zuwerennt, wann ich zurückfahre, sitz ich ihn halt auffe."

Jedoch fühlt sich Frau A., speziell wenn ihre Mutter nicht zur Verfügung steht, zwischen den Arbeitserfordernissen des Betrieb und den Anforderungen, die das Kind an sie stellt, zerrissen.

"Da bist du dann oft schon unter einem Streß (...) Es ist halt einfach trotzdem so., wo Kinder krank sind, oder was weiß ich was, dass einmal etwas weh tut, dass er dich bräuchte, du kannst einfach nicht, du sollst das tun und das tun."

Während die Großeltern das Kind in ihren Augen eher *"verziehen"*, hat Frau A. mehr leistungsorientierte Erziehungsgrundsätze. Sie möchte es *"gut erziehen"*, dass *"etwas aus ihm wird"*, emotionale Bedürfnisse des Kindes werden nicht angesprochen. Der Sohn wird bereits als Hoferbe in Erwägung gezogen, obwohl natürlich aufgrund des Alters keine konkreten Aussagen über seine Entwicklung gemacht werden können.

Hinsichtlich Familienplanung möchte Frau A. mehr aus pragmatischen Gründen ein zweites Kind, da sie selbst als Einzelkind aufgewachsen ist und das als Defizit empfunden hat. Obwohl sich ihr Mann mehrere Kinder wünscht, möchte sie mit dem zweiten Kind warten, bis sich auch ihr Mann voll in den Betrieb integriert hat, da es dann "*auch leichter geht*", und sie sich die Betreuungsaufgaben besser aufteilen können.

Frau A. vermittelt in ihrer Erzählung ein hohes Maß an Zufriedenheit mit ihrem Dasein als Bäuerin. Da zum einen ihre individuellen Interessen sich zum Großteil mit den betrieblichen Anforderungen treffen, sie zum anderen durch ihre Eltern in ihrer Betriebs- und Hausarbeit unterstützt und damit entlastet wird, so dass ihr trotz ihres hohen Arbeitseinsatzes dennoch genügend Freiräume bleiben, ist das Konfliktpotential entlang der Spannungslinie Hofinteressen versus individuelle Interessen denkbar gering. Auch die Partnerschaft gestaltet sich nach ihrer Erzählung äußerst erfreulich, ihre funktionale Handlungsorientierung scheint auch vom Partner verfolgt zu werden.

7.2.3 Fallbeschreibung Frau K.

7.2.3.1 Beschreibung der allgemeinen Bedingungen

Frau K. ist 36 Jahre, sie wuchs als drittes von fünf Kindern auf einem Bauernhof auf. Durch den frühen Tod des Vaters, Frau K. war zu diesem Zeitpunkt gerade 11 Jahre alt, wirtschaftete die Mutter unter starker Miteinbeziehung der Arbeitskraft von Frau K. allein weiter. Der Bruder, der im Sinne der Patrilinearität und Patrilokalität als Hofnachfolger vorgesehen war, interessierte sich kaum für die Landwirtschaft und ging einem Lehrberuf und seinem Hobby, der Musik, nach. Das Erleben der Plackerei der Mutter und ihre eigene Erfahrung auf einem Hof ohne Männer hinterließ bei Frau K. den Wunsch, nie einen Bauern zu heiraten. Während die ältere Schwester bei der Großmutter arbeitete, der Bruder nie Zuhause war, oblag es Frau K., ihre Mutter zu unterstützen, immer jedoch mit dem Wissen, die Früchte der Mühen und Entbehrungen selbst nie ernten zu können.

Da sie nach Abschluss der landwirtschaftliche Fachschule keinen Ausbildungsplatz für den Beruf der Krankenschwester fand, musste sie auf ihren Traumberuf verzichten. Sie trat eine Arbeitsstelle als Näherin im 1,5 km entfernten Nachbarort an, um weiterhin am Hof der Mutter mitarbeiten zu können und mit ihrem Verdienst die Mutter finanziell zu entlasten. Nach drei Jahren Akkordarbeit lernte Frau K. ihren Mann kennen und heiratet ihn, obwohl er einen Bauernhof besitzt. Die Erfahrungen mit unselbständiger Arbeit lassen Frau K. ihr Bäuerinsein positiv sehen. Sie bereut es nicht, einen Bauern geheiratet zu haben.

Frau K. bewirtschaftet den Hof allein, sie hat ihn von ihrem Mann, der seinen erlernten Beruf als Schlossermeister wieder aufgenommen hat, gepachtet. Gleichzeitig bewirtschaftet sie den 14 km entfernten Hof ihrer Mutter, den sie schließlich doch - wegen des Desinteresses des Bruders - übernommen hat. Insgesamt umfassen die beiden Betriebe eine Fläche von 60 ha, differenziert nach

Ackerboden, Grünland, Weiden, Obstgarten und Wald. Außerdem wurde zusätzlich Land gepachtet. Die Haupteinnahmequelle des landwirtschaftlichen Betriebes stellt die Milchwirtschaft aus einem Kontingent von 80.000 kg dar. Von den insgesamt 48 Stück Vieh sind 18 Milchkühe, die übrigen Mast- bzw. Zuchttiere. Weizen, Tritikali und Erbsen werden großteils selbst verfüttert, Sojabohnen gehen in den Verkauf. Das Obst wird in einer eigenen gewerblichen Presse zu Most und Apfelsaft verarbeitet und sowohl für den Eigenbedarf verwendet als auch an Kunden und Gastbetriebe verkauft. Zusätzliche Einnahmequelle bietet die Vermietung einer Wohnung am Hof der Mutter. Außerdem wird in traditioneller Weise umfangreiche Vorratshaltung und beschränkte Subsistenz betrieben.

Auf dem Hof leben heute drei Generationen, Frau und Herr K., die Schwiegermutter sowie ihre drei Kinder. Das Mädchen ist elf Jahre alt und besucht das Gymnasium, die beiden Söhne (dreizehn und vierzehn Jahre alt) sind Hauptschüler. Der Schwiegervater starb vor zwei Jahren. Die baulichen Verhältnisse gestatten es nicht, für die Schwiegermutter eine eigen Wohneinheit zu schaffen, so wird im gemeinsamen Haushalt gewirtschaftet.

Frau K. kann sich bei der Hofarbeit auf die Mithilfe ihrer beiden Söhne verlassen, durch die Schwiegermutter erhält sie Unterstützung bei der Hausarbeit. Auch ihr Mann hilft im Betrieb, er erledigt schwere körperliche Arbeiten, soweit diese nicht bereits von den Söhnen verrichtet werden können. In Spitzenzeiten, werden bezahlte weibliche Hilfskräfte herangezogen. Ihre Mutter lebt am zweiten Hof und verrichtet die täglich anfallenden kleineren Arbeiten. Die Betriebe weisen einen hohen Grad an Technisierung auf, wodurch die Arbeit mit der geringen Zahl an Arbeitskräften zu bewältigen ist.

7.2.3.2 Die Bedeutung des Hofes

Wie eingangs bereits beschrieben, ist Frau K. Zeit ihres Lebens an landwirtschaftliche Arbeit gewöhnt und wurde von frühester Kindheit an damit vertraut gemacht. Schon in jungen Jahren zeigt sie hohes Arbeitsethos und großes Verantwortungsgefühl gegenüber dem Hof und der Mutter. In traditionell geschlechtsspezifischer Weise erhält der Bruder eine bessere Ausbildung und mehr Freiheiten als sie. Er zeigt kein Interesse an der Landwirtschaft, dennoch ist der Hof der Tradition entsprechend für ihn vorgesehen. Entgegen ihrer Intention stellt sie ihre individuellen Besitzansprüche zurück, obwohl ihr dieser Verzicht nicht leicht fällt. Für sie materialisiert sich der "Besitz" erst, als der Bruder auf die Hofübernahme verzichtet, und als sie auch den Hof ihres Mannes und noch zusätzlichen Grund pachtet. Für Frau K. bedeutet es viel, für *"das Eigene"* zu arbeiten und sie ist stolz darauf, zwei Betriebe zu *"managen"*.

Sie schätzt ihre selbständige Tätigkeit, denn sie hat das Arbeiten als Lohnabhängige kennen gelernt *"... i war eigentlich froh, dass i aus der*

Fabrik aussegekommen bin, des war ja Streß da drinnen ... I hab eigentlich noch nie bereut, dass i Bäuerin worn bin."

Verantwortung zu tragen, Entscheidungen zu treffen und sich die Zeit selbst einzuteilen, werden von ihr als Vorteile ihrer Tätigkeit als Bäuerin herausgestrichen.

Das Wissen um die prekäre Situation am Arbeitsmarkt lässt sie die ungewisse Zukunft der Landwirtschaft nicht als allzu bedrohlich erleben. Dennoch macht sie sich Sorgen, welche Auswirkungen der EU-Beitritt Österreichs auf die Produktion und die Preise der Landwirtschaft haben wird. Sie kommt aber zu dem Schluss, dass es heute in keinem Wirtschaftsbereich lebenslange Sicherheit und Beständigkeit gibt.

Nachdem der Hof des Mannes in ihre wirtschaftliche Verantwortung übergegangen ist, stellt sie auf intensive Milchwirtschaft um. Dies erfordert eine Modernisierung des Betriebes, die sukzessive erfolgt. In geplanten Schritten prüft sie, ob die von ihr gesetzten Maßnahmen Erfolg bringen, um dann weitere zu setzen. Bewährtes wird beibehalten und Neues erprobt. Der Qualität und Rentabilität des Produkts kommt hohe Bedeutung zu.

Strenge Kontrollen und Messungen geben ihr über wirtschaftlich nicht mehr rentable Kühe Auskunft, die dann sofort verkauft werden. Da gescheiterte tierärztliche Besamung die Erhaltungskosten wesentlich erhöhen, verbringt Frau K. viel Zeit im Kuhstall, um die Beobachtungsintervalle an den Kühen zu verkürzen und dadurch den exakt günstigen Zeitpunkt für die Besamung festlegen zu können. Um den Stall optimal managen zu können, ist ihr hohes Wissen und ihre Erfahrungswerte über den lebenslangen Umgang mir Tieren absolut notwendig. Daraus resultiert auch das Problem, kaum für den Betrieb abkömmlich zu sein. Ihrer Meinung nach kann Erfahrungswissen nicht einfach an jemand anderen weitergegeben bzw. durch jemand anderen ersetzt werden.

"Weil des kannst ja net jeden übergeben, die Melkerei überhaupt. Es is schon, du hast genauso Sorge als wie mit allem anderen, des glaubt sonst kana, der net waß, was Küh haßt, oder was mit Küh zu tun is. Du muaßt schaun, da mach i genaue Aufzeichnungen, eben, weil ma beim Kontrollverband a sind, und dann hab i mein Kalender, wann alle besamt werden und wann sie trächtig werden, dann schreib i des ein, und daunn waßt ungefähr waunnst sie trocken stellen muaßt. Das muaßt ja alles wissen, wenn so a Fremder hinkommt, i man, der waß ja gar nix, die Kuah, jede beim Namen und alles muaßt wissen..da hast Aufzeichnungen und de muaßt machen, weil sonst kennst di hint und vorn nimma aus. Waßt eh, wenn du da a Woche versäumst, hast ja wieder soviel Verlust, gell. Wenn sie net gleich wieder trächtig ist, san ja immer wieder Schrererein, wo

sie ned trächtig bleiben, den Tierarzt brauchst, i waß net wie oft, die Besamung kostet 220,- Schilling. Jetzt wenn sie ned trächtig bleibt, 3, 4 Mal besamen, kannst dir ausrechnen, wieviel das kostet."

Frau K. schätzt zwar die technischen Errungenschaften, die ihr eine individuelle Arbeitsgestaltung ermöglichen, dennoch bedauert sie den dadurch entstandenen Verlust des kollektiven Arbeitsablaufs, eine Arbeitssituation, die sie noch aus ihrer Jugend kennt. Früher traf sie sich auch häufig mit der Nachbarin beim Milchausfahren, doch seit der Milchwagen die Milch direkt aus dem Tank pumpt, verarmen diese sozialen Kontakte zusehends. Neben dem zunehmenden Gefühl der Vereinsamung bedeutet der Einsatz von Maschinen auch eine Entfremdung der Arbeit, und die Beziehung zum Produkt verliert an Sinnlichkeit.

"Früher hast halt viel mehr Beziehung zu die ganzen Sachen ghobt, weil du das selber gmacht hast und händisch gmacht hast, gel. Jetzt setzt die aufn Traktor und fahrst obe und mir kommt vor, früher hast das Heu viel mehr gschätzt, wosd umatragn hast."

Neben der Produktion für den Markt betreibt Frau K. auch hofinterne Vorsorgewirtschaft, diese und die im Haushalt anfallenden Arbeiten werden jedoch der betrieblichen Arbeit untergeordnet.

Trotz des enormen Arbeitsanfalls und der Gebundenheit an fixe Arbeitszeiten aufgrund der Tierhaltung gelingt es ihr, sich Freiräume zu verschaffen. Da sie eigenverantwortlich handelt, kann sie die Arbeitsabläufe mit ihren Bedürfnissen in Einklang bringen. Diese Flexibilität und Selbstbestimmtheit führen minimieren die Gefahr der Überforderung und Überlastung.

7.2.3.3 Das Verhältnis zur Schwiegermutter

Die Schwiegermutter von Frau K. hat sich, entsprechend der weiblichen Regelbiographie in der bäuerlichen Welt, mit der Rolle der Weichenden weitgehend abgefunden und ihren Arbeitsbereich im Großen und Ganzen auf das Haus beschränkt. Sie will dort allerdings so arbeiten, wie sie es immer getan hat. Den modernen Hygiene- und Reinlichkeitsstandards sowie technischen Haushaltshilfen kann sie nichts abgewinnen. Dies und die Tatsache, dass aufgrund der räumlichen Verhältnisse keine Trennung der Haushalte möglich ist, bewirken, dass Frau K. sich in ihrem Haus nie richtig frei fühlt.

Auch wenn Frau K. nicht an eine Trennung der Haushalte denkt, zieht sie aus dieser Erfahrung die Konsequenz, ihren Kindern nie zuzumuten, mit ihr unter einem Dach leben zu müssen. Sie ist der Meinung, dass jede Generation ihre eigenen vier Wände haben soll und gesteht der nächsten Generation, individuelle Freiheit und Freiräume zu.

Durch die ständige Anwesenheit der Schwiegermutter im Haus kann sich Frau K. zwar mehr auf ihre landwirtschaftliche Arbeit konzentrieren, doch all ihr Handeln wird ständig von der Schwiegermutter in Relation zu ihrer eigenen Arbeitsmühe kommentiert. Die Schwiegermutter bleibt völlig dem Althergebrachten verhaftet und ist nicht bereit, Neues zu akzeptieren. Frau K. kann so nie den Wünschen und Vorstellungen der alten Frau gerecht werden. Die schwelenden Konflikte werden jedoch nicht offen ausgetragen. Im Gegenteil, Frau K. ist bemüht, die Schwiegermutter zu verstehen und sie nicht vor den Kopf zu stoßen. So stört es z. B. Frau K., wenn die Schwiegermutter das Geschirr nur unzureichend abwäscht, sie äußert dies aber nicht, sondern stellt das Geschirr heimlich in den Geschirrspüler.

Die zentrale Bruchstelle im Verhältnis zwischen den beiden Frauen verläuft entlang der Transformation der Handarbeit in Maschinenarbeit und den unterschiedlichen Bedürfnissen und Ansprüchen an den Lebensstandard. Traditionelle Subsistenzorientierung wird durch Konsum kompensiert. Ein typischer Kommentar der Schwiegermutter dazu lautet: *"Ja, für was denn das und für was denn das, ma, mir ham des oba ned so gmacht."*

Frau K. bekommt immer wieder den Vorwurf zu hören, bei weitem nicht so viel zu arbeiten, wie ihre Schwiegermutter, die nicht einsehen will, dass sich die Qualität des Arbeitens verändert hat und natürlich auch die Quantität im Sinne einer Intensivierung. *"Sie hat halt imma soviel arbeiten müssen, unsa ana tuat halt gar nix."* Wie belastend das Verhältnis tatsächlich erlebt wird, zeigt folgender Interviewausschnitt.

"Mei schönster Urlaub war jetzt, wie sie im August drei Wochen im Krankenhaus war. Des war mei schönster Urlaub von de gaunzen vierzehn Jahr was i jetzt da bin. I hab nie an Urlaub ghabt, oba i man, des war a Urlaub. Da hast machen können und verwalten können und dei Wäsch zugstellt oder hast gmacht das was wolln hast, Leut eingladen, bist fortgangen oder was."

7.2.3.4 Partnerschaft

Einen Hof selbst zu besitzen war für Frau K. schon seit frühester Jugend erstrebenswert. Diese Option schien ihr jedoch verwehrt, da der Bruder den Hof der Mutter übernehmen sollte. Auch der Zugang zu ihrem Traumberuf, Krankenschwester, war ihr nicht mögliche. Sie entschied sich daher für eine Laufbahn außerhalb der Landwirtschaft, ohne den Kontakt zu dieser vollkommen abzubrechen. Fest stand für sie, nie einen Bauern heiraten zu wollen. Dieser Entschluss wird geändert als sie einen Bauern kennen lernt. Die Heirat wird wie folgt begründet: *"da wor i dort drei Johr, erstens wor das ja sowieso net mei Ding, mei mei, hast halt a Weil gmacht, hob i ma docht, vielleicht wird sich's ergeben wos andereres, no nocha hat sie das ergeben, dass i mein Mann kennaglertn und gheirat hab."*

Wenn Frau K. von ihrem Partner spricht, werden funktionale Aspekte im Hinblick auf die Bewirtschaftung und der Erhaltung des Betriebes angesprochen. Die klassischen Funktionen einer weiblichen "Mithelfenden" werden hier auf den Ehemann übertragen. *"Ja, i man, er hilft a, i man freilich wenn er ham kommt, muaß er a anbaun und sowas ..."* Seine außerlandwirtschaftliche Berufstätigkeit trägt dazu bei, die Existenz des Hofes zu sichern, ein Teil seines Einkommens wird für die Anschaffung von maschinellen Arbeitshilfen herangezogen und weiters, um den Lebensstandard zu halten.

In der Paarbeziehung treffen sich zweckrationales und traditionelles Handeln. Frau K. gibt nach der Heirat ihre schlecht bezahlte außerlandwirtschaftliche Erwerbstätigkeit auf, weil sie dadurch nur wenig zur Erhaltung des Besitzes beigetragen hätte. Ihr Mann nimmt seinen erlernten Beruf, der ihm viel bedeutet, wieder auf und legt damit die Führung und Verantwortung für den Betrieb in ihre Hände. Obwohl damit im betrieblichen Geschehen die traditionellen hierarchischen Strukturen durchbrochen werden, bleibt sowohl nach außen als auch im Umgang der Partner miteinander die Autorität des Mannes erhalten. Die Idee den Betrieb auf intensive Milchwirtschaft umzustellen, kommt von Frau K.. Die Entscheidung wird jedoch nicht ohne die Zustimmung des Partners getroffen und die notwendigen Schritte bei den Behörden werden ihm überlassen.

Die Partnerschaft ist notwendig für den Hof und der Hof bedeutsam für die Partnerschaft, denn schließlich geht es den beiden darum, *"das Ganze"* gemeinsam zu erhalten und an die nächste Generation - falls diese dazu bereit ist - weiterzugeben. Traditionelles strukturkonservierendes Moment ist das Verständnis, dass zu einem Hof Frau und Mann gehören, die für den Familien- und Betriebsbedarf sorgen. Neu ist, dass die Arbeitspositionen von Mann und Frau nicht unverrückbar festgelegt sind, sondern nach den persönlichen Präferenzen ausgehandelt wurden.

7.2.3.5 Bedeutung der Kinder

Frau K. bezieht ihre beiden Söhne intensiv in die landwirtschaftliche Arbeit mit ein. Dennoch behält sie auch den Kindern Freiräume vor und lässt ihnen für ihre individuellen Interessen Platz. Während die Söhne Bereitschaft und Lust zeigen, im Betrieb mitzuhelfen und Frau K. durch sie bereits große Entlastung erfährt, akzeptiert sie gleichzeitig das Desinteresse der Tochter und zwingt sie nicht weiter zur Mitarbeit. Frau K. verfolgt eine geschlechtsspezifische Erziehung. Vor allem die Söhne werden in die Hof- und Arbeitsbeziehungen eingebunden und erhalten - zumindest der potentielle Hofnachfolger - eine landwirtschaftliche oder andere praktische Berufsausbildung, während die Töchter höhere Schulen besuchen. Doch im Gegensatz zu ihrer eigenen Erfahrung ist Frau K. sehr bemüht ist, allen Kindern sowohl eine Ausbildung zu ermöglichen als auch die individuellen Wünsche und Fähigkeiten der Kinder zu berücksichtigen. Die eigene Mädchensozialisation wird nicht mehr an ihrer Tochter wiederholt. Als Frau, die einen Hof fast allein bewirtschaftet, ist sie verstärkt auf regelmäßige Unterstützung angewiesen, so dass die Bedeutung der Kinder als Arbeitskräfte hoch ist.

"Die Kinder helfen brav mit schon, de werdn halt a eingspannt, so wie's halt bei jeden Bauern früher amol war und jetzt genauso, miassen sie halt a helfen, abends kommen sie in den Stall, tagsüber helfen sie halt a, Heu obeschmeißen und so Zeugs."

Doch im Austausch dazu ist Frau K. bemüht, ihrer Rolle als Mutter über das Maß der materiellen Versorgung hinaus gerecht zu werden. Es ist ihr ein Anliegen, für die Kinder Zeit zu haben, um mit ihnen z. B. am Nachmittag Schi zu laufen. Vor allem beginnt sie ihre Stallarbeit erst, nachdem die noch schulpflichtigen Kinder das Haus verlassen haben. Der gesamte Vormittag ist anschließend mit Stallarbeit ausgefüllt, weniger wichtige Arbeiten werden hintangestellt, denn die gemeinsame Zeit mit den Kindern ist Frau K. wichtig , sie wird als persönlicher Gewinn gesehen. Durch ihre eigene außerlandwirtschaftliche Erfahrung und die Erwerbstätigkeit ihres Mannes entwickelt sie das Selbstbewusstsein, mit der traditionellen bäuerlichen Arbeitsmoral, die da heißt von früh bis spät nur arbeiten, zumindest teilweise zu brechen. Schließlich liegt es ohnehin an ihr allein, die Arbeit zu tun und durch diese Verweigerung wird niemand anderer zusätzlich belastet. Indem Frau K. die Kinder zur Mitarbeit anhält, setzt sie - neben der Arbeitserleichterung - auch ihr Bedürfnis nach intensiverem Austausch mit den Kindern durch.

"Ja, in da Fruah, die Kinder gehn in die Schul, wenn halt Schul is, gell, i schau halt schon, daß i in der Fruah, i man, die andern sagen oft amol, könnst ja um 5 aufstehn und da wärst um 8 fertig, gell, aber es is grad die Zeit dort drinnen, wo die Kinder in die Schul gehn und das hab i gsagt, das mag i ned, willst aufstehn und mit de Kinder sein, gell, Jausen machen oder, i man sicher is die Oma a da, oba imma is halt a, willst halt selber gern da sein, ned, weil bei mir daham immer so, also i bin aufgstanden, mei Mutter war nie da, weil sie halt im Stall war, ned, und nocha bist in die Schul gangen, bist abends hamkommen, hast sie oft gar ned gsehn, weil sie immer am Feld war oder wennst Nachmittag kommen bist, war sie im Wald, war sie am Feld, no nocha abends hat sie immer eilig ghobt, Stall, selber hast miassen im Stall a mithelfen. Das war halt schon immer so. A deswegen sag i, in der Früh bin i gern da. Und dann geh i nach die Kinder erst in Stall, und dann bin i halt den Vormittag nur im Stall. Es is, a andre geht um 8 Schicht oder Arbeit oder wohin sie a geht, macht ihre Stunden und kommt nocha

ham, muaß a nocha erst alls machen, ned und i hab gsagt, des is halt mei Arbeit."

Konsequenzen ihres Erziehungsstils ist zurzeit die Entlastung, die sie bei ihren Arbeiten durch die Kinder erfährt. Für die Zukunft besteht die Chance, dass einer der Söhne den Betrieb weiterführen wird. Dies aber nicht unter Zwang, sondern aus Interesse.

Da sie dem Zusammensein mit den Kindern mehr Raum gibt und zum Teil die landwirtschaftliche Arbeit zugunsten der Kinder hintanstellt, entsteht für sie nicht das Gefühl der Zerrissenheit. Sie hat auch kein schlechtes Gewissen, ihre Kinder neben der Arbeit vernachlässigt zu haben, noch beklagt sie die Belastung durch die Kinder, oder dass ihr die Arbeit über den Kopf wächst. In gewisser Weise hat Frau K. einen Kompromiss geschlossen, zwischen reduzierter landwirtschaftlicher Arbeit, Einbeziehung der Kinder als Arbeitskräfte und der Kompensation ihrer eigenen Sozialisationserfahrungen.

Dadurch ist es Frau K. es gelungen, die vielfältigen Anforderungen ihres Bäuerinnenseins miteinander zu koordinieren und in Einklang zu bringen. Wichtige Bedingung hierfür ist die außerlandwirtschaftliche Erwerbstätigkeit des Mannes, wodurch die Last der primären Existenzsicherung nicht mehr allein in der Landwirtschaft liegt. Außerdem führt die hohe Unterstützungsbereitschaft seitens aller Familienmitglieder auch zu einer Arbeitsentlastung. Frau K. vermittelt das Bild einer zufriedenen Bäuerin, die zwischen Anpassungsbereitschaft an die Erfordernisse des Hofes, an die Vorstellung der Schwiegermutter und der Berufstätigkeit ihres Mannes und ihren eigene Wünschen und Vorstellungen als Bäuerin, Mutter und Frau einen für sie akzeptablen Weg der Kompromisse bestreitet. Ihre primäre Identifikation als Bäuerin bezieht sie zwar aus dem Management des landwirtschaftlichen Betriebes, doch findet sie auch noch Platz und Zeit für die Kinder. Das Gelingen dieses Vorhabens beruht auf dem beschriebenen Kompromiss, der in gewisser Weise den Versuch des Ausdifferenzierens des landwirtschaftlichen Systems auf individueller Ebene beschreibt.

7.2.4 Fallvergleich

Die Bedingungen und Strategien, unter denen die vorgestellten drei Bäuerinnen der Hof ins Zentrum ihrer Lebensführung stellen, sind sehr unterschiedlich.

Alle drei Bäuerinnen sind Geburtsbäuerin, die schon sehr früh im elterlichen landwirtschaftlichen Betrieb mitgeholfen haben. Ihre Ausbildung fand - wenn vorhanden - im landwirtschaftlich-hauswirtschaftlichen Bereich statt und bildet eine Ergänzung zur intergenerationellen Wissensvermittlung am Hof. Bei zwei Frauen war die Hofübernahme bzw. Hofgründung seit ihrer Jugend vorgesehen, damit stellt ihr Bäuerinwerden und -sein eine in sich geschlossene, bruchlose

Entwicklung dar. Jedoch unterscheiden sich hier die Bäuerinnen, inwieweit ihr Bäuerinsein ein bewusster Wunsch darstellt, bzw. sich so ergeben hat. Bei Frau P. kann hier als einziges von einem bewussten Lebensentwurf gesprochen werden, ihren Wunsch, einen Hof zu gründen und zu bewirtschaften hat sie Mithilfe von väterlicher Unterstützung in die Tat umgesetzt.

Auch Frau A. ist Hoferbin. Allerdings war sie als einziges Kind immer schon als Hofnachfolgerin vorgesehen. Sie sieht allerdings sehr wohl Handlungsalternativen im Hinblick auf mögliche außerlandwirtschaftliche Berufe und fühlt sich dem Hof nicht bedingungslos verpflichtet.

Frau K. entwickelte erst über den Umweg einer außerlandwirtschaftlichen Erwerbstätigkeit eine positive Hinwendung zum Bäuerinsein. Voraussetzung dafür war zwar die Heirat eines Bauern, der Vergleich zwischen den beiden Produktionsstrukturen bot allerdings die Möglichkeit, die Überzeugung, nie Bäuerin werden zu wollen, in eine positive Eigendefinition als Bäuerin zu wenden.

Alle drei Bäuerinnen identifizieren sich hauptsächlich über den Hof und ihre landwirtschaftliche Arbeit. Kennzeichnend ist, dass sie ihre Arbeitskraft voll für den Betrieb einsetzen und ihr Bedürfnis nach individuellen Freiräumen entweder sowieso im Einklang mit den Hofinteressen steht (Frau P.) oder dem Betrieb nachgeordnet wird. In keinem Fall kollidieren die individuellen Bedürfnisse mit der traditionellen Hoforientierung/-zentriertheit.

Alle Frauen haben eine sehr starke Identität als Bäuerin, deren Funktion sie kompetent und verantwortungsvoll ausfüllen. Entscheidungen werden entweder in Eigeninitiative getroffen (Frau P.), kollektiv unter Einbindung aller Beteiligten (Frau A.) oder durch geschickte Strategie als "männliche Entscheidung" vorgetäuscht. Die Arbeit im Haushalt ist sekundär und wird der betrieblichen Arbeit nachgeordnet. Gleichzeitig wird die geschlechtsspezifische Zuordnung als "Frauen"tätigkeit nicht in Frage gestellt, eine partnerschaftliche Beteiligung des Mannes an der Hausarbeit nicht gefordert.

Die Erhaltung und Weiterführung des Hofes steht in allen drei Fällen im Vordergrund, wie weit dieses Ziel jedoch verfolgt wird, ist unterschiedlich. Für Frau P., die nach ihrem holistischen Weltbild in ihrem kleinen subsistenzorientierten Hof einen Teil des "Ganzen" sieht, hat der Erhalt des Hofes auch unter widrigsten Bedingung absolute Priorität, während für Frau A. die Fortführung ihres Betriebs, der ein modernes, hoch technisiertes Unternehmen darstellt, an marktwirtschaftliche Rentabilität gebunden ist. Frau K. macht die Fortführung des Hofes von den Interessen der Söhne abhängig, aktuell ist auch ihr Interesse, den Hof möglichst effizient zu führen und auszubauen.

Die Beziehung zu den Ehemännern ist in allen drei Fällen arbeitsorientiert und funktional mit geringem emotionalen Anspruch, gestaltet sich aber in höchst unterschiedlichen Ausprägungen. Frau A.s Beziehung zu ihrem Mann besteht auf einer funktional-egalitären Ebene. Ihr Mann soll in die Fußstapfen des weichenden Vaters treten und gleichberechtigt zu ihr bestimmte Arbeitsbereiche im Betrieb übernehmen. Obwohl als Hoferbin Macht und familiärer Rückhalt auf ihrer Seite stehen, baut sie diese Situation nicht aus, sondern bemüht sich um eine partnerschaftlich Arbeitsweise. Hervorzuheben ist, dass sich hier der Mann in die bestehende Tradition/Form einzufügen hat.

Ganz anders Frau P., auch hier haben wir es mit einer hierarchischen Paarbeziehung zu tun, allerdings mit dem Anspruch auf weibliche Dominanz, da sie den Frauen allgemein - aufgrund ihrer Gebärfähigkeit - mehr Verantwortungsgefühl gegenüber dem "Ganzen" zuschreibt. Frau P. bewirtschaftet den Hof heute praktisch ohne die Mithilfe des Mannes und fällt auch die Entscheidungen allein, jedoch konnte sie sich in bestimmten Bereichen (Hausbau) gegenüber ihrem Mann nur schwer durchsetzen, was sie mit einer gewissen Verbitterung erfüllt.

Auch Frau K. unterhält eine zweckrationale Beziehung zu ihrem Ehemann, mit dessen Erwerbseinkommen sie im Hinblick auf weitere Technisierung und Ausbau des Hofes spekuliert. Allerdings - und das unterscheidet sie von den beiden anderen Frauen - ist sie bemüht, dem Mann das Gefühl der Bedeutsamkeit im Hofgeschehen zu vermitteln, obwohl sie die landwirtschaftliche Arbeit - mit wenigen Ausnahmen - allein erledigt.

Als gemeinsames Merkmal für die Verknüpfung von Familie und Betrieb ist zusammenfassend festzuhalten, da die Partnerschaft notwendig für den Hof und der Hof bedeutsam für die Partnerschaft ist, da es gilt, *"das Ganze"* gemeinsam zu erhalten und an die nächste Generation - falls diese dazu bereit ist - weiterzugeben. Traditionelles strukturkonservierendes Moment ist das Verständnis, dass zu einem Hof Frau und Mann gehören, die für den Familien- und Betriebsbedarf sorgen. Neu ist, dass die Arbeitspositionen von Mann und Frau nicht unverrückbar festgelegt sind, sondern nach den persönlichen Präferenzen ausgehandelt wurden.

Was die Kindererziehung betrifft, so steht auch diese bei allen drei Bäuerinnen im Einklang mit ihrer traditionell-funktionalen Lebens- und Arbeitsauffassung. Es ist allen drei Frauen gemeinsam, dass den Kindern nur wenig Zeit und Raum gewidmet wird. Während diese bei Frau P. und Frau K. neben der betrieblichen Arbeit mitlaufen, ist es für Frau K. wichtig, die bäuerliche Arbeitsmoral zu durchbrechen und die morgendliche Stallarbeit den Kindern zu liebe hintanzustellen. Das Versorgen der primären Bedürfnisse steht im Vordergrund, die emotionale Bedeutung ist eher gering. Allerdings sind alle drei Bäuerinnen darauf bedacht, ihren Kindern eine abgeschlossene Ausbildung (ob landwirtschaftlich oder nicht steht dabei nicht im Vordergrund) zu ermöglichen. Gerade die Mütter

bzw. Schwiegermütter stellen bei der Versorgung der Kinder eine große Hilfe dar und übernehmen den Großteil der Betreuungsaufgaben.
Es ist noch einmal hervorzuheben, dass sich alle drei Bäuerinnen durch hohe Hofzentriertheit auszeichnen. Die Interessen des Hofes stehen in jedem Fall im Vordergrund, individuelle Ansprüche werden entweder in den landwirtschaftlichen Arbeitsablauf integriert (Frau P. nimmt ihre einzelne freie Tage während der wenig arbeitsintensiven Zeit), stimmen mit den Hofinteressen überein oder werden auf ein Minimum reduziert (Frau K.). Auch bei Frau A. werden die individuellen Interessen den Hofinteressen nachgeordnet, aber es gelingt ihr, sich durch eine gut strukturierte Zeiteinteilung Regelmäßigkeit und Linearität in ihr Leben zu bringen und sich Freiräume zu schaffen, in denen sie ihre Hobbys und Freundschaften pflegt. Das unterscheidet sie von Frau K. und Frau P. Frau A. kann auch auf die Hilfe ihrer Eltern bei Betriebs- und Hausarbeit zurückgreifen und kann sich daher leichter Freizeit nehmen. Auch Frau K. bekommt Unterstützung durch ihre Schwiegermutter, dies verursacht jedoch Probleme zwischen den beiden Frauen.

Alle Bäuerinnen vermitteln den Eindruck relativ hoher Zufriedenheit mit ihrem Dasein als Bäuerin. Interessant ist, dass nur eine der drei Bäuerinnen auf den Hof eingeheiratet hat und sich mit einer ihr fremden Hoftradition auseinandersetzen, bzw. den Ansprüchen von Schwiegereltern genügen musste. Während Frau A. als Hoferbin den eigenen Hof nach der Heirat weiter bewirtschaften (allerdings wie oben beschrieben mit völlig unterschiedlichen Ansprüchen hinsichtlich der Arbeitsbeziehung zwischen Mann und Frau), wurde der Hof bei Frau P gekauft. Weder Frau P. noch Herr P. konnten sich auf eine Hoftradition berufen. Frau K. führt den Hof der Mutter weiter und pachtet darüber hinaus den Hof ihres Ehemannes. Sie gestaltete letzteren sehr aktiv nach ihren Vorstellungen. Die Integration im Betrieb war demnach bei allen dreien von Anfang an hoch und musste sich nicht erst im Laufe der Zeit "erkämpft" werden, für Frau A. war die Unterstützung und Entlastung durch die Eltern selbstverständlich. Frau K. erlebte diese widersprüchlich. Ebenso wenig stehen die eigenen Ansprüche im Widerspruch zu den Hofinteressen, was sicherlich auch zur Zufriedenheit beiträgt. So individuelle Interessen vorhanden sind, können sie durch geschickte Zeiteinteilung in den Arbeitsablauf integriert werden. Bei Frau P. dominiert die zyklische Auffassung von Zeit und Arbeit, Frau A. und Frau K. kennzeichnet die Orientierung an einer linearen Arbeits- und Zeitauffassung. Auch von den Ehemännern wird die traditionelle Hoforientierung unterstützt und mit getragen.

7.3 Die "Landwirtin"

Der Begriff Landwirtin wurde für diesen Typus von Weiblichkeitskonstruktion gewählt, da er allgemein für eine Professionalisierung der bäuerlichen Tätigkeiten steht. Die hier vorgestellten Frauen machen ihre Arbeit in der Landwirtschaft zu einer Erwerbsquelle und entkoppeln sie dadurch weitgehend von der Familie und ganz besonders von der Partnerschaft. Damit bewegen sie sich nicht nur über die Geschlechtergrenzen der Arbeitsteilung in der Landwirtschaft, sondern lösen sich auch vom traditionellen Hofdenken, indem sie die Einheit von Familie und Betrieb auflösen.

7.3.1 Fallbeschreibung Frau C.

7.3.1.1 Beschreibung der allgemeinen Bedingungen

Frau C. wuchs in einer Kleinstadt auf. Aus ihrer Liebe zu Tieren und zur Natur wählt sie das Studium der Landwirtschaft und geht für diese Zeit nach Wien. Während des Studiums wird ihr Interesse am Naturschutz geweckt, mit dem sie sich zu ihrem Bedauern auf der Universität nur theoretisch auseinandersetzen kann. Der Kauf eines Wochenendhauses mit ihrem Lebensgefährten (Herr C.) in einer wirtschaftlich und strukturell benachteiligten ländlichen Region Österreichs erweist sich als glücklicher Zufall für ihre weitere Lebensgestaltung. Denn, wie sich herausstellt, steht dieses Haus in einer *"reichhaltigen alten Naturlandschaft mit vielen Blumenwiesen"*, die Frau C. inspiriert, ihre Vorliebe für Pflanzen, vor allem für gefährdete Pflanzenarten, zu ihrem Beruf zu machen. In kleinem Rahmen sammelt sie Blumensamen und nützt ihre Kontakte aus der Studienzeit zu Naturschutzbehörden, um das Kaufinteresse potentieller Kunden für Wildsamenmischungen abzuklären. Das positive Feedback motiviert sie, den kleinen Versuch in ein von öffentlicher Hand gefördertes regionales Projekt, in Zusammenarbeit mit den ortsansässigen Bauern auszubauen. Nach zwei Jahren erfolgreichen Projektverlaufs entschließt sich Frau C. diese Marktlücke für sich zu nützen und gründet einen landwirtschaftlichen Betrieb. Dafür pachtet sie geeignete Wiesen in dieser Gegend. Sie selbst besitzt neben dem Haus nur eine Obstwiese. Da sie sich aus finanziellen Gründen keine Maschinen leisten kann, und sie außerdem den Umgang mit ihnen scheut, werden maschinelle Tätigkeiten (mähen, dreschen) gegen Bezahlung an Dritte vergeben.

Heute arbeitet sie österreichweit mit blumenwiesenbewirtschaftenden Bauern zusammen. Sie sammelt das Blumensaatgut, erstellt Samenmischungen und ist auch für den Vertrieb verantwortlich. Ihr Sortiment besteht aus Einzelpflanzensaatgut von 250 verschiedenen Pflanzen, aus Heudrusch, aus Heublumen und viertens seit kurzem auch aus heimischen Gehölzersamen. Der Lebensgefährte von Frau C., er absolvierte ebenfalls das Studium der

Landwirtschaft, geht als Universitätsbediensteter einer außerlandwirtschaftlichen Tätigkeit nach und lebt in Wien. Frau C., zum Zeitpunkt des Interviews 26 Jahre und kinderlos, ist erfolgreiche Betriebsführerin und sozial in das Umfeld integriert.

7.3.1.2 Bedeutung der Hofes

Von Hof im herkömmlichen Verständnis kann im Falle Frau C. nicht gesprochen werden. Ihre Zuordnung zur Landwirtschaft erfolgt primär aus der Art und Weise ihrer Tätigkeit und weniger über traditionelle Elemente wie Tiere, Stall, Weiden, Felder. In diesem Sinne stellt sie ein Beispiel für moderne Differenzierung des landwirtschaftlichen Systems unter Rückgriff auf traditionelles "Kapital" und nachhaltige Methoden dar.

Das Interesse an der Landwirtschaft besteht bei Frau C. seit ihrer Kindheit. Es liegt für sie daher nahe, ein Studium der Landwirtschaft zu beginnen. Von Anfang an war für sie klar, nach der Studienzeit die Stadt zu verlassen und auf das Land zu ziehen. Die universitäre theoretische Auseinandersetzung mit Naturschutzprojekten erweckt ihre Interesse an Wildpflanzen, über die sie sich das Wissen selbständig aneignet. Nach Abschluss des Studiums ist sie auf der Suche nach einem geeigneten Arbeitsbereich. In der Entdeckung des landschaftlichen Blumenreichtums rund um das gedachte Wochenendhaus erkennt Frau C. eine Möglichkeit, ihren Kindheitstraum in die Tat umzusetzen. Sie sammelt Wildpflanzensamen und erstellt Saatgutmischungen. Dass sie mit dieser alternativen landwirtschaftlichen Wirtschaftsform und -weise Erfolg haben würde, um eine eigenständige berufliche Existenz aufbauen zu können, glaubte sie anfangs nicht. Vielmehr sieht sie anfangs darin ein temporäres Versuchsprojekt, das sie später an einen bestehenden landwirtschaftlichen Betrieb als weitere Einnahmequelle übergeben will. Für sie erscheint es unrealistisch, sich mit geringen finanziellen Mitteln je einen eigenen landwirtschaftlichen Betrieb leisten und auch davon leben zu können.

> *"Ich hab am Anfang nicht gedacht, dass ich das kann, weil es so ausschaut, dass du eigentlich wenn du nicht reingeboren bist, dir keine Landwirtschaft mehr erwirtschaften kannst, weil die Preise für die normalen Produkte irrsinnig niedrig sind, also ich könnte nie mit einer Milchwirtschaft anfangen, das würd' sich einfach überhaupt nicht rentieren und ich hätt' gedacht, das geht bei der Wildpflanzenproduktion auch nicht, hat sich dann so langsam herauskristallisiert, dass man gut davon leben kann als Landwirtschaft, aber am Anfang hätt' ich das nicht gedacht, hätt' ich gedacht, das geht nur als Nebenzweig mit einer normalen Landwirtschaft."*

Umso glücklicher und zufriedener präsentiert sich Frau C. mit ihrer erfolgreich funktionierenden selbstaufgebauten Landwirtschaft. Der Umgang mit Wildsamen vom Sammeln bis zum Verkauf konvergiert auf allen Ebenen mit ihren Wunschvorstellungen von Arbeiten und Leben wollen.

Einen zentralen Stellenwert an ihrem Erfolg und ihrem Wohlbefinden schreibt Frau C. dem regionalen Umfeld zu. Da es sich um eine historisch arme bäuerliche Gegend handelt, sind die Bauern in Zeiten des großen Landwirtschaftssterbens sehr bemüht, ihre Existenz für die Zukunft zu sichern. Expansion der konventionellen landwirtschaftlichen Betriebe ist für viele nicht möglich oder sinnvoll. Daher ist es für sie existentiell notwendig, eine gewisse Flexibilität und Offenheit an den Tag legen, um ihre vertraute Produktionsweise und Lebensweise aufzugeben und auf Sonderkulturen umzustellen. Sie begegnen daher niemanden skeptisch, der ebenfalls auf alternative Weise sein Glück in der Landwirtschaft versucht. Im Gegenteil, sie erkennen die positive Belebung ihrer Region durch das Wildsamenprojekt. Es entwickelt sich von Anfang an eine funktionierende Kooperation zwischen der ortsansässigen Bevölkerung, die auf gegenseitiger Abhängigkeit und Nutzen basiert. Da Frau C. keine eigenen Wiesen oder eigene Maschinen besitzt, ist sie auf die Unterstützung anderer angewiesen, die ihr Grund verpachten und gegen Bezahlung mähen, heuen oder dreschen. Außerdem braucht sie Arbeitskräfte für das Sammeln der Pflanzen- und Baumsamen sowie das händische Mähen und Heuen steiler Blumenwiesen. Sie ist somit eine Art Arbeitgeberin, die Geld bringt und außerdem durch die Besonderheit ihrer Wirtschaftsform keine Konkurrenz für die anderen Bauern darstellt, im Gegenteil. Frau C zeigt einerseits einen erfolgreich Weg auf, wie man das traditionelle regionale "Kapital" aus der Natur nützen und gleichzeitig schützen kann, und andererseits erzeugt sie Optimismus, dass die Landwirtschaft mit innovativen Ideen nach wie vor eine Existenzbasis bietet.

Entgegen Modernisierungsentwicklungen in der Landwirtschaft wird in diesem Gebiet noch häufig traditionell - mit bescheidenen Mitteln ohne große Maschinen und Chemie - für ein bescheidenes Einkommen gewirtschaftet. Frau C. fügt sich mit ihrem Betrieb nahtlos in diese Struktur ein und setzt keine Differenz zwischen sich und ihrer Umwelt. Frau C. erlebt die Menschen in dieser Gegend als örtlich sehr verwurzelt. Sie fühlt sich in dieser "Schicksalsgemeinschaft" gut angenommen und aufgehoben. Da allgemein noch viel manuell gearbeitet wird, ist man auf gegenseitige Hilfe angewiesen. Frau C. schätzt vor allem die traditionell händische Arbeitsweise. Sie fühlt sich keinem Maschinentakt unterworfen, sie macht Pause, wenn es ihr Körper verlangt, kann während der Arbeit mit den Leuten reden, auch ein vorbeifahrender Traktorfahrer bleibt auch im Sommer *"zum Tratschen"* stehen.

"Da geht's oft wirklich von sechs bis zehn, aber es ist eigentlich nicht schlimm, weil du arbeitest in deinem Rhythmus, wir müssen

uns an keine Maschinen halten, sondern machen unser Tempo, und es ist eigentlich nicht anstrengend, wobei am Sonntag mach ich schon fast immer frei, das ist eine Ausnahme am Sonntag arbeiten, am Samstag arbeiten ma schon durch, und ja im Winter is halt viel ruhiger, da pflege ich so die Kontakte und Besuche."

Das Arbeiten in dieser traditionellen Kulturlandschaft schafft für Frau C. völlige Zufriedenheit und Geborgenheit. *"Für mich ist es nicht zu trennen Arbeit und Vergnügen."* Der Arbeitsrhythmus und die Regenerationsphasen werden von der Natur vorgegeben. Im Frühling werden eigene Ackerflächen für einjähriges Saatgut angebaut, von Juli bis Oktober ist Erntezeit, in diesen Monaten ist Frau C. von früh morgens bis spät abends im Freien. Die Samen müssen außerdem getrocknet werden. Im Herbst erfolgt das Hechseln, Reinigen, Aufhängen, Beschriften, Abbilden der Samen. Frau C. nennt ihren Beruf eine *"traumhafte Arbeit"*. Sie schätzt die Unabhängigkeit und das Selbstverwirklichungspotential ihres landwirtschaftlichen Arbeitsbereichs.

"Und was mir so gut g'fallt in der Landwirtschaft, und das find ich einen unschätzbaren Vorteil, du bist dein eigener Herr, hast wirklich alles in der Hand, was du d'raus machst und das Schöne ist, es gibt einfach so viele Möglichkeiten."

Absatzschwierigkeiten für das Wildpflanzensaatgut gibt es keine. Kontakte zu Behörden, Gemeinden und Naturschutzverbänden existieren seit Studienzeiten und werden weiter ausgebaut. In einigen Projekten arbeitet Frau C. selbst mit als Beraterin für die Pflanzenauswahl und beim Anlegen neuer Blumenwiesen mit einheimischen stammesgerechten Blumen. Sie sieht den Erfolg und das Ergebnis ihrer Arbeit an wieder erblühenden Wiesen, die von selbst ihr Anliegen nach Naturschutz fortsetzten.

7.3.1.3 Partnerschaft

Frau C. und ihr Lebensgefährte (Herr A.) kennen sich von der Universität. Obwohl beide beruflich zwar mit der Landwirtschaft verbunden sind, sind sie durch die verschiedenen Arbeitsorte oft getrennt. Frau C. lebt und arbeitet auf dem Land, Herr A. in der Stadt. Der Wunsch von Frau C. nach dem Studium auf das Land zu ziehen überwiegt alles, so dass sie keine Partnerschaft davon abhalten hätte können, ihren eigenen Bedürfnissen nachzukommen. Beide akzeptieren ihre individuellen Lebenspläne, wobei sich ihre gemeinsamer Ausbildungshintergrund positiv ergänzend auswirkt. Neben der emotionalen Unterstützung für das Samenprojekt, sowie später für den Aufbau des landwirtschaftlichen Betriebes erhält Frau C. von ihrem Lebensgefährten auch praktische, kompetente Beratung und Hilfe bei Kunden- und Behördenkontakten. Der Partner gibt ihr zwar Rückhalt, die Verantwortung für den Betrieb liegt aber allein in ihren Händen.

> *"Ja der A. hat mir irrsinnig geholfen, also von der ganzen fachlichen Unterstützung abgesehen, also ich hab eigentlich nie überlegt, wie das gegangen wär, wenn ich alleine geblieben wäre, also ich wär auf jeden Fall aufs Land gegangen, das kann man schon sagen. An und für sich wollt' ich nie nach Wien, ich bin nur wegen dem Studium nach Wien, ich wollt' immer raus."*

Offensichtlich herrscht gegenseitige Akzeptanz und Verständnis für die individuellen Lebensentwürfe des Partners. Für beide steht der Beruf und die "Karriere" im Vordergrund. Die Konsequenz des "living apart together" scheint für beide ein annehmbarer Zustand.

Die Tatsache als Bäuerin nicht verheiratet zu sein und sogar immer wieder getrennt vom Partner zu leben, wird vom sozialen Umfeld rasch anerkannt. Einige der benachbarten Jungbauern sehen anfangs in der vermeintlich allein stehenden Frau C. die ersehnte Ehefrau, doch geben sie ihr Werben auf, nachdem Frau C. sie über ihre Beziehungssituation aufklärt.

> *"Am Anfang war ich ein paar Monate allein. Dann ist der A. nachgekommen, ich mein, ja man hat sich schon am Anfang müssen ziemlich abgrenzen, weil das ist schon ein bißl ein Problem. Am Anfang hab ich viele Heiratsanträge bekommen und so, aber das geht dann eigentlich schnell, du sagst nein, ich bin verheiratet und so und mein Mann ist jetzt nicht da und so akzeptieren sie einen voll, gut, es ist auch ganz besonders angenehm bei den Bauern, weil die eben sehr offen sind, sie lassen dich als Person, also nehmen dich als Person wie du bist, das ist angenehm."*

Die Partnerschaft ist primär an individuelle Werte wie Selbständigkeit, Unabhängigkeit und persönlicher Freiraum geknüpft. Selbstentfaltungsmöglichkeiten werden vorrangig im beruflichen Bereich gesehen.

7.3.1.4 Bedeutung der Kinder

Wie bei vielen Akademikerinnen steht auch bei Frau C. die berufliche Laufbahn nach Beendigung der Ausbildung an erster Stelle. In dieser Phase haben Kinder, vorerst zumindest, keinen Platz. Da Frau C. Kinder im Interview nicht thematisiert, kann man annehmen, dass sie in der derzeitigen Lebensplanung keine Rolle spielen, sondern an erster Stelle der Beruf und die individuelle Selbstverwirklichung stehen.

7.3.2 Fallbeschreibung Frau H.

7.3.2.1 Beschreibung der allgemeinen Bedingungen

Der Zugang zur Landwirtschaft erfolgt im Fall Frau H., zum Interviewzeitpunkt 35 Jahre, über den Kauf eines Bauernhauses und des dazugehörenden Grundes und nicht über Erbschaft oder Einheirat. Ursprünglich plant Frau H. und ihr Lebensgefährte, mit dem sie zum Zeitpunkt des Interviews verheiratet ist, gemeinsam mit zwei gleichgesinnten Paaren die Pacht dieses mittelgroßen Hofes als Alternative zur lohnabhängigen Arbeit. Nach kurzer Zeit ziehen sich jedoch ihre Freunde aus dem gemeinsamen Projekt zurück. Frau H. und ihr Lebensgefährte kaufen den Hof teils mit Privatkapital, teils durch Kredit, der zum Zeitpunkt des Interviews noch nicht abbezahlt ist. Weder sie noch ihr Ehemann stammen aus bäuerlichen Familien. Frau H. wuchs in einer Arbeiterfamilie in einer Arbeitersiedlung in Wien auf. Sie absolvierte eine Hotelfachschule, nach deren Abschluss stand für sie fest, in diesem Berufsfeld nicht arbeiten zu wollen.

Sie baut sich mit ihrem Partner einen Schaffleisch erzeugenden Betrieb mit einem Milchshop auf den 7 ha Grund auf. Allmählich erfolgt die Umstellung von Fleisch auf einen biologischen Schaf- und Ziegenkäse, sowie Joghurt erzeugenden Betrieb, in dem das gesamte Milchkontingent selbst verarbeitet und verkauft wird. Im Stall bzw. auf den Weiden stehen 45 zu melkende Schafe und 17 Ziegen, sowie vorübergehend bis zu 70 Jungtiere.

Nachdem Frau H. und ihr Lebensgefährte/Mann einige Jahre den Hof gemeinsam betreiben, nimmt Herr H. eine Vollzeitbeschäftigung als Projektleiter in einem sozialökonomischen Beschäftigungsprojekt für Behinderte, Langzeitarbeitslose und Alkoholiker an. Ab diesem Zeitpunkt ist Frau H. für den landwirtschaftlichen Betrieb allein verantwortlich. Wie man Schafs- und Ziegenkäse macht lernte Frau H. von einem französischen Bekannten, durch ihre schulische Ausbildung weiß sie, wie Produkte erfolgreich vermarktet werden. Von der Tieraufzucht über das Melken und Käsen bis zum Marketing liegen Arbeit, Verantwortung und Kompetenz in den Händen von Frau H. Unterstützt wird sie von ihrem Mann beim Beliefern der Kunden in Wien und beim abendlichen Füttern und Melken der Tiere. Da weder landwirtschaftliche Maschinen am Hof sind, noch Getreide angebaut wird, muss bei der Heuernte auf bezahlte Hilfe einer Freundin zurückgegriffen und Futtermittel zugekauft werden. Dafür geht ein nicht unerheblicher Teil des Einkommens auf.

Zum Zeitpunkt des Interviews steht Frau H. bzw. der landwirtschaftliche Betrieb neuerlich an einem Wendepunkt. Aus diversen Gründen (anstehende Investitionen, Doppelbelastung des Mannes, Wunsch nach Reduktion der Arbeit) wird wieder auf Fleischschafe umgestellt und die Milch- und Käseproduktion eingestellt, sowie der Tierbestand reduziert. Frau H. gibt damit ihre hauptberufliche

Tätigkeit in der Landwirtschaft zu Gunsten neuer beruflicher Zukunftspläne und -projekte auf. Für das soziale Umfeld bleibt Frau H. mit ihrem alternativen Zugang zur Landwirtschaft (Kauf), ihrer Produktionsweise (Produktion und Selbstvermarktung von Schaf- und Ziegenmilchprodukten), ihrer alternativen, individualistischen Lebensführung und Einstellung (aus der katholischen Kirche ausgetreten, war zuerst nicht verheiratet, hat keine Kinder), sowie sozialen Kontakten ("Alternative", Städter, Akademiker, Nichteuropäer,..) eher eine Außenseiterin; an diesem Status etwas zu ändern strebt Frau H. jedoch unter den traditionellen Bedingungen ("einfügen" und "anpassen") der konservativen ländlichen Peripherie auch nicht an.

7.3.2.2 Bedeutung des Hofes

Ihre Naturverbundenheit und Tierliebe, sowie den Wunsch nach Selbstbestimmung und unabhängiger Arbeit, glaubt Frau H. am ehesten in einer landwirtschaftlichen Tätigkeit verwirklichen zu können. Der Weg von der Stadt auf das Land bietet eine Alternative zum Stadtleben mit seinen beengten Wohn- und Normalarbeitsverhältnissen.

"I möcht sicher net 40 Stunden arbeiten gehen in irgend ein Büro oder so, des interessiert mi net."

Der Kauf eines Bauernhofs und der Umgang mit Tieren ist die Realisierung eines Kindheitstraums. Keiner Familien- oder Hoftradition Folge leistend, sondern einzig aufgrund individueller Bedürfnisse wird der landwirtschaftliche Betrieb, die Produktionsweise und -form den eigenen Lebens- und Arbeitsvorstellungen angepasst. (Schafe und Ziegen statt Kühe) Frau H. versucht eine befriedigende Balance zwischen eigenen Bedürfnissen, Hoferfordernissen und finanziellen Tatsachen zu finden, soweit diese nicht ohnehin kongruent sind. Den Wunsch nach einer Landwirtschaft erfüllt sie sich in Form eines mittelgroßen Schafzucht und -milchverarbeitenden Betriebes, der eine relativ flexible Bindung an den Hof und die Tiere ermöglicht, aber trotzdem eine existentielle Basis liefert. Aus ihrer Sicht bietet die selbstständige Vermarktung Vorteile gegenüber der fixen Bindung an Großabnehmer. Durch die Selbstverarbeitung der Milch und die Selbstvermarktung des Käses und des Joghurts gelingt es Frau H. ihren Handlungsspielraum offen zu halten und ihre Einkommensmöglichkeiten zu optimieren. Da ihre Schafe von ungefähr Ende September bis Februar trächtig sind, fällt die Melkarbeit und das Käsen weg. Frau H. findet in dieser Zeit Ruhe und Entspannung und kann ihren Hobbys nachgehen. Die übrigen Monate sind arbeitsintensiver und von den Hoferfordernissen bestimmt, wobei Frau H. sich aber bewusst ist, die Zeiteinteilung ihrer Arbeit weitgehend selbst treffen zu können. Außerdem gewinnt sie bedingt durch den Rhythmus der Tiere zwischen Tragezeit, Geburt und Melken jene Zeit zur Reflexion, die ihrer Meinung nach sehr wichtig ist, um die eigenen Bedürfnisse wahrzunehmen und ihnen Raum zu geben, und auch Zeit um die sozialer Kontakte intensiver zu pflegen.

"Was i daran g'schätzt hab', war immer die halbwegs freie Zeiteinteilung. I muaß net wie andere Bäuerinnen um ¼ 8 mei Milch im Milchhaus abliefern. Des haßt, i kann a später melken gehen. I muaß meine 12 Stunden einhalten und wann i um 7 Uhr in der Früh geh', dann geh' i halt um 7 auf d'Nacht und wann i um 6 Uhr in der Früh geh', dann geh' i um 6 Uhr auf d'Nacht. Also da bin i net so gebunden wie andere Bäuerinnen, die um ¼ 8 ihr Milch beim Milchhaus haben muaßen. Für mi war es dann immer so, daß i halt meistens mim H. aufgestanden bin um ½ 7 und gefrühstückt hab' und dann halt melchen gegangen bin, dann bin i halt manchesmal einkaufen gefahren, oder so was am Vormittag, und dann Käserei, meistens 3-4 Stunden."

In finanzieller Hinsicht sind durch den Kauf des Hofes den Investitionen Grenzen gesetzt. Darin sieht Frau H. einen Nachteil gegenüber jenen - durch Erbschaft erworbenen - Betrieben, die auf eine bestehende Infrastruktur zurückgreifen können. Die Konsequenz ist, dass Frau H. keine landwirtschaftlichen Maschinen, wie Traktor oder Anhänger besitzt und daher Tätigkeiten wie Heuen an Dritte, in ihrem Fall an eine befreundete Bäuerin, gegen Bezahlung vergeben muss. Weiters betrifft diese Tatsache den baulichen Zustand des Wohnhauses, für dessen Renovierung nach dem Hofkauf und die vorrangigen Investitionen in den Bau der hofeigene Käserei und in die Tiere noch kein Geld übrig blieb. Da es sich im Falle von Frau H. um einen wirtschaftlich erfolgreichen Betrieb handelt, wäre es an sich absehbar, bis die Schulden getilgt sind und ein größerer Gewinn erzielt wird. Doch nun stehen neuerliche Investitionen an, zum einen die Anschlussgebühr an die Ortswasserleitung, da ein lebensmittelerzeugender Betrieb nur kontrolliertes Wasser verwenden darf, und zum anderen der Umbau der gerade erst seit zwei Jahren fix und fertigen Käserei nach der neuen Hygieneverordnung. Frau H. ist damit an einem Punkt angelangt, wo sie sich entscheiden kann zwischen einer Spirale von ständiger Verschuldung und Selbstausbeutung, um den Hof zu erhalten oder andere Wege zu suchen. Die vorgeschriebenen Veränderungen würden neben der Schuldenrückzahlung eine zusätzliche Belastung bedeuten und so zu einem Fass ohne Boden werden, was den Vorstellungen von Frau H. von einem selbstbestimmten Leben entgegensteht. Unter diesem Gesichtspunkt, nämlich den Hoferfordernissen nicht das gesamte Leben unterzuordnen, entscheidet sich Frau H. für einen partiellen Rückzug aus der Landwirtschaft. Nach elf Jahren gibt sie die Milch- und Käseerzeugung auf, damit umgeht sie der finanziellen Belastung durch die gesetzlichen Verordnungen und stellt wieder auf Fleischschafe um. Gleichzeitig reduziert sich dadurch ihre Arbeit, aber auch ihr Einkommen, welches sie nun durch einer außerlandwirtschaftlichen Tätigkeit erwerben will. Frau H. ist nicht gewillt, die nächsten Jahre nur für die Abbezahlung der Schulden zu arbeiten und keinen Gewinn zu machen. Der finanzielle Aspekt bei der Rückstellung der Landwirtschaft wird verstärkt durch einen schon seit längerer Zeit gehegten Wunsch, einerseits den Partner von seiner Doppelbelastung (Beruf und allabendliche Stallarbeit) zu befreien und andererseits auch auf sich selbst mehr gesundheitliche Rücksicht zu nehmen. Nachdem jahrelang der Hof und die Tiere den Vorrang hinsichtlich Modernisierung hatten, reiht Frau H. nun das Wohnhaus an erste Stelle. Frau H. stellt ihre individuellen Bedürfnisse ins Zentrum, da die zum Zeitpunkt gesetzlich geforderter Investitionen nicht mehr mit ihre Vorstellungen von wirtschaften konform gehen. Im Mittelpunkt steht für sie, der Mensch mit seinen jeweiligen Bedürfnissen und nicht die Erhaltung eines Hofes oder einer Wirtschaftsweise per se. Der Bauernhof wird nicht als unflexibles System wahrgenommen, das sich verändernden Bedürfnissen nicht anpassen kann, sondern genau gegenteilig genutzt. Je nach Möglichkeit und Bereitwilligkeit der Ressourcenaufstellung kann variiert werden. Entscheidend ist im Falle von Frau A. sicherlich, dass sie selbständig für eine Marktnische produziert hat, ohne große Abhängigkeiten. Sie hat sich ihren Betrieb aufgebaut, ohne Unterstützung von außen, sie kann damit auch jederzeit wieder aufhören.

Ihre Identität als Bäuerin, soweit sie sich als solche fühlt, denn im Vergleich zu ihren traditionellen Nachbarinnen erlebt Frau H. eine große Differenz, gibt sie mit der Umstrukturierung ihrer Landwirtschaft zum Teil auf.

Bäuerinsein ist für Frau H. mehr eine berufliche Rolle, die gewechselt werden kann. Der emotionale Anteil ihres Bäuerinnendasein wird in Form der Tiere, und der Weiträumigkeit des Landlebens behalten. Bedauern löst hingegen der Abbruch der über die Jahre aufgebauten und intensivierten Geschäfts- und Kundenbeziehungen aus, die zum einen persönlich gefärbt sind und zum anderen Anerkennung und Bestätigung geben und das Ergebnis erfolgreicher Arbeit darstellen.

"Was mir vielleicht a bißl abgeht is, die Kunden jammern mich an. Gerade war jemand da, und dem hab' i a g'sagt, ab nächstes Jahr is aus. Der hat a herumgejammert. Und dann hab' i mir heroben halt a bißl was aufgebaut g'habt a so an Bauernmarkt eben. Dann haben wir die letzten Jahre geliefert an diesen Golfclub und an das Feriendorf, und die ham also furchtbar gejammert und des setzt mir scho a bißl zua. Und in Wien die Geschäftsleute, die hamma z.T. seit 11 Jahren. Mit denen hab i in der Saison ein Mal in der Woche telefoniert. Da entwickelt sich a privat a bißl was. Denen muaß is z.T. nu beibringen und des tuat mir schon leid. Aber es i net so, dass i alles verkauf' und nach Wien ziag, oder so. Da wärs ganz

schlimm. Aber meine Viecha hab' i nu, und des möcht i sicher net ganz aufgeben."

Auch wenn mit der Landwirtschaft die Umsetzung alternativer Arbeits- und Lebensvorstellungen verbunden ist, ist Frau H. dennoch stark marktwirtschaftlich und gewinnorientiert. Sie weiß, worauf es ankommt, denn guter Käse alleine genügt heutzutage nicht. Um erfolgreich verkaufen zu können, hat sie mithilfe ihrer Marketingkenntnisse ein eigenen Markenzeichen kreiert. Nicht zuletzt stellt ihr Betrieb eine Attraktion in der Fremdenverkehrsregion dar; ein Beispiel für ein gelungenes Zusammenspiel von alternativer Landwirtschaft und Tourismus. Gerade aus diesem Grund kritisiert Frau H. die Landwirtschaftspolitik: Als sie anfing Schafzucht zu betreiben und Käse zu verkaufen, wurde sie in keinster Weise öffentlich unterstützt, im Gegenteil, man stempelte sie als "Idiot" ab und isolierte sie sozial. Heute werden die Vorteile klar erkannt und Förderungen bezahlt.

Da Frau H. mit ihrem Mann alleine auf dem Hof lebt und arbeitet, hat sie nicht mit innerfamiliären Generationskonflikten zu kämpfen. Direkt oder indirekt wird sie jedoch mit der traditionellen Arbeitsmoral und den Normen durch das bäuerliche Umfeld, das mehr oder weniger konventionell wirtschaftet, konfrontiert. Entscheidendes Kriterium in der Akzeptanz als Bäuerin stellt das Arbeitsvolumen dar. Nachdem Frau H. keine Felder bewirtschaftet, diese Arbeit an Dritte delegiert, keinen Traktor besitzt, auf dem man sie fahren sehen könnte, noch einen Gemüsegarten pflegt oder Kinder zu betreuen hätte, ist sie für die Öffentlichkeit kaum sichtbar. Der daraus gezogenen Schluss lautet, dass sie außer melken, eine Tätigkeit, die von allen anderen Bäuerinnen auch geteilt wird, nichts zu tun hätte. Anders stellte es sich jedoch mit dem Käsen dar, von Umfang und Art dieser Arbeit hat sonst niemand eine Ahnung. Die Akzeptanz stellt sich erst ein, als Frau H. öffentlich am Bauernmarkt verkauft und Interesse an ihrer Arbeit weckt.

"I hab die ganze Milch selber zum Verarbeiten. Des is was, wo die anderen Bäuerinnen sagen, daß die überhaupt kein Verständnis haben, die liefern ihre Milch ab und vergessen die Milchgeschichte dann für den Rest des Tages, während ich die Milch noch verarbeiten muaß. ...Mit die Jahre ham's mit akzeptiert. Aber es hat ziemlich lange gedauert, sie ham kein Verständnis irgendwie für die Arbeit, daß i halt mit der Milch was weiter tuan muaß und sie ham einfach dann ihren Haushalt oder die Kinder und halt fahren a mit am Acker oder so. Wir ham kan Traktor, wir ham überhaupt keine Felder bestellt, wir ham einfach alles nur Weide. Dadurch daß i halt net am Traktor g'sessen bin, weil ma halt ersten kan g'habt ham und zweitens eh net braucht ham, also die Heuarbeiten macht uns a Freundin, ham sie immer des G'fühl, so i hab nichts gearbei-

> *tet. Und des is de letzten Jahr a bißl besser war'n. Seit wir am Bauernmarkt gestanden sind und Kas verkauft ham, hat sich durch irgendwelche Zufälle halt dann doch, manchmal hergekommen san und gesehen ham, wie ma in aner Kaserei arbeit' oder so, ham's jetzt akzeptiert, daß i a was tua."*

Während es in diesem Fall auch für Frau H. wichtig ist, von ihren Nachbarinnen als fleißige und tüchtige Bäuerin anerkannt zu werden, distanziert sie sich klar von allen anderen Arbeitsnormen. Sei es, dass sie klare Grenzen ihrer Belastungsfähigkeit setzt und nicht wie andere Bäuerinnen immer mehr Arbeiten übernimmt und jammert oder ihre Gesundheit riskiert, oder indem sie den Sauberkeitsstandard im Haushalt an die Realität des Lebens mit Tieren und der Arbeit mit Tieren anpasst und nicht ständig putzt. Neben der Arbeit nimmt sie sich immer wieder Zeit, zu einer Freundin auf einen Kaffee zu fahren oder eine sehr alte Frau in der Nachbarschaft zu besuchen. Auch in dieser Hinsicht erlebt sich Frau H. völlig verschieden von den anderen Bäuerinnen, die keine Freundschaften pflegen und sich nie die Zeit nehmen, einmal ihren Alltag für kurze Zeit zu unterbrechen und Abstand zur Arbeit und zum Hof zu gewinnen. Frau H. passt sich nur insoweit den Hoferfordernissen an, als ein gewisser Zeitrhythmus von den Tieren vorgegeben wird. Eine Hoforientierung im traditionellen Sinne ist sie nicht gewillt zu übernehmen, auch wenn es für sie eine gewisse soziale Ausgrenzung aus dem bäuerlichen Umfeld bedeutet.

> *"Die Frau K. hat dann amal g'sagt, na man muaß sie einfügen, wann ma da wohnt. Hab' i g'sagt, des muaß ma net. I muaß net in Feindschaft mit euch leben, aber i muaß net so tuan wie ihr. I muaß net eure Fehler machen ,des muaß i net. Soviel Selbstbewußtsein hab' i, dass i sag', dann eben nicht."*

Ganz im Sinne selbstgestalteter Biographien versucht Frau H. ihr Leben zu planen. Ihr Gestaltungswille wird jedoch immer wieder mit strukturellen, bürokratischen, institutionellen oder auch sozialen Realitäten konfrontiert, auf die sie keinen Einfluss hat. So weit als möglich sucht sie bei Hindernissen nach Alternativen und versucht im Vorfeld Risiken zu minimieren, um ihre Ziele zu verwirklichen. Nur selten sieht sie sich ohnmächtig gegenüber Einflüssen von außen. Als Beispiel dafür führt sie das Schockerlebnis durch den Reaktorunfall von Tschernobyl an, der ein ganzes Jahr Arbeit ohne Einkommen bedeutete. Da ein allgemeines Verkaufsverbot von Schafkäse erlassen wurde, konnte auch sie ihren unverstrahlten Käse nicht verkaufen; Frau H. ist gut informiert über Atomkraft und deren negative Auswirkungen und brachte sofort bei Bekannt werden des Unglücks ihre Tiere in den Stall und fütterte sie mit unverstrahltem Heu.

> *"Du arbeitest aber du kriegst kein Geld, nur weil da irgendwo in Rußland a Atomkraftwerk explodiert is und du überhaupt nichts da-*

für kannst. Des war ziemlich ein Schock... In der Zeit waren wir wirklich auf die Gnade der Banken angewiesen und auf die Gnade unserer Freunde...Die Bauernkassa hat uns sofort geklagt, weil wir unseren Beitrag net bezahlt ham. Die ham sofort den Exekutor g'schickt. Wir ham g'sagt, wir ham heuer aus der Landwirtschaft keinen Gewinn. Wir können nicht. Des war ihnen vollkommen egal. Des hat dann a Freund bezahlt. Ja und im Ganzen hat uns Tschernobyl über 100.000 S gekostet. Wir ham dann a Entschädigung bekommen, des waren ziemlich genau 49.000 S für ein ganzes Jahr arbeit. Das waren gerade unsere Bankzinsen und es war ein verlorenes Jahr. Da haben wir wirklich schon damals stark überlegt, ob wir aufhören sollen.""

Nach elf Jahren in der Landwirtschaft, einer Zeit in der Frau H. sehr erfolgreich gewirtschaftet hat, beschließt sie nun tatsächlich in der Folge eines Bündels von Faktoren, sich aus der Milch- und Käseerzeugung und Verkauf zurückzuziehen und den Betrieb auf eine weniger arbeits- und geldintensive Form umzustrukturieren. Es ist für sie klar, dass sie weder in die Stadt zurückkehren will, dazu überwiegen die Vorteile des Landlebens für sie viel zu sehr-, noch dass sie gänzlich alle Tiere, an die sie stark emotionale gebunden ist, aufgibt. Durch einen Kompromiss versucht sie, die Vorteile zu maximieren und die Nachteile zu reduzieren. Zukunftsängste legt sie dabei keine an den Tag. So wie sie kompetent und selbstbewusst die Käseproduktion aufgebaut, den Verkauf organisiert und gewinnbringend gewirtschaftet hat, ist sie überzeugt auch neue aufgaben innerhalb und außerhalb der Landwirtschaft zu bewältigen.

Ihre modernen Vorstellungen von gutem Leben und Arbeiten versucht sie optimal in gegebene Strukturen einzubauen, bzw. die strukturelle Wandelbarkeit in Anspruch zu nehmen. Während sie auf persönlicher/emotionaler und ökonomischer Ebene sehr erfolgreich ihr Werte- und Normensystem verwirklichen konnte, bildet das traditionell eingestellte und arbeitende bäuerliche Umfeld eine soziale Grenze, die sie um den Preis der Integration nicht überschreiten will.

7.3.2.3 Partnerschaft

Als Frau H. und ihr Lebensgefährte vor mehr als zehn Jahren auf das Land ziehen, haben sie nicht nur konkrete Vorstellungen von alternativen Arbeitsformen, sondern auch über ihre Beziehung, zumindest war es für beide selbstverständlich in einer nichtehelichen Lebensgemeinschaft und nicht in einer Ehe zu leben. Doch unter der ländlichen Bevölkerung in dieser Region löst dieser Zustand, unehelich als Bäuerin und Bauer einen gekauften landwirtschaftlichen Betrieb in alternativer Weise zu führen, Empörung und Geschwätz aus. Auch die Bauernversicherung anerkennt zu dieser Zeit nur eine Ehefrau für die Mitversicherung. Daher arbeitet Frau H. eineinhalb Jahre ohne jeglichen Versicherungsschutz, bis sie sich schließlich der Bürokratie fügt und standesamtlich heiratet, um sich bei ihrem Mann nun als Ehefrau mitversichern zu können. An diesem Beispiel zeigt sich, wie der individuelle Lebensentwurf von außen mitbestimmt wird. Das landwirtschaftlichen Systems hinkt modernen gesellschaftlichen Entwicklungen nach und verhindert diese durch traditionelle Strukturen.

> *"Am Anfang waren wir net verheiratet, des hat's nu mehr g'stört. Dann hamma halt schnell standesamtlich geheiratet, damit die G'schicht vorbei is. Es war a so mit der Bauernkrankenkasse, dass die Schwierigkeiten g'macht ham. Die ham früher ka Lebensgefährtin mitversichert beim Bauern, des gibt es nicht bei Bauern, wenn schon, dann muaß ma heiraten oder i muaß daham mitversichern, aber des gibt es net. I war einfach nicht versichert."*

Die ersten Jahre arbeiten Frau und Herr H. gemeinsam im landwirtschaftlichen Betrieb. Diese Arbeitssituation empfand Frau H. als weniger positiv. Vielmehr schätzt sie die heutige Trennung der Arbeitsstätten in landwirtschaftlich und nichtlandwirtschaftlich, nachdem ihr Mann die Projektleitung in einem sozialökonomischen Projekt übernommen hat.

> *"Am Anfang waren wir zu zweit daham, also war der H. a nu daham, und ja man is 24 Stunden am Tag z'amm' und des is net so, also i find's net so guat. I man er is irgendwie einmal in der Woche nach Wien Kas' liefern gefahren und die restliche Zeit waren wir einfach zusammen. Du muaßt jede Arbeit miteinander machen, also fast jede, und i glaub', daß des net so guat is."*

Eine explizit geschlechtsspezifische Arbeitstrennung wird nicht praktiziert. Frau H. zieht die Grenze bei körperlich besonders schweren Tätigkeiten, die mit Selbstverständlichkeit vom Mann übernommen werden. Die Aufteilung der Arbeitsbereiche muss nie explizit ausgehandelt werden. Frau und Herr H. kennen und akzeptieren die Grenzen des Partners/ der Partnerin. Diese stillschweigende Übereinkunft gibt keinen Anlass zur Diskussion, da beide zufrieden sind und sich nicht ausgenützt fühlen.

> *"Meine Eltern ham hausbaut, und von da her hab' i, da hab' (i) sehr viele schwere Sachen geschleppt und hab' von daher schon a Gebärmuttersenkung g'habt, schon mit 12 Jahren. Des war immer abgemacht, daß i mi net sehr plagen muaß. Da hab' halt i Käs' g'macht und da H. hat viel im Stall g'macht. Und seit er arbeiten geht, hab' prinzipiell i nur gemolken und da H. hat nur auf d'Nacht a Ziegen g'molken und i meine Schaf. Die Schaf ham ihn nie wollen, na, er hat einfach zu große Händ' a, die Schafeuter sind relativ klein, so kleine Zitzen und da hat er sich immer geplagt. Aber es war eine ausgemachte Aufteilung, daß ma darüber diskutieren ham*

muaßen, hat's net, hamma nie braucht. I waß net, er is irrsinnig tolerant....da staun' i, wann andere Leute solche Wickel ham, aber i kenn' des net,... i selber hab' des nie, a Arbeitsaufteilung in dem Sinn machen muaßen. Er waß einfach, was für mi geht und i waß, was für ihn geht, und da brauchen wir eigentlich net d'rüber reden."

Frau H. zeigt sich daher verwundert, wie in manchen Bauernfamilien die Männer mit ihren Frauen reden und sich die Frauen nicht dagegen wehren, sondern eher durch vorauseilenden Gehorsam ihre Grenzen selber ständig überschreiten und sich psychisch wie körperlich ausbeuten. In dieser Hinsicht distanziert sie sich eindeutig von der traditionellen Priorität der so genannten Hoferfordernisse und der traditionellen Arbeitsteilung zwischen Bäuerin und Bauer.

"Sie san so in ihrem Leidensding zum Teil a drinnen und kommen überhaupt nicht raus und des stört mi total. Da bin i halt schon a paar Mal a bißl goschert gewesen, wann i mit ihnen zusammengekommen bin und gesagt hab', also i find des arg und i tät des net und des wollen sie wieder nicht verstehen. Drum hab i mi nie so als normale Bäuerin gesehen, weil ma i halt solche Dinge net g'fallen laßat."

Die traditionell geschlechtsspezifische Trennlinie zwischen Außen- und Innenwirtschaft wird in beide Seiten aufgelöst. Ebenso wie Frau H. im Stall und Weidenarbeiten erledigt, arbeitet der Mann im Haushalt. Nachdem er lange Zeit seine schwerkranke Mutter pflegte, ist für ihn Reproduktionsarbeit nicht frauenspezifisch verortet. Seit Frau H. den Betrieb alleine führt, liegen alle Aufgaben und Kompetenzen bei ihr. Eine Situation, die sie in ihrer Klarheit schätzt und ihr Freiräume und Flexibilität ermöglichen.

Die Beziehung basiert teils auf partnerschaftlichen, teils auf individualistischen Prinzipien, von denen vor allem Gegenseitigkeit, Toleranz und Freiheit zentralen Stellenwert besitzen. So ist es möglich, dass aus einem gemeinsamen Hofprojekt ein Partner aussteigen kann, bzw. die Rahmenbedingungen so weit wie möglich offen gehalten werden, dass sich beide Partner in ihrer individuellen Lebensgestaltung nicht zu sehr einschränken. Auch wenn das soziale Umfeld eine Heirat mehr oder weniger erzwungen hat, gelingt es eine Beziehung außerhalb eines traditionellen bäuerlichen Arbeitsverhältnisses zu leben und die eigenen Vorstellungen von Partnerschaft umzusetzen. Außerhalb des Formalismus erweist sich in diesem Fall die Ehe als private Angelegenheit, die von individuellen Fähigkeiten und Präferenzen der Personen bestimmt ist und weniger von sozialen, ökonomischen oder strukturellen Faktoren.

7.3.2.4 Bedeutung der Kinder

Da sich Frau H. zumindest zum Zeitpunkt des Interviews gegen eigene Kinder entschieden hat - *" i hab nichts gegen Kinder, will halt einfach nur selber keine"*-, wird ihr Leben weniger durch die Präsenz als die Nichtpräsenz von Kindern bestimmt. Damit ist gemeint, dass ihre Kinderlosigkeit ebenfalls vom sozialen Umfeld negativ kommentiert wird. Ein weiterer Punkt, indem sie von der Normalbiographie der ortsansässigen Bäuerinnen abweicht, von denen viele oft vier Kinder haben. *"Die ham alle da sehr viele Kinder, kaum jemand unter vier Kinder. Mir ham ka, des hat's immer ein bißl g'stört."* Die meisten Kinder sind jedoch schon erwachsen und in städtische Gebiete verzogen. Allgemein kann man sagen, dass es in dieser Gegend kaum (noch) Kinder gibt. *"Kleine Kinder hat niemand da."*

Hin und wieder hat Frau H. Töchter von Freundinnen und Bekannten über die Ferien zu Besuch, jedoch immer nur für einen abgeschlossenen Zeitraum. Dabei hat sie erneut schlechte Erfahrungen mit der Intoleranz ihrer Nachbarschaft gemacht, die anders Aussehende, anders Denkende, anders Gläubige in den Bereich des Bösen verdrängt und ausgrenzt. *"Einmal kommt sie (Tochter einer Freundin) heulend zurück (vom Nachbarbauernhof). Hab i g'sagt, was is los. Ja, die ham's ham g'schickt, weil sie ist nicht getauft."*

Im Lebensplan von Frau H. sind keine Kinder vorgesehen. Daraus lässt sich schließen, dass sie in ihrem individualistisches Lebenskonzept eher hinderlichen Einfluss haben würden, vor allem, da Kinder die Flexibilität und den Gestaltungsspielraum reduzieren. Die Vorstellung eines erfüllten Lebens verläuft außerhalb von Normalfamilie und Normalarbeitsverhältnis in der Konzentration auf Selbstverwirklichung. Konfliktpunkte mit der Nachbarschaft ergeben sich in der Konfrontation der unterschiedlichen Werte- und Normensysteme von traditionell konservativer regionaler Struktur und Kultur mit (post)modernen Biographieentwürfen.

7.3.3 Fallbeschreibung Frau R.

7.3.3.1 Beschreibung der allgemeinen Bedingungen

Frau R. ist zum Zeitpunkt des Interviews 62 Jahre alt. Sie war lange Jahre Inhaberin und Betriebsführerin eines expandierenden Weinbaubetriebs, den sie nach der Pensionierung vor zwei Jahren ihrem mittleren Sohn übergeben hat. Frau R. ist verheiratet und hat drei Söhne (30, 32 und 34 Jahre). Ihr Mann war ebenfalls selbständig, er hatte eine Zimmerei und ein Sägewerk, beide hat er mittlerweile an den ältesten Sohn übergeben.

Frau R. übernahm den Weinbaubetrieb von ihrem Vater. Ihr Vater arbeitete 25 Jahre als Kellermeister in Wien. Von seinen Ersparnissen kaufte er nach und nach einige Weingärten außerhalb Wiens und setzte damit den Grundstein ihrer künftigen Existenz als Weinbäuerin. Frau R. wuchs in Wien auf, kriegsbedingt siedelte die ganze Familie 1944 aufs Land, wo der Vater neben den Weingärten auch ein Haus gekauft hatte. Während dieser Zeit bekam Frau R. einen ersten Eindruck von der Arbeit in einem Weinbaubetrieb. Nach dem Krieg zog Frau R. wieder zurück nach Wien und absolvierte das Gymnasium, das sie mit der Matura abschloss. Sie begann Medizin zu studieren, brach das Studium aber nach einem Semester wieder ab und kehrte zum Weinbaubetrieb ihres Vaters zurück. Ihre einzige Schwester hatte keinerlei Ambitionen sich mit dem Weinbau zu beschäftigen. Ab diesem Zeitpunkt war klar, dass sie den Betrieb übernehmen würde, und sie begann sich unter der Anleitung ihres Vaters theoretisch und praktisch mit dem Weinbau auseinanderzusetzen. Sie besuchte die Weinbauschule in Klosterneuburg und absolvierte Keller- und Gärtechnikkurs und arbeitete gleichzeitig auch praktisch bei allen anfallenden Arbeiten im Weinanbau mit, was ihr einen guten Überblick über den gesamten Arbeitsablauf verschaffte.

Frau R. vergrößert und technisierte im Verlauf der Jahre den kleinen Weinbaubetrieb. Die ursprünglichen 5 ha Anbaufläche wurden auf insgesamt 15 ha erweitert. Außerdem wurden für alle möglichen Arbeitsabläufe Maschinen angeschafft, die Frau R. nach wie vor als großen Fortschritt empfindet.

7.3.3.2 Bedeutung des Hofes

Frau R.´s Sozialisation verlief zum größten Teil außerhalb des landwirtschaftlichen Umfeldes, wie beschrieben wuchs sie hauptsächlich der Stadt auf. Einen ersten Eindruck von den Abläufen eines Weinbaubetriebs bekam sie mit 13 Jahren, als die Familie kriegsbedingt aufs Land ziehen musste. In dieser Zeit wurde ihr tieferes Interesse für den Weinbau erstmals geweckt, sie beschreibt selbst, dass damals *„eigentlich meine bäuerliche Laufbahn begann"*. Trotzdem kehrte sie 1946 wieder nach Wien zurück, maturierte und begann Medizin zu studieren. Das Studium entsprach aber nicht ihren Vorstellungen, mehr aus *„Verlegenheit"* kehrte sie zurück zu ihrem Vater. Für Frau R. war demnach die Übernahme des Hofes keine Verpflichtung sondern eine willkommene Alternative, als ihr persönlicher Lebensplan, Ärztin zu werden, scheiterte.

Nachdem ihr Entschluss gefasst war, *„in die Fußstapfen"* des Vaters zu treten, begann eine intensive Ausbildungszeit, in der sie nach allen Regeln der Kunst ins Weinbaugeschäft eingeweiht wurde. Unter den strengen Augen des Vaters arbeitete sie in allen Bereichen des Weinbaus mit und erlangte dadurch das notwendige praktische Erfahrungswissen und einen Überblick über alle Arbeitsabläufe. Gleichzeitig wurde auch ihre professionelle Ausbildung forciert, sie besuchte nicht nur die Weinbauschule in Klosterneuburg sondern arbeitete konstant an ihrer Weiterbildung um immer auf dem neuesten Stand zu sein.

> *„Mein Vater hat mich sehr streng behandelt, und ich durfte nie einen kleinen Ausreißer machen oder sonst irgendetwas, weil ich musste wirklich von der Pike auf alles lernen."*

Das dadurch gewonnene betriebswirtschaftliche und landwirtschaftlich-technische Wissen bot ihr die Möglichkeit, den bisher kleinen Weinbaubetrieb des Vaters, der für diesen eher ein Hobby war, zu einem gut funktionierenden und ökonomisch rentablen Unternehmen umzugestalten. Frau R. zeigte hohes unternehmerisches Engagement und Können, sie vergrößerte den Betrieb und investierte im Laufe der Jahre in die verschiedensten technischen Errungenschaften (Traktoren, Pflüge, automatische Flaschenwasch- und Füllanlage, Stockräumegeräte etc.), die den manuellen Arbeitsaufwand stark verringern und die Arbeit im Weinbau damit wesentlich erleichtern.

Nach dem Tode des Vaters übernahm Frau R. den Betrieb und die alleinige Verantwortung über sämtliche, den Weinbau betreffenden Entscheidungen. Ihr Mann, der einen eigenen Betrieb als Tischlermeister besaß baute diesen zu einer Zimmerei und einem Sägewerk aus. Beide Ehepartner führten ihre Betriebe eigenverantwortlich und unabhängig von einander. Frau R. ist nach wie vor sehr stolz auf ihre Leistung, als Frau einen gut gehenden Weinbaubetrieb, der auch einige Arbeiter beschäftigt, geleitet zu haben und ist sich ihrer Fähigkeiten und ihrer Kompetenzen als Betriebsführerin voll bewusst. Frau R. engagierte sich nicht nur unternehmerisch in ihrem Betrieb, sie war und ist auch heute mit Begeisterung bei sämtlichen landwirtschaftlichen Arbeitsschritten beteiligt.

> *„Und ich finde an und für sich, das Leben mit der Natur bringt eine gewisse Verbindung an das Leben und an das Werden und das Absterben. (...) Das richtige Entfalten des Frühlings, das keimen, das langsame Wachsen allein bringt ja schon soviel Freude mit sich und das beobachten, was aus so einem kleinen Samenkorn wird. Also man muß das schon schätzen können. Und dann gibt es natürlich auch ein Zittern und ein Ängstigen. Mit dem Wetter hat man schon manchmal auch seine Schwierigkeiten. Es ist schon ein gewisses Risiko drin und manchmal bei einem Unwetter muß man um die Ernte bangen. Aber das ist eigentlich in sehr großen Zeitabständen, da darf man nicht zu schwarz sehen."*

Da sich Frau R. sehr stark mit ihrem Betrieb identifizierte, standen die individuellen Bedürfnisse entweder mit den Erfordernissen des Betriebes nicht in Konkurrenz (beispielsweise konzentriert sich ihr Wunsch Kurse zu besuchen auf fachliche Weiterbildung), oder sie wurden nach Möglichkeit in den betrieblichen Tagesablauf bzw. Jahresablauf integriert.

Ein großes Anliegen stellte dabei die angemessene Betreuung ihrer drei Söhne dar, was zeitlich gesehen mit den Interessen des Betriebes im Widerstreit lag.

Frau R. gelang es jedoch mithilfe ihres Organisationstalentes und personaler Unterstützung eine für sie befriedigende Lösung zu finden. Zumindest zweimal am Tag nahm sie sich für ihre Söhne Zeit, in der sie sich ausschließlich mit ihnen beschäftigte.

Hervorstechend in den Erzählungen ist Frau R.'s Zeitmanagement. Die Arbeitstage waren entsprechend der betrieblichen Erfordernisse und der Jahreszeit genau durchstrukturiert. Beginn und Ende der Arbeitszeit und die Dauer der Mittagspausen waren je nach Arbeitsanforderung (Reben schneiden, spritzen, lesen, etc.) festgelegt und für alle Beteiligten vorhersehbar. Grundsätzlich endete die betriebliche Arbeit für Frau R. spätestens gegen sieben Uhr, während der Sonntage wurde nicht im Betrieb gearbeitet. Obwohl durch den Zyklus der Jahreszeit der genaue Zeit- und Arbeitsplan bestimmt war, brachte Frau R. eine gewisse Regelmäßigkeit in das tägliche Leben und grenzte dadurch die Arbeit im Betrieb von ihrem Privatleben ab. Das verschaffte ihr den Freiraum, insbesondere ihren Aufgaben als Mutter in einer für sie befriedigenden Art und Weise nachzukommen. Hilfreich war, dass sich Frau R. sowohl im Haushalt also auch im Betrieb bezahlte Arbeitskräfte leisten konnte, die einen Großteil der manuellen Arbeit durchführten, so dass sich Frau R. der Organisation des Betriebes und der Vermarktung der Produkte widmen konnte. Insofern entspricht ihre Position im Betrieb eher der Leiterin eines Unternehmens als einer Bäuerin im klassischen Sinn.

7.3.3.3 Bedeutung der Kinder

Wie oben beschrieben nahm Frau R. die Verantwortung, die sie als Mutter und Hausfrau übernahm, sehr ernst. Diese Rolle wurde von ihr nicht hinterfragt, sie sah darin jedoch ganz realistisch die Doppelbelastung, die sich für Bäuerinnen und berufstätige Mütter ergibt. In ihrem Fall wurde diese doppelte Belastung zum einen dadurch gemildert, dass sie sich ein Kindermädchen und eine Putzfrau leisten konnte. (Dass sie diese Möglichkeiten so selbstverständlich für sich nutzte, weist auf ihren städtischen, bürgerlichen Hintergrund hin.) Zum anderen konnte sie auf die Unterstützung der Schwiegermutter zurückgreifen, die ihr sowohl im Haushalt als auch bei der Kinderbetreuung sehr half. Obwohl Frau R. aufgrund ihrer Arbeit im Betrieb oft nicht für die Kinder da sein konnte, konnte sie deren Tagesablauf so organisieren, dass sie immer beaufsichtigt waren.

Trotzdem nahm sich Frau R. regelmäßig ein bestimmtes Quantum an Zeit, in der die betriebliche Arbeit zurückgestellt wurde und sie sich ausschließlich mit ihren Kindern beschäftigte. Zum einen beaufsichtigte sie ihre damals noch schulpflichtigen Kinder regelmäßig nach dem Mittagessen beim Aufgabenschreiben und war damit über ihren schulischen Erfolg bestens informiert. Das lässt darauf schließen, dass Frau R. die Schulbildung und das schulische Weiterkommen ihrer Kinder sehr am Herzen lagen. Eine landwirtschaftliche Ausbildung stand dabei in keiner Weise im Vordergrund, wichtig war es, die Kinder nach Möglichkeit in ihrer individuellen schulischen Entwicklung zu unterstützen. Zum anderen kümmerte sie sich am Abend nach der betrieblichen Arbeit um die Kinder und empfand dieses Zusammensein trotz der zusätzlichen Belastung als sehr befriedigend.

> *„Um um halb sechs, sechs war der Tagesablauf wieder erledigt, dann sind wir nach Hause gefahren und dann begann wieder das mit den Kindern. Das übliche Geschehen einer Mutter, sich um die Kinder zu kümmern, waschen und baden und so weiter und ins Bett. I muß noch dazu sagen, i hab des sehr, sehr gern gemacht, und mein Zusammenleben mit den Kindern war sehr, sehr schön. Und die Kinder haben das a sehr genossen, wenn ich sie am Abend ins Bett gebracht habe und ihnen noch ein Geschichterl erzählt hab, also das haben sie in vollen Zügen genossen. Das hab ich auch trotz der vielen Arbeit immer wieder g'macht. Das war, mir war das ein Hauptanliegen, meine, der Kontakt mit den Kindern, muß i sagen, das ist ganz, ganz wichtig."*

Bei Frau R. stand die emotionale Beziehung zu den Kindern im Vordergrund, die Bedeutung der Kinder als Arbeitskraft oder Erben wurde nicht thematisiert. Keiner der Söhne wurde gezielt in Richtung einer möglichen Hofnachfolge erzogen oder stärker in die Arbeit im Betrieb miteingebunden, zentral war individuelle Entwicklung der Kinder. Trotzdem entschloss sich ihr mittlerer Sohn kurzfristig ein Jahr vor ihrer geplanten Pensionierung, seinen Job als Angestellter bei der Bahn aufzugeben und den Betrieb zu übernehmen. Frau R., die mit dieser Wendung sehr glücklich ist, steht ihrem Sohn nach wie vor in unterstützender und beratender Funktion zur Verfügung, die volle Verantwortung über den Betrieb trägt jedoch nun ihr Sohn.

Frau R. identifiziert sich nach wie vor sehr stark mit ihrer Position als Weinbäuerin *("also i bin derartig integriert mit meiner Arbeit und in meinem ganzen Milieu")*, und ist sehr stolz darauf, lange Jahre als Frau allein einen gut gehenden Weinbaubetrieb geführt zu haben. Trotz der damit verbundenen Belastungen hat sie es geschafft, auch ihren Bedürfnissen als Frau respektive als Mutter zufrieden stellend nachzukommen, ohne sich längerfristig überlastet zu fühlen. Von zentraler Bedeutung ist dabei die Tatsache, dass sie sowohl auf familieninterne als auch auf bezahlte externe Hilfskräfte zurückgreifen konnte, die sie im Haushalt und im Betrieb unterstützten. Ihr Mann, der ebenfalls selbstständig war, stellte dabei weder eine Hilfe noch ein Belastung dar, da ihre Arbeitsbereiche völlig getrennt waren und es keine Schnittstellen oder gegenseitigen Hilfeleistungen gab.

7.3.4 Fallbeschreibung Frau G.

7.3.4.1 Beschreibung der allgemeine Bedingungen

Frau G. ist 28 Jahre alt und Betriebsführerin eines kleinen Weinbaubetriebes, den sie von ihrer Mutter übernommen hat. Der Hof ist mit hat circa 8 ha Anbaufläche und wird von Frau G. mithilfe ihrer Eltern im Nebenerwerb bewirtschaftet. Hauptberuflich arbeitet Frau G. 40 Stunden pro Woche als landwirtschaftliche Sachverständige, in einer, eine Stunde Fahrtzeit entfernten Gemeinde.

Frau G. übernahm den Hof, nachdem ihr älterer Bruder als Nachfolger ausgefallen war. Ihr Bruder konnte sich damals mit den Eltern, respektive der Mutter nicht arrangieren, wie der Hof weitergeführt werden sollte. Die von ihm geplanten Investitionen in neue und moderne Maschinen wurden ihm von den Eltern verweigert, die nicht bereit waren, deswegen einen Kredit aufzunehmen. Aufgrund dieser Konflikte hinsichtlich Veränderung und Modernisierung des Betriebes stieg der Bruder Frau G.s schlussendlich gänzlich aus der Landwirtschaft aus und arbeitet heute in einer Versicherung.

Nach der Matura, als klar war, dass ihr Bruder als Hoferbe nicht mehr in Frage kam, studierte Frau G. Landwirtschaft an der Universität für Bodenkultur. Frau G. arbeitete schon als Kind fleißig in der Landwirtschaft der Mutter mit und fühlte sich auch immer für den Hof verantwortlich. Mit Abschluss des Studiums begann sie mithilfe ihrer Eltern den kleinen Mischbetrieb auf Weinbau zu spezialisieren und gab zunehmend alle anderen Bereiche (Viehwirtschaft, Ackerwirtschaft) auf. Heute produziert sie Qualitätsweine in der ansonsten typischen Massenweinbauregion. Zwecks besserer und effektiverer Vermarktung schloss sie sich mit anderen Qualitätsweinbauern zusammen.

Frau G.s Mutter wuchs in einem landwirtschaftlichen Betrieb im Nachbardorf auf, wollte aber selbst nie Bäuerin werden. Nach der Heirat mit einem Bauernsohn ergab es sich dann doch, dass sie in einer Landwirtschaft arbeitete. Da Frau G.s Vater aber wenig Interesse für die Landwirtschaft aufbrachte, übernahm Frau G.s Mutter die Betriebsführung und traf in der Folge auch sämtliche wichtigen Entscheidungen. Frau G.s Vater war bis zur Pensionierung als selbständiger Fleischhauer tätig und hilft jetzt im Weinbaubetrieb mit. Auf dem Hof wohnt noch der geistig behinderte Bruder des Vaters, der ebenfalls bei Bedarf im Betrieb mithilft.

Seit der Betriebsübernahme hat Frau G. die alleinige Entscheidungsmacht und trägt die volle Verantwortung. Die Übergabe scheint keine Probleme bereitet zu haben, da die Eltern zu dem Zeitpunkt auch schon älter waren und froh, die Verantwortung abgeben zu können. Sie unterstützen Frau G. nach Kräften, sehen sich aber in erster Linie als Mithelfende, die keine Entscheidungen mehr treffen (müssen).

Frau G. selbst hat keinen Partner und auch keine Kinder.

7.3.4.2 Bedeutung des Hofes

Frau G. arbeitet zusätzlich zu ihrem Weinbaubetrieb in einem 40 Stunden Job als landwirtschaftliche Sachverständige. Diese Arbeit ist sehr zeitaufwendig, denn neben der reinen Arbeitszeit kommen noch täglich zwei Stunden Fahrtzeit hinzu. Im Vergleich zur landwirtschaftlichen Arbeit empfindet Frau G. ihren Job als Angestellte sowohl in körperlicher als auch in psychischer Hinsicht weit weniger anstrengend.

> *„I muaß ehrlich sagen, in meiner Arbeit streng i mi wirklich net halb so an als wie daham. Muaß i schon ganz ehrlich sagen. Naja, körperlich auf alle Fälle, i will net sagen geistig, aber körperlich auf alle Fälle. Des ist schon viel, da geht schon viel Energie drauf. Und Nerven verlang't's daham a mitunter mehr wie in der Arbeit."*

Als Angestellte hat sie den Vorteil einer geregelten Arbeitszeit und eines geregelten Einkommens. Dieses Einkommen sieht sie als ihren Lebensunterhalt, der unabhängig von der Höhe des landwirtschaftlichen Ertrags Sicherheit gibt. Mit ihrem Gehalt als Angestellte kann Frau G. auch ohne schlechtes Gewissen ihre individuellen Bedürfnisse befriedigen und sich jenen Lebensstandard gönnen, der ihr angemessen erscheint, ohne dabei den Betrieb finanziell zu belasten. Das Geld, das sie im Weinbau verdient, wird für persönliche Zwecke nicht herangezogen, sondern im großen und ganzen wieder in den Betrieb investiert. Das heißt auch, dass sie bezüglich des Weinbaus der Last der Lebensunterhaltssicherung enthoben ist und im Vergleich zu jenen, die in ihrer Existenz von der Landwirtschaft abhängig sind, relative Freiheit in der Bewirtschaftung und Umstrukturierung des Betriebes genießt. Zentrale Bedeutung hat ihre Arbeit als Angestellte auch im Hinblick auf ihre Zukunft. Sie dient als zuverlässiges Standbein, wenn die körperliche und psychische Mehrfachbelastung nicht mehr tragbar sein sollte, bzw. die Eltern zu alt werden, um in dem Maße im landwirtschaftlichen Betrieb mithelfen zu können wie bisher.

> *„Aber es ist trotzdem irgendwo ganz guat, sein Geld irgendwo anders zu verdienen. Ich möcht net sagen, daß i von der Landwirtschaft, die wir haben, net leben könnte, aber i weiß, daß i's auf die Dauer alleine net machen kann und das a net machen will. Und dann ist es ganz guat, wenn i wenigstens weiß, wenn i das nimmermehr machen kann, dann hab i ja noch was anderes. Für das muaß i aber jetzt schon vorbauen, weil das kann i dann später mit vierzig Jahren oder was, kann i net irgendwo mit Arbeitsuchen anfangen, dann wird's wahrscheinlich ziemlich schwer sein."*

Frau G. ist sich der Vorteile einer unselbständigen Erwerbstätigkeit voll bewusst, sie kann auch ihren Bruder gut verstehen, der einen gut bezahlten Job und geregelte Arbeitszeiten der landwirtschaftlichen Arbeit vorzieht. Trotzdem ist sie bereit, den zusätzlichen Stress und die körperlichen Belastungen, welche die Übernahme des Betriebs mit sich bringen, auf sich zu nehmen.

Schon als Kind war Frau G. emotional stark mit der Landwirtschaft der Mutter verbunden, hat bei allen landwirtschaftlichen Arbeiten mitangepackt und sich auch für das Bestehen des Hofes verantwortlich gefühlt. *„I hab schon immer viel in der Landwirtschaft mitg'holfen. Weil i g'wußt hab, mi brauchen's irgendwie ja. I hab mi zumindest immer so verpflichtet g'fühlt, i muaß do helfen, i hab des G'fühl g'habt, i muaß was tuan."*

Nach der Entscheidung des Bruders, den Hof nicht zu übernehmen, übernimmt Frau G. wie selbstverständlich die Rolle der Hoferbin. Da die Eltern, wahrscheinlich infolge der Konflikte mit ihrem Sohn, die Verantwortung über den Hof jedoch noch nicht abgeben wollen, beginnt Frau G. im Hinblick auf ihre zukünftige Hofübernahme das landwirtschaftliche Studium. Frau G., die als Kind die landwirtschaftliche Arbeit *„eigentlich a net so ungern"* gemacht hat, setzt dieser Entwicklung keinen eigenen, möglicherweise nichtlandwirtschaftlichen Lebensentwurf entgegen. Dass die Landwirtschaft weitergeführt werden soll, wird außer Frage gestellt. Ihr Entschluss, Bäuerin zu werden, ergibt sich aufgrund Frau G.s ausgeprägter Hoforientierung, ihrer emotionalen Verbundenheit und dem Gefühl der Verpflichtung gegenüber dem Hof wie von selbst. Für ihre Hoforientierung spricht außerdem, dass der Gewinn, der durch den Weinbau erwirtschaftet wird, nicht für persönliche Zwecke verwendet wird sondern wieder in den Weinbau zurückfließt. Dadurch vergrößern sich die Möglichkeiten, den Betrieb zu erhalten und gewinnbringend weiterzuführen.

Auf der anderen Seite ist Frau G. aber nicht bereit unter allen Bedingungen einen Betrieb selbstausbeuterisch weiterzuführen, in dem Anstrengungen und Belastungen in keinem Verhältnis zum ökonomischen und persönlichen Gewinn stehen.

„Ja, man spezialisiert sich dann auf was, ja. Und wir habn vor zehn Jhahren noch drei Kühe g'habt. Aber das ist sehr viel Arbeit und hat uns sehr wenig gebracht. (...) Aber es ist halt schon so a große Belastung und finanzielle net sehr lukrativ."

Sie fühlt sich durch die Hofübernahme nicht passiv ihrem Schicksal ausgeliefert, sondern nützt die ihr zur Verfügung stehenden Gestaltungsmöglichkeiten und strukturiert den Betrieb entsprechend ihren Ansprüchen an Leistung und Erfolg um. Dabei stellt Frau G. ihre persönlichen Interessen nicht in den Hintergrund, beziehungsweise kann sie ihre Ideen und Interessen mit jenen der Hofweiterführung verbinden. Der kleine Mischbetrieb wird mit viel Engagement und Innovationsbereitschaft auf Weinbau umgestellt. Er stellt für Frau G. die Gelegenheit dar, sowohl das Wissen und die Erfahrungen, die sie auf der Universität gesammelt hat, als auch ihre eigenen Ideen in die Tat umzusetzen. Ihr Ziel ist es u.a., den Betrieb ökonomisch rentabel zu führen. Dafür ist es ihrer Ansicht nach notwendig, auf einem bestimmten Gebiet spezielle Leistungen zu erbringen und eine Marktlücke zu finden, um sich von der Masse absetzen zu können. Sie sieht sich hier als Vorreiterin, da sie in einer Massenweinbauregion Qualitätsweine produziert. Um dieses Ziel zu erreichen, bedarf es unternehmerischen Denkens, Eigeninitiative und Kreativität jenseits der traditionellen Bewirtschaftungsmethoden. Frau G. ist bereit, für ihre Position als Vorreiterin sämtliche ihr zur Verfügung stehenden Möglichkeiten auszunutzen.

„Weil in der Landwirtschaft kann man eigentlich nicht sehr viel verdienen, wenn man nicht etwas Spezielles macht. Um was Spezielles zu machen, muaßt irgendwo Vorreiter sein, weil sonst machen es schon wieder zuviel, und dann ist es nix mehr Spezielles. Und dann mußt schon ziemlich viel Köpfchen dazu haben, da muaßt schon wirklich ganz besonders gut sein."

Die Spezialisierung und Umstellung wird aufgrund Frau G.s Initiative durchgeführt. Die Eltern, insbesondere die Mutter, tragen ihre Entscheidungen mit, beraten und unterstützen sie tatkräftig in diesem Prozess. So arbeitet die Mutter noch fast täglich in der Landwirtschaft der Tochter und versorgt auch die zahlreichen Gäste, die zu Weinverkostungen kommen. Die schlussendlichen Entscheidungen und die volle Verantwortung für die Richtung, die der Betrieb einschlägt, werden jedoch von Frau G. übernommen. Im Gegensatz zu ihrem Bruder hat Frau G. keine Probleme damit, dass die Eltern mit ihrer Wirtschaftsführung nicht einverstanden wären, vielmehr scheinen sie großes Vertrauen in Frau G.s Kompetenzen als Betriebsführerin zu haben.

Die Mehrfachbelastung und der Mangel an Freizeit werden für Frau G. durch die Bewunderung und Anerkennung kompensiert, die sie während der Verkostungen in ihrem Keller und auf größer angelegten Weinpräsentationen erhält. Die Repräsentation nach außen, das Weinverkosten, der Kontakt zu den Menschen, ist für sie der Höhepunkt ihrer Tätigkeit als Weinbäuerin; hier wird sie für ihre Anstrengungen belohnt. Nicht die körperliche Arbeit an der frischen Luft, nicht die Arbeit an sich, kann ihr diese Befriedigung verschaffen. Aus der Anerkennung und Bewunderung der BesucherInnen schöpft sie ihre Kraft und den Ehrgeiz, es das nächste Mal noch besser zu machen: *„Und dann kriagt ma so richtig wieder Eifer, des vielleicht s'nächste Mal noch besser zu mach'n".* Während der Weinverkostungen hat Frau G. die Möglichkeit, ihr Wissen und Können als Weinbäuerin zu präsentieren. Indem die KundInnen ihre Weine bewundern und anerkennen, wird Frau G. in zweifacher Hinsicht belohnt. Zum einen wird ihre persönliche Leistung als Weinbäuerin positiv zur Kenntnis genommen und zum anderen wird sie durch den wahrscheinlich anschließenden Kauf ihrer Weine finanziell belohnt.

Wie sich der Betrieb in Zukunft weiterentwickeln wird, bleibt ungewiss. Das zunehmende Alter und schwindende Arbeitsfähigkeit ihrer Eltern setzen der Entwicklung und Weiterführung des Betriebes zeitliche Grenzen, da der Betrieb alleine nicht zu bewirtschaften ist. Wie oben angesprochen hat Frau G. weder einen Partner noch Kinder, die sie in fernerer Zukunft unterstützen könnten. Diese Tatsache wird von Frau G. jedoch kaum thematisiert, nur in bezug zu ihrer Arbeit als Angestellte weist sie darauf hin, dass dieser Beruf ihr auch als Altersicherheit dient, denn: *„I hab, glaub i, amol net die Lust mit fünfzig Jahren diese ganze schwere Arbeit zu machen. wie du bist wirklich ein Wrack, wannst du des als Frau immer allein machst."*

Frau G. sieht sich primär als innovative Bäuerin, die es aus eigener Initiative geschafft hat, den kleinen - unrentabel wirtschaftenden Hof ihrer Mutter in einen gut gehenden Betrieb umzuwandeln. Stolz auf ihre Leistung als Vorreiterin, schöpft sie die Kraft, den körperlichen und physischen Anstrengungen standzuhalten, vor allem aus der Anerkennung und Bewunderung ihrer KundInnen. Ihre Stellung als Angestellte dient ihr dabei vorwiegend als zuverlässiges Standbein und Absicherung für die Zukunft. Sie ist sich bewusst, dass sie alleine, ohne die Hilfe ihrer Eltern, den Betrieb auch im Vollerwerb nicht weiterführen könnte.

7.3.5 Fallvergleich

Trotz erheblicher Differenzen zwischen den oben vorgestellten Frauen, gibt es eine bedeutende Gemeinsamkeit. Diese Frauen bewirtschaften einen landwirtschaftlichen Betrieb, ohne dass ein Bauer "über" ihnen oder an ihrer Seite steht.

Die Wege zu dieser unternehmerischen Tätigkeit sind unterschiedlich. Frau C. und Frau H. stammen nicht aus dem bäuerlichen Milieu, gemeinsam ist ihnen die Liebe zur Natur und zu den Tieren. Schon früh steht für beide fest, dass sie nicht in der Stadt leben wollen. Die Gründung eines landwirtschaftlichen Betriebes ist bei Frau H. weitgehend emotional geleitet, gemeinsam mit Freunden ist sie auf der Suche nach einer alternativen Lebensform. Für Frau C. hingegen sind kognitive Gründe für den Entschluss maßgeblich, in die Landwirtschaft einzusteigen. Beide finden Marktlücken, die sie für sich nützen. Frau C. verbindet ihre persönlichen Interessen mit ihrer Tätigkeit und kann auf eine fundierte Ausbildung zurückgreifen. Für Frau H. hingegen ist das Gefühl - ihre Liebe zu den Tieren - bestimmend, sich für eine Schafzucht zu entscheiden. Im Vordergrund ihrer landwirtschaftlichen Orientierungen steht die Ökologie. Ihre Ausbildung bildet die Basis, um sich auf dem Markt zu behaupten, die landwirtschaftlichen Arbeiten erlernt sie "by doing", die Kenntnisse für die Veredelung ihrer Produkte erwirbt sie von einem Experten.

Unterschiedlich gestaltet sich bei den Frauen das Verhältnis zum sozialen Umfeld. Frau C. gelingt es, sich zu integrieren; sie findet Anerkennung und Ansehen. Die Tatsache, dass sie als Frau allein wirtschaftet und ihr Lebenspartner nicht ständig anwesend ist, wird akzeptiert. Frau H., steht der bäuerlichen Lebenswelt weniger geneigt gegenüber, grenzt sich aber nicht ab. Sie unternimmt bewusste Schritte - den Wechsel von der Lebensgemeinschaft zur Ehe - um dem Umfeld genüge zu tun und um damit Friktionen zu vermindern. Prinzipiell geht es ihr aber nicht um eine völlige Integration, sondern um eine vielfach erzwungene Anpassung. Neben dem Umfeld gehen auch von den gesetzlichen Bestimmungen Zwänge aus. Da sie als Lebensgefährtin in einem bäuerlichen Familienbetrieb nicht sozialversichert ist, entsteht ein weiterer äußerer Zwang, - gegen ihre Überzeugung - zu heiraten. Lebensführung und Arbeitsteilung ist partnerschaftlich organisiert, auch die Hausarbeit.

Auch Frau R. stammt nicht aus der Landwirtschaft. Nachdem sie ihren ursprünglichen Lebensplan änderte, hat sie aus dem Hobby ihres Vaters einen gut gehenden Weinbaubetrieb gemacht. Voraussetzung dafür war nicht nur eine fundierte Basisausbildung, sondern auch ihre Bereitschaft, sich kontinuierlich fortzubilden. Ihre Arbeit in der Landwirtschaft sieht sie völlig losgelöst von familialen Beziehungen. Im Betrieb ist sie Managerin bzw. Unternehmerin, in der Familie Ehefrau und Mutter. Hausarbeit und Kinderbetreuung werden von einer bezahlten Angestellten erledigt.

Frau G. kommt aus einer Bauernfamilie. Für die Übernahme des Hofes ist der Bruder vorgesehen. Als "gute Tochter" akzeptiert sie diese Entscheidung. Nachdem feststeht, dass der Bruder als Erbe ausfällt, absolviert sie ein Studium der Landwirtschaft. Die hochqualifizierte Ausbildung ermöglicht es ihr, den Betrieb selbständig und sehr professionell zu führen. Frau G. strukturiert den Betrieb nach rationellen Gesichtspunkten so um, dass sie ihn mit Einsatz der Arbeitskräfte von Mutter und Vater erfolgreich führen und außerdem noch einen lohnabhängigen Beruf ausüben kann. Auch die Hausarbeit wird delegiert - an die Mutter.

Allen gemeinsam sind Qualitäten, die üblicherweise den Männern in ihrer Funktion als "schöpferischer Zerstörer" zugeschrieben werden: Innovation, Phantasie, Kalkül, Rationalisierung und Flexibilität. Keine der Frauen erzeugt Produkte, die von staatlichen Subventionen abhängig sind. Die häufig beklagten Krisenphänomene der Landwirtschaft, Überschussproduktion und massive Landflucht, werden durch die Flexibilität, das kreative Finden von Marktnischen und die hohe Spezialisierung dieser Frauen umgangen. Sie zeigen exemplarisch neue Wege auf.

Eine weitere Gemeinsamkeit ist, dass geschlechtsspezifische Hierarchien in der landwirtschaftlichen Arbeit von diesen Frauen nicht thematisiert werden. Sie übernehmen die Kopfarbeit, Handarbeiten werden bei Bedarf an Arbeitskräfte delegiert.

Der Variationsreichtum der vorgestellten Landwirtin zeigt sich in der Bildung, dem Alter und den Tätigkeiten. Alle Frauen haben sich hoch qualifiziert, sei es durch Bildungsinstitutionen oder durch Weiterbildung. Obwohl höhere Bildung und Erfolg im allgemeinen an jüngere Generationen geknüpft ist, zeigt sich im vorliegenden Fall, dass gehobene Bildung zwar wichtig ist, die konstante und spezialisierte Weiterbildung Frauen jeglichen Alters ebenfalls Erfolg führt. Erfolg im landwirtschaftlichen Betrieb ist nicht prinzipiell an einen hochtechnisierten Maschinenpark gebunden. Dies zeigt sich an den Spezialbetrieben für Wildsamen oder Käse. Andererseits steht es außer Zweifel, dass Frauen moderne Maschinen handhaben und für den wirtschaftlichen Erfolg nützen können (vgl. den Weinbaubetrieb von Frau R.). Die Ideologie der geschlechtsspezifischen "Eignung" für Tätigkeiten wird bei den Landwirtinnen fraglos durchbrochen, indem sie einerseits selbstverständlich "Männertätigkeiten" übernehmen, andererseits über den zielorientierten Einsatz von Hilfskräften und Verwandten erfolgreiche Unternehmerinnen werden.

Hofdenken transformiert sich hier in den persönlichen Stolz über erfolgreiches Handeln als Individuum, die Weitergabe an die nächste Generation wird sekundär.

7.4 "DES BAUERN (EHE)FRAU"

Die Bezeichnung "*des Bauern Frau*" nimmt Bezug auf das bürgerliche Ehemodell, wo der Frau mit der Heirat eine neue Identität zukam. Gemeinsam ist dieser Gruppe, dass die ihm zugeordneten Frauen nicht aus der Landwirtschaft kommen und durch ihren Mann in eines neues soziales Milieu eintreten. Frau eines bestimmten Mannes - eines Bauern - zu sein, bedeutet, sich in seiner Lebenswelt zu adaptieren und sich mit der Logik dieser Handlungssteuerung zu arrangieren.

7.4.1 Fallbeschreibung Frau M.

Frau M. ist 29 Jahre alt und Mutter von zwei Kleinkindern. Sie stammt aus einer Lehrerfamilie und wuchs in einer Kleinstadt auf. Nach der Matura beginnt sie in Wien Pädagogik zu studieren. In ihrem Lebensplan war nicht vorgesehen, dass sie einmal Bäuerin wird. Als sie jedoch ihren Mann - einen Jungbauern - kennenlernt weiß sie, dass *"kein anderer für mich in Frage kommt"*. Sie unterbricht ihr Studium, heiratet mit 24 Jahren, zieht auf den Hof des Mannes und bekommt bald darauf ihren ersten und zwei Jahre später ihren zweiten Sohn. Der Hof liegt im Alpenvorland, wird im Vollerwerb als Milchwirtschaftsbetrieb geführt. Er ist, wie sie sagt: *"regional gesehen groß"*.

Ihre Mitarbeit im Betrieb beschränkt sich weitgehend auf die Direktvermarktung. Sie bäckt einmal wöchentlich Brot und sorgt für dessen Verkauf. Zwölf Stunden in der Woche arbeitet sie als Behindertenbetreuerin, diese außerlandwirtschaftliche Tätigkeit entspricht nicht nur ihren Neigungen, sondern bedeutet auch eine soziale Absicherung, die sie als sehr wichtig erachtet. Darüber hinaus arbeitet sie an ihrer Diplomarbeit, um ihr Studium abzuschließen. In ihrem Elternhaus wurde ihre Neigung zur Musik gefördert, sie lernte Cello spielen. Heute ist es für sie mehr als ein Hobby, sie geht mit dem von ihrem Vater geleiteten Orchester des Öfteren auf Konzertreisen.

Am Hof, in einem getrennt Haushalt, lebt auch die weichende Generation - die Eltern ihres Mannes. Sie haben die Verantwortung für den Betrieb an den Sohn übertragen, helfen aber tatkräftig bei allen landwirtschaftlichen Arbeiten mit. Frau M. erhält vor allem durch die Schwiegermutter Unterstützung bei der Betreuung der Kinder.

7.4.1.1 Bedeutung des Hofes

Für Frau M., die von "außen" kommt, ist der Hof Arbeitsplatz des Mannes und Wohnort, der ihrer Familie hohe Lebensqualität bietet.

"Vorteile sind, dass ma a ziemlich hoche Lebensqualität habn, glaub i, also das heißt, wir leben größtenteils von den eignen Produkten, die produziert werden (...) und so was seh i sehr positiv, weil grad in der heutigen Zeit wo's halt diesbezüglich was Lebensmittel anbelangt, drunter und drüber geht, da bin i sehr froh drüber, zu wissen wo's herkommt (...) Und was i sehr positiv find, des is einfach dass unsere Kinder in einer sogenannten heilen Welt aufwachsn".

Sie selbst bezeichnet sich als Bäuerin, allerdings als

"... Bäuerin, die a Ausbildung gemacht hat. I man es is sicher net so, dass i die typische Bäuerin bin, die des schon von klein auf is, des bin i garantiert net. Es gibt sicher welche, die des no viel verbissener und hartnäckiger betreiben als i. I mecht neben der Arbeit a no versuchen, dass i net alles verlier, was i vorher g'habt hab, des heißt meine Hobbys zum Beispiel".

Frau M. ist in der Lage ihre individuellen Bedürfnissen mit den Hoferfordernissen in Einklang zu bringen. Sie integriert sich in die landwirtschaftliche Arbeit, indem sie die Ausführung und Verantwortung für die Direktvermarktung übernimmt. Sie ist auch bereit bei Arbeitsspitzen mitzuhelfen, lehnt es aber ab, für tägliche anfallende Arbeiten wie z. B. die Stallarbeit, immer bereit zu sein. Damit schafft sie sich Freiräume, um sich einerseits voll ihren Kindern zu widmen und um andererseits ihren persönlichen Interessen - dem Studium, der Musik, Kontakte mit Freundinnen - nachgehen zu können. Sie verlässt sich nicht völlig auf die Sicherheit, die der Hof bietet, denn ihre finanzielle Eigenständigkeit und soziale Absicherung wahrt sie sich durch eine Teilzeitbeschäftigung.

Insgesamt betrachtet schafft sich Frau M. innerhalb des durch Familientradition und spezifischen, kulturellen Werthaltungen vorstrukturierten sozialen Systems der bäuerlichen Lebenswelt hohen Gestaltungsspielraum.

7.4.1.2 Partnerschaft

Die Entscheidung, Bäuerin zu werden, trifft Frau M. aus Liebe. Als sie *"den Mann für's Leben"* kennen lernt, ändert sie ihren Lebensplan und folgt ihm auf seinen Bauernhof. Herr M. fordert von seiner Frau nicht, die traditionelle Rolle der Mithelfenden zu übernehmen. Er akzeptiert ihren Anspruch auf ein eigenes Leben. Als sie zu Beginn der Ehe darauf besteht, am Hof ein eigenen, von der älteren Generation abgegrenzten Haushalt zu führen, führt er anfänglich gegen ihren Wunsch ökonomische Gründe ins Treffen, stimmt aber schließlich einem Umbau zu und vertritt ihn auch gegenüber seinen Eltern. Das unterschiedliche Bildungsniveau der beiden Partner hat keine negativen Auswirkungen auf die Paarbeziehung. Frau M. betont, dass sie mit ihrem Mann immer über alles Reden kann und unterstreicht seine Überlegenheit in praktischen Dingen. Entscheidungen in der Familie werden gemeinsam getroffen, in seinem Beruf - der Landwirtschaft - ist der Mann allein verantwortlich.

7.4.1.3 Bedeutung der Kinder

Ihre Aufgaben als Mutter nimmt Frau M. sehr ernst. Der emotionale Beziehung zu den Kindern misst sie sehr hohen Stellenwert zu. Frau M. grenzt sich mit ihrer Erziehungsauffassung bewusst von der bäuerlich-arbeitsorientierten Haltung ab. Für sie haben die Bedürfnisse der Kinder absoluten Vorrang gegenüber der landwirtschaftlichen Arbeit.

Ein zentrales Anliegen ihrer Erziehung ist, dass die Kinder nicht nur die bäuerliche Lebenswelt kennen lernen. Daher pflegt sie intensiv den Kontakt mit ihrer Herkunftsfamilie. Der älterer Sohn pflegt eine intensive Beziehung zum Vater von Frau M. Dieser nimmt ihn zu Konzerten mit oder besucht mit ihm Museen.

„Sie erleben sicher nicht nur die bäuerliche Seite, sie erleben sicher die andere Seit genau so mit, des empfind i schon recht positiv...wachsens doch net so weltfremd auf, wie i so den Eindruck hätt, dass es bei den Bauern sein muß. Wobei es sicher immer von der eigenen Einstellung abhängt".

7.4.1.4 Generationen

Frau M. akzeptiert das Zusammenleben mit den Schwiegereltern *"wohl oder übel, weil die Arbeit so viel ist, dass ma irgendwo ang'wiesn is aufeinander"*. Mit Eltern oder Schwiegereltern unter einem Dach zu leben, hätte sie früher, wie sie betont, immer abgelehnt.

Innerhalb der intergenerationalen Beziehungen verfolgt Frau M. die Strategie der Abgrenzung ihrer Familie, bzw. der Paarbeziehung gegenüber den Schwiegereltern. Darin lässt sich die wohl herkunftsbedingte Tendenz zur Ausdifferenzierung der Kernfamilie erkennen. Die getrennten Wohnungen der Generationen waren dafür eine Grundvoraussetzung.

Darüber hinaus schildert Frau M. die Beziehung zu den Schwiegereltern als weitgehend friktionsfrei. Die junge Frau genießt innerhalb der Familie hohes Ansehen. Die Schwiegereltern akzeptieren ihr ausgefallenes Hobby, Cello zu spielen und die damit verbundenen Konzertreisen; sie sind *"auch irgendwie stolz darauf"*, meint Frau M.. Lediglich die Sinnhaftigkeit, das Studium zu vollenden, wird von den Schwiegereltern in Frage gestellt. Nach ihrer Ansicht braucht eine Bäuerin keinen akademischen Grad. Bildung hat für Frau M. herkunftsbedingt einen grundsätzlich hohen Stellenwert. Deshalb lässt sie sich von ihrem Vorhaben nicht abbringen. Sie verbindet mit dem Studium aber auch einen Gewinn an Eigenständigkeit. Mit dem Beharren auf akademischer Bildung und mit dem

Fortführen ihres Hobbys bringt Frau M. ihre Unabhängigkeit von traditional bäuerlichen Werthaltungen deutlich sichtbar zum Ausdruck.

"Die Bauern haben jahrhunderte lang das Image gehabt, des san de, die ganz viel arbeiten und wenn man jetzt als neuer dazu kommt, möchte man vielleicht einen anderen Wind einebringen. Schon, dass gearbeitet wird, aber nicht hundert Prozent. Des is vielleicht a bißl schwierig, wenn des generationenlang halt immer so g'wesn is, wenn man was anderes machen möchte als nur arbeiten, nun auch a bißl leben, weil man ja was anderes kennt."

Auch wenn die Schwiegereltern Frau M. nicht immer verstehen, sind sie bereit, sie zu akzeptieren und bei der Kinderbetreuung zu unterstützen. Sie helfen ihr auch bei der landwirtschaftlichen Arbeit und springen immer ein, wenn Frau M. wegen ihres außerhäuslichen Berufes bzw. wegen ihres Hobbys abwesend ist. Positiven Einfluss auf die funktionierende Generationenbeziehung hat der Umstand, dass Herr M. sich immer deutlich zu seiner Frau bekennt.

Zusammenfassend zeigt sich bei Frau M. eine enorme Fähigkeit zum konstanten Ausbalancieren zwischen individuellen Bedürfnissen und traditional bäuerlichen Werten. Sie schafft sich eigene Freiräume und grenzt sich bis zu einem gewissen Grad gegenüber den Schwiegereltern und der bäuerlichen Werthaltung ab. Doch Frau M. wertet die Tradition nicht ab, sondern formt sie soweit als möglich nach ihren Bedürfnissen um. In für sie relevanten Bereichen setzt sie ihre Ansprüche durch (getrennte Wohnungen), auch gegen die Interessen ihres Mannes oder der Schwiegereltern (Vollendung des Studiums).

Dies gelingt ihr deshalb, weil sie zum einen ein hohes Maß an Selbstvertrauen zeigt. Ihre sozial angesehene Herkunft aus einer Lehrerfamilie, sowie ihr hohes Bildungsniveau verleihen ihr so viel Selbstbewusstsein, um die vorgefundenen Strukturen aktiv nach ihren Bedürfnissen umzugestalten. Gleichzeitig verschaffen ihr Herkunft und Bildung auch Ansehen in der Familie. Die Schwiegereltern werden als eher tolerant und offen empfunden. Sie setzen den ausprägt individualistischen und milieufremden Bedürfnissen der Schwiegertochter keinen Widerstand entgegen. Ganz im Gegenteil, sie sind zu Hilfeleistungen bereit und entlasten Frau M., die sich verstärkt der Kinderbetreuung widmen kann und daneben noch Freiraum für ihren Beruf und ihr Hobby hat.

7.4.2 Fallbeschreibung Frau W.

Frau W. ist 28 Jahre und Mutter von zwei Kleinkindern (4 und 6 Jahre). Sie stammt aus einer Arbeiterfamilie, ihre Eltern sind geschieden. Sie wuchs bei ihrer Mutter auf. Frau W. besuchte eine einjährige Hauswirtschaftsschule und arbeitete anschließend als ungelernte Verkäuferin in einer Fleischerei. Mit 18 Jahren heiratete sie einen Bauernsohn, gab ihren Beruf auf und zog zu ihm. Der Hof wurde bei ihrem Einzug noch von den Schwiegereltern geführt. Erst nach sieben Jahren wurde an den Sohn, Frau Ws. Ehemann übergeben. Zu diesem Zeitpunkt wurden auch die Haushalte von Alt- und Jungbauern getrennt.

Der Hof ist ein Vollerwerbsbetrieb mit 26 ha Grund und 40 Stück Vieh; er liegt in der Bergbauernzone drei. Es wird Milchwirtschaft betrieben. Als zusätzliches Einkommen wurde von Frau W. die Direktvermarktung von Käse aufgebaut. Auf dem Hof leben vier Generationen in zwei Wohnhäusern, die ca. 500 Meter Abstand voneinander haben. Bis vor drei Jahren wurde ein Wohnhaus von Herrn Ms. Großmutter bewohnt. Nach der Hofübergabe zogen auch seine Eltern zu ihr. Der Kontakt zwischen Frau W. und den beiden Frauen der älteren Generation beschränkt sich seither auf ein Minimum.

7.4.2.1 Bedeutung des Hofes

Frau W. heiratet sehr jung auf den Hof. Mit der Heirat glaubte sie in die erträumte Geborgenheit einer Großfamilie einzutreten. Ihre idealisierten Vorstellungen zerbrachen bald an der Realität. Am Hof fand sie zwei dominante Frauen vor, die die Neue aus einer anderen Lebenswelt und noch dazu aus einer geschiedene Familie - *"des is ma immer vorschmißn worn"* - weder verstanden noch tolerierten.

In den Anfangsjahren ihrer Ehe unternahm Frau W. große Anstrengungen, um sich zu integrieren. Sie wollte in der Landwirtschaft mitarbeiten. Anstelle hilfreicher Anleitungen und landwirtschaftlicher Wissensvermittlung, wurde sie ignoriert: *"Also jetzt laß ma's aurenna, weil sie kann des sowieso net"*. Jede ihrer Tätigkeiten wird kritisiert. Suchte sie sich selbständig Arbeit, wird sie sofort von ihrer Schwiegermutter aufgefordert, besser nachzusehen, ob ihr Ehemann Hilfe braucht. Diese Verhaltensweisen lösen bei ihr großes Unverständnis aus, da es nicht ihrem Selbstverständnis entspricht, auf Abruf bereitzustehen. Die mangelnde Anerkennung beeinträchtigt zusehends ihr Selbstwertgefühl - *"I hab oft schon zittert aus Angst, i mach wieder was falsch"* - und macht sie unsicher. Weder vom Ehemann noch vom Schwiegervater erhält sie Unterstützung. Beide stehen den Konflikten passiv gegenüber und mischen sich nicht ein.

Nach der Geburt des ersten Sohnes muss Frau W. feststellen, dass sie von den beiden älteren Frauen weder im Haushalt, für den sie weitgehend allein verantwortlich ist, noch bei der Kinderbetreuung Hilfe erhält. Sie zieht sich daher von der Außenarbeit fast vollständig zurück. Anstelle dessen widmet sich Frau W. der Käseerzeugung. Bisher wurde dieser vorrangig für die hofeigene Subsistenz gemacht. Sie weitet die Käseproduktion aus und eröffnet die Direktvermarktung. Auch dafür erhält sie von der Familie keine Anerkennung, stattdessen aber in verstärktem Ausmaß durch die Kunden. Diese Bestätigung und die Tatsache, dass die Einnahmen aus der Vermarktung des Käses ihr gehören, stärken erneut ihr Selbstvertrauen und das Gefühl der Eigenständigkeit.

Für Frau W. ist der Hof ein Ort vieler innerfamilialer Probleme. Diesen versucht sie zu entkommen, indem sie sich ein gewisses Maß an Unabhängigkeit verschafft und sich auf jene Gebiete, die für sie Bedeutung haben - Haushalt, Kindererziehung und der Kontakt zu Freunden - konzentriert. Gegenüber dem bäuerlichen Milieu entwickelt sie zusehends negative Einstellungen. Sie sieht ihr Umfeld als rückständig und borniert.

7.4.2.2 Partnerschaft

Bei den Konflikten mit den beiden älteren Frauen am Hof erhält Frau W. von ihrem Partner keine Unterstützung. Zwischenmenschliche Probleme wurden und werden in seiner Familie nicht offen angesprochen und gelöst, sondern verdrängt - *"De ham die Fähigkeit, dass glei ois wieder zu vergessen"*. Frauen sind darüber hinaus nicht dazu da, um Probleme zu machen oder um Ansprüche zu stellen, sondern um zu arbeiten.

Das funktional-arbeitsorientierte Familienklima bot keinen Raum für Herzlichkeit und Zuwendungen - *"Zärtlichkeit hat's nie gebn in diesem Haus"* – und wurde als solches auch in die junge Partnerschaft übernommen. Zu Beginn der Ehe hat Frau W. dem Partner ihr Bedürfnis nach Partnerschaft gezeigt, ihn aufgefordert, die Abende mit ihr allein zu verbringen oder auszugehen. Er bevorzugte jedoch das Kartenspiel in seiner Familie.

Kurz nach der Hofübernahme erkrankte Herr W. schwer und musste für längere Zeit ins Spital. Seit dieser Zeit zeigt er sich nur, wenn der Betrieb es erforderte, in der Öffentlichkeit. Ansonsten zog er sich auf den Hof und in sein Haus zurück. Gleichzeitig hatte er nichts dagegen, wenn Frau W. abends mit Freundinnen oder befreundeten Ehepaaren ausging. Bereitwillig übernimmt er in diesen Fällen die Betreuung der Kinder. Herr W. hilft seiner Frau auch bei der Hausarbeit.

Die Partnerschaft hatte sich zu einem Nebeneinanderleben entwickelt, die unterschiedlichen persönlichen Bedürfnisse werden stillschweigend anerkannt. In der Arbeitsbeziehung gibt es getrennte Bereiche, bei Bedarf kommt es zu wechselseitigen Hilfeleistungen.

7.4.2.3 Bedeutung der Kinder

Für Frau W. die ist die Mutter-Kind-Beziehung von großer emotionaler Bedeutung. Sie fördert ihre Kinder nicht nur, sie genießt auch die wechselseitige emotionale Zuwendung sehr bewusst: *"D'Kinder ham's irrsinnig gern des herumschmusen und es tut an ja selbst a guat...i genieß des, solangs noch so klan san"*. Sie wendet sehr viel Zeit für ihre Kinder auf, besonders für die Förderung des leicht körperbehinderten älteren Sohnes, mit dem sie seit Jahren täglich die von den Ärzten empfohlenen therapeutische Übungen macht. Frau W. ist sich bewusst, dass dieses Kind besonders viel Zuneigung und Aufmerksamkeit braucht. Sie hält nichts von der Mitarbeit der Kinder am Hof. Ihre Schwieger- und die Großmutter finden Frau Ws. Verhalten übertrieben und bezeichnen es als *"Affenliab"*..

Die Frage nach der Ausbildung der Kinder steht aufgrund ihres Alters noch nicht im Vordergrund. Frau W. weiß aber, dass sie auf keinen Fall einen der Knaben zu einer landwirtschaftlichen Ausbildung oder zur Hofübernahme zwingen wird. Ihr ist es wichtig, auf die individuellen Fähigkeiten der Kinder einzugehen und ihren persönlichen Wünschen Raum zu geben.

7.4.2.4 Generationen

Der Eintritt von Frau W. in den Hof ihrer Schwiegereltern symbolisiert den Zusammenprall zweier Welten. Am Hof befinden sich zwei dominante Frauen, die dem bäuerlichen Arbeitsethos und der hofzentrierten Denkweise verhaftet sind. Für den Hoferben haben sie eine Ehefrau erwartet, die sich widerspruchslos als Mithelfende in die vorhandenen Strukturen einfügt. Mit Frau W. kam jedoch eine junge Frau ohne landwirtschaftliche Erfahrung, mit niederer Bildung, aus "desolaten" Familienverhältnissen, die sich *"in gewisser Weise für des Leben selba Ziele stetz"*.

Frau Ws. Vorstellung vom Leben in einer Großfamilie waren idealisiert. Sie erwartete neben Geborgenheit, Verständnis und Zuneigung, eine behutsame Einführung in ihre neuen Aufgaben. Sie erlebt dagegen Ablehnung, Unverständnis und Intoleranz.

Ihr Versuch, sich zu integrieren, findet wenig Unterstützung und keine Anerkennung. Sie wird von Beginn an ausgegrenzt und leidet vor allem unter der mangelnden Offenheit. Kritik erfährt sie von ihrer Schwiegermutter nie direkt, sondern auf Umwegen über Dritte.

Die Situation zwischen ihr und den älteren Frauen bleibt jahrelang unverändert. Frau W. gelingt es zwar, sich persönliche Freiräume und ein unabhängiges Arbeitsgebiet zu schaffen, doch ihr Leidensdruck bleibt aufrecht. Dazu trägt auch die Tatsache bei, dass sie auch bei ihrem Ehemann weder Verständnis noch Unterstützung findet.

Die Hofübergabe und die kurz darauf auftretende Krankheit des Ehemannes von Frau W. lässt den Konflikt zwischen den Frauen eskalieren. Auslösend dafür ist, dass Frau W. ihren Mann während seines langen Krankenhausaufenthaltes jeden Tag besucht. Sie sagt, aus Angst um ihn und um ihm seelisch beizustehen. Dafür hat die Schwiegermutter kein Verständnis, sie meint, Frau W. möge besser Zuhause bleiben und bei der, durch den Ausfall einer Arbeitskraft bedingten Mehranfall von Arbeit helfen. Herr W. bekomme im Krankenhaus ohnehin alles, was er braucht. Da Frau W. dieser Aufforderung nicht nachkommt, stellt die Schwiegermutter ihre Mithilfe am Hof ein. Frau W. war gezwungen, bis zur Genesung ihres Mannes eine Hilfskraft für die Hofarbeit einzustellen. Seither ist jeder Kontakt zwischen den beiden Frauen abgebrochen. Die Schwiegermutter betritt das Haus der Jungen nicht mehr und verweigert Frau W. jegliche Unterstützung. Ihren Sohn entlastet sie weiterhin bei der landwirtschaftlichen Arbeit. Drei Monate nach dem Interview erfuhr ich, dass Frau W. die Scheidung eingereicht und mit ihren Kindern den Hof verlassen hat.

7.4.3 Fallbeschreibung Frau B.

7.4.3.1 Beschreibung der allgemeinen Bedingungen

Frau B. ist 44 Jahre und hat erst vor 4 Jahren auf den Hof eingeheiratet. Mit 41 brachte sie ihre Tochter zur Welt. Sie stammt auch aus einer Arbeiterfamilie. Nach der Volks- und Hauptschule hat sie ein Jahr eine Hauswirtschaftsschule besucht. Danach hat sie 25 Jahre als angelernte Verkäuferin und in einer Kantine gearbeitet. Mit der Heirat hat sie diesen Beruf aufgegeben.

Der Hof umfasst 29 ha, liegt im Alpenvorland und ist ein Mischbetrieb, der im Vollerwerb bewirtschaftet wird. Der Technisierungsgrad ist gering, weswegen der Betrieb relativ arbeitsintensiv ist. Bewirtschaftet wird er von Frau Bs. Ehemann und dessen Vater. Der Schwiegervater lebt am Hof in einer eigenen Wohnung, die von Frau B. in Ordnung gehalten wird.

Die beiden Männer lebten nach dem Tod von Herrn Bs. Mutter 10 Jahre allein auf dem Hof. Frau B besetzt nun die lange Zeit vakant gewesene Position der Bäuerin.

7.4.3.2 Bedeutung des Hofes

Am Hof herrscht der Schwiegervater, er wird von Frau B. als *"sehr streng"* beschrieben. Frau B. ist um Integration in den Hof bemüht. Sie fügt sich in alle von ihr geforderten Aufgaben.

Für Arbeiten und Entscheidungen im Haushalt und für die Kindererziehung ist sie allein zuständig. Die Entscheidungen in der Landwirtschaft werden von den Männern getroffen. *"I bin da meistens do herinnen und des draußen machen die Männer unter sich, weil i kann da net viel mitredn. Do bin i noch zuwenig drin"*. Obwohl sie noch wenig Erfahrung mit landwirtschaftlicher Arbeit hat, macht sie täglich den Stall und hilft bei allen anfallenden Arbeiten mit.

Mit hohem Arbeitsethos und Pflichtgefühl erfüllt sie alle Aufgaben, die ihr gestellt werden. Obwohl es ihr keinen Spaß macht, lernt sie Traktor fahren. Im Interesse des Hofes stellt sie ihre persönlichen Bedürfnisse zu rück. Das geht sogar soweit, dass - als sie erfährt, dass eine Küretage der Gebärmutter notwendig ist - sie die Operation auf Wunsch des Mannes vom Sommer auf den Winter, in die weniger arbeitsintensive Zeit, verlegt. Frau B. akzeptiert diese besonderen Bedingungen der traditional bäuerlichen Arbeitswelt als Teil ihrer neuen Arbeit, auf deren Bedingungen sie keinen Einfluss hat - *"arbeiten muss ma überall, es wird einem nirgends was geschenkt...wie's einem bestimmt is, is einem bestimmt"*. Fremdbestimmte Arbeit kennt sie aus ihrer 25 Jahre langen Berufserfahrung. Eigenen Gestaltungsspielraum als Bäuerin nimmt sie hingegen kaum war. Frau B. würde gerne wieder außerhalb der Landwirtschaft arbeiten, da sie vor allem die sozialen Kontakte vermisst. Sie sieht für sich jedoch keinerlei Möglichkeit, dies umzusetzen, da es von der Arbeitsorganisation her - ihrer Meinung nach - nicht machbar ist. Der Hof ist für sie ein Arbeitsplatz, auf dem sie mit ihrer Familie lebt. Ihre Eigentumswohnung, die sie bereits vor der Ehe besessen hat, gibt sie nicht auf, *"ma kau ja ni wissen, was passiert"*.

7.4.3.3 Partnerschaft

Frau B. hatte eigentlich nicht mehr damit gerechnet, dass sie jemals heiraten bzw. ein Kind bekommen wird. *"Es hat sich halt so ergeben"*. Ihre Ehe sieht Frau B. eher pragmatisch

> *„Und i bin, muaß i ehrlich sagn, es ist net schlecht, wenn ma a Familie hat, weil i wär praktisch dann ganz allein dag'standn, weil mei Schwester ist so weit weg und wenn amol mit der Mutter was g'wesn wär, dann, wie soll i sagn. Die Eltern sind halt a beruhigter, wann's wissen, dass ma wen hat und dass ma net allein is"*.

Sie weiß, dass ihr Mann lange Zeit nach einer *"Bäuerin Ausschau gehalten hat"*. Für ihn war das Leben ohne Frau vor allem ein Problem, weil er und der Vater selbst kochen mussten. So erwartet er von einer Frau mehr haushälterische als kommunikative oder emotionale Qualitäten.

Als sie auf den Hof kam, war Frau B. schwanger. Die Umstellung auf das Landleben und die Führung eines Haushalts fiel Frau B. sehr schwer. *"I hab glaubt, i find mi überhaupt net eini"*. Speziell die sozialen Kontakte, die sie während ihres Berufslebens immer hatte, fehlen ihr, da sie die Kommunikation in der Partnerschaft defizitär empfindet. Belastend ist für sie weiters, dass es für ihren Mann nicht selbstverständlich ist, über Probleme zu reden,

> *"I bin schon der Meinung, dass Probleme ausdiskutiert werden solln, aber es is halt schwer. Mein Mann ist do a bißl schwer zugänglich...Des ist scho schwer, weil i mach mir dann Sorgn, weil i dann net weiß, was los ist...also mit'm ausredn, do hamma scho a weng Probleme"*.

Von ihrer Partnerschaft erzählt sie im Vergleich zu ihrem Berufsleben weniger, da sie diese sehr genossen hat. Ihr jetziges Dasein bezeichnet sie als etwas *"eintönig"*. Da der Mann wenig Bedürfnis hat, auszugehen, ist Frau Bs. sozialer Aktionsradius weitgehend auf das Dorf und die Kurse der Bauernkammer beschränkt. Frau B. bezeichnet ihren Mann als *"Familienmensch"*.

"Fortkommen tuan wir halt überhaupt net, i sag oft zu meinem Mann: heast, geh doch a bißl ausse, aber der mog net".

Diese Gebundenheit durch die Partnerschaft empfindet sie offenbar als Belastung. Inzwischen hat sie im Ort über die Kurse Kontakte geknüpft und Freundschaft zu einer Nachbarin, die ebenfalls keine Geburtsbäuerin ist, geschlossen. Am Anfang hätte sie sich bei jedem Kurs eingeschrieben, erzählt Frau B. Das ausgeprägte Bedürfnis, an den Kursen teilzunehmen, stellt offensichtlich eine Kompensationsstrategie dar, um das Defizit an Kommunikation und sozialen Kontakten auszugleichen.

7.4.3.4 Bedeutung der Kinder

Frau B. vermittelt den Eindruck, dass das Kind das Wichtigste in ihrem Leben ist, nicht zuletzt deswegen, weil sie es so spät bekommen hat. Frau B. schenkt ihrem Kind sehr viel Aufmerksamkeit und Zuneigung. Sie betrachtet es nahezu als Geschenk, dass sie in ihrem Alter noch ein gesundes Kind zur Welt gebracht hat. Ein zweites Kind, wie von ihr eigentlich gewünscht, kann sie aufgrund einer Gebärmutterküretage nicht mehr bekommen.

In Bezug auf Kinderbetreuung zeigt sich der typische Konflikt zwischen traditionaler Arbeitsorganisation und modernen Ansprüchen. Da sie keine Betreuungsmöglichkeit für das Kind hat, muss sie es oft notgedrungen in den Stall mitnehmen. Diese erzwungene Strategie des "mitlaufen Lassens" bereitet ihr Sorgen, da sie befürchtet, dass dem Kind einmal etwas zustoßen könnte *"die hat Gott sei Dank net nur einen Schutzengel, die hat mehrere"*.

7.4.3.5 Generationen

Das Verhältnis zu ihrem Schwiegervater ist äußerst gespannt. Seine herrische Art und seine Unduldsamkeit führen dazu, dass sie manchmal *"einen richtigen Hass auf eam"* hat. Frau. B. versucht so gut es geht, seine Sticheleien und Bösartigkeit zu ignorieren um Konflikte zu vermeiden. Es wäre ihr ein Bedürfnis, vom Ehemann gegen den Schwiegervater unterstützt zu werden, doch dieser ergreift nicht ihre Partei.

Die Mitarbeit des Schwiegervaters im Betrieb, bedeutet für Frau B. dass sie dadurch von der landwirtschaftlichen Arbeit entlastet wird und sie sich weitgehend auf die Innen- und Familienarbeit konzentrieren kann, was ihrem Bedürfnis entspricht.

7.4.4 Fallvergleich

Alle Bäuerinnen dieser Gruppe bewegen sich im Spannungsfeld zwischen traditionaler Hoforientierung und modernen, bürgerlichen Ansprüchen an Partnerschaft, Kindererziehung und individuelle Lebensgestaltung. Frau M. gelingt es, diese primär widersprüchlichen Konzepte relativ friktionsfrei zu integrieren, während im Fall von Frau W. die Konfliktsituation letztlich so unerträglich wird, dass sie daran scheitert. Auch bei Frau B. zeigen sich Spannungen, die aus dem Aufeinanderprallen von funktionaler Hoforientierung und ihren Bedürfnissen nach Kommunikation und moderner Lebensgestaltung resultieren. Frau B. zeigt aber eine außerordentlich hohe Anpassungsbereitschaft, die zum einen aus dem Anpassungsprozeß aus der Arbeitswelt, zum anderen wohl durch ihre eher zu passiver Fügung in das „Schicksal" neigenden Persönlichkeitsstruktur bedingt ist. Daher treten Konflikte nicht offen zutage. Von Bedeutung ist allerdings auch, dass Frau B. erst vier Jahre Bäuerin ist.

Bei allen Bäuerinnen dieser Gruppe lässt sich eine eindeutige Distanz zur traditionalen Hoforientierung erkennen. Alle reduzieren in irgendeiner Form die landwirtschaftliche Arbeit zugunsten der Familienarbeit, bzw. Kinderbetreuung. Diese Distanz wird aber auch über die Abgrenzung zu den Bauern oder ihren Frauen, die *„außer Arbeit nix kennen"* (Frau M.) zum Ausdruck gebracht. Diese Bäuerinnen kritisieren mehr oder weniger deutlich die traditional bäuerliche Werthaltung. Etwa Frau W., die beklagt, dass das Vieh wichtiger sei als der Mensch. Oder Frau P., die kritisiert, dass viele Bäuerinnen ihre ausschließliche Wertschätzung über die Arbeit beziehen würden, was hohe Selbstausbeutung zur Konsequenz hat.

Diese ausgeprägte Tendenz zur Abgrenzung, ist aus der Tatsache erklärbar, dass keine dieser Frauen Geburtsbäuerinnen sind. So wird die Herkunft aus einem nicht-bäuerlichen Milieu, bzw. auch die außerlandwirtschaftliche Berufs- und Lebenserfahrung die Bedingung dafür, dass individualistische Bedürfnisse nach Lebensgestaltung entstehen und gelebt werden wollen.

Bei allen Frauen zeigt sich in den Einstellungen zu den Kindern eine modernkindorientierte Haltung. Diese äußert sich darin, dass sie darum bemüht sind, den Kindern mehr Aufmerksamkeit zu schenken, die über die reine Versorgungsleistung hinausgehen. Besonders die emotionale Mutter-Kind-Beziehung tritt in den Vordergrund. Am ausgeprägtesten bei Frau W., die betont, dass auch sie die Emotionen braucht, die ihr die Kinder entgegenbringen. Somit scheinen Defizite, die entweder aus der Biographie der Mütter resultieren oder aus sich deren Lebenssituation ergeben, sowie sozialisationsbedingte, als positiv empfundene Vorstellungen Bedingung für die Gestaltung der Mutter-Kind-Beziehung, bzw. der Erziehung der Kinder zu werden: Frau W. leidet unter dem kühlen, wenig „herzlichen" Klima in der Familie ihres Mannes, die emotionale

Beziehung zu den Kindern wird ihr zum besonderen Anliegen; Frau M., selbst bürgerlicher Herkunft, will ihren Kindern auch die eigene Lebenswelt (z. B. Förderung künstlerisch-musischer Anlagen der Kinder) vermitteln. Die Umsetzung dieser kindorientierten Bedürfnissen gelingt im Prinzip allen Bäuerinnen dieser Gruppe. Die Mutter-Kind-Beziehungen werden durchwegs als positiv dargestellt. Wobei hinzugefügt werden muss, dass es sich durchwegs um Kleinkinder in nicht schulpflichtigem Alter handelt.

Die Hofnachfolge tritt bei keiner dieser Bäuerinnen als relevantes Sozialisationskriterium hervor. Ganz im Gegenteil, eigentlich alle Frauen halten es für wichtig, dass ihre Kinder noch eine zusätzliche außerlandwirtschaftliche Ausbildung machen. Dies wird vor allem mit der unsicheren Zukunft der Landwirtschaft begründet. Die traditionale Bedeutung der „Kinder als Nachfolger" tritt somit zugunsten individueller, den Interessen der Kinder entsprechender Berufs- und Ausbildungswünsche in den Hintergrund. Die Frage der Hofnachfolge bedeutet für die Kinder nicht mehr den normativen Zwang zur Nachfolge, sondern wird gleichsam der freien Berufswahl untergeordnet.

Bei allen Frauen zeigen sich mehr oder minder ausgeprägte Bedürfnisse nach individueller Lebensgestaltung. Sie beanspruchen Freiräume für sich, die mit Hobbys, bzw. eigenem Beruf (Frau M.) oder Kontakten zu Freundinnen (Frau W. und Frau B.) ausgefüllt werden. Bei allen Frauen hat das Beanspruchen individueller Freiräume einen größeren Stellenwert, da es herkunftsbedingt einen Wert darstellt oder - wie im Falle von Frau B., die 25 Jahre allein lebte und berufstätig war - Teil der eigenen Lebenserfahrung ist.

Frauen mit einer ausgeprägten Identität als Bäuerin (Frau M.) zeigen auch den höchsten Grad an Zufriedenheit. Die Beziehungen zu den Partnern werden als partnerschaftlich-kommunikativ, wenngleich auch geschlechtstypisch rollenverteilt, beschrieben; Konflikte mit Schwiegereltern treten nicht hervor. Die traditional-bäuerliche Arbeits- und Hoforientierung wird zwar kritisiert, grundsätzlich ist man dem Bauerntum gegenüber positiv eingestellt und kann mit dem Bäuerinsein Bedürfnisse umsetzen, die persönlich wichtig sind. Frau M. legt hohen Wert an Lebensqualität im Sinne von gesunder Umwelt; Frau P. beschreibt sich als naturverbunden.

Frau W. und Frau B. zeigen eine geringe Identität als Bäuerin und äußern eher Unzufriedenheit. Insbesondere Frau W. Sie steht in permanentem Spannungsfeld mit ihrer Schwiegermutter, die weder die persönliche Lebensgestaltung von Frau W., noch deren Leistung für den Betrieb akzeptiert. Alles, was Frau W. an eigenen Lebensvorstellungen umsetzen will, muss sie sich gegen den Widerstand der Schwiegermutter erkämpfen. Frau B. kämpft nicht, sie akzeptiert weitgehend den dominanten Schwiegervater und drückt ihre Unzufriedenheit darin aus, dass sie denselben Schritt, Bäuerin zu werden, kein zweites Mal tun würde. In den

Paarbeziehungen beider Frauen zeigen sich hinsichtlich der Ansprüche eindeutig geschlechtsspezifische Differenzen. Frau W. und Frau B. legen Wert auf Kommunikation und kommunikative Problemlösung. Für Frau W. ist zudem ein emotional positiv getöntes Klima von Bedeutung. Diesen modernen Ansprüchen an Partnerschaft stehen die eher funktional orientierten Ansprüche ihrer Ehemänner gegenüber. Sehr deutlich wird dies im Fall des Mannes von Frau B., der ständig auf der Suche nach einer Frau war, damit die Stelle der Bäuerin endlich besetzt wird. Wenngleich beide Ehemänner als eher tolerant gegenüber den Bedürfnissen ihrer Frauen einzustufen sind, scheinen ihre Ansprüche an die Paarbeziehung nicht so hoch zu sein, wie jene der Frauen.

Da im wesentlichen die Umsetzung individualistischer Lebenskonzepte mit einer Reduktion der landwirtschaftlichen Arbeit einhergeht, müssen Entlastungsmöglichkeiten - z. B. durch die Hilfe der Schwiegereltern - der Bäuerin vorhanden sei. (Frau M. und Frau B.). Alle drei Frauen werden - wenn auch in unterschiedlichem Ausmaß - von ihren Männern bei der landwirtschaftlichen Arbeit weniger beansprucht als im traditionellen bäuerlichen Haushalt. Eine moderne, durch Maschineneinsatz zeitsparende Betriebsführung wirkt ebenfalls für die Bäuerinnen entlastend und erleichtert die Umsetzung moderner Konzepte der Lebensgestaltung.

Die Schwiegereltern verkörpern in dieser Gruppe tendenziell noch eine hofzentrierte Werthaltung zu. Am ausgeprägtesten im Falle von Frau W. und Frau B. Die individualistischen Vorstellungen werden von den Schwiegertöchtern eingebracht. Ob die Umsetzung nun relativ konfliktfrei oder konfliktträchtig möglich ist, hängt einerseits sehr stark von der Toleranz und der Offenheit der Schwiegereltern ab. Ein autoritär-hierarchisches Familienklima mit Dominanz der Altengeneration gegenüber dem jungen Ehepaar, wie im Fall von Frau W., gekoppelt mit geringer Durchsetzungskraft des Ehemannes gegenüber seinen Eltern, erschweren eine individuelle Lebensgestaltung fernab traditionalbäuerlicher Werthaltungen. Als erleichternde Faktoren treten hingegen eine starke Paarbeziehung mit Abgrenzung gegenüber den Schwiegereltern, sowie Toleranz seitens der Schwiegereltern hervor (Frau M.).

In jedem Fall spielen aber auch die persönlichen Ressourcen der einheiratenden Schwiegertochter für deren Akzeptanz bzw. Ablehnung eine Rolle zu. Eine starke Ich-Identität erleichtert jedenfalls die Durchsetzung der Bedürfnisse; Bildung und soziale Herkunft sind nicht nur relevant für das Selbstverständnis der Frau, bzw. Bäuerin, sondern bestimmen auch ihr Ansehen in der Familie, in die sie einheiratet, mit.

8 Diskussion der Ergebnisse

Innerhalb der Stadt- und Agrarsoziologie entsteht eine rege Diskussion um die Folgen der Verstädterung einerseits und die Ursachen eines schier unglaublichen Weiterbestehens bäuerlicher Lebensformen und Wertemuster auf der anderen. Die Folge ist die räumliche Kontrastierung von Stadt und Land und eine oft ideologisch besetzte Interpretation. Doch auch auf diesem Gebiet macht sich der Widerstand gegenüber Dichotomien - ein Merkmal der post-modernen Diskussion - bemerkbar. Der Raum als Interpretationsrahmen des Sozialen verliert an Gewicht. Vereinheitlichungen - über Medien, Symbole und Verkehrsmittel - treten an seine Stelle, unverbundene Homogenität wird als verbundenen Inhomogenität (Spencer) zu fassen versucht.

Und dennoch zeigt sich, dass die Familie, deren Zerfall in der post-industriellen Gesellschaft beklagt wird, in jenen Räumen hochgradig konzentriert ist, die sich durch hohe Agrarquoten auszeichnen. Dieses Phänomen, von traditionellen Beobachtern gerne als Indikator von Wertkonstanz interpretiert, hat seine Ursache im Strukturmerkmal des Familienbetriebs. Derartige Organisations-formen bedingen die Verschränkung zweier sozialer Systeme, die in der Industriegesellschaft verschiedene und (scheinbar) voneinander unabhängige Entwicklungen nahmen. Der gegenwärtig festgestellten Zerbrechlichkeit der Familie kann offensichtlich das einigende Band des betrieblichen Fortbestands entgegenwirken. Wie sonst nirgends, können im Familienbetrieb Ressourcen mobilisiert werden, die auf dem Fundament der familialen Zusammen-gehörigkeit aufgebaut und haltbar sind.

Familienbetriebe erfahren in der Gegenwart vermehrt Beachtung, da ihre Verbreitung nicht nur auf bäuerliche Produktionsformen beschränkt ist, sondern einen wesentlichen Teil der Unternehmen in entwickelten Industriegesellschaften ausmachen. Ihre spezifische Eigenart ermöglicht Flexibilität und rasche Anpassung an konjunkturelle Zyklen, die den Großformen der multinationalen Konzerne fehlt. Freilich sind innerhalb der Familienbetriebe die bäuerlichen auch durch die subsistenzwirtschaftliche Produktion charakterisiert, die nach wie vor - in unterschiedlichem Ausmaß - betrieben wird.

Die Bedeutung der Subsistenz im Allgemeinen und die spezifische Verknüpfung dieser Produktionsweise mit Frauenarbeit werden von prominenten Vertreterinnen in der Frauenforschung aufgegriffen. Fehlende gesellschaftliche Akzeptanz dieser Produktionsform mit ihrer beachtenswerten Analogie zur Hausarbeit und all jener Tätigkeiten, die von Frauen verrichtet werden, sind lebendiger Ausdruck patriarchaler Machtstrukturen (Benhold-Thompson 1997). Ihr sichtbares bzw. unsichtbar gemachtes Phänomen manifestiert sich in der Marginalisierung einer spezifischen Produktionsform und der ihr zugrunde liegenden Frauenarbeit.

Die Untersuchung der Lebensweise von Bäuerinnen in der Gegenwart, ihre Sozialisation, die Übernahme unterschiedlicher Arbeitsgebiete in einer sozialen Welt, wo die Trennung von Erwerbstätigkeit und Familienführung nicht stattgefunden hatte, eröffnet neue Sichtweisen auf die Geschlechterkonstruktion und Problematik der weiblichen Existenz. Ihr Arbeitsgegenstand und -ort in und mit der Natur verführt freilich allzu leicht zum Wiederaufleben eines Naturverständnisses bzw. einer "weiblichen Natur", die als widerlegt gegolten hatten. "Selbst-Naturalisierung" in der feministischen Theorie finden bei den Ökofeministinnen ihre prägnanteste Ausprägung. Dem Desinteresse der "male-stream"-Soziologie an der "mithelfenden" Bäuerin wird die weibliche Potenz zum Ver/Sorgen, gegenübergestellt, die sich auf ihrer Fähigkeit zum Nähren und Gebären gründet.

Ziel der vorliegenden Untersuchung war, Bäuerinnen in ihrer ambivalenten Lebenssituation darzustellen: Ihre Eingebundenheit in eine Existenzform, die die vor-industrielle Gesellschaft charakterisierte, die nicht stattgefundene Trennung von Familien- und Erwerbsleben als Grundstruktur hat, die gleichzeitig Transformations- und Modernisierungsprozessen unterliegt und damit erhebliche Varianten von Bäuerinsein und -werden entstehen lässt.. Obwohl Frau, unterliegt "die Bäuerin" nicht jenen Normalisierungsstrategien, die aus dem bürgerlichen Weiblichkeitsstereotyp resultieren. Obwohl Mann, ist es nicht mehr "der Bauer", der die Aufrechterhaltung und den Weiterbestand bäuerlicher Betriebe garantiert. Obwohl die Familie nach wie vor wesentlicher Bestandteil des Familienbetriebs ist, unterliegt auch sie differenzierten Bewertungsmaßstä-ben und Veränderungen.

DER FAMILIENBETRIEB ALS CHANCE WEIBLICHER LEBENSFÜHRUNG

Insgesamt repräsentieren die als Ergebnis vorgestellten vier Identitätsmuster unterschiedliche Arten weiblicher Handlungsorientierungen. Sie belegen, dass in der bäuerlichen Lebenswelt mehr Handlungsspielräume vorhanden sind als allgemein angenommen wird. Diese werden außerdem nicht - wie in der Literatur behauptet - primär von Frauen, die aus der nicht bäuerlichen Lebenswelt kommen und/oder hohe Bildung aufweisen, genutzt[59]. Veränderungspotentiale werden ebenso von Frauen wahrgenommen, die im bäuerlichen Milieu sozialisiert wurden. Welche Bedingungen für die Wahrnehmung dieser Handlungspotentiale notwendig sind, wird im folgenden Vergleich der vier vorgestellten Weiblichkeitskonstruktionen dargelegt.

---

[59] Bildung hat sicher positive Auswirkungen, allerdings gilt dies für die gesamte Gesellschaft.

Frauen, die unter der Bezeichnung "*Mithelfende*" zusammengefasst wurden, leben in einer Wirklichkeit, die starr geordnet ist und als solche ihrem Handeln Sinn gibt. Ihre Lebensrealität stellt sich ihnen als unveränderbare Form dar ("*des is wi a Radl aus dem'st nimma außa kummst*"), die der bäuerlichen Tradition und Arbeitsteilung verhaftet bleibt. Dies gilt sowohl für den Betrieb als auch für die Familie. Obwohl ihr Beitrag zum Erhalt des bäuerlichen Wirtschafts- und Familienverbandes hoch und von gleicher Bedeutung ist wie jener der Männer, widerspiegelt sich dies nicht in ihrer Eigenwahrnehmung. Diese Frauen sind an der Akzeptanz und Mitgestaltung der männlichen Hierarchie beteiligt. Diese "Mittäterschaft" resultiert entweder aktiv durch freiwillige und überzeugte Unterordnung oder durch passive Erduldung.

Das Resultat dieser Handlungsweisen sind einerseits Frauen, die mit ihrer Lebensgestaltung zufrieden sind, so dass keinerlei Veränderungen angestrebt werden. Andere zeigen hochgradige Ambivalenzen gegenüber ihrer eigenen Lebensweise, sind jedoch nur bereit, aktive Veränderungen über die Sozialisation ihrer Kinder - meist Töchter – herbeizuführen. Damit im Zusammenhang steht auch die Ausprägung des Wunsches, das Erwirtschaftete weiterzugeben. Für Frauen, die in ihrer Lebensführung Erfüllung finden, ist die Hofübergabe an die nächste Generation ein wichtiges ideelles Ziel, ambivalenten Bäuerinnen ist die Weiterführung des Hofes kein großes Anliegen.

Das innerfamiliale Konfliktpotential ist bei diesen Frauen relativ gering, da sie sich der Tradition "schicksalhaft" einfügen (*"mit dem muaß i auskumma, mit dem muaß i leben, des muaß i für mei Leben irgendwie positiv einbaun"*).

Bedingungen, die die Entwicklung des Identitätsmusters "*Mithelfende*" begünstigen, sind bäuerliche Mädchensozialisation, keine oder hauswirtschaftliche Ausbildung, Einheirat auf den Hof des Mannes.

Als "*Bauerin*" wurden jene Frauen bezeichnet, die wie der Bauer wirtschaftliche Verantwortung für den Betrieb übernehmen. Der Alltag dieser Frauen wird in hohem Ausmaß durch die Verbundenheit mit dem landwirtschaftlichen Betrieb strukturiert. Die Hofbewirtschaftung steht im Mittelpunkt ihres Lebensinteresses. Ihr hohes Selbstbewusstsein befähigt sie, sowohl die am Hof anfallende Arbeiten als auch die wirtschaftliche Verantwortung kompetent auszuführen. Sie vereinigen in ihrem Handeln traditionelle strukturkonservierende Elemente und individuelle Ansprüche, da aus ihrer Sicht einerseits Frau **und** Mann für die Existenz und Funktionsfähigkeit eines Hofes nötig sind, andererseits ihr Lebensmittelpunkt die Orientierung an der Landwirtschaft ist. Diese Frauen überschreiten damit die Geschlechtergrenzen der traditionellen Arbeitsteilung in der Landwirtschaft. In der Art der Hofführung leiten sie sehr unterschiedliche Betriebe, subsistenzwirtschaftlich, ökologisch orientierte bis zum hoch technisierten Unternehmen.

Kennzeichnend für diese Frauen ist, dass sie ihre Arbeitskraft voll für den Betrieb einsetzen und ihr Bedürfnis nach individuellen Freiräumen entweder sowieso im Einklang mit den Hofinteressen steht oder dem Betrieb nachgeordnet wird. In keinem Fall kollidieren die individuellen Bedürfnisse mit der traditionellen Hoforientierung/-zentriertheit. Der traditional bäuerlichen Arbeitsorientierung entsprechend, werden Haushalt und Kindererziehung dem Hofgeschehen nach gereiht. Die Gestaltung der Paarbeziehung ist arbeitsorientiert und funktional, mit geringem emotionalen Anspruch.

Als förderliche Bedingungen für die Ausbildung des Identitätsmusters "*Bauerin*" treten die frühzeitige Förderung und geschlechtsuntypische Erziehung der Mädchen durch den Vater oder die - durch außerlandwirtschaftliche Berufserfahrung ausgelöste - positive Hinwendung zum Bäuerinsein auf. Diese Voraussetzungen erhöhen die Bereitschaft der Frauen, Verantwortung zu übernehmen. Begünstigend wirkt weiters die Tatsache, dass der Hof im Besitz der Frau ist. Die an Männern ausgerichtete landwirtschaftliche Ausbildung bietet auch für Frauen eine gute Voraussetzung, den Betrieb kompetent zu führen. Wenn weiters der Partner die Bereitschaft mitbringt, die in der Landwirtschaft gängigen Männlichkeitsstereotype zu verändern, erhöhen sich die Chancen von Frauen "Bauerin", zu werden.

Das dritte weibliche Identitätsmuster umfasst die Gruppe der "*Landwirtinnen*". Wesentliches Charakteristikum ist in diesen Fällen die Trennung von Familie und Beruf. Familie wird zum Bestandteil der privaten Lebensführung und ist kein strukturierendes Element für den Betrieb. Diese Frauen führen hochspezialisierte Betriebe mit unterschiedlichem Produktionsschwerpunkt. Ausschlaggebend für diese Tätigkeiten sind nicht Verpflichtungen gegenüber einer ererbten Hoftradition, sondern individuelle Interessen. Diese wurden gezielt durch (hohe) Bildung oder Weiterbildung in Qualifikationen umgesetzt. Diese Frauen überschreiten in ihrem qualifizierten Handeln nicht nur die Geschlechtergrenze traditioneller Arbeitsteilung, sie verändern die scheinbar eherne Struktur des landwirtschaftlichen Familienbetriebs.

Allen gemeinsam sind Qualitäten, die üblicherweise den Männern in ihrer Funktion als "schöpferischer Zerstörer" zugeschrieben werden: Innovation, Phantasie, Kalkül, Rationalisierung und Flexibilität. Keine der Frauen erzeugt Produkte, die von staatlichen Subventionen abhängig sind. Die häufig beklagten Krisenphänomene der Landwirtschaft, Überschussproduktion und massive Landflucht, werden durch die Flexibilität, das kreative Finden von Marktnischen und die hohe Spezialisierung dieser Frauen umgangen. Sie zeigen exemplarisch neue Wege auf.

Eine weitere Gemeinsamkeit ist, dass geschlechtsspezifische Hierarchien in der landwirtschaftlichen Arbeit von diesen Frauen nicht thematisiert werden. Sie übernehmen die Kopfarbeit, Handarbeiten werden bei Bedarf an Arbeitskräfte delegiert.

Förderliche Bedingungen für die Entwicklung des Identitätsmusters "*Landwirtin*" ist hohe Zielorientierung in der Verwirklichung der eigenen Interessen und ein ausgeprägtes Autonomiepotential. Das Interesse an der Landwirtschaft, die Bereitschaft zum kontinuierlichen Lernen und das Vorhandensein des Produktionsfaktors Boden begünstigen ebenfalls dass Frauen zu "*Landwirtinnen*" werden.

Frauen, die unter dem Begriff "*des Bauern Frau*" zusammengefasst sind, kommen aus dem nichtlandwirtschaftlichen Milieu. Durch die Heirat eines Bauern werden sie außer Ehefrau auch Bäuerin. Ihnen fehlt jener kulturelle Hintergrund, den Geburtsbäuerinnen durch Generationen über Sozialisation vermittelt bekamen. Stattdessen bringen sie all jene Zielvorstellungen mit, die die Weiblichkeitskonstruktion moderner Frau ausmachen. Hohe Ansprüche an die Emotionen und Kommunikation in der Partnerschaft, hoher Stellenwert der Kinder (sowohl auf der emotionalen Ebene der Mutter-Kind-Beziehung als auch in den Bildungsplänen) und das Streben nach individueller Selbstverwirklichung. Umgekehrt wird an diese Frauen die Erwartung herangetragen, landwirtschaftliche Arbeit zu verrichten. Damit stehen einander zwei Bedeutungsstrukturen gegenüber, deren gelungene Verschränkung von allen Beteiligten Bereitschaft zum Verstehen und Anpassung verlangt. Gleichzeitig birgt das Gelingen dieses Unternehmens hohes Risikopotential, weil es nicht mit jener positiven Resonanz des sozialen Umfeldes rechnen kann, wie es in außerlandwirtschaftlichen Milieus der Fall ist. Doch nicht nur Risiken auch Chancen sind in dieser Konstellation angelegt. Diese liegen zum einen in den selbständigen Gestaltungsmöglichkeiten der Arbeit. Dies wird besonders dann positiv erlebt, wenn die Sicherung der Existenz über unqualifizierte entfremdete Tätigkeiten erfolgte. Eine weitere Variante besteht in einer Steigerung der Lebensqualität durch gesunde Umwelt und biologischer Eigenproduktion erreicht werden kann. Doch Chancen finden sich nicht nur auf der individuellen Ebene, sondern auch durch den Einfluss neuer Werte auf die zwischenmenschlichen Beziehungen im Familienbetrieb. Ob diese Chancen realisiert werden können, hängt von der Bereitwilligkeit und Fähigkeit der InteraktionspartnerInnen ab, Neues zu akzeptieren.

Förderlich für das Gelingen ist die wechselseitige Akzeptanz und Offenheit. Verstärkend tritt hinzu, wenn die einheiratenden Frauen hohes kulturelles Kapital und Humankapital mitbringen und sie darüber hinaus die Fähigkeit haben, Traditionen anzuerkennen. Da qualifizierte Ausbildung und die Herkunft aus gehobenem Milieu im Allgemeinen das individuelle Selbstbewusstsein fördern, gelingt es diesen Frauen auch, ihre Ansprüche auszuhandeln und durchzusetzen. Dies erfordert die Bereitschaft des Partners, arbeitsbezogene Forderungen an die Ehefrau herabzusetzen, um damit der Frau die Möglichkeit zu geben, ihre Beziehung zu den Kindern, aber auch eigene Interessen auszuleben. Dies unterstreicht die Notwendigkeit, dass der Ehemann zu seiner Partnerin steht. Damit ist auch die Grundlage geschaffen, Eltern und Schwiegereltern von neuen Lebens- und Arbeitsformen zu überzeugen.

Mit den vorliegenden Analysen werden Perspektiven aufgezeigt, die Frauen in der Landwirtschaft vorfinden und die ihnen eine Vielzahl von Lebenslaufbahnen ermöglichen. Die dargestellten Weiblichkeitskonstruktionen sind an "bestimmten Relevanzkriterien orientierte simplifizierende Verdichtungen erlebter Wirklichkeit" (Reichertz 1991; S. 182). Es versteht sich von selbst, dass diese kein getreues Abbild der Wirklichkeit sind. Eben weil die Wirklichkeit um vieles komplexer ist, müssen gedankliche Hilfskonstruktionen und Reduktionen vorgenommen werden. Natürlich finden sich Übergänge zwischen den vorgestellten Identitätsmustern. In der vorliegenden Darstellung ging es um eine "ausreichende Verallgemeinerung, um die Eigenschaft der konkreten Wesenheiten (nicht die konkreten Wesenheiten an sich) zu bezeichnen" (Glaser/Strauss 1974; S. 267).

Die "Mithelfende" ist die omnipräsente, lohnlos und familienabhängig Arbeitende. Sie unterliegt einer doppelten Unterordnung in Betrieb und Familie. Die "Bauerin" überschreitet die Geschlechtergrenze der Arbeitsteilung in der Landwirtschaft und übernimmt aus eigener Initiative wirtschaftliche Verantwortung für den Betrieb. Die "Landwirtin" löst mit ihrem Wirken die Bande von Familie und Betrieb, woraus die Dichotomisierung in Privatsphäre und Arbeitswelt resultiert. "Des Bauern Frau" tritt durch Heirat in eine fremde soziale Welt ein. Damit werden komplizierte Verhandlungen über Bedeutungsinhalte diskrepanter Welten notwendig, die sowohl Chancen als auch Risiken bergen: Auf bäuerlich gesellschaftlicher Ebene können sich durch das Eindringen neuer Bedeutungszuschreibungen veränderte Praktiken ergeben. Damit ist auch das Risiko verbunden, dass wie in der modernen Gesellschaft die Familie zerbricht. In der vermeintlich starren Struktur der traditionalen Welt der Bauern sind demnach Chancen zur vielfältigen Entwicklung und sozialen Wandel angelegt.

VON DER PRAXIS ZUR FEMINISTISCHEN THEORIE

Die vorgestellten Analyseergebnisse führen über das Aufzeigen potentieller Handlungsmöglichkeiten von Bäuerinnen hinaus, stellen auch einen Bezug zu den feministischen Konzepten der Differenz her.

Zum einen wurde aufgezeigt, wie jene Theorien, die die biologische Verschiedenheit von Frauen und Männern für die Erklärung der geschlechtsspezifischen Arbeitsteilung heranziehen, im Widerspruch zu den vorliegenden Ergebnissen stehen. Angesichts der unterschiedlichen – in vielen Fällen "männlich" konnotierten – Tätigkeits- und Verantwortungsbereiche von Frauen wird auch für Bäuerinnen der Beweis dafür erbracht, dass die angesprochene Differenz zwischen Frauen und Männern nicht biologisch, sondern sozial konstruiert ist. Eine "Natur der Frau" mit spezifischen Eignungen oder einem spezifisch weiblichen Arbeitsvermögen wird angesichts der unterschiedlichen Tätigkeiten der darauf aufbauenden Identitätsmuster wohl obsolet. Zur Verbreitung und Aufrechterhaltung dieser sozialen Konstruktion tragen allerdings nicht nur Männern bei, auch Frauen beteiligen sich – unabhängig von ihrem individuellen und geschlechtsübergreifenden Handeln – an ihrer Aufrechterhaltung.

Dies gilt auch für die geschlechtsspezifische Ausübung von Macht. Zwar steht es außer Zweifel, dass vorwiegend Männer im familienbetrieblichen Geschehen ihre Autorität und Macht ausüben. Andererseits übernehmen – vermutlich als Pionierinnen einzustufende - Frauen das Geschick des Betriebes gleichermaßen leitend in die Hand, ohne einen Mangel an ihrer Kompetenz oder Arbeitsfähigkeit festzustellen. Unabhängig davon äußern andere Frauen die Ansicht, dass ein Betrieb nur über den Einsatz eines männlichen "Kopfes" vernünftig zu führen ist. Die Differenz zwischen den Geschlechtern finden sich also als Differenz zwischen Frauen wieder. Angesichts dieser Tatsachen drängt sich erneut die Frage auf, warum an einer naturhaft vorgegebenen Zweigeschlechtlichkeit festgehalten wird.

Die Variationsbreite der hier vorgestellten Weiblichkeitskonstruktionen lässt es nicht zu, die Frau/Bäuerin auf die Familie zu beschränken und das unternehmerische Geschehen an die Aktivität des männlichen Geschlechtes zu binden. Dualistische Konzepte einander entgegengesetzter Welten, wie Familie und Beruf, Privatheit und Öffentlichkeit sowie Weiblichkeit und Männlichkeit verlieren in diesem Zusammenhang an Signifikanz.

Wenngleich weiters die meisten Bäuerinnen ihren Arbeitsgegenstand in der Natur finden, lässt sich daraus kein herrschaftsfreier – weil naturhaft weiblicher - Gegenstandsbezug zu dieser ableiten. In der vorgestellten Untersuchung variiert das Naturverständnis der Bäuerinnen von einem technologisch ertragsorientierten, über ein emotionales bis zu einem bewusst ökologischen Bewusstsein und Handeln. Auch hier ein Beispiel wie ähnlich sich Differenzen zwischen Frauen und Differenzen zwischen den Geschlechtern sind.

Die zwei historisch verwurzelten und einander entgegengesetzten klassischen Weiblichkeitskonstruktionen der "Mithelfenden" im bäuerlichen Milieu und der bürgerlichen Familienfrau im städtischen sind zwar auch in der Gegenwart von Relevanz. Allerdings lassen sie sich weder als geographisch festgemacht definieren, noch als Gegensatz zwischen den angesprochenen Frauen. Frauen *können* sich sowohl im bäuerlichen Familienbetrieb als auch in der Familie für diese Folien entscheiden, die Wahrscheinlichkeit für die Ausbildung neuer Identitätsmuster ist – wie gezeigt – ebenso gegeben.

Schließlich hat die Gültigkeit *eines* Familienmodells auch im bäuerlichen Familienbetrieb an Bedeutung verloren. Multiperspektivität als Charakteristikum post-modernen Denkens hat auch die Bäuerin erfasst. In ihrem Denk- und Handlungsrahmen existiert die Akzeptanz tradierter Formen des geeinten "Dritten" von Familie und Betrieb ebenso wie die Auflösung der familienbetrieblichen Strukturen am anderen Ende eines Kontinuums: Familie wird als private Institution neben dem landwirtschaftlichen Betrieb gelebt; Familie wird neu verhandelt und in den Betrieb integriert; Familie wird nicht angestrebt, zentrales Anliegen ist die alternative Betriebsführung; die Positionen der Familie werden der Norm entsprechend besetzt, der Positionsinhaber tritt hinterher in den Hintergrund.

Post-Modernität präsentiert sich im bäuerlichen Familienbetrieb als Möglichkeit, seine Elemente zu trennen und neu zusammenzusetzen. Post-moderne Frauen haben in der Vielfalt ihrer Identitäten die Chance, dieses Puzzle für sich zu nützen.

9 Bibliografie

Agrarsoziale Gesellschaft (Hg.) (1988) Ländliche Gesellschaft im Umbruch - Beiträge zur agrarsoziologischen Diskussion. Göttingen: ASG, Schriftenreihe für ländliche Sozialfragen, Heft 101.

Agrarsoziale Gesellschaft (Hg.) (1990a) Organisationsprobleme ländlicher Familien - Ein sozialorganisatorischer Ansatz zur Verbesserung der Lebenssituation von Familien - speziell der Frauen - im ländlichen Raum. Göttingen: ASG-Materialsammlung Nr. 184.

Agrarsoziale Gesellschaft (Hg.) (1990b) Soziale und ökonomische Verflechtungen und Verpflichtungen im ländlichen Raum. Göttingen: Schriftenreihe f. ländl. Sozialfragen, Heft 107.

Aigner, Maria (1991) Frauen im sozialen Kontext einer ländlich - peripheren Region: exemplarische Auseinandersetzung mit der Situation von Frauen in Hadres und Obermarkersdorf im nördlichen Weinviertel: eine feministische Annäherung. Wien: Univ. Dipl. Arb., Gruwi-Fak.

Akademie für Raumforschung und Landesplanung (Hg.) (1988) Ländlicher Raum: Gegenwärtige und zukünftige Lebensbedingungen der Familien; Analysen und Perspektiven; Colloquium 1987 in Bonn. Hannover: Verl. der ARL, (Beiträge / Akad. f. Raumforschg. u. Landesplang., 110)

Anderluh, Wolf; (1990) Richtig (ver)erben: Große Änderungen im bäuerlichen Erbrecht. In: Der land- und forstwirtschaftliche Betrieb, 12, S. 11-14. Wien: Österr. Agrarverlag.

Anderson, Bonnie S./Judith P. Zinsser (1988); Eine eigene Geschichte. Frauen in Europa. Band 1. Zürich: Schweizer Verlagshaus

Anderson, Perry (1968); Components of the National Culture, in: New Left Review, Vol 50, S. 3-57.

Andersson, Rosemarie; (1983) Beziehung zur Nachbarschaft und Aktivität in Vereinen und Organisationen von in der Landwirtschaft tätigen Frauen. In: Deenen, Bernd van; Planck, Ulrich, et al., Europäische Landfrauen im sozialen Wandel; Ergebnisse empirischer Untersuchungen einer internat. Arbeitsgruppe, Band 2: Interkulturell vergleichende Forschungsergebnisse. Bonn: Forschungsges. f. Agrarpol. u. Agrarsoziol., 259.

Arbeitsgemeinschaft für ländliche Entwicklung (Hg.) (1992) Arbeitsergebnisse Nr. 19, März 1992 Bäuerinnen und Gesundheit. AG Ländliche Entwicklung, Gesamthochschule Kassel.

Arbeitsgemeinschaft Ländlicher Raum im Regierungsbezirk Tübingen (Hg.) (1989) Frauen auf dem Land. ... Arbeitstagung 1988. Tübingen: Hrsg. (Beiträge zu den Problemen des ländlichen Raumes, Heft 16).

Arbeitskreis f. Regionalforschung (Hg.) (1991) Frauenarbeit und Lebenszusammenhang: Beispiele aus städtischen und ländlichen Räumen Österreichs und der Schweiz. Geographische Beiträge zur Diskussion über Frauenarbeit. Wien: Arbeitskreis f. Regionalforschung (AMR-Info; Sonderb. 4)

Aries, Philippe; (1975) Geschichte der Kindheit, München

Arnreiter, Maria; Breyer; Gertrud, Nöbauer; Christina; Queteschiner, Ingrid (1987). Das Ansehen der Bäuerin. In: Die Bergbauern Nr.109/110/111. Wien: Bergland-Aktionsfonds und österr. Bergbauernvereinigung (Hg.).

Asam, Walter H.; Uwe Altmann,; Wolfgang Vogt; (1990) Altsein im ländlichen Raum: ein Datenreport. München: Minerva-Publikation (Kommunale Sozialpolitik, 7).

Augustin, Johanna; (1987) Dimensionen der Identität. Strukturelle Muster in Lebensgeschichten von Bäuerinnen. Salzburg: Univ. naturwiss. Diss.

Axeli-Knapp, Gudrun (1989); Arbeitsteilung und Sozialisation: Konstellationen von Arbeitsvermögen und Arbeitskraft im Lebenszusammenhang von Frauen, in: Beer Ursula (Hg.), Klasse und Geschlecht, Frankfurt/Main: Campus, S. 256-308.

Axeli-Knapp, Gudrun (1992); "Macht und Geschlecht. Neuere Diskussionen in der feministischen Macht- und Herrschaftsdiskussion" in: Axeli-Knapp Gudrun/Wetterer Angelika (Hg.), Traditionen Brüche. Entwicklungen feministischer Theorie, Freiburg: Kore, S. 287-321.

Baber, Kristine M./Allen, R. Katherine (1992); Women & Families. Feminist Reconstructions. New York: The Guilford Press.

Bach, Hans; (Hg.) u.a. (1982) Die wirtschaftliche und soziale Situation der Landfrauen in Österreich; Erhoben in den Landgemeinden Hirschbach, Weitersfelden, Ofterding und Großarl. Wiss. Ltg.: Hans Bach, Durchfg.: E. Gröbl u.a.. Anhang: Monographie d. unters. Landgem.. Graz: Stocker, 1982. Schriftenreihe f. Agragpol. u. Agrarsoziol., 32.

Bach, Hans; Binder, Friedrich; Malinsky, Adolf; (1981) Arbeitsmarktpolitik: Agrarnebenerwerb und Arbeitsmarkt, Studie zur arbeitsmarktpolitischen Bedeutung der Nebenerwerbslandwirtschaft. Linz: Österr. Inst. f. Arbeitsmarktpolitik (Heft 29).

Bacher, Johann, Wilk, Liselotte. (1992): Kleinstkindbetreuung in Oberösterreich. Ergebnisse einer sozialwissenschaftlichen Erhebung des Instituts für Soziologie der Universität Linz. In: Bundesministerium für Umwelt, Jugend und Familie (Hg.): Kleinstkindbetreuung in Oberösterreich. Wien.

Backmund, Veronika; Vierzigmann, Gabriele; Sierwald, Wolfgang; Schneewind, Klaus A.; (1992) Entscheidung "Kind Ja oder Nein" und berufliche Orientierung: geschlechtstypische Differenzierungen. In Brüderl Leokadia; Paetzold Bettina: Frauenleben zwischen Beruf und Familie. Psychosoziale Konsequenzen für Persönlichkeit und Gesundheit (S. 139 - 154). Weinheim: Juventa.

Badinter, Elisabeth; Die Mutterliebe. Geschichte eines Gefühls vom 17. Jh. bis heute, München 1981

BAK (Bundeskammer für Arbeiter und Angestellte), Wirtschafts- und sozialstatistisches Taschenbuch 1995. Wien.

Ballweg, Gabriele; (1993) Bäuerinnen zwischen Tradition und Moderne - Die Hofaufgabe: ein Wendepunkt in der Biographie. (Gießen, Univ., Diss.; 1993). Aachen: Shaker. (Berichte aus der Sozialwissenschaft) (zugl.: Gießen, Univ., Diss., 1993).

Bauer, Adelheit, Pfeiffer Christiane; (1997) 4,3 Prozent der Österreicher sind Singles. Was ist ein Single? Alleinlebend? Ohne Partner? In: beziehungsweise Österreichisches Institut für Familienforschung, BMUJF, Projektgruppe im ÖIF (Hg.) 1/97, (1-2)

Bauer, Ursula; (1994) Europa der Regionen - Zwischen Anspruch und Wirklichkeit. ISR-Forschungsberichte Heft 12. Institut für Stadt- und Regionalforschung - Österreichische Akademie der Wissenschaften (Hg). Wien.

Bebel, August (1974); Die Frau und der Sozialismus, Berlin

Beck, Ulrich; (1986) Risikogesellschaft, Frankfurt M.: Suhrkamp

Beck, Ulrich; Beck-Gernsheim, Elisabeth; (1990): Das ganz normale Chaos der Liebe, Frankfurt: Suhrkamp

Becker, Peter; (1990) Leben und Lieben in einem kalten Land; Sexualität im Spannungsfeld von Ökonomie und Demographie. Das Beispiel St. Lambrecht 1600 - 1850 (Studien zur Historischen Sozialwissenschaft, Band 15). Frankfurt - New York: Campus.

Becker-Schmidt, Regina (1996); Computer sapiens. Problemaufriß und sechs feministische Thesen zum Verhältnis von Wissenschaft, Technik und gesellschaftlicher Entwicklung. In: Scheich Elvira (Hg.) Vermittelte Weiblichkeit. Feministische Wissenschafts- und Gesellschaftstheorie. Hamburg: Hamburger Edition, S. 335-347

Beck-Gernsheim, Elisabeth; (1983) Vom "Dasein für andere" zum Anspruch auf ein Stück "eigenes Leben" - Individualisierungsprozesse im weiblichen Lebenszusammenhang. In: Soziale Welt 3 (307ff.).

Beck-Gernsheim, Elisabeth; (1986) Von der Liebe zur Beziehung? - Veränderungen im Verhältnis von Mann und Frau in der individualisierten Gesellschaft. In: Soziale Welt, Sonderband 4 (S. 209-234).

Beck-Gernsheim, Elisabeth; (1990) Was Eltern das Leben erschwert: Neue Anforderungen und Konflikte in der Kindererziehung. In: Teichert Volker (Hg.): Junge Familien in der Bundesrepublik: Familienalltag - Familienumwelt - Familienpolitik. Opladen, S. 55-73

Beer, Ursula (1990); Geschlecht, Struktur und Geschichte. Soziale Konstituierung des Geschlechterverhältnisses. Frankfurt am Main/New York: Campus.

Beham, Martina; (1990) Diskussion des Begriffs Familie. In: Gisser, R./Reiter, L./Schattovits, H./Wilk, L.; (Hg.): Lebenswelt Familie. Familienbericht 1990. Wien (9-12)

Behrens, Meike; (1982) Die betriebliche Mitarbeit von Landfrauen in landwirtschaftlichen Vollerwerbsbetrieben, Art und Umfang und Möglichkeiten ihrer Verbesserung über Bildungsmaßnahmen. Diplomarbeit an der Gesamthochschule Kassel, FB Landwirtschaft. Witzenhausen: Gesamthochschule Kassel, FB Landwirtschaft.

Bennholdt-Thomsen, Veronika/Maria Mies (1997); Die Subsistenzperspektive. Ein Kuh für Hillary. München: Frauenoffensive.

Berlan, Martine; Dentzer, Marie-Therese; Painvin, Rose Marie; (1983) Arbeitsbudget der Ehefrauen landwirtschaftlicher Betriebsleiter. In: Deenen, Bernd van; Planck, Ulrich et al., Europäische Landfrauen im sozialen Wandel; Ergebnisse empirischer Untersuchungen einer internat. Arbeitsgruppe, Band 2: Interkulturell vergleichende Forschungsergebnisse. Bonn: Forschungsges. f. Agrarpol. u. Agrarsoziol., 259.

Berlin-Bubla, Antje; (1993) Was kostet ein Kind ? In: Trend; 24,12/1993, S. 136 - 159. Wien: Wirtschafts-Trend Zeitschr.-Verl.-Ges.m.b.H.

Bertram, Hans; (Hg.) (1991) Die Familie in Westdeutschland; Stabilität und Wandel familialer Lebensformen (DJI: Familien-Survey 1). Opladen: Leske u. Budrich.

Bertram, Hans; Dannenbeck, Clemens; (1991) Familien in städtischen und ländlichen Regionen. In H. Bertram (Hg.), Die Familie in Westdeutschland (DJI Familien-Survey 1), S. 79-110. Opladen: Leske u. Budrich.

Bieback-Diel, Liselotte; Bohler, Karl F.; Hildenbrand, Bruno; Oberle, Helmut; (1993) Der soziale Wandel auf dem Lande: seine Bewältigung und Formen des Scheiterns. In: Soziale Welt, Heft 1/1992, S. 120-135.

Bien, Walter (Hg.) (1994): Eigeninteresse oder Solidarität. Beziehungen in modernen Mehrgenerationenfamilien, Deutsches Jugendinstitut: Familien-Survey 3, Opladen: Leske und Budrich

Birnthaler, Julia; Hagen, Michaela; (1989) Frauen in alternativ bewirtschafteten landwirtschaftlichen Betrieben; Eine qualitative Untersuchung. Göttingen: Agrarsoziale Gesellschaft (ASG-Kleine Reihe, 37), 1989.

Bitter-Schwalenstöcker, Axel; (1989) Die Landfrau zwischen Familie, Betrieb und Politik. Diplomarbeit an der Gesamthochschule Kassel, Fachbereich Landwirtschaft, Witzenhausen.

Blanc, Michel; Perrier-Cornet, Philippe; (1993) Farm transfer and farm entry in the European community. In: Sociologia ruralis; 33,3/4 S. 319 - 335.

Blasius Jörg, Karl-Heinz Reuband; (1995) Telfoninterviews in der empirischen Sozialforschung: Ausschöpfungs und Antwortqualität. In. ZA-Information Köln, Zentralarchiev für Empirische Sozialforschung Nov. 1995 (64 - 87)

BMFA/BKA (Bundesministerium für Frauenangelegenheiten/Bundeskanzleramt (Hg.) (1995) Bericht über die Situation der Frauen in Österreich. Frauenbericht 1995. Wien.

BMJF (Bundesministrium für Jugend und Familie) (Hg.) (1995) Familie und Familienpolitik in Österreich. Wien.

BMJFFG (Bundesminister für Jugend, Familie, Frauen u. Gesundheit) (Hg.) (1988) Geschlechterrollen im Wandel; Partnerschaft und Aufgabenteilung in der Familie (Schriftenreihe des BMJFFG, 235). Stuttgart u.a.: Kohlhammer. (Verf.: Hartenstein, W., Bergmann-Gries, J., Burkhardt, W., Rudat, R.)

BMLF (Bundesministerium für Land- und Forstwirtschaft) (Hg.) (1980) Der bäuerliche Haushalt - Lebensfeld dreier Generationen; Nach Vorträgen f. e. Seminar ... 1980 ... unt. Ltg. v. Maria Nejez u. Nora Matzinger. Wien: BMLF. (In: Der Förderungsdienst: Sondernummer 3/80.)

BMLF (Bundesministerium für Land- und Forstwirtschaft) (Hg.) (1980) Bericht über die Lage der Österreichischen Landwirtschaft. Wien.

BMLF (Bundesministerium für Land- und Forstwirtschaft) (Hg.) (1990) Bericht über die Lage der Österreichischen Landwirtschaft. Wien.

BMLF (Bundesministerium für Land- und Forstwirtschaft) (Hg.) (1995) Güner Bericht. Wien.

BMLF (Bundesministerium für Land- und Forstwirtschaft) (Hg.) (1994) Jahr der Familie 1994: Zukunft und Probleme der bäuerlichen Familie. In: Der Förderungsdienst (Sonderbeil. FD-Spezial); 42,7/1994.

BMUJF (Bundesministerium für Umwelt, Jugend und Familie) (1993) 2. Bericht zur Lage der Jugend. Wien:.

BMUKS (Bundesministerium für Unterricht, Kunst und Sport) (1990) Frauen aus dem ländlichen Bereich erzählen: Herstellung und Verarbeitung unserer wichtigsten Lebensgüter. Wien.

Bodzenta, Erich (1964); Bemerkungen über Entwicklung und Probleme der Sozialökologie. In: Österreichische Gesellschaft zur Förderung von Landesforschung und Landesplanung (Hrsg.): Festschrift zum 60. Geburtstag von Hans Bobek. Beiträge zur Raumforschung. Wien S. 21 - 40.

Bohler, Karl F.; Hildenbrand, Bruno; (1990) Farm Families between Tradition and Modernity. In: Sociologia Ruralis, Vol. 30, 1, (18 - 33).

Böhnisch, Lothar; Funk, Heide; (1989) Jugend im Abseits? Zur Lebenslage Jugendlicher im ländlichen Raum. München: DJI Verlag Deutsches Jugendinstitut.

Bolognese-Leuchtenmüller, Birgit; (1993) "Der Zwang zur Freiwilligkeit". Zur Ideologisierung der "Frauenerwerbsfrage" durch Politik, Wissenschaft und öffentliche Meinung. In: B. Bolognese-Leuchtenmüller; M. Mitterauer (Hg.), Frauen - Arbeitswelten. Zur historischen Genese gegenwärtiger Probleme (169 - 190). Wien: Verlag für Gesellschaftskritik (Historische Sozialkunde, 3).

Bolognese-Leuchtenmüller, Birgit; Mitterauer, Michael; (Hg.) (1993) Frauen - Arbeitswelten. Zur historischen Genese gegenwärtiger Probleme. Wien: Verlag für Gesellschaftskritik (Historische Sozialkunde, 3).

Borchert, Henning; Collartz, Jürgen; (1992) Empirische Analysen zu weiblichen Lebenssituationen und Gesundheit. In Brüderl Leokadia; Paetzold Bettina (Hg.), Frauenleben zwischen Beruf und Familie. Psychosoziale Konsequenzen für Persönlichkeit und Gesundheit (189 ff.). Weinheim: Juventa.

Borgmann, Richard; (1991) Rechtliche Folgen der Eheauflösung auf dem Lande. In: Agrarrecht, 11/1991, (297-303).

Bourdieu, Pierre (1985): "De la regle aux stratégies", Interview with Pierre Lamaison. Terrain. Carnets du patrimoine ethnologique 4: 93-100.

Bourdieu, Pierre (1990): In Other Words. Essays Towards a Reflexive Sociology. Cambridge: Polity Press

Braithwaite Mary (1994) Der wirtschaftliche Beitrag und die Situation der Frauen in ländlichen Gebieten. EU-Kommission, Brüssel. In: Österreichische Arbeitsgemeinschaft für Alm und Weide (Hg.), Der Alm- und Bergbauer. Fachzeitschrift für den bergbäuerlichen Raum, S.370-375, 1994, 44, Folge 10.

Bräm, Esther; (1984) Subjektive und objektive Ursachen der Arbeitsüberlastung von Bäuerinnen. In: A.-R. Matasci-Brüngger; E. Bräm; D. Gmür-Eberhard, Die Bäuerin im Mittelpunkt (S. 69-167). Tänikon TG: Schriftenreihe d. Eidg. Forschungsanstalt f. Betriebswirtschaft u. Landtechnik (FAT).

Brandstätter, Sophie; (1991) Ein klares Zeichen setzen. In: Die Bergbauern, 152, S. 10. Wien: Österr. Bergbauernvereinigung

Brandth, Berit; (1994): Changing feminity - The social construction of women farmers in Norway. In: Sociologia ruralis; 34,2-3/1994, S. 127-149. Assen: Van Gorcum.

Brauneder, Wilhelm (1980) Die Entwicklung des bäuerlichen Erbrechtes. In A. Dworsky, H. Schider (Hg.), Die Ehre Erbhof, Analyse einer jungen Tradition (S.55-66). Wien: Residenz Verlag.

Bruckmüller Ernst; (1985) Sozialgeschichte Österreichs. Wien, München, Herold Verlag.

Brüderl, Leokadia; (1992) Beruf und Familie: Frauen im Spagat zwischen zwei Lebenswelten. In Brüderl Leokadia; Paetzold Bettina (Hg.), Frauenleben zwischen Beruf und Familie. Psychosoziale Konsequenzen für Persönlichkeit und Gesundheit (S. 11 - 34). Weinheim: Juventa.

Brüderl, Leokadia; Paetzold, Bettina; (Hg.) (1992) Frauenleben zwischen Beruf und Familie. Psychosoziale Konsequenzen für Persönlichkeit und Gesundheit. Weinheim: Juventa.

Brüggemann, Beate; Riehle, Rainer; (1986) Das Dorf. Über die Modernisierung einer Idylle. Frankfurt/Main: Campus.

Bryden, J. et al.; (1992) Rural Change in Europe: Farm Structures and Pluriacivity. Final Report to EC Commission, Arkleton Trust.

Buchenauer, Renate; (1990) Partizipation von Frauen im Dorfalltag. In: S. Hebenstreit-Müller; I. Helbrecht-Jordan (Hg.), Frauenleben in ländlichen Regionen. Individuelle und strukturelle Wandlungsprozesse in der weiblichen Lebenswelt (S. 173 - 209). Bielefeld: Kleine Verl. (Theorie und Praxis von Frauenforschung, 12).

Bundesanstalt für Agrarwirtschaft (1991) Bäuerinnenforschung 1975-1990. In: Monatsberichte über die österreichische Landwirtschaft, 9, S. 656-675.

Bundesministerium für Unterricht und Kunst (BMfUK) (Hg.) (1982) Österreichische Schulstatistik Schuljahr 1981/82. Wien

Bundesministerium für Unterricht und Kunst (BMfUK) (Hg.) (1993) Österreichische Schulstatistik 1992/93. Wien

Burg, Margreet van der; (1994) From Categories to Dimensions of Identities. A Way to Unravel the Politics of Categorizing Illustrated in Respect to Farm Women's Education in the Netherlands from 1865 onwards. In: M. van der Burg, M. Endeveld (Hg.). Women on Familiy Farms: Gender Research, Ec Policies and New Perspectives. (121 ff.). Wageningen: Circle for Rural European Studies.

Burg, Margreet van der; (1994) From Categories to Dimensions of Identities. A Way to Unravel the Politics of Categorizing Illustrated in Respect to Farm Women's Education in the Netherlands from 1865 onwards. In: M. van der Burg; M. Endeveld (Hg.), Women on family farms: Gender research, EC policies and new perspectives (121 ff.). Wageningen: Circle for Rural European Studies.

Burg, Margreet van der; Endeveld, Marina; (Hg.) (1994) Women on family farms: Gender research, EC policies and new perspectives. Wageningen: Circle for Rural European Studies.

Burger, Alfons; (Hg.) (1983) Veränderungen von Werten und Normen im ländlichen Raum: Handreichungen von Lehr- und Lernmaterialien für die ländliche Erwachsenenbildung. Ulmer, Stuttgart.

Burkhart/Kohli Martin; (1992) Liebe, Ehe, Elternschaft. Piper Zürich

Butler, Judith (1991); Das Unbehagen der Geschlechter, Frankfurt/Main: Campus

Büttner, Eva; (1978) Einstellungen von Landfrauen zur Ausbildung der jüngeren Generation und die Ausbildung ihrer Kinder - Befunde einer repräsentativen Befragung von 1.549 landwirtschaftlich tätigen Frauen in der Bundesrepublik Deutschland 1976. Foschungsstelle f. Agrarpolitik und Agrarsoziologie, Bonn.

Claupein, Erika; (1991) Die Lebens- und Arbeitssituation von Bäuerinnen: Ergebnisse einer bundesweiten Befragung von Mitgliedern der Landfrauenverbände im Frühjahr 1988. - Münster-Hiltrup: Landwirtschaftsverlag, 1991. M. Anh. (Schriftenreihe des Bundesministers für Ernährung, Landwirtschaft und Forsten: Reihe A, Angewandte Wissenschaft, 398).

Collier, Jane/Rosaldo, Michelle/Yanagisako, Sylvia (1992): "Is there a Family: New Anthropological Views " in: Thorne Barrie/Yalom Marilyn (Hg.), Rethinking the Family. Boston: Northeastern University Press, S. 31 - 48.

Connell, Robert W. (1987) Gender & Power. Cambridge: Polity Press.

Dax, Thomas; (1993) Die Erwerbskombination landwirtschaftlicher Haushalte: Analyse eines europaweiten Verhaltensmusters. Wien: Bundesanst. f. Bergbauernfragen (Facts & Features / Bundesanst. f. Bergbauernfragen, 8).

Dax, Thomas; Niessler, Rudolf; Vitzthum, Elisabeth; (1993) Bäuerliche Welt im Umbruch: Entwicklung landwirtschaftlicher Haushalte in Österreich. Wien: Bundesanst. für Bergbauernfragen (Forschungsbericht / Bundesanst. für Bergbauernfragen, 32).

Deenen, Bernd van et al.; (1982) Europäische Landfrauen im sozialen Wandel: Ergebnisse empirischer Untersuchungen einer internationalen Arbeitsgruppe (Band I: Nationale Kurzberichte: Bundesrepublik Deutschland, Frankreich, Österreich, Polen, Schweden, Ungarn). Forschungsges. f. Agrarpolitik und Agrarsoziologie, Bonn.

Deenen, Bernd van; (1983a) Der Wandel von Werten und Verhaltensweisen auf dem Land; dargestellt am Beispiel Familie, Ehe und Sexualität. In: Hans-Georg Wehling, Auf dem Lande leben (97 ff.). Stuttgart u.a.: Verlag Kohlhammer.

Deenen, Bernd van; (1983b) Sozio-ökonomische Strukturen landwirtschaftlicher Familien. In: Deenen, Bernd van; Planck, Ulrich, et al., Europäische Landfrauen im sozialen Wandel; Ergebnisse empirischer Untersuchungen einer internat. Arbeitsgruppe, Band 2: Interkulturell vergleichende Forschungsergebnisse. Bonn: Forschungsges. f. Agrarpol. u. Agrarsoziol., 259.

Deenen, Bernd van; (1986) Die bäuerliche Ehe und Familie auf dem Weg zur Partnerschaft. In: Dieter Jauch; Frank Kromka (Hg.), Ararsoziologische Orientierungen: Ulrich Planck zum 65. Geburtstag, Festschrift (114 ff.). Stuttgart: Ulmer.

Deenen, Bernd van; (1989) Beziehungen zwischen der mittleren und älteren Generation in Stadt- und Landfamilien. Die emotionale Dimension der intergenerativen Beziehungen, in: Zeitschrift für Agrargeschichte und Agrarsoziologie, 37 (1989), Heft 2, (187 ff.)

Deenen, Bernd van; (1991) Landfamilien zwischen Tradition und Moderne. In: Sinkwitz, Peter (Hg.), Beiträge der ländlichen Soziologie zur Dorfentwicklung. Fredeburg: Dt. Landjugend-Akademie Fredeburg (Fredeburger Hefte, 19).

Deenen, Bernd van; (Hg.) (1971) Materialien zur sozialen Verflechtung der Landfrauen und Landfamilien in der BRD; Ergebnisse einer empirischen Untersuchung. Bonn: Forschungsges. f. Agrarpolitik u. Agrarsoziologie, 216.

Deenen, Bernd van; Graßkemper, Anne; (1993) Das Alter auf dem Lande: Ergebnisse einer empirischen Untersuchung 1989/90 in acht ehemals kleinbäuerlichen Dörfern. Bonn: Forschungsgesellschaft für Agrarpolitik und Agrarsoziologie (Schriftenreihe, 299).

Deenen, Bernd van; Kossen-Knirim, Christa (1981) Landfrauen in Betrieb, Haushalt und Familie - Ergebnisse einer empirischen Untersuchung in acht Dörfern der BRD. Bonn: Seminar für Soziologie d. Univ. (Forschungsges. f. Agrarpol. u. Agrarsoziol., 260).

Deenen, Bernd van; Planck, Ulrich, et al.; (1983) Europäische Landfrauen im sozialen Wandel; Ergebnisse empirischer Untersuchungen einer internat. Arbeitsgruppe, Band 2: Interkulturell vergleichende Forschungsergebnisse. Bonn: Forschungsges. f. Agrarpol. u. Agrarsoziol., 259.

Delphy, Christine (1984); "Close to Home: A Materialist Analysis of Women's Oppression, Amherst: University of Massachusets Press.

Delphy, Christine/Leonard, Diana (1992); Familiar Exploitation. A New Analysis of Marriage in Contemporary Western Societies. Cambridge: Polity Press

Die Zukunft der bäuerlichen Familie (1993) In: Agrarische Rundschau, 5.

Dr. Karl Kummer Institut (Hg.) (1985) Das Dorf im sozialen Wande. Dorfentwicklung - Ansätze, Chancen und Erfahrungen. Zwei Bände. Wien (Gesellschaft und Politik, 1/83, 4/85).

Dworsky, Alfons; Schider, Hartmut; (Hg.) (1980) Die Ehre Erbhof, Analyse einer jungen Tradition. Wien: Residenz Verlag.

Ehmer, Josef; (1991) Heiratsverhalten, Sozialstruktur, ökonomischer Wandel: England und Mitteleuropa in der Formationsperiode des Kapitalismus, Göttingen.

Ehmer, Josef; (1993) "Innen macht alles die Frau, draußen die grobe Arbeit macht der Mann". Frauenerwerbsarbeit in der industriellen Gesellschaft. In: B. Bolognese-Leuchtenmüller; M. Mitterauer (Hg.), Frauen - Arbeitswelten. Zur historischen Genese gegenwärtiger Probleme (81 ff.). Wien: Verlag für Gesellschaftskritik (Historische Sozialkunde, 3).

Eichblatt, Bettina; (1993). Zur psychosozialen Situation in den landwirtschaftlichen Familien. In: Der kritische Agrarbericht, Arbeitsgemeinschaft bäuerliche Landwirtschaft Bauernblatt e.V., Rheda-Wiedenbrück. S. 127 - 128.

Eichwalder, Reinhard; (1992) Lebensgemeinschaften. In: Österreichisches Statistisches Zentralamt(ÖStZ) (Hg.): Statistische Nachrichten 47. Jg., Neue Folge, Heft 12 (931 ff.).

Eichwalder, Reinhart, Engenhart-Klein, Viktor; (1994) Familienstruktur: Jüngste Entwicklungen. Ergebnisse des Mikrozensus 1989 und 1993. In: Österreichisches Statistisches Zentralamt (ÖSTAT) (Hg.): Statistische Nachrichten 49. Jg., Neue Folge, Heft 5 (398-403).

Eisenstein, Ziiah R. (1984) Feminism and Sexual Equality, New York: Monthly Review Press.

Endeveld, Marina; (1994) The Strength of Farm Women. Relations of Autonomy and Dependence on Family Farms. In: M. van der Burg; M. Endeveld (Hg.), Women on family farms: Gender research, EC policies and new perspectives (S. 147 - 153). Wageningen: Circle for Rural European Studies.

Ertl, Josef; (Hg.) (1991) 1000 Fragen für die junge Landfrau (3. Aufl). Frankfurt / Main: DLG-Verl.

Faßmann, Heinz; (1995) Zeitbudget und familiäre Arbeitsteilung. In: BMFA/BKA (Hg.), Bericht über die Situation der Frauen in Österreich. Frauenbericht 1995. Wien, S. 36-50.

Fastl, Waltraud; (1987) Frauen in der Landwirtschaft. Empirische Daten zur aktuellen Lage der österreichischen Bäuerinnen. Seminararbeit am Institut für Höhere Studien.

FAT (1992) Studie "Betriebsarbeit der Bäuerinnen". In: LBL - Beraterinformation / Landwirtschaftl. Beratungszentrale Lindau, 3.

Fischler, Franz; (1994) Die bäuerliche Familie vor großen internationalen Herausforderungen. In: Der Förderungsdienst (FD-Spezial, Sonderbeilage: Jahr der Familie 1994: Zukunft und Probleme der bäuerlichen Familie); 42,7/1994. Wien: BMLF (Hg.).

Flax, Jane (1987); Postmodernism and gender relations in feminist theory; in Signs 12, S. 621-643.

Fornleitner, Luise; Krammer, Josef; (1979) Soziale Sicherheit: Das Netz hat Löcher. Wien: Österr. Bergbauernvereinigung.

Forschungsgesellschaft für Agrarpolitik u. Agrarsoziologie (Hg.) (1982) Europäische Landfrauen im sozialen Wandel; Ergebnisse einer empirischen Untersuchung einer internat. Arbeitsgruppe, Band 1: Nationale Kurzberichte, BRD, Frankreich, Österreich, Polen, Schweden, Ungarn. Bonn: Forschungsges. f. Agrarpol. u. Agrarsoziol., 258.

Foucault, Michel; (1986) Der Wille zum Wissen. Sexualität und Wahrheit I, Frankfurt M.: Suhrkamp

Fraiji, Adelheid; Lassnigg, Lorenz; (1995) Mädchen und Frauen im Bildungssystem - Quantitativ-deskreptive Darstellungen. In: BMFA/BKA (Hg.), Bericht über die Situation der Frauen in Österreich. Frauenbericht 1995. Wien, (127 ff.)

Friedmann, Helen (1986) "Property and patriarchy: a reply to Goodman and Redclift", in: Sociologia Ruralis, Vol. 26, S. 186 - 193.

Frieling-Huchzermeyer, Ute; (1991) Wenn der Hofnachfolger die Ehe probt. In: Top Agrar, 3/1991, S. 196-201.

Friesenbichler, Hans; (1991) Ein trauriges Kapitel im Arbeitsrecht. In: Die Bergbauern; 150, (11-12).

Fritz, Barbara; (1991) Schwerpunkte - schwere Punkte im alltäglichen und allnächtlichen Leben der Bäuerinnen X, Y und Z: Eine narrative Studie, anhand dreier lebensgeschichtlicher Berichte, verknüpft mit spezifischen soziokulturellen Merkmalen des Kleinwalsertales. Dissertation. Univ. Innsbruck.

Funk, Heide; Huber, Helga; (1990) Mädchenkultur - Lebensbewältigung zwischen Tradition und Moderne. In: S. Hebenstreit-Müller; I. Helbrecht-Jordan (Hg.), Frauenleben in ländlichen Regionen. Individuelle und sturkturelle Wandlungsprozesse in der weiblichen Lebenswelt (S. 195 - 209). Bielefeld: Kleine Verl. (Theorie und Praxis der Frauenforschung, 12).

Gabriel, Tom; (1991) The human factor in rural development. London: Belhaven Press.

Gasseleder, Klaus et al.; (Hg.) (1988). Land - Frauen - Leben: Ein Lesebuch. Bremen: Gasseleder.

Gasson, Ruth; (1992): Farmers' wives - their contribution to the farm business. In: Journal of agricultural economics; 43,1, S. 74-87.

Gasson, Ruth; Crow, G.; Errington, A.; Hutson, J.; Marsden, T.; Winter, D. M.; (1988) The farm as a family business: A Review. In Journal of Agricultural Economics, Vol. 39, 1/1988, (1 ff.). Amsterdam.

Gausebeck, Aenne; (1960) Die Landfrau zwischen gestern und morgen. Erlebtes und Gedachtes. Hamburg: Parey.

Gavranidou, Maria; Heinig, Lind; (1992) Weibliche Berufsverläufe und Wohlbefinden. Ergebnisse einer Längsschnittstudie. In Brüderl Leokadia; Paetzold Bettina (Hg.), Frauenleben zwischen Beruf und Familie. Psychosoziale Konsequenzen für Persönlichkeit und Gesundheit (105 ff.). Weinheim: Juventa.

Gay, Peter; (1986) Erziehung der Sinne. Sexualität im bürgerlichen Zeitalter. München

Gehmacher, Ernst; (1981) Das System der sozialen Sicherheit der österreichischen Bauern aus soziologischer Sicht. In: Symposium Soziale Sicherheit für die Bauern. Wien: Öst. Studiengesellschaft für Bauernfragen.

Gehmacher, Ernst; (1993) Das Öffentlichkeitsbild des Bauern im Wertewandel. In: ÖGA-Nachrichten, 3. Jg., 2/1993, (3ff.). Wien: ÖGA.

Geluk-Geluk, Anjo; (1994) The position of farm women in the Netherlands. In Margreet van der Burg und Marina Endeveld (Hg), Women on family farms. Gender Research, EC Policies and New Perspectives (13 ff.). Wageningen: Circle for Rural European Studies (CERES) / Dutch Network on Farm and Rural Women Studies.

Gerhard, Ute; Bürgerliches recht und Patriarchat, in; Gerhard, Ute/Jansen, Mechtild/ Maierhofer, Andrea/Schmid, Pia/Schultz, Irmgard (Hg.) (1990); Differenz und Gleichheit. Menschenrechte haben (k)ein Geschlecht, Frankfurt M.: Suhrkamp, S. 188-204

Giddens, Anthoy (1979): Central Problems in Social Theory. Action, Structure and Contradiction in Social Analysis. London: The MacMillan Press.

Giddens, Anthoy (1984): The Constitution of Society, Cambridge: Polity Press.

Gildenmeister, Regine/Wetterer, Angelika (1992); "Wie Geschlechter gemacht werden. Die soziale Konstruktion der Zweigeschlechtlichkeit und ihre Reifizierung in der Frauenforschung", in: Axeli-Knapp Gudrun &Wetterer Angelika, (Hg.), Traditionen Brüche. Entwicklungen feministischer Theorie, Freiburg: Kore.

Giordano, Christian (1989); Die vergessenen Bauern. Agrargesellschaften als Objekte sozialwissenschaftalicher Amnesie. In: Giodano Christian/Hettlage Robert (Hg.): Bauerngesellschaften im Industriezeitalter. Zur Rekonstruktion ländlicher Lebensformen. Berlin: Dietrich Reimer Verlag, S. 9-30.

Giordano, Christian; Hettlage, Robert; (Hg.) (1989) Bauerngesellschaften im Industriezeitalter - Zur Rekonstruktion ländlicher Lebensformen. Berlin: Reimer.

Girtler, Roland; (1988) Aschenlauge: Bergbauernleben im Wandel. Linz: Landesverl. (3. Aufl.)

Glaser, Barney G./Strauss, Anselm L.; (1971) Status Passage. London: Routledge & Kegan Paul.

Glaser, Barney G./Strauss, Anselm L.; (1974) Interaktion mit Sterbenden. Göttingen: Vandenhoeck & Ruprecht.

Glenn, E.N. (1987); Gender and the family, in: Hess B.B./Ferree M.M. (Eds.), Analysing Gender (S. 348 - 380). Newbury Park, CA: Sage

Gmür-Eberhard, Daniela; (1984) Kombinationen von Haushalt, Landwirtschaftsbetrieb und Nebenerwerb, die für die Bäuerin tragbar sind. In: A.-R. Matasci-Brüngger; E. Bräm; D. Gmür-Eberhard, Die Bäuerin im Mittelpunkt (S. 169-240) Tänikon TG: Schriftenreihe d. Eidg. Forschungsanstalt f. Betriebswirtschaft u. Landtechnik (FAT).

Gödde, H.; Voegelin, D.; (Hg.) (1988) Für eine bäuerliche Landwirtschaft. Materialien zur Tagung in Bielefeld-Bethel vom 27. - 30. 1. 1988. Kassel: Gesamthochschule Kassel.

Goldberg Christine (1997a); Bäuerinnen zwischen Tradition und Moderne, Projektbericht.

Goldberg, Christine (1997b); Familie in der Postmoderne, in: Preglau Max/Richter Rudolf (Hg.): Postmodernes Österreich? Wien: Signum Verlag, S. 239-266

Goldberg, Christine (1997c); "Die Einstellungen der ÖsterreicherInnen zu post-modernen Lebensformen im internationalen Vergleich", in: SWS – Rundschau 4, S. 371 – 388.

Goldberg, Christine; (1988) Dienstleistungsgesellschaft und flexible Arbeitskräfte. Dissertation. Berlin

Goldberg, Christine; (1994a) Männer bei der Hausarbeit - Frauen im Beruf. In: ÖZS, Heft 3 (15 ff.).

Goldberg, Christine; (1994b) Familiale Leistungen - geschlechtsspezifische Aufgabenteilung. In: Informationsmappe für LehrerInnen zum Themenbereich "Familie und Arbeitswelt". Hrsg. vom Bundesministerium für Unterricht und Kunst. Wien.

Goldberg, Christine; (1994c) Persönliche Freiheit kontra eheliche Partnerschaft, eheliche Partnerschaft kontra Elternschaft? In: Osterreichische Zeitschrift für Soziologie (ÖZS), Heft 2/1994 (S. 4-33)

Goldberg, Christine; (1995) Drei Generationen Familie. In: Informationsbroschüre für Auszubildende und MultiplikatorInnen. Viele Formen ein Ziel, Hrsg. vom Bundesministerium für Umwelt, Jugend und Familie. Wien. (39 ff.)

Goodman, Dorothy/Redclift, Nanneke (1985): "Capitalism, petty commodity production and the form enterprise", in: Sociologia Ruralis, Vol. 25, S. 231 - 247.

Grill-Ninaus, Maria; (1994) Die Organisation von Haus und Hof im Kontext der historischen Entwicklung am Beispiel Stainzenhof in der Gemeinde St. Stefan ob Stainz, Stmk. Wien: Univ. für Bodenkultur, Dipl.-Arb., 1994.

Haan, Henk de (1995); "Kinship, Identity and Discourse in Family Farming: A new Theoretical Approach" in: Gorlach Kzysztof/Serega Zygmunt: Family Famrming in the contemporary World: East-West Comparisons, Krakau: Nakladem Uniwersytetu Jagiellonskiego, S. 19 - 30.

Hagemann-White, Carol; (1988) Wir werden nicht zweigeschlechtlich geboren, in: Hagemann-White, C./M. S. Rerrich (Hg.): FrauenMännerBilder. Männer und Männlichkeit in der feministischen Diskussion. AJZ-Verlag/FF2.

Hajnal, John (1963) European marriage patterns in perspective, in: D.V. Glass u. D.E.C. Eversley (Hg.), Population in History, London, (101 ff.)

Hammer, Carmen/Stieß Immanuel (1995); Einleitung, in: Haraway Donna: Die Neuerfindung der Natur. Primaten, Cyborgs und Frauen, Frankfurt/Main: Campus, S. 9-32.

Haraway, Donna: Die Neuerfindung der Natur. Primaten, Cyborgs und Frauen, Frankfurt/Main: Campus.

Harding, Sandra (1987a); Introduction: Is there a feminist method?, in: Harding S. (Hg.): Feminism & Methodology: Social science issues. Indiana: University Press, S. 1-14.

Harding, Sandra (1987b); Conclusion: Epistemological questions, in: Harding S. (Hg.): Feminism & Methodology: Social science issues. Indiana: University Press, S. 181-190.

Harenberg, Michael; (1991) Nebenerwerbslandwirte und Arbeitslosigkeit: Eine vergleichende Untersuchung der Struktur und Entwicklung haushalt- und betriebsbezogener Merkmale bei von Arbeitslosigkeit betroffenen und nicht betroffenen Betriebsleitern. Braunschweig-Völkenrode: Inst. f. Strukturforschung (Arbeitsbericht 3/1989).

Harms, Annelore; (1986) Untersuchung zur Situation der Bäuerinnen in Hessen. Ergebnisse der Bäuerinnenumfrage 1985. Univerität Giessen, 1986.

Harms, Annelore; (1988a) Bäuerinnen - gestern, heute und morgen; Eine Zusammenfassung der wichtigsten Ergebnisse der hessischen Bäuerinnenstudie. In: Beruf und Leben, Nr. 33(1), S. 17-24.

Harms, Annelore; (1988b) Untersuchung zur Situation der Bäuerinnen in Hessen, Ergebnisse der Bäuerinnenumfrage 1985. - Berichte über Landwirtschaft 66 (1988), S. 152-177.

Harms, Annelore; (1990) Neue Sorgen - andere Belastungen. Frauen in der Landwirtschaft. In: S. Hebenstreit-Müller; I. Helbrecht-Jordan (Hg.), Frauenleben in ländlichen Regionen. Individuelle und strukturelle Wandlungsprozesse in der weiblichen Lebenswelt (123 ff.). Bielefeld: Kleine Verl. (Theorie und Praxis von Frauenforschung, 12).

Hartl, Angelika; (1993) Strategien der Mehrfachbeschäftigung von landwirtschaftlichen Haushalten im regionalwirtschaftlichen Kontext, dargestellt am Beispiel zweier ausgewählter Regionen in Österreich. Wien: Univ. für Bodenkultur, Dipl.-Arb., 1993.

Hartmann, Heidi (1992): "The Unhappy Marriage of Marxism and Feminism: Towards a More Progressive Union", in: Humm Maggie (Hg.), Feminisms, New York/London: Harvester Wheatsheaf, S.105 -111.

Haugen, Marit S.; (1990) Femal Farmers in Norwegian Agriculture. In: Sociologia Ruralis, Vl. 30, 2, (197 ff.) 209.

Hausen, Karin; (1976) Die Polarisierung der "Geschlechtscharaktere" – Eine Spiegelung der Dissoziation von Erwerbs- und Familienleben, in; Conze, Werner (Hg.); Sozialgeschichte der Familie in der Neuzeit, Industrielle Welt; Bd. 21, Stuttgart: Ernst Klett Verlag, S. 363-393

Hebenstreit-Müller, Sabine; (1990) Junge Mütter in ländlichen Regionen. In: Agrarsoziale Gesellschaft (Hg.), Soziale und ökonomische Verflechtungen und Verpflichtungen im ländlichen Raum (32 ff.). Göttingen: Schriftenreihe f. ländl. Sozialfragen, Heft 107.

Hebenstreit-Müller, Sabine; Helbrecht-Jordan, Ingrid; (1988) Junge Mütter auf dem Land - Frauenleben im Umbruch. Bielefeld: Kleine Verl. (Materialien zur Frauenforschung, 7).

Hebenstreit-Müller, Sabine; Helbrecht-Jordan, Ingrid; (1990b) Mutter-Kind-Gruppen auf dem Land. In: S. Hebenstreit-Müller; I. Helbrecht-Jordan (Hg.), Frauenleben in ländlichen Regionen. Individuelle und strukturelle Wandlungsprozesse in der weiblichen Lebenswelt (173ff.). Bielefeld: Kleine Verl. (Theorie und Praxis von Frauenforschung, 12).

Hebenstreit-Müller, Sabine; Helbrecht-Jordan, Ingrid; (Hg.) (1990a) Frauenleben in ländlichen Regionen. Individuelle und strukturelle Wandlungsprozesse in der weiblichen Lebenswelt. Bielefeld: Kleine Verl. (Theorie und Praxis der Frauenforschung, 12).

Hegener, Wolfgang; (1991) Zur Dekonstruktion der Kategorie Sexualität, in; Mitteilungen aus der kulturwissenschaftlichen Forschung, 31, S. 40-54

Hein, Einzia; (1980) Zur Lage der Bäuerin. In A. Dworsky, H. Schider (Hg.), Die Ehre Erbhof, Analyse einer jungen Tradition (S.155-160). Wien: Residenz Verlag.

Henkel, Gerhard; (Hg.) (1984) Leitbilder des Dorfes. Neue Perspektiven für den ländlichen Raum. Ergebn. d. 4.Int. Dorfsymposiums in Bleiwäsche ... 1984. Berlin-Vilseck: Verl. Dr. Tesdorpf.

Herrmann, Vera; (1993) Handlungsmuster landwirtschaftlicher Familien. Bamberg: Wiss. Verl.-Ges. WVB (Texte zur Sozialforschung, 5).

Herrmann, Vera; Knickel, Karlheinz (1993) Verhaltens.- und Anpassungsmuster landwirtschaftlicher Familien. In: O. Seibert; R. Struff (Hg.), Anpassungsstrategien landwirtschaftlicher Haushalte im Agrarstrukturwandel: deutscher Beitrag zum Arkleton-Projekt "Strukturwandel in der europäischen Landwirtschaft und die Zukunft ländlicher Räume unter besonderer Berücksichtigung der Mehrfachbeschäftigung". (Schriftenreihe der Forschungsgesellschaft für Agrarpolitik und Agrarsoziologie, 297).

Herzog, Wilhelm (1992) Thema Hofübergabe: immer aktuell. In: Blick ins Land, 27,9, S. 4-5.

Herzog, Wilhelm; (1980) Die Verantwortung der wirtschaftenden Generation auf dem Bauernhof für die Lebensqualität dreier Generationen. In: Der Förderungsdienst, 28. Jg., Sonderheft 3/1980, (22 ff.).

Hettlage, Robert (1989); "Bauerngesellschaften. Die bäuerliche Lebenswelt als soziales Exotikum?", in : Hettlage Robert (Hg.): Die post-traditionale Welt der Bauern. Frankfurt/Main: Campus, S. 9-40.

Hettlage, Robert (1989); "Über Persistenzkerne bäuerlicher Kultur im Industriesystem", in : Giodano Christian/Hettlage Robert (Hg.): Bauerngesellschaften im Industriezeitalter. Zur Rekonstruktion ländlicher Lebensformen. Berlin: Dietrich Reimer Verlag, S. 287-333.

Hildenbrand, Bruno; (1988) Bäuerliche Eßkultur und die widersprüchliche Einheit von Tradition und Moderne im bäuerlichen Familienbetrieb. In: Hans-Georg Soeffner (Hg.), Kultur und Alltag (313 ff.). Göttingen: Verlag O. Schwarz (Soziale Welt, Sonderband 6).

Hildenbrand, Bruno; Bohler, Karl-Friedrich; (1991). Kontinuitätssicherung in landwirtschaftlichen Betrieben - Problemlagen und Bewältigungsmuster. In: Sinkwitz, Peter (Hg.), Beiträge der ländlichen Soziologie zur Dorfentwicklung. Fredeburg: Dt. Landjugend-Akademie Fredeburg (Fredeburger Hefte, 19).

Hildenbrand, Bruno; Bohler, Karl-Friedrich; Jahn; W.; Schmitt, R.; (1992) Bauernfamilien im Modernisierungsprozeß. Frankfurt/Main u.a.: Campus.

Hoffmann-Novotny, Hans-Joachim; (1995) Die Zukunft der Familie – Die Familie der Zukunft, in; Gerhardt, Uta/Hradil, Stefan/Lucke, Doris/Nauck, Bernhard (Hg.); Familie der Zukunft. Lebensbedingungen und Lebensform, Opladen: Westdeutscher Verlag, S. 325-348

Högl, Hans; (1986) Frauen und Kirche; Dorfbefragung. Wien: Kath. Frauenbewegung.

Homberg, Monika; Zorn, Christine; (1989) Mehrfachbeschäftigung - eine Chance für die landwirtschaftliche Familie. Auswertungs- und Informationsdienst für Ernährung, Landwirtschaft und Forsten (AID) e.V., Heft 1989.

Höppel, Dagmar; (1991) Familien mit pflegebedürftigen und behinderten Angehörigen. In: Sinkwitz, Peter (Hg.), Beiträge der ländlichen Soziologie zur Dorfentwicklung. Fredeburg: Dt. Landjugend-Akademie Fredeburg (Fredeburger Hefte, 19).

Horkheimer, Max/Adorno, Theodor W. (1991); Dialektik der Aufklärung. Frankfurt/Main: Fischer Wissenschaft

Horstkotte, Angelika; (1990) Die Schere zwischen Anspruch und Wirklichkeit. Bildung, Ausbildung und Beruf im Lebensentwurf junger Frauen und Mädchen. In: S. Hebenstreit-Müller; I. Helbrecht-Jordan (Hg.), Frauenleben in ländlichen Regionen. Individuelle und strukturelle Wandlungsprozesse in der weiblichen Lebenswelt (63 ff.). Bielefeld: Kleine Verl. (Theorie und Praxis von Frauenforschung, 12).

Hovorka, Gerhard; Wiesinger, Georg; (1993) Die Nebenerwerbslandwirtschaft: Bedeutung in Österreich. Wien: Bundesanst. für Bergbauernfragen (Facts & Features / Bundesanst. für Bergbauernfragen, 7).

Hülsen, Rüdiger; (1980) Die Situation der Ehefrauen von Nebenerwerbslandwirten. Göttingen: Agrarsoziale Ges. (ASG-Materialsammlung, 151).

Imhof, Arthur E. (1985); Die verlorenen Welten. München: C.H.Beck

Inhetveen, Heide; (1990) Biographical approaches to research on women farmers. In: Sociologia Ruralis, Nr.1.

Inhetveen, Heide; Blasche, Margret; (1983) Frauen in der kleinbäuerlichen Landwirtschaft - "Wenn's Weiber gibt, kann's weitergehn...". Opladen: Westdt. Verl.

Jacobeit, Sigrid; (1989) "... dem Mann Gehilfin und Knecht. Sie ist Magd und Mutter ..." - Klein- und Mittelbäuerinnen im faschistischen Deutschland. In J. Werckmeister (Hg.), Land - Frauen- Alltag; Hundert Jahre Lebens- und Arbeitsbedingungen der Frauen im ländlichen Raum (66 ff.). Marburg: Jonas V.

Janshen, Doris; Aßfalg, Margarete; (1984) Arbeiten, Lernen, Lieben, Feiern: Dorfalltag von Frauen im Wandel der Industriellen Gesellschaft; Forschungsinitiativprojekt an der TU Berlin, 1984, Dt. Ges. f. Soz., Kurzbericht in: Sektion Frauenforschung in den Sozialwissenschaften (Hg.), Beiträge zum 22. dt. Soziologentag, Dortmund, 1984, S.140-150.

Jodahl, Turid; (1994) Farm Women in the Nordic Countries. In Margreet van der Burg und Marina Endeveld (Hg), Women on family farms. Gender Research, EC Policies and New Perspectives (21 ff.). Wageningen: Circle for Rural European Studies (CERES) / Dutch Network on Farm and Rural Women Studies.

Johnson, C.L.; (1988); Relationships Among Family Members and Friends in Later Life. In: Milardo, R.M. (Hg.): Families and Social Networks. Sage Publications (168 ff.).

Kamper, Dietmar/Wulf, Christoph; (1988)Von Liebe sprechen. Zur Einleitung, in; Kamper, Dietmar/Wulf, Christoph (Hg.); Das Schicksal der Liebe, Berlin, S. 7-17

Kárász, János; Rögl, H. (1983) Probleme der Existenzgründung und Lebensorientierung der jungen Generation im ländlichen Raum. Zusammenfassung aus den Untersuchungsgemeinden Geras, Lunz und Weikendorf sowie Schlußfolgerungen und Veränderungsvorschläge. Wien: Inst. f. Angew. Soziologie (IAS).

Karsten, Maria E.; Waninger, Heidemarie (1985) Haus und Hof - Bildung und Beruf: Landfrauen zwischen Tradition und Fortschritt. Bielefeld: Kleine Verlag (ifg Materialien zur Frauenforschung, 2).

Kaufmann, Franz Xaver; (1988) Familie und Modernität, in; Lüscher, Kurt/Schultheis, Franz/Wehrspaun, Michael (Hg.); Die "postmoderne" Familie, Konstanz:, S. 391 -415

Kaufmann, Franz-Xaver; (1990) Zukunft der Familie; Stabilität, Stabilitätsrisiken und Wandel der familialen Lebensformen sowie ihre gesellschaftlichen und politischen Bedingungen. München: C.H. Beck.

Kaufmann, Franz-Xaver; (1993) Generationenbeziehungen und Generationenverhältnis im Wohlfahrtsstaat. In: Lüscher, K./Schultheis, F. (Hg.): Generationenbeziehungen in "postmodernen" Gesellschaften. Universitätsverlag Konstanz (95 ff.).

Kelle, Udo; (1994) Empirisch begündete Theoriebildung. Zur Logik und Methodologie interpretativer Sozialforschung. Deutscher Studienverlag, Weinheim.

Knirim, Christa; (1974) Erziehungsleitbilder in Stadt- und Landfamilien der Republik Deutschland. Diss., F.-W. Universität, Bonn.

Knirim, Christa; (1975) Leitbilder für die Generationen-Beziehungen in Stadt und Landfamilien der Bundesrepublik Deutschland. Bonn: Forschungsges. f. Agrarpolitik u. Agrarsoziologie, 225.

Knirim, Christa; Krüll, Marianne; Peters, Richard; (1974) Familienstrukturen in Stadt und Land: Eine Untersuchung der Rollenbeziehungen zwischen den Ehegatten, den Eltern und Kindern und den Generationen. Bonn: Forschungsstelle der Forschungsges. f. Agrarpolitik und Agrarsoziologie.

Knon, Anna; (1990) Die praktische Landfrau; Der Ratgeber für jeden ländlichen Haushalt. München, Wien: BLV-Verl.-Ges.

Knorr-Cetina, Karin/Cicourel, Aron V. (1981); Advances in Social Theory and Methodology. Towards an Integration of Micro and Macro Sociologies. London: Routledge&Kegan Paul.

Koesling, Annelore; (1993) Lebensstilmuster und Existenzsicherungsstrategien am Beispiel landbewirtschaftender Familien in Hessen. Gießen: Univ. Gießen, (Dissertation an der Univ. Gießen).

Kolbeck, Thekla; (1986) Landfrauen und Direktvermarktung: Spurensicherung von Frauenarbeit und Frauenalltag. Kassel: Gesamthochschule Kassel (Arbeitsberichte des Fachbereichs Stadtplanung und Landschaftsplanung, Heft 65).

Kolbeck, Thekla; (1990) Direktvermarktung - Bedeutung für die Bäuerinnen früher und heute. In: S. Hebenstreit-Müller; I. Helbrecht-Jordan (Hg.), Frauenleben in ländlichen Regionen. Individuelle und strukturelle Wandlungsprozesse in der weiblichen Lebenswelt (123 ff.). Bielefeld: Kleine Verl. (Theorie und Praxis von Frauenforschung, 12).

Kollontai, Alexandra; (1920) Die Moral und die Arbeiterklasse, Berlin

Kölsch, Oskar; (1990) Die Lebensform Landwirtschaft in der Modernisierung. Grundlagentheoretische Betrachtungen und empirische Deutungen zur Agrarkrise aus der Lebenswirklichkeit von konventionell und ökologisch wirtschaftenden Landwirten aus Niedersachsen. Frankfurt: Peter Lang (Europ. Hochschulschriften, Reihe 22, Soziologie, Band 200).

Kölsch, Oskar; Dettmer, J. (1989) Agrarindustrie und Umwelt - die Folgen einer Entwicklung! Soziale und wirtschaftliche Situation und Probleme von Agrarproduzenten im Landkreis Vechta. Forschungsbericht. Göttingen: Georg-August-Universität, Institut für Rurale Entwicklung.

Komlosy, Andrea; (1993) "Wo der Webwaren-Industrie so viele fleißige und geübte Hände zu Gebote stehen". Landfrauen zwischen bezahlter und unbezahlter Arbeit. In: B. Bolognese-Leuchtenmüller; M. Mitterauer (Hg.), Frauen - Arbeitswelten. Zur historischen Genese gegenwärtiger Probleme (105 ff.). Wien: Verlag für Gesellschaftskritik (Historische Sozialkunde, 3).

Kossen-Knirim, Christa; (1991) Generationsspezifische Werte, Verhaltensmuster und Konflikte in Stadt- und Landfamilien. In: Sinkwitz, Peter (Hg.), Beiträge der ländlichen Soziologie zur Dorfentwicklung. Fredeburg: Dt. Landjugend-Akademie Fredeburg (Fredeburger Hefte, 19).

Kossen-Knirim, Christa; (1992) Kontakte und Hilfen zwischen Alt und Jung - Konflikt und emotionale Nähe: Eine Untersuchung der emotionalen Beziehungen zwischen der mittleren und älteren Generation in Stadt- und Landfamilien. (Schriftenreihe der Forschungsgesellschaft für Agrarpolitik und Agrarsoziologie, 292).

Kozakiewicz, Mikolaj; (1983) Die Ehe- und Familienrolle der Landfrauen. In: Deenen, Bernd van; Planck, Ulrich, et al., Europäische Landfrauen im sozialen Wandel; Ergebnisse empirischer Untersuchungen einer internat. Arbeitsgruppe, Band 2: Interkulturell vergleichende Forschungsergebnisse. Bonn: Forschungsges. f. Agrarpol. u. Agrarsoziol., 259.

Krammer, Josef; (1980) Die Nebenerwerbslandwirtschaft in Österreich. Projektltg.: J.Krammer. Projektteam: H.Bratl; B.Erhard; L.Fornleitner; H.Glatz; D.Knorr; R.Kracher; G.Scheer. Wien: 1980 (Proj. d. Jubiläumsfonds d. Österr. Nationalbank. 1. 130).

Krammer, Josef; Scheer, Günter; (1980) Die Erbhofbauern im ökonomischen Wandel der Landwirtschaft. In A. Dworsky, H. Schider (Hg.), Die Ehre Erbhof, Analyse einer jungen Tradition (91 ff.). Wien: Residenz Verlag.

Krammer, Josef; Scheer, Günter; (1982) Ursachen und Erscheinungsformen der Ungleichheit in der Landwirtschaft. In: Lebensverhältnisse in Österreich. Klassen und Schichten im Sozialstaat. Frankf./Main: Campus (2.Auflage).

Kränzl-Nagl, Renate; (1995) Kernfamilien. In: Informationsbroschüre für Auszubildende und MultiplikatorInnen. Viele Formen ein Ziel, Hrsg. vom Bundesministerium für Umwelt, Jugend und Familie. Wien. (11 ff.)

Kreisky, Eva (1995); "Gegen geschlechtliche Wahrheiten". Feministische Kritik an der Politikwissenschaft im deutschsprachigen Raum. In: Kreisky Eva/Sauer Birgit (Hg.): Feministische Standpunkte in der Politikwissenschaft. Frankfurt/Main: Campus, S. 27 - 62

Kretschmer, Ingrid; (1980) Verbreitung und Bedeutung der bäuerlichen Erbsitten. In A. Dworsky, H. Schider (Hg.), Die Ehre Erbhof, Analyse einer jungen Tradition (83ff.). Wien: Residenz Verlag.

Kretschmer, Ingrid; (1991) Anerbensitte und Freiteilbarkeit. In: Die Bergbauern, 152, S. 6,7,9. Wien: Österr. Bergbauernvereinigung.

Kriechbaum, R.; (1994) Hofübergabe und Hofübernahme. In: Der fortschrittliche Landwirt; 72,7, S. 3-4. Graz: Stocker.

Krinner, Annemarie; (1986) Die Situation der Bäuerinnen im Agrargebiet Jura - Ergebnisse einer repräsentativen schriftlichen Befragung von 263 Bäuerinnen im Agrargebiet Jura 1985/86. Untersuchungsbericht 1986 (Band 1), Bayerische Landesanstalt für Ernährung (Hg.).

Kroeber, Alfred F. (1948); Anthropology. New York

Kromka, Franz; (1991) Die Bedeutung von Ehe und Familie für die ländliche Gesellschaft. In: Zeitschrift für Agrargeschichte und Agrarsoziologie; 39,2, S. 214-232.

Krüll, Marianne; (1974) Geschlechtsrollenleitbilder in Stadt- und Landfamilien der Bundesrepublik Deutschland. Bonn: Forschungsstelle der Forschungsges. (Forschungsges. f. Agrarpolitik u. Agrarsoziol, 224).

Kytir Josef; Münz, Rainer; (1991) Alter und Pflege. Zur Pflegeproblematik in Österreich. In: Institut für Demographie/Österreichische Akademie der Wissenschaften (Hg.): Demographische Informationen 1990/1991 (74 f.).

Kytir, Josef; (1995) Pflegebdürftigkeit trifft Frauen in mehrfacher Weise. In: BMFA/BKA (Hg.), Bericht über die Situation der Frauen in Österreich. Frauenbericht 1995. Wien, (80 f.).

Landeskammer für Land- und Forstwirtschaft in Steiermark (Hg.) (1989) Erhebung zum Thema Hofübergabe - Hofübernahme. Graz: Abt. f. landwirtschaftl. Bildung (Hg.).

Lanner, Sixtus; (1994) Ohne bäuerliche Familie kein ländlicher Raum. In: Der Förderungsdienst (FD-Spezial, Sonderbeilage: Jahr der Familie 1994: Zukunft und Probleme der bäuerlichen Familie); 42,7/1994. Wien: BMLF (Hg.).

Lasch, Vera; (1993) Zur gesundheitlichen Situation von Bäuerinnen. In: Der kritische Agrarbericht, Arbeitsgemeinschaft bäuerliche Landwirtschaft Bauernblatt e.V., Rheda-Wiedenbrück. S. 121 - 126.

Lehner, Oskar (1987); Familie - Recht - Politik. Wien-New York: Springer Verlag.

Lindemann-Meyer zu Rahden, Adelheid; (1981) Erwartungen der Frauen im landwirtschaftlichen Betrieb an ihre Arbeitswelt. In: Agrarsoziale Gesellschaft (Hg.), Die Frau in der Landwirtschaft (56 ff.). Hannover: Schaper (Schriftenreihe f. ländl. Sozialfragen, 85).

Linder, Barbara; (1991) Alltag in Fresach - Eine empirische Untersuchung zur Lebenssituation der Frauen im mittleren Drautal. In: Arbeitskreis für Regionalforschung (Hg.), Frauenarbeit und Lebenszusammenhang: Beispiele aus städtischen und ländlichen Räumen Österreichs und der Schweiz. Geographische Beiträge zur Diskussion über Frauenarbeit (149 ff.). Wien: Arbeitskreis f. Regionalforschung, (AMR-Info; Sonderb. 4).

Luhmann, Niklas; (1997) Die Gesellschaft der Gesellschaft. Zweiter Teilband, Frankfurt M.: Suhrkamp

Macha, Hildegard; Paetzold, Bettina; (1992) Elemente beruflicher Identität von Wissenschaftlerinnen. Vereinbarkeit von Kind und Beruf? In Brüderl Leokadia; Paetzold Bettina (Hg.), Frauenleben zwischen Beruf und Familie. Psychosoziale Konsequenzen für Persönlichkeit und Gesundheit (123 ff.). Weinheim: Juventa.

Mallmann, Annerose; (1991) Bäuerinnen heute - Ergebnisse einer Studie. In: Rheinische Bauernzeitung vom 20.7.1991, (29 f.).

Mannert, Josef; (1981) Lebenseinstellung und Zukunftserwartungen der ländlichen Jugend. Wien: Österr. Agrarverl. (Schriftenreihe / Bundesanstalt für Agrarwirtschaft; 35).

Marotz-Baden, Ramona; Mattheis, Claudia; (1994) Daughters-In-Law and Stress in Two-Generation Farm Families (S. 132 - 137). In: Journal of applied family and child studies, Vol. 43, Nr. 2 (Family Relations: Work, Stress and Families, A Special Collection). Minneapolis: National Council on Family Relations.

Marsden, Terry; Lowe, P.; Whatmore, S.; (Hg.) (1990) Rural restructuring: Global processes and their responses. London: Fulton (Critical perspectives on rural change series, 1).

Matasci-Brüngger, Anna-Regula; Bräm, Esther; Gmür-Eberhard, Daniela; (1984) Die Bäuerin im Mittelpunkt: Veränderungen in Familien, Haushalten und landwirtschaftlichen Betrieben innert 6 Jahren. Tänikon TG: Schriftenreihe d. Eidg. Forschungsanstalt f. Betriebswirtschaft u. Landtechnik (FAT).

Matasci-Brüngger, Anna-Regula; Gmür-Eberhard, Daniela; (1984) Veränderungen in Familien, Haushalten und landwirtschaftlichen Betrieben innert 6 Jahren. In: A.-R. Matasci-Brüngger; E. Bräm; D. Gmür-Eberhard, Die Bäuerin im Mittelpunkt (9ff.). Tänikon TG: Schriftenreihe d. Eidg. Forschungsanstalt f. Betriebswirtschaft u. Landtechnik (FAT).

Matschi, Brigitte; (1988) Zur Sozialisation der Landfrau. Eine tiefenhermeneutischen Studie anhand der Biographien dreier Frauen im Mühlviertel. Salzburg: Dissertation.

Matthies, Anne-Christin; (1985) Wandel in der Arbeits- und Erwerbssituation von Frauen in der Landwirtschaft: Gründe für die Suche nach alternativen Tätigkeiten. Gießen: Inst. f. Wirtschaftslehre des Haushalts und Verbrauchsforschung (Schriftenreihe zur Wirtschaftslehre des Haushalts, 6).

Meier, Verena; (1991) Frauenarbeit im Bergtal. In: Arbeitskreis für Regionalforschung (Hg.), Frauenarbeit und Lebenszusammenhang: Beispiele aus städtischen und ländlichen Räumen Österreichs und der Schweiz. Geographische Beiträge zur Diskussion über Frauenarbeit (139 ff.). Wien: Arbeitskreis f. Regionalforschung, (AMR-Info; Sonderb. 4).

Meillassoux, Claude (1976); Die wilden Früchte der Frau. Über häusliche Produktion und kapitalistische Wirtschaft. Frankfurt am Main: Autoren- und Verlagsgesellschaft Syndikat.

Meister, Hans; (1993) Wie fiktiv ist das fiktive Ausgedinge? In: Der fortschrittliche Landwirt; 71,10, S. A2.

Melzer, Michael; (1990) Entwicklungsorientierte Maßnahmen im ländlichen Raum. In: Agrarsoziale Gesellschaft (Hg.), Soziale und ökonomische Verflechtungen und Verpflichtungen im ländlichen Raum (106 ff.). Göttingen: Schriftenreihe f. ländl. Sozialfragen, Heft 107.

Metzler, Hans-Peter; (1994) Partner der bäuerlichen Familie, Landwirte und Gastwirte Vorarlbergs suchen gemeinsamen Weg. In: Der Förderungsdienst (FD-Spezial, Sonderbeilage: Jahr der Familie 1994: Zukunft und Probleme der bäuerlichen Familie); 42,7/1994. Wien: BMLF (Hg.).

Meuther, Anke; (1987a) Partnerwahl in der Landwirtschaft - Ergebnisse einer Befragung von 400 ledigen Hofnachfolgern und 500 potentiellen Landwirtsfrauen in der BRD. Dissertation, Landwirtschaftliche Fakultät der Universität Bonn. Bonn.

Meuther, Anke; (1987b) Warum heiratet man (k)einen Landwirt? Ergebnisse einer empirischen Untersuchung zur Partnerwahl in der Landwirtschaft. Bonn: Forschungsges. f. Agrarpolitik und Agrarsoziologie, 278.

Meyer S.; Schulze, R.; (1983) Nicht eheliche Lebensgemeinschaften - Alternativen zur Ehe? Eine internationale Datenübersicht. In: Kölner Zeitschrift für Soziologie und Sozialpsychologie.

Meyer-Mansour, Dorothee; (1988) Agrarsozialer Wandel und bäuerliche Lebensverhältnisse. In: Agrarsoziale Gesellschaft (Hg.), Ländliche Gesellschaft im Umbruch - Beiträge zur agrarsoziologischen Diskussion (240 ff.). Göttingen: ASG, Schriftenreihe für ländliche Sozialfragen, Heft 101.

Meyer-Mansour, Dorothee; (1990) Strategien zur Bewältigung des agrarstrukturellen Wandels in landwirtschaftlichen Familien. In: Agrarsoziale Gesellschaft (Hg.), Soziale und ökonomische Verflechtungen und Verpflichtungen im ländlichen Raum (78 ff.). Göttingen: Schriftenreihe f. ländl. Sozialfragen, Heft 107.

Meyer-Mansour, Dorothee; Breuer, Monika; Nickel, Bettina (1990) Belastung und Bewältigung: Lebenssituation landwirtschaftlicher Familien (Schriftenreihe, Band 2). Frankfurt am Main: Landwirtschaftliche Rentenbank.

Meyer-Mansour, Dorothee; Nickel, Bettina (1991) Psychosoziale Krisen in bäuerlichen Familien. In: Sinkwitz, Peter (Hg.), Beiträge der ländlichen Soziologie zur Dorfentwicklung. Fredeburg: Dt. Landjugend-Akademie Fredeburg (Fredeburger Hefte, 19).

Mies, Maria (1983); Gesellschaftliche Ursprünge der geschlechtsspezifischen Arbeitsteilung, in: Werlhof Claudia von/Maria Mies/Veronika Bennholdt-Thomsen: Frauen, die letzte Kolonie, Hamburg :Rowohlt Taschenbuch Verlag, S. 164-193

Mitterauer Michael (1990); Historisch-anthropologische Familienforschung. Wien; Köln: Böhlau

Mitterauer, Michael (1985): Gesindedienst und Jugendphase im europäischen Vergleich, in: GG, Jg. 11, 1985, (177 ff.).

Mitterauer, Michael (1986b) Sozialgeschichte der Jugend. Frankfurt/Main: Suhrkamp.

Mitterauer, Michael (1992) Familie und Arbeitsteilung: Historischvergleichende Studien. Wien u.a.: Böhlau (Kulturstudien, 26).

Mitterauer, Michael; (1977) Der Mythos von der vorindustriellen Großfamilie. In: M. Mitterauer; R. Sieder, Vom Patriarchat zur Partnerschaft. Zum Strukturwandel der Familie (46 ff.). München: Beck.

Mitterauer, Michael; (1982) Auswirkungen der Agrarrevolution auf die bäuerliche Familienstruktur in Österreich, in: M. Mitterauer und R. Sieder (Hg.), Historische Familienforschung, Frankfurt/M. (1982), (241 ff.)

Mitterauer, Michael; (1985) Formen ländlicher Familienwirtschaft. Historische Ökotypen und familiale Arbeitsorganisation im österreichischen Raum, in: Ehmer J./Mitterauer M. (Hg.), Familienstrukur und Arbeitsorganisation in ländlichen Gesellschaften, Wien 1985

Mitterauer, Michael; (1986) Sozialgeschichte der Jugend, Frankfurt/M.

Mitterauer, Michael; (1986a) Formen ländlicher Familienwirtschaft - Historische Ökotypen und familiale Arbeitsorganisation im österreichischen Raum. In J. Ehmer; M. Mitterauer (Hg.), Familienstruktur und Arbeitsorganisation in ländlichen Gesellschaft (185 ff.). Wien: Böhlau.

Mitterauer, Michael; (1989) Entwicklungstrends in der europäischen Neuzeit, in: Nave-Herz, Rosemarie; Markefka, Manfred (Hg.) (1988): Handbuch der Familien- und Jugendforschung, Band 1: Familienforschung, Neuwied und Frankfurt, (179 ff.)

Mitterauer, Michael; (1993a) "Als Eva grub und Eva spann ..." Geschlechtsspezifische Arbeitsteilung in vorindustrieller Zeit. In: B. Bolognese-Leuchtenmüller; M. Mitterauer (Hg.), Frauen - Arbeitswelten. Zur historischen Genese gegenwärtiger Probleme (17 ff.). Wien: Verlag für Gesellschaftskritik (Historische Sozialkunde, 3).

Mitterauer, Michael; Sieder, Reinhard; (1977) Vom Patriarchat zur Partnerschaft. Zum Strukturwandel der Familie, München

Mohrmann, Ruth-E. (1992) Die Stellung der Frau im bäuerlichen Ehe- und Erbrecht: ein historisch-volkskundlicher Vergleich. In: Zeitschrift für Agrargeschichte und Agrarsoziologie, 40,2, S. 248 - 258.

Molterer, Wilhelm; (1981) Die Bäuerin in Österreich - Ergebnisse einer Untersuchung. In: Agrar. Rundschau, 2-3/1981, (14 ff, 22, 23, 26). Wien.

Molterer, Wilhelm; (1993) Lebensphasen und Lebenskonzepte als Grundlage für Familien- und Betriebsentwicklungen: Seminarunterlage; (Seminar am Bundesseminar für das land- und forstwirtschaftliche Bildungswesen Wien Ober St. Veit). Wien.

Müffelmann, Heike; (1990) Die Rolle der Frau in der Landwirtschaft im Wandel der Zeit. Diplomarbeit an der Universität Kiel im Fachgebiet Agrarpolitik. Kiel.

Münz, Rainer; (1995) Demographische Struktur und Entwicklung der weiblichen Wohnbevölkerung. In: BMFA/BKA (Hg.), Bericht über die Situation der Frauen in Österreich. Frauenbericht 1995. Wien, S. 23-35.

Münz, Rainer; (1995) Demographische Struktur und Entwicklung der weiblichen Wohnbevölkerung (23 ff.). Wien.

Nadig, Maya; (1987) Die verborgene Kultur der Frau. Ethnopsychoanalytische Gespräche mit Bäuerinnen in Mexiko, Subjektivität und Gesellschaft im Alltag von Otomi-Frauen. Frankfurt am Main: Fischer TB Verl.

Nagl-Docekal, Herta (1996); Politische Theorie. Differenz und Lebensqualität. Frankfurt am Main: Suhrkamp.

Nave-Herz, Rosemarie.; (1984) Familiäre Veränderungen in der Bundesrepublik Deutschland seit 1950 - eine empirische Studie (Abschlußbericht Teil 1), Oldenburg.

Nave-Herz, Rosemarie; (Hg.) (1988) Wandel und Kontinuität der Familie in der Bundesrepublik Deutschland. Enke.

Nave-Herz, Rosemarie; (1990): Scheidungsursachen im Wandel. Eine zeitgeschichtliche Analyse des Anstiegs der Ehescheidungen in der Bundesrepublik Deuschland. Kleine Verlag.

Nave-Herz, Rosemarie; (1994): Familie heute: Wandel der Familienstrukturen und Folgen für die Erziehung. Darmstadt: Wiss. Buchges. (WB-Forum; 89).

Niebuer, Wilhelm; (1989) Landfrauen im sozialen Wandel - Von den Schwierigkeiten der Agrarsoziologie mit den Landfrauen. In: Land, Agrarwirtschaft und Gesellschaft, Z. f. Land- und Agrarsoziologie, Jg. 6, 3/1989, S. 367-384.

Niebuer, Wilhelm; (Hg.) (1988) Frauen in der Landwirtschaft. Ein kommentiertes Quellen- und Materialverzeichnis. Witzenhausen: Gesamthochschule Kassel, Fachbereich Landwirtschaft (Arbeitsberichte zur angewandten Agrarökonomie, 8).

Niebuer, Wilhelm; (Hg.) (1993) Frauen in der Landwirtschaft: Bibliographie und Materialsammlung Teil II. (Arbeitsberichte zur angewandten Agrarökonomie; 15).

Niebuer, Wilhelm; Orth, Christine; Weyberg, Silke; (1993) Familie-Betrieb-Agrarpolitik/Lebenssituation von Frauen in der Familienlandwirtschaft. In: Niebuer, Wilhelm (Hg.), Frauen in der Landwirtschaft: Bibliographie und Materialsammlung Teil II. (Arbeitsberichte zur angewandten Agrarökonomie; 15).

Niessler, Rudolf; (1991) Erwerbskombination als vorherrschende Realität - aber noch kein Leitbild. In: Der Förderungsdienst, 39. Jg., Heft 12s, S. 10 - 16.

Nöll, Carl; (1990) Mein Fräulein darf ich mich erkühnen...?, in: Die Presse, Feuilleton, Wien, 29.6.1990, S. 6.

Oakley, Ann (1974); Soziologie der Hausarbeit. Frankfurt am Main: Verlag Roter Stern

Oberlehner, Franz; (1991) Einkommenskombination zur Existenzsicherung bäuerlicher Familien aus der Sicht der Beratung. In: Der Förderungsdienst, 39. Jg., Heft 12s, S. 17 -23.

Oblasser, Theresia; (1991) Übergeben - nicht mehr leben? In: Die Bergbauern, 152, (11). Wien: Österr. Bergbauernvereinigung.

Ochel, Anke; (1992) Arbeitsplatz Familie: Selbstbild, Bewältigungsstrategien und Zukunftsperspektiven nichterwerbstätiger Hausfrauen. In Brüderl Leokadia; Paetzold Bettina (Hg.), Frauenleben zwischen Beruf und Familie. Psychosoziale Konsequenzen für Persönlichkeit und Gesundheit (171ff.). Weinheim: Juventa.

Oedl-Wieser, Theresia; (1993) Frauen in bäuerlichen Familienbetrieben. In: ÖGA-Nachrichten; 3,2/1993, (13 - 17). Wien: ÖGA, 1993.

Oedl-Wieser, Theresia; Dax, Thomas (1993) Frauen - Trägerinnen der Entwicklung am Land. In: Die Bergbauern, 180/181, (20 - 21). Öst. Berbauernvereinigung.

Oelschläger, Angelika; Schunter-Kleemann, Susanne (1992) Frauen als Erwerbsarbeiterinnen, Frauen als Familienarbeiterinnen, Frauen, Eltern, Familien als Empfänger sozialer Leistungen: Übersicht Österreich. In: S. Schunter-Kleemann (Hg.), Herrenhaus Europa: Geschlechterverhältnisse im Wohlfahrtsstaat. (329 ff., 373ff.). Berlin: Ed. Sigma.

Oevermann, Ulrich, Allert, Tilman; Konau, Elisabeth, Krambeck Jürgen (1979); Die Methodologie einer 'objektiven Hermeneutik' und ihre allgemeine forschungslogische Bedeutung in den Sozialwissenschaften. In: Soeffner, Hans Georg (Hg.) Interpretative Verfahren in den Sozial- und Textwissenschaften, Stuttgart, Metzler, S. 352-434.

O'Hara, Patricia; (1994) Out of the Shadows. Women on Family Farms and their Contribution to Agriculture and Rural Development. In: M. van der Burg; M. Endeveld (Hg.), Women on family farms: Gender research, EC policies and new perspectives (49 ff.). Wageningen: Circle for Rural European Studies.

Ohne Namen (1991) Die anderen lassen wie sie sind. In: Die Bergbauern, 152, (12). Wien: Österr. Bergbauernvereinigung.

ÖIR (Österreichisches Institut für Raumplanung (Hg.) (1990) Sozialwirtschaftliche Strukturtypen der Gemeinden Österreichs. Wien.

ÖIR (Österreichisches Institut für Raumplanung) (Hg.) (1995) Bäuerliche Landwirtschaft und Agrastrukturwandel bis zum Jahr 2000. Wien.

Ossege, Barbara (1997); Feministische Perspektiven. In: Richter Rudolf (1997); Soziologische Paradigmen. Eine Einführung in klassische und moderne Konzepte von Gesellschaft. Wien: WUV Universitätsverlag, S. 172-189.

ÖSTAT (Österreichisches Statistisches Zentralamt) (1992) (Hg.) Land- und forstwirtschaftliche Betriebszählung 1990. Hauptergebnisse für Österreich. Teil Landwirtschaft. Beiträge zur österreichischen Statistik. Heft 1.060/10. Wien.

ÖSTAT (Österreichisches Statistisches Zentralamt) (1994) (Hg.) Mikrozensus 1993. Beiträge zur Österreichischen Statistik, Heft 1.143. Wien.

ÖSTAT (Österreichisches Statistisches Zentralamt) (Hg.) (1994) Statistisches Jahrbuch für die Republik Österreich Wien.

ÖSTAT (Österreichisches Statistisches Zentralamt) (Hg.)(1993) Agrarstrukturerhebung Schnellbericht. Wien. ÖSTAT

ÖSTAT (Österreichisches Statistisches Zentralamt)(ÖStZ) (Hg.) (1993) Das Schulwesen in Österreich. Schuljahr 1991/92. in: Beiträge zur österreichischen Statistik. Heft 1.092. Wien

Österreichische Arbeitsgemeinschaft für Alm und Weide (Hg.) (1994) EU-Studie zur Situation der Frauen in ländlichen Gebieten. In: Der Alm- und Bergbauer; 44,10/1994, S. 370 - 375. Innsbruck.

Österreichische Bergbauernvereinigung (Hg.) (1991) Hofübergabe - Bewußt übernehmen. In: Die Bergbauern, 152.

Österreichische Bergbauernvereinigung (Hg.) (1993) Was - keine Kinder ? In: Die Bergbauern, 180/181,(16 f.)

Österreichische Bergbauernvereinigung (Hg.) (1995) Brot und Rosen: Leben ist mehr als überleben. In: Die Bergbauern, 18. Jg., 193/194, Wien.

Österreichische Vereinigung für Agrarwissenschaftliche Forschung (Hg.) (1993) Statusbericht (Erster Zwischenbericht) zum Projekt "Modellhafter Versuch zur Findung von Strategien und Instrumenten für eine nachhaltige Entwicklung der Kulturlandschaft am Beispiel des Bezirkes Lilienfeld". Wien.

Österreichischer Agrarverlag (Hg.) (1977) Die Bäuerin in Betrieb, Haushalt, Familie und Öffentlichkeit. Mit Beitrg. v. H. Wieser; E. Reisch u.a., Wien: Österr. Agrarverl., Agrar. Rdsch. 2/77.

Ottmüller, Uta; (1991) Speikinder - Gedeihkinder: körpersprachliche Voraussetzungen der Moderne. Tübingen: edition diskord.

Overbeek, Greet; (1994) Comment: From Craftswoman to Manager: Degradation or Promotion? In: M. van der Burg; M. Endeveld (Hg.), Women on family farms: Gender research, EC policies and new perspectives (79 ff.). Wageningen: Circle for Rural European Studies.

Pachinger, Marianne; (1993) Chancen für ein neues Rollenbild und Selbstverständnis der Bio-Bäuerinnen und neuere Entwicklungen in der Landwirtschaft. Fallbeispiele aus dem Mühlviertel. Univ. Wien: Dipl.-Arbeit, Geisteswiss. Fak. d. Univ. Wien.

Pahl, R.E. (1968); The rural-urban continuum. In: Pahl R. E. (Hg.) Readings in Urban Sociology Sociology, Oxford: Pergamon, S. 263 - 305.

Papastefanou, Christiane; (1992) Mütterliche Berufstätigkeit in der Übergangsphase zur "Nach-Elternschaft". In Brüderl Leokadia; Paetzold Bettina (Hg.), Frauenleben zwischen Beruf und Familie. Psychosoziale Konsequenzen für Persönlichkeit und Gesundheit (210 ff.). Weinheim: Juventa.

Peuckert, Rüdiger; (1991) Familienformen im sozialen Wandel. Opladen: Leske u. Budrich (UTB1607).

Pevetz, Werner; (1974) Stand und Entwicklungstendenzen der ländlichen Sozialforschung in Österreich 1960 - 1972. Wien: Österr. Agrarverl. (Schriftenreihe / Bundesanstalt für Agrarwirtschaft, 20).

Pevetz, Werner; (1980) Lebensverhältnisse von Altbauern und Altbäuerinnen. Wien: Österr. Agrarverlag. (Schriftenreihe / Bundesanstalt für Agrarwirtschaft, 39.).

Pevetz, Werner; (1984) Die ländliche Sozialforschung in Österreich 1972 - 1982. Wien: Österr. Agrarverlag, 1984. (Schriftenreihe / Bundesanstalt für Agrarwirtschaft, 41).

Pevetz, Werner; (1985) Rural community studies in Austria. In: J.-L. Durand-Drouhin; L.-M. Szwengrub (Hg.), Rural community studies in Europe (1 ff.). Oxford u.a.: Pergamon Press.

Pevetz, Werner; (1987) Lebens- und Arbeitsverhältnisse von Haupterwerbslandwirten = Living and working conditions of main-time farmers. Wien: Österr. Agrarverlag (Schriftenreihe / Bundesanstalt für Agrarwirtschaft, 49).

Pevetz, Werner; (1991) Bildungsanforderungen für eine zukunftsorientierte bäuerliche Landwirtschaft. Eine bildungssoziologische Untersuchung. Schriftenreihe der Bundesanstalt für Agrarwirtschaft Nr. 65. Wien

Pevetz, Werner; (1991a) Bäuerinnenforschung in Österreich 1975-1990. In: Monatsberichte über die österreichische Landwirtschaft; 38,9, S. 656 - 675.

Pevetz, Werner; (1991b) Bildungsanforderungen für eine zukunftsorientierte bäuerliche Landwirtschaft: Eine bildungssoziologische Untersuchung. Wien: Österr. Agrarverlag (Schriftenreihe / Bundesanstalt für Agrarwirtschaft, 65).

Pevetz, Werner; (1993a) Bäuerliche Haushaltsstrukturen und Lebensstile in österreichischen Landgemeinden. (245 ff.). In: Der Förderungsdienst; 41,9.

Pevetz, Werner; (1993b) Das wirtschaftliche Verhalten ländlicher Haushalte in Europa: Bericht über eine Arbeitstagung in Bonn/Röttgen, Juni 1993. - 1993. (897 ff.). In: Monatsberichte über die österreichische Landwirtschaft; 40,12 .

Pevetz, Werner; (1994) Die Familie: Gestalt - Wandel - Auftrag, Unter besonderer Berücksichtigung der bäuerlichen Familie. In: Der Förderungsdienst (FD-Spezial, Sonderbeilage: Jahr der Familie 1994: Zukunft und Probleme der bäuerlichen Familie); 42,7/1994. Wien: BMLF (Hg.).

Pevetz, Werner; Richter, Rudolf (Hg.) (1993) Haushaltsstrukturen und Lebensstile in österreichischen Landgemeinden: unter besonderer Berücksichtigung bäuerlicher Haushalte = Household structures and life styles in Austrian rural communities.(Schriftenreihe, 74). Wien: Bundesanstalt für Agrarwirtschaft.

Pfaffenberger, Hans; Chassé, Karl August; (Hg.) (1993) Armut im ländlichen Raum: sozialpolitische und sozialpädagogische Probleme; Perspektiven und Lösungsversuche. Münster: Schriftenreihe (Soziale Ungleichheit und Benachteiligung, 1).

Pfaffermayr, Michael; (1991) Farm income, market wages, and off-farm labour supply. In: Empirica; 18,2, (221 ff).

Pichler, Gertraud; (1982) Die Höheren Bundeslehranstalten für Landwirtschaftliche Frauenberufe: Entwicklung, Stand und Zukunftsperspektiven. (Analyse einer Absolventinnenbefragung ...). Dissertation Univ. Innsbruck.

Pichler, Gertraud; (1992) Bäuerin sein - eine stetige Herausforderung. In: Der Förderungsdienst; 40,10, (1 - 6). (Sonderbeilage FD-Spezial).

Pichler, Gertraud; (1994) Die Zukunft der bäuerlichen Familie - Gedanken anläßlich des Internationalen Jahres der Familie. In: Der Förderungsdienst (FD-Spezial, Sonderbeilage: Jahr der Familie 1994: Zukunft und Probleme der bäuerlichen Familie.); 42,7/1994. Wien: BMLF (Hg.).

Piltz, Andreas; Wehner, R.; (1990) Ehe- und Familienrecht: Konsequenzen für die bäuerliche Familie. Frankfurt am Main (u.a.): DLG-Verlag.

Planck, Ulrich; (1964) Der bäuerliche Familienbetrieb: zwischen Patriarchat und Partnerschaft. Stuttgart: Enke (Soziologische Gegenwartsfragen: Neue Folge, 20). Zugleich Habilitationsschrift, Landwirt. Hochsch., Stuttgart-Hohenheim, 1963.

Planck, Ulrich; (1982) Der landwirtschaftliche Familienbetrieb als soziales System. In Adolf H. Malinsky (Hg.), Agrarpolitik, Landentwicklung und Umweltschutz, Festschrift Hans Bach (91 ff.). Wien New York: Springer (Festschriften, Band 2).

Planck, Ulrich; (1986) Dorferneuerung und Dorfforschung. Beitrag und Methoden der Soziologie. Graz: Stocker. Öst. Inst. f. Agrarpol. u. Agrarsoziologie (Hg.). Schriftenreihe für Agrarpol. u. Agrarsoziol., 42.

Pongratz, Hans; (1987) Bauern - am Rande der Gesellschaft? Eine theoretische und empirische Analyse zum gesellschaftlichen Bewußtsein von Bauern. In: Soziale Welt, 38. Jg., Heft 4, (522 ff.). Göttingen: O. Schwartz Verl.

Pongratz, Hans; (1988) Die segmentierte Gesellschaft. Dualistische Gesellschaftskonzeptionen als theoretische Grundlage der Agrarsoziologie. In: Agrarsoziale Gesellschaft (Hg.), Ländliche Gesellschaft im Umbruch - Beiträge zur agrarsoziologischen Diskussion (54 ff.). Göttingen: ASG, Schriftenreihe für ländliche Sozialfragen, Heft 101).

Pongratz, Hans; (1990) Cultural Tradition and Social Change in Agriculture. In: Sociologia Ruralis, Vol. 30, 1, (5 - 17).

Porter, M.E., (1994); Competitiv Strategy Revisted: A View form the 1990's, Boston

Potter, Clice; Lobley, Matt; (1992) Ageing and succession on familiy farms: The impact on decision-making and land use. In Sociologia Ruralis, Vol. 32 (2/3), S. 317 - 334.

Potthoff, Hilda; (1981) Bedeutung der Frauenarbeit in der Landwirtschaft. In: Agrarsoziale Gesellschaft (Hg.) (1981). Die Frau in der Landwirtschaft. Mit Beitr. v. H.C. Bär u.a. (32 ff.). Hannover: Schaper (Schriftenreihe f. ländl. Sozialfragen, 85).

Potthoff, Hilda; (1991) Beiträge der Bäuerinnen zum Familieneinkommen landwirtschaftlicher Haushalte. In Agrarsoziale Ges. (Hg.), Erwerbs- und Einkommensalternativen für landwirtschaftliche Familien. Göttingen: ASG - Kleine Reihe, 44.

Präsidentenkonferenz der Landwirtschaftskammern Österreichs (Hg.) (1986) Die Situation der Bäuerin in Östereich; Ergebnisse einer repräsentativen Befragung von 1.000 Bäuerinnen...1986. Wien: Präsidentenkonferenz der Landwirtschaftskammern.

Preglau, Max/Richter, Rudolf (1998); Postmodernes Österreich? Wien: Schriftenreihe des Zentrums für angewandte Politikforschung, Band 15.

Preinstorfer, Johanna; (1977) Die Bäuerin heute. In: Agrarische Rundschau, April 1977, Nr. 2, S. 29-31.

Preinstorfer, Johanna; Molterer, Wilhelm: (1982) Familie, Bäuerinnen, Jugend. In: Lebenschancen im ländlichen Raum (203 ff.). Wien: Österr. Bauernbund.

Pruckner, Gerald: (1993) Strukturelle Veränderungen in der österreichischen Landwirtschaft: eine ökonomisch-soziologische Betrachtung. In: Berichte über Landwirtschaft; 71,2, S. 316 - 335.

Putz, Monika; (1990) Identitätsentwürfe junger Frauen, die in einen Bauernhof einheiraten: Eine qualitative Untersuchung zur Sozialpsychologie der Landfrau. Dipl.-Arb. Univ. Salzburg

Quendler, Theodor; (1985) Die Bedeutung der Mehrfachbeschäftigung im ländlichen Raum in Österreich. In: Hartwig Spitzer (Hg.), Mehrfachbeschäftigung im ländlichen Raum (295 ff.). Hamburg: Verlag Weltarchiv GmbH (Schriften des Zentrums für regionale Entwicklungsforschung der Justus-Liebig-Universität Gießen, Band 27).

Quendler, Theodor; (1995) Bäuerliche Landwirtschaft und Agrarstrukturwandel bis 2000: Entwicklungstrends - Probleme - Folgerungen; Zwischenbericht. Wien: Österreichisches Inst. für Raumplanung (ÖIR).

Raab, Wolfgang; (1992) Hofübergabe/Hofübernahme: Information schafft Vorsprung. Linz: O.Ö. Bauern- und Nebenerwerbsbauernbund.

Raapke, Christian; (1989) Die Landfrau als Betriebsleiterin - nur eine "Notlösung" oder eine geplante Zukunft des landwirtschaftlichen Familienbetriebs? Diplomarbeit an der Gesamthochschule Kassel, Fragebogen Landwirtschaft, Witzenhausen.

Rapp, Rayna (1992): "Family and Class in Temporary America: Notes toward an Understanding of Ideology" in: Thorne Barrie/Yalom Marilyn (Hg.), Rethinking the Family. Boston: Northeastern University Press, S. 49 - 70

Rauch-Kallat, Maria; (1994) Was ist uns die bäuerliche Familie wert. In: Der Förderungsdienst (FD-Spezial, Sonderbeilage: Jahr der Familie 1994: Zukunft und Probleme der bäuerlichen Familie); 42,7/1994. Wien: BMLF (Hg.).

Redclift, Nanneke; Whatmore, Sarah; (1990) Household, Consumption and Livelihood: Ideologies and Issues in Rural Research. In: T.Marsden; P. Lowe; S. Whatmore, Rural restructuring: global processes and their response (182 ff.). London: Fulton (Critical perspectives on rural change series, 1).

Reichertz Jo (1991); Aufklärungsarbeit. Kriminalpolizisten und Feldforscher bei der Arbeit. Stuttgart: Enke

Reisch, Erwin; (1977) Der bäuerliche Familienbetrieb braucht die Bäuerin. In: Agrarische Rundschau, April 1977, Nr. 2, (6-12).

Reiterer, Albert F.; (1995) Gesellschaft in Österreich. Sozialstruktur und Sozialer Wandel. WUV Studienbücher. Grund- und Integrativwissenschaften Band 3.

Rest, Franz; (1982) Vom gesunden Landleben: Zwei von drei Nebenerwerbsbäuerinnen leiden unter Depressionen. In: Die Bergbauern, 49/1982, S. 4-6.

Richter, Rudolf (1997); Soziologische Paradigmen. Eine Einführung in klassische und moderne Konzepte von Gesellschaft. Wien: WUV Universitätsverlag.

Riedler, Robert; Wallner, Anna M.; Bichler, Josef; (1978) Die Bäuerin als Betriebsführerin. Graz: Stocker.

Ries, Ludwig W.(1957) Die Bäuerin: Aufgaben und Stellung der ländlichen Frau in Familie und Betrieb. Stuttgart: Ulmer.

Rooij, Sabine de; (1994) Work of the Second Order. In: M. van der Burg; M. Endeveld (Hg.), Women on family farms: Gender research, EC policies and new perspectives (67 ff.). Wageningen: Circle for Rural European Studies.

Rosenbaum, Heidi; (1982) Formen der Familie - Untersuchungen zum Zusammenhang von Familienverhältnissen, Sozialstruktur und sozialem Wandel in der deutschen Gesellschaft des 19. Jahrhunderts. Frankfurt am Main.

Rosensteiner, Ulrike; (1994) Selbstbild, Selbstwert, Befindlichkeit und subjektive Beschwerden von Bäuerinnen als spezielle Gruppe innerhalb erwerbstätiger Frauen. Grund- u. Integrativwiss. Fak., Univ. Wien: Dipl.-Arb.

Rossier, Ruth; (1991) Zusammenarbeit von Bauer und Bäuerin. In: Die Grüne, 47/91, (32 ff.).

Rossier, Ruth; (1992) Schweizer Bäuerinnen: Ihre Arbeit im Betrieb. (Schriftenreihe der Eidgenössischen Forschungsanstalt für Betriebswirtschaft und Landtechnik; 36)

Rossier, Ruth; (1992) Schweizer Bäuerinnen: Ihre Arbeit im Betrieb. (Schriftenreihe der Eidgenössischen Forschungsanstalt für Betriebswirtschaft und Landtechnik, 36).

Rost, Harald; Schneider, Norbert; (1994) Familiengründung und Auswirkungen der Elternschaft. In: Österreichische Zeitschrift für Soziologie; 19,2/1994, (34 - 57). Opladen: Westdt. Verl.

Sahlins, Marshall (1974); Stone Age Economics. London

Sauberer, Michael; (1993) Familie und Lebensraum: Situation und regionale Entwicklung der Familie in Österreich - Ursachen und Folgeerscheinungen sowie Vergleich im europäischen Rahmen: Fallstudie Österreich im Rahmen des internationalen Jahres der Familie der UNIDO. Wien.

Sauer, Matthias; (1990) Fordist Modernization of German Agriculture and the Future of Family Farms. In: Sociologia Ruralis, Vol. 30, 3/4,(260-279).

Schellenbacher, Josef; (1992) Das land- und forstwirtschaftliche Bildungswesen in Österreich. in: Der Förderungsdienst. Heft 6/1992.

Scheu, Bringfriede; (1991) Wie sich die Wies' zum Acker findet: Heirat, feste Paarbeziehung als kritisches Lebensereignis für junge Erwachsene im ländlichen Raum. Frankfurt/Main: Lang (Europäische Hochschulschriften, Reihe 6, 338).

Schillhab, Joschi; (1990) Die Welt der Bäuerin. Studie zur sozialen und psychologischen Lebenssituation von Bäuerinnen in Österreich. Mödling.

Schlemmer, Elisabeth; (1991) Soziale Beziehungen junger Paare. In: H. Bertram (Hg.), Die Familie in Westdeutschland (DJI Familien-Survey 1) (45 ff.). Opladen: Leske u. Budrich.

Schmals, K. M.; Voigt, R.; (Hg.) (1986) Krise ländlicher Lebenswelten. Analysen, Erklärungsansätze und Lösungsperspektiven. Frankfurt/Main, New York: Campus.

Schmidt, Sylvia; (1989) Die Situation der Bäuerin in Österreich. In: Der Förderungsdienst, 37.Jg., Heft 6, (157-159).

Schmitt, Günther; (1988) Was wissen wir eigentlich über die "Landfrauen"? - Zugleich ein Besprechungsaufsatz. In: Land, Agrarwirtschaft und Gesellschaft, Z. f. Land- und Agrarsoziologie, Jg. 5, 2/1988, (217-235).

Schmitt, Reinhold; (1988) Hofnachfolger, weichende Erben und moderne Schwiegertöchter - Aspekte der internen Strukturveränderung bäuerlichen Milieus. In: Z. f. Agrargeschichte und Agrarsoziologie, 36/1988, Heft 1, (98-115).

Schmuckli, Lisa (1996); Differenzen und Dissonanzen. Zugänge zu feministischen Erkenntnistheorien in der Postmoderne. Bamberg: Ulrike Helmer Verlag.

Schneider, Norbert (1990); Woran scheitern Partnerschaften? Subjektive Trennungsgründe und Belastungsfaktoren bei Ehepaaren und nichtehelichen Lebensgemeinschaften. in: Zeitschrift für Soziologie, Jg. 19, Heft 6, S. 458-470

Schneider, Norbert F. (1994); Familie und private Lebensführung in West- und Ostdeutschland. Eine vergleichende Analyse des Familienlebens 1970 - 1992. Stuttgart: Enke.

Schneider, Norbert; Untreue. Formen und Motive außerpartnerschaftlicher Sexualität und ihrer Bedeutung bei Trennungsprozessen, in; ÖZS, Wien 2, S. 79-89

Schramm, Brigitte; (1995) Entwicklung und Struktur der Frauenerwerbstätigkeit. In: BMFA/BKA (Hg.), Bericht über die Situation der Frauen in Österreich. Frauenbericht 1995. Wien, (227-236).

Schröder, Annette; (1992) Berufstätige Mütter - zur Vereinbarkeit von Ideal und Wirklichkeit. In Brüderl Leokadia; Paetzold Bettina (Hg.), Frauenleben zwischen Beruf und Familie. Psychosoziale Konsequenzen für Persönlichkeit und Gesundheit (89 ff.). Weinheim: Juventa.

Schülein, Johann A.; (1987) "...Vater (oder Mutter) sein dagegen sehr - Über strukturelle Veränderungen von Primärkontakten am Beispiel der frühen Eltern-Kind-Beziehungen. In: Soziale Welt, Zeitschrift für sozialwissenschaftliche Forschung und Praxis, Jahrgang 38, 1987, Heft 4, (411-436)

Schülein, Johann A.; (1991) Einelternfamilien: Stiefkinder von Gesellschaft und Forschung?. In: Österreichische Zeitschrift für Soziologie; 16,2, (41-60). Wien: Verband der wissenschaftlichen Gesellschaften Österreichs.

Schultheis, F.; (1993) Genealogie und Moral. In: Lüscher, K./Schultheis, F. (Hg.): Generationsbeziehungen in "postmodernen" Gesellschaften. Universitätsverlag Konstanz (415 ff.).

Schunter-Kleemann, Susanne (1992) Wohlfahrtsstaat und Patriarchat - Ein Verlgeich europäischer Länder, Österreich: Österreichischer Korporatismus - Sozialpartnerschaftliches Arrangement auf Kosten der Frauen? In: S. Schunter-Kleemann (Hg.), Herrenhaus Europa: Geschlechterverhältnisse im Wohlfahrtsstaat. (249 ff.). Berlin: Ed. Sigma.

Schütze, Y.; (1988) Zur Veränderung im Eltern-Kind-Verhältnis seit der Nachkriegszeit. In: Nave-Herz, R. (Hg.) (1988): Wandel und Kontinuität der Familie in der Bundesrepublik Deutschland. Stuttgart, (95-114).

Schweiger, Edi; (1993) Frauen im bäuerlichen Alltag - eine historische Fallstudie. In: Niebuer, Wilhelm (Hg.), Frauen in der Landwirtschaft: Bibliographie und Materialsammlung Teil II. (Arbeitsberichte zur angewandten Agrarökonomie; 15), S. 47 - 56.

Seebacher, Anneliese; (1991) Gemeinsam nach Lösungen suchen.. In: Die Bergbauern, 152, (8 - 9). Wien: Österr. Bergbauernvereinigung.

Segalen, Martine; (1983) Love and power in the peasant familie; Rural France in the 19th century. Oxford: Blackwell.

Seibert, Otmar; Struff, Richard; (1993) Anpassungsstrategien landwirtschaftlicher Haushalte im Agrarstrukturwandel: Deutscher Beitrag zum Arkleton-Projekt "Strukturwandel in der europäischen Landwirtschaft und die Zukunft ländlicher Räume unter besonderer Berücksichtigung der Mehrfachbeschäftigung". (Schriftenreihe der Forschungsgesellschaft für Agrarpolitik und Agrarsoziologie; 297).

Seiser, Gertraud (1995); "Schniddan". Zum Roggenanbau im Mühlviertel. Diplomarbeit an der Universität Wien, Grund- und Integrativwissenschaftliche Fakultät.

Shanin, Theodor (1987); Short Historical Outline of Peasant Studies, in Shanin Theodor (Hg.): Peasants and Peasant Societies. Selected Readings. Sec. Edition, Oxford/New York, S. 467-475.

Shortall, Sally; (1992) Power analysis and farm wifes: An empirical study of the power relationships affecting women on Irish farms. In: Sociologia ruralis; 32,4, (431-451).

Shorter, Edward; (1977) Die Geburt der modernen Familie. Reinbek bei Hamburg: Rowohlt.

Shucksmith, M.; (1993) Farm household behaviour and the transition to post productivism. In: Journal of agricultural economics; 44,3/1993,(466 - 478).

Sieder, Reinhard; (1987) Sozialgeschichte der Familie. Frankfurt am Main: Suhrkamp.

Sieverding, Monika; (1992) Wenn das Kind einmal da ist ... . Die Entwicklung traditionellen Rollenverhaltens bei Paaren mit ursprünglich egalitären Rollenvorstellungen. In Brüderl Leokadia; Paetzold Bettina (Hg.), Frauenleben zwischen Beruf und Familie. Psychosoziale Konsequenzen für Persönlichkeit und Gesundheit (155 ff.). Weinheim: Juventa.

Simm, Regina; (1989) Partnerschaft und Familienentwicklung. In G. Wagner, N. Ott, H.-J. Hoffmann-Nowotny (Hg.), Familienbildung und Erwerbstätigkeit im demographischen Wandel (117 ff.). Berlin u.a.: Springer.

Sinkwitz, Peter; (1991b) Ländliches Sozialleben - ein historisches Modell im Wandel. In: Sinkwitz, Peter (Hg.), Beiträge der ländlichen Soziologie zur Dorfentwicklung. Fredeburg: Dt. Landjugend-Akademie Fredeburg (Fredeburger Hefte, 19).

Sinkwitz, Peter; (Hg.) (1991a) Beiträge der ländlichen Soziologie zur Dorfentwicklung. Fredeburg: Dt. Landjugend-Akademie Fredeburg (Fredeburger Hefte, 19).

Smart, Barry; (1993) Postmodernity. London: Routledge

Soeffner, Hans-Georg (o. J.); Qualitatives Vorgehen - "Interpretation", in: Soeffner Hans-Georg/Hitzler Ronald, Enzyklopädie der Psychologie, Serie I, Band 1. Manuskript.

Soeffner, Hans-Georg; (1989) Auslegung des Alltags – Der Alltag der Auslegung. Frankfurt/Main: Suhrkamp

Soeffner, Hans-Georg; (1993) Der Geist des Überlebens. Darwin und das Programm des 24. Deutschen Evangelischen Kirchentages, in; Religion und Kultur, Kölner Zeitschrift für Soziologie und Sozialpsychologie, Sonderheft 33, S. 191-205

Sozialversicherungsanstalt der Bauern (1995): Leitfaden 1995, Wien

Spiegel, Ingrid; (1990) Ländliche Erbinnen - Ergebnisse empirischer Untersuchungen zu Lebensweise und Gesundheit von Frauen im ländlichen Raum. In: Kerstin Dörhöfer (Hg.),

(Hg.), Stadt - Land - Frau: Soziologische Analysen - feministische Planungsansätze (105 ff.). Freiburg: Kore.

Stacey, Judith (1992): "Backward toward the Postmodern Family" in: Thorne Barrie/Yalom Marilyn (Hg.), Rethinking the Family. Boston: Northeastern University Press, S. 91 - 118

Stampfl, Viktor; (1980) Bauer und Bäuerin im Altenteil - Chance oder Risiko? In: Der Förderungsdienst, 28. Jg., Sonderheft 3/1980, (24 - 27).

Steffens, Heiko; (1994) Wirtschaftsgemeinschaft Familie. In: Hauswirtschaft und Wissenschaft; 42, 3/1994, (106 - 112). Baltmannsweiler: Schneider-Hohengehren.

Stone, Lawrence; (1992) Road to Divorce; England 1530 – 1987, Oxford: University Press

Stopper, Elke; (1994) Die Einstellung von Osttiroler Bauern und Bäuerinnen zur Nebenerwerbslandwirtschaft. Wien: Univ. für Bodenkultur, Dipl.-Arb., 1994.

Strauss, Anselm L.; (1987) Grundlagen qualitativer Sozialforschung. München: Wilhelm Fink Verlag.

Strauss, Anselm L.; (1993) Continual Permutations of Action. New York: Walter de Gruyter, Inc.

Strehmel, Petra; (1992) Mutterschaft und Berufsbiographieverlauf: Entwicklungskonsequenzen bei jungen Akademikerinnen. In Brüderl Leokadia; Paetzold Bettina (Hg.), Frauenleben zwischen Beruf und Familie. Psychosoziale Konsequenzen für Persönlichkeit und Gesundheit (69 ff.). Weinheim: Juventa.

Stutzer, Dietmar; (1990) Keine Frau für den Hof. In: Agrar-Übersicht, 6/1990, (88). Hannover.

Symes, David; (1990) Bridging the Generations: Succession and Inheritance in a Changing World. In: Sociologia Ruralis, Vol. 30, 3/4, (280 ff.).

Tálos, E.; Wörister, K.; (1994) Soziale Sicherung im Sozialstaat Österreich. Entwicklung - Herausforderungen - Strukturen, Baden-Baden

Thorne, Barrie (1992): "Feminism and the Family: Two Decades of Thought" in: Thorne Barrie/Yalom Marilyn (Hg.), Rethinking the Family. Boston: Northeastern University Press, S. 3 - 30.

Thorsen, Liv Emma; (1994) Interpreting Farm Women's Lives Reflections on the Biographical Method. In: M. van der Burg; M. Endeveld (Hg.), Women on family farms: Gender research, EC policies and new perspectives (139 ff.). Wageningen: Circle for Rural European Studies.

Timmermann, Hajo; Vonderach, Gerd (1993) Milchbauern in der Wesermarsch: Eine empirisch-soziologische Untersuchung. Bamberg: Wiss. Verl. Ges. (Texte zur Sozialforschung, 8).

Tölke, Angelika; (1992) Familiengründung, hiermit einhergehende Erwerbsunterbrechungen und normative Rollenvorstellungen. In Brüderl Leokadia; Paetzold Bettina (Hg.), Frauenleben zwischen Beruf und Familie. Psychosoziale Konsequenzen für Persönlichkeit und Gesundheit (35 ff.). Weinheim: Juventa.

Tönnies, Ferdinand (1991); Gemeinschaft und Gesellschaft. Darmstadt: Wissenschaftliche Buchgesellschaft.

Tryfan, Barabara; (1983) Die Doppelrolle der Landfrauen in Beruf und Haushalt. In: Deenen, Bernd van; Planck, Ulrich et al., Europäische Landfrauen im sozialen Wandel; Ergebnisse empirischer Untersuchungen einer internat. Arbeitsgruppe, Band 2:

Interkulturell vergleichende Forschungsergebnisse. Bonn: Forschungsges. f. Agrarpol. u. Agrarsoziol., 259.

Tschajanow, Alexander (1923); Die Lehre von der bäuerlichen Wirtschaft. Versuch einer Theorie der Familienwirtschaft im Landbau. Berlin.

Tyrell, H.; (1988): Ehe und Familie - Institutionalisierung und Deinstitutionalisierung, in: Lüscher, K., Schultheis, F., Wehrspaun, M. (Hg.): Die postmoderne Familie, Konstanz.

Tyrell, Hartmann; (1988) Familie – Institutionalisierung und Deinstitutionalisierung, in; Lüscher, Kurt/Schultheis, Franz/Wehrspaun, Michael (Hg.); Die "postmoderne" Familie, Konstanz: Universitätsverlag, S. 145-156

Tyrell, Hartmuth (1988): Ehe und Familie - Institutionalisierung und Deinstitutionalisierung. in: Lüscher Kurt/ Schultheis, Franz/Wehrspaun Michael (Hg.): Die postmoderne Familie. Konstanz. S. 145-156

Veith, Karin; (1990) Wo fehlt's im Dorf? Erfahrungsbericht zur Situation von Frauen im ländlichen Raum. In: Der Förderungsdienst (Sonderbeilage zu Fragen der gesunden Lebensführung), Nr. 38(1), (15 - 19).

Veith, Karin; (1991) Lebenssituationen von Frauen im ländlichen Raum: Indikatoren zur Erfassung als Grundlage für Bildungs- und Beratungsarbeit / eingereicht v. Karin Veith. Gießen: Univ., Diss. 1991.

Vitek, Martina; (1990) Die gesundheitliche Versorgung der bäuerlichen Bevölkerung in Österreich: Eine Bestandsaufnahme. Diplomarbeit, Univ. Wien.

Vonderach, Gerd; (1991) Krisenfelder ländlicher Lebensverhältnisse. In Sinkwitz, Peter (Hg.), Beiträge der ländlichen Soziologie zur Dorfentwicklung. Fredeburg: Dt. Landjugend-Akademie Fredeburg (Fredeburger Hefte, 19)

Vonderach, Gerd; (Hg.) (1990) Sozialforschung und ländliche Lebensweisen, Beiträge aus der neueren europäischen Landsoziologie. Bamberg: Wiss. Verlagsges. (Texte zur Sozialforschung, Bd. 2).

Wagner, Gert; Ott, Notburga; Hoffmann-Nowotny, Hans-Joachim; (Hg.) (1989) Familienbildung und Erwerbstätigkeit im demographischen Wandel. Berlin u.a.: Springer.

Wagner, Klaus-Dieter; (1991) Neuabgrenzung der landwirtschaftlichen Produktionsgebiete für Österreich. In: Der Förderungsdienst - Heft 2/1991 (39. Jahrgang), (46 ff)

Wagner, Maria; (1992) Rechtliche Probleme der bäuerlichen Betriebsübergabe im Gartenbau: Auswirkungen des Landpachtgesetzes in Wien. In: Der Förderungsdienst; 40,5, S. 129. Wien: BMLF.

Waldis, Barbara; (1989) Ohne Frau kann Mann nicht bauern. In: Ethnologica Helvetica, Bd. 13 - 14, Schauplatz Schweiz, Images de la Suisse, Gonseth, M.O. (Hg.), Bern, (91 - 108).

Walper, Sabine; Heinritz, Sigrid; (1992) Mütter nach der Kleinkindphase: Zur Gestaltung der Berufsbiographie in unterschiedlichen Bildungsgruppen. In Brüderl Leokadia; Paetzold Bettina (Hg.), Frauenleben zwischen Beruf und Familie. Psychosoziale Konsequenzen für Persönlichkeit und Gesundheit (46 ff.). Weinheim: Juventa.

Watz, Barbara; (1989) Alltag im Wandel - Veränderungen der ländlichen Lebens- und Arbeitssituation seit 1945. In J. Werckmeister (Hg.), Land - Frauen- Alltag; Hundert Jahre Lebens- und Arbeitsbedingungen der Frauen im ländlichen Raum (91 ff.). Marburg: Jonas V.

Weber, Max (1973); Gesammelte Aufsätze zur Wissenschaftslehre. Tübingen: Mohr.

Weber, Max (1980); Wirtschaft und Gesellschaft. Studienausgabe. Tübingen: Mohr.

Weber-Kellermann, I.; (1987) Landleben im 19. Jahrhundert. München: C.H. Beck.

Weinberger-Miller, Paula; (1992) "Gleichberechtigung" nur bei Schwerarbeit? In: Bayerisches Landwirtschaftliches Wochenblatt, 34/1992, (46 - 47).

Weiss, Christoph R.; (1994) Symmetrie und Reversibilität der Nebenerwerbsentscheidung: Empirische Ergebnisse für Oberösterreich. Wien: Univ. f. Bodenkultur (Diskussionspapier / Inst. f. Wirtschaft, Politik und Recht, 33-W-94).

Welsch, Wolfgang (1993); Unsere postmoderne Moderne, Berlin: Akademie Verlag.

Werckmeister, Johanna; (Hg.) (1989) Land - Frauen- Alltag; Hundert Jahre Lebens- und Arbeitsbedingungen der Frauen im ländlichen Raum. Marburg: Jonas V.

Werner, Kerstin; (1989) Ernährerin der Familie- Zur Situation der Kleinbäuerinnen in einem mittelhessischen Dorf um die Jahrhundertwende. In J. Werckmeister (Hg.), Land - Frauen- Alltag; Hundert Jahre Lebens- und Arbeitsbedingungen der Frauen im ländlichen Raum (29 ff.). Marburg: Jonas V.

Wernisch, Annemarie; (1978) Wieviel arbeitet die bäuerliche Familie? Teil I. In: Der Förderungsdienst, 26. Jg., 2, (44 ff.).

Wernisch, Annemarie; (1980a) Wieviel arbeitet die bäuerliche Familie? Teil II: Die Arbeitsbereiche des landwirtschaftlichen Betriebes, Ergebnisse einer Erhebung über die Arbeitsbelastung der bäuerlichen Familie. In: Der Förderungsdienst, 28.Jg., Sonderheft 5/1980. Wien.

Wernisch, Annemarie; (1980b). Wieviel arbeitet die bäuerliche Familie? Teil VII: Die Arbeitsbelastung der Familienangehörigen. In: Der Förderungsdienst, 28.Jg., Heft 1, Beilage (Beratungsservice: Betriebs- und Arbeitswirtschaft, Folge 7), (1 - 4).

Wernisch, Annemarie; (1990). Oberstes Gericht anerkennt Arbeit der Bäuerin. In: Der Förderungsdienst, Heft 10, (65 - 72).

Wernisch, Annemarie; (1991). Nebenerwerb auf dem Rücken der Bäuerin? In: Der land- und forstwirtschaftliche Betrieb, 4/1991, (4 - 6). Wien: Österr. Agrarverlag.

Wernisch, Annemarie; (1992a). Neue Ansätze in der Arbeitswirtschaft. In: ÖGA-Nachrichten; 2, 4, (3 - 6).

Wernisch, Annemarie; (1992b). Von Beruf Bäuerin. In: Der Förderungsdienst; 40, 5, (33 - 40). Wien: BMLF.

Wernisch, Annemarie; (1993). Lebens- und Arbeitsvorstellungen der österreichischen Bergbauern. In: Der Förderungsdienst; 41,8, (219 - 220, 222 - 223, 226 - 227).

Whatmore, Sarah; (1991). Farming Women: Gender, work and family enterprise. Basingstoke u.a.: MacMillan.

Wilk, Liselotte; (1990) Familie in der Postmoderne. In: Gisser, R./Reiter, L./Schattovits, H./Wilk, L. (Hg.): Lebenswelt Familie. Familienbericht 1990. Wien (99 ff.).

Wilk, Liselotte; Bacher, Johann; (1992) "Neue" Väter? - ...nur dann, wenn es unbedingt sein muß..., in: SWS-Rundschau, 32. Jahrgang, Heft 2 1992, (211 - 223).

Wilk, Liselotte; Beham, Martina; (1989) Familie als kindliche Lebenswelt, in: Lebenswelt Familie, Familienbericht 1989, Bundesministerium für Umwelt, Jugend und Familie, Wien, (355 - 409).

Wilk, Liselotte; Beham, Martina; (1990) Familie als kindliche Lebenswelt. In: Gisser, R./Reiter, L./Schattovits, H./Wilk, L. (Hg.): Lebenswelt Familie. Familienbericht 1990. Wien (355 ff.).

Wilk, Liselotte; Mair, A.; (1987) Einstellung zu Ehe und Familie. Kontinuität und Konflikt zwichen konventionellen und neuen Lebensstilen. In: Haller, M./Holm, K. (Hg.):

Werthaltung und Lebensformen in Österreich. Ergebenisse des Sozialen Survey 1986. München - Wien (81 ff.).

Willms – Herget, Angelika (1983); Segregation auf Dauer? Zur Entwicklung des Verhältnisses von Frauenarbeit und Männerarbeit in Deutschland, 1882-1980, in: Müller Walter/Angelika Willms/Josef Handl, Strukturwandel der Frauenarbeit 1889-1980. Frankfurt/Main: Campus.

Willms – Herget, Angelika (1985); Frauenarbeit. Zur Integration der Frauen in den Arbeitsmarkt. Frankfurt/Main: Campus

Wimer, Mara; (1988). Zweierlei Leut'. Patriarchalische Strukturen in landwirtschaftlichen Familien. Witzenhausen: Ekopan Verlag.

Wimmer, Rudolf/Domayer Ernst/Oswald Margit/Vater Gudrun (1996); Familienunternehmen - Auslaufmodell oder Erfolgstyp? Wiesbaden: Gabler

Windhorst, Hans-Wilhelm; (1988). Zwölf Thesen zur Zukunft der Landwirtschaft und des ländlichen Raumes. Vechta: Vechtaer Druckerei und Verlag.

Wingen, M.; (1984) Nicht eheliche Lebensgemeinschaften. Formen, Motive, Folgen. Zürich

Winkler, Wolfgang; (1989) Rechtslage bei Einheirat - Über die rechtliche Absicherung des Ehepartners im landwirtschaftlichen Betrieb. In: DLG-Mitteilungen, 4/1989, (211 - 214).

Winter, Reinhard; (1993) Zur Lebenslage Jugendlicher im ländlichen Raum. In: Berichte über Landwirtschaft; 71,1, (106 - 117).

Woerl, Anna; (1991) Zur gesundheitlichen Situation der Bäuerin. In: 25. Deutscher Soziologentag "Die Modernisierung moderner Gesellschaften". Sektionen, Arbeits- und Ad hoc-Gruppen, Ausschuß für Lehre. Glatzer, W. (Hg.), Opladen: Westdt. Verlag, (465 - 468).

Wolf, Eric (1986); Völker ohne Geschichte. Frankfurt/Main: Campus.

Wolf, Irene; (1995) Die Einkommensituation selbständig erwerbstätiger Frauen. In: BMFA/BKA (Hg.), Bericht über die Situation der Frauen in Österreich. Frauenbericht 1995. Wien, (343-347).

Wölfl, Christian; (1980) Die Lebenssituation von Kindern und Jugendlichen in der bäuerlichen Familie - Einfluß und Auswirkungen der gesellschaftlichen Veränderung. In: Der Förderungsdienst, 28. Jg., Sonderheft 3/1980, (28-31).

Wonneberger, Eva; (1994) Stress, coping and disease among German farm women. In: Sociologia ruralis; 34,2-3/1994, (150 - 163). Assen: Van Gorcum.

Wonneberger, Eva; (1994) Stress, coping and disease among German farm women, in: Sociologica ruralis; 34, 2-3/1994, (150 - 163). Assen: Van Gorcum

Wörister, Karl; Talos, Emmerich (1995) Materielle Sicherung und Versorgung von Frauen durch staatlich geregelte soziale Sicherung. In: BMFA/BKA (Hg.), Bericht über die Situation der Frauen in Österreich. Frauenbericht 1995. Wien, (398 - 415).

Zettinig, Christa; (1990). Die Bäuerin als aktives Potential für Veränderungen in der Landwirtschaft. Dipl.-Arb. Univ. f. Bildungswiss. Klagenfurt.

Ziche, Joachim; Woerl, Anna; (1991) Situation der Bäuerin in Bayern. In: Bayerisches Landwirtschaftliches Jahrbuch; 68, 6; (659 - 728)

Ziche, Joachim; Woerl, Anna; (1991) Situation der Bäuerin in Bayern. In: Bayerisches Landwirtschaftliches Jahrbuch; 68,6, (659 - 728).

Ziebermayr, Lois; (1993) Stetes Weichen ... : Schwerpunkt Arbeit. In: Die Bergbauern, 173, (6 - 8).

Zissler, Roswitha; (1991) "Bäuerin sein ..." - unter besonderer Berücksichtigung des Bezirkes Graz-Umgebung. Graz: Dipl.-Arb., Univ. Graz.

Zoccali, Astrid; (1993). Die Arbeits- und Lebensverhältnisse der Kärntner Bäuerinnen im 20. Jahrhundert. Dipl.-Arb. Univ. Graz.

Zürrer, Claudia; (1994) Ein Drittel der Bäuerinnen haben eine Zweitausbildung. Lindau/ZH: LBL, Landwirtschaftliche Beratungszentrale. In: LBL - Beraterinformation/Landwirtschaftl. Beratungszentrale Lindau, 9/1994, (12 - 13).

Heribert Harald Freudenthaler

Gerechtigkeitspsychologische Aspekte der Arbeitsaufteilung im Haushalt

Zum (Un)Gerechtigkeitsempfinden von berufstätigen Frauen

Frankfurt/M., Berlin, Bern, Bruxelles, New York, Oxford, Wien, 2000.
290 S., zahlr. Abb. u. Tab.
Europäische Hochschulschriften: Reihe 6, Psychologie. Bd. 661
ISBN 3-631-35961-6 · br. € 52.–*

Sozialwissenschaftliche Studien zeigen, daß der Großteil der berufstätigen Frauen die ungleiche Aufteilung der Haushaltsarbeit zwischen ihnen und ihrem Partner nicht als ungerecht erlebt. Dies wirft die Frage auf, welche Faktoren zu Gerechtigkeitsurteilen im Zusammenhang mit Haushaltsarbeit beitragen. In der Arbeit wird das (Un)Gerechtigkeitsempfinden von Frauen unter Bezugnahme auf sozialpsychologische Theorien an einer Stichprobe von 163 berufstätigen Frauen umfassend analysiert. Aus den gewonnenen Befunden läßt sich ableiten, daß sozialpsychologische Gerechtigkeitstheorien geeignet sind, die Aufteilungsbewertungen der Frauen vorherzusagen und das bislang häufig als paradox bezeichnete Gerechtigkeitsempfinden der Frauen bezüglich der ungleichen Arbeitsaufteilung im Haushalt zu erklären.

Aus dem Inhalt: Sozialpsychologische Gerechtigkeitsforschung · Die ungleiche Arbeitsaufteilung zwischen den Geschlechtern · Befunde und Erklärungsansätze zur Aufteilungsbewertung von Frauen · Studie an berufstätigen Frauen · Analysen zur Identifikation von Prädiktoren der wahrgenommenen Soll-Aufteilungen, Soll-Ist-Aufteilungsdiskrepanzen sowie Gerechtigkeitsbewertungen

Frankfurt/M · Berlin · Bern · Bruxelles · New York · Oxford · Wien
Auslieferung: Verlag Peter Lang AG
Moosstr. 1, CH-2542 Pieterlen
Telefax 00 41 (0) 32 / 376 17 27

*inklusive der in Deutschland gültigen Mehrwertsteuer
Preisänderungen vorbehalten

Homepage http://www.peterlang.de